U0378700

技术丛书

MATLAB Data Analysis and Data Mining

MATLAB数据分析与挖掘实战

张良均　杨　坦　肖　刚　徐圣兵　刘晓勇
薛　云　胡晓辉　樊　哲　云伟标　王　路　著
徐英刚　刘名军　姜亚君　廖晓霞　李白冰

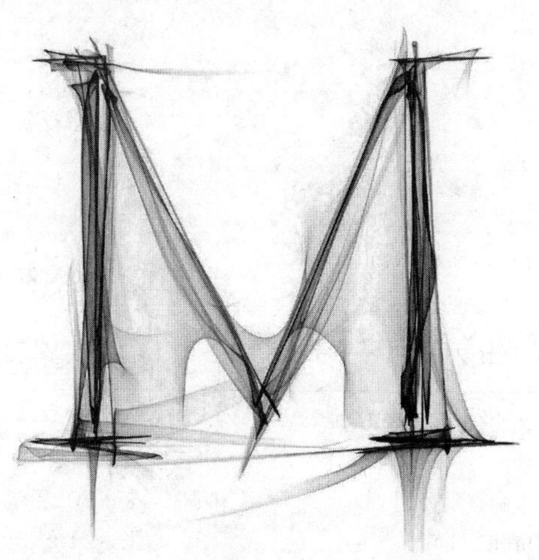

机械工业出版社
China Machine Press

图书在版编目（CIP）数据

MATLAB 数据分析与挖掘实战 / 张良均等著．—北京：机械工业出版社，2015.6（2022.4 重印）
（大数据技术丛书）

ISBN 978-7-111-50435-1

I. M… II. 张… III. MATLAB 软件 IV. TP317

中国版本图书馆 CIP 数据核字（2015）第 117200 号

MATLAB 数据分析与挖掘实战

出版发行：机械工业出版社（北京市西城区百万庄大街 22 号 邮政编码：100037）
责任编辑：杨福川 责任校对：董纪丽
印 刷：北京诚信伟业印刷有限公司 版 次：2022 年 4 月第 1 版第 10 次印刷
开 本：186mm×240mm 1/16 印 张：21.5
书 号：ISBN 978-7-111-50435-1 定 价：69.00 元

凡购本书，如有缺页、倒页、脱页，由本社发行部调换
客服热线：（010）88379426 88361066 投稿热线：（010）88379604
购书热线：（010）68326294 88379649 68995259 读者信箱：hzjsj@hzbook.com

Preface 前 言

为什么要写这本书

LinkedIn 对全球超过 3.3 亿用户的工作经历和技能进行分析后得出，在目前最炙手可热的 25 项技能中，数据挖掘人才需求排名第一。那么数据挖掘是什么？

数据挖掘是从大量数据（包括文本）中挖掘出隐含的、先前未知的、对决策有潜在价值的关系、模式和趋势，并用这些知识和规则建立用于决策支持的模型，以及提供预测性决策支持的方法、工具和过程。数据挖掘有助于企业发现业务的趋势，揭示已知的事实，预测未知的结果，因此“数据挖掘”已成为企业保持竞争力的必要方法。

但和国外相比，我国由于信息化程度不太高，企业内部信息不完整，所以零售业、银行、保险、证券等行业对数据挖掘的应用并不太理想。但随着市场竞争的加剧，各行业对数据挖掘技术的意愿越来越强烈，可以预计，未来几年，各行业的数据分析应用一定会从传统的统计分析发展到大规模的数据挖掘应用。在大数据时代，数据过剩、人才短缺，数据挖掘专业人才的培养又需要专业知识和职业经验的积累。所以，本书注重数据挖掘理论与项目案例实践相结合，可以让读者获得真实的数据挖掘学习与实践环境，更快、更好地学习数据挖掘知识与积累职业经验。

总的来说，随着云时代的来临，大数据技术将具有越来越重要的战略意义。大数据已经渗透到每一个行业和业务职能领域，逐渐成为重要的生产要素，人们对于海量数据的运用预示着新一轮生产率增长和消费者激增浪潮的到来。大数据分析技术将帮助企业用户在合理的时间内攫取、管理、处理、整理海量数据，也为企业经营决策提供积极的帮助；大数据分析作为数据存储和挖掘分析的前沿技术，广泛应用于物联网、云计算、移动互联网等战略性的新兴产业。虽然大数据目前在国内还处于初级阶段，但是其商业价值已经显现出来，特别是有实践经验的大数据分析人才更是各企业争夺的热门。为了满足日益增长的大数据分析人才的需求，很多大学开始尝试开设不同程度的大数据分析课程。“大数据分析”作为大数据时代的核心技术，必将成为高校数学与统计学专业的重要课程之一。

本书特色

本书作者从实践出发，结合大量数据挖掘工程案例及教学经验，以真实案例为主线，深入浅出地介绍数据挖掘建模过程中的有关任务：数据探索、数据预处理、分类与预测、聚类分析、时序预测、关联规则挖掘、智能推荐、偏差检测等。因此，本书的编排以解决某个应用的挖掘目标为前提，先介绍案例背景并提出挖掘目标，再阐述分析方法与过程，最后完成模型构建，在介绍建模的过程中穿插操作训练，把相关的知识点嵌入相应的操作过程中。为方便读者轻松地获取一个真实的实验环境，本书使用大家熟知的 MATLAB 工具对样本数据进行处理以进行挖掘建模。

为了便于读者对案例的理解，本书提供了真实的原始样本数据文件及数据探索、数据预处理、模型构建及评价等不同阶段的 MATLAB 代码程序，读者可以从全国大学生数据挖掘竞赛网站（http://www.tipdm.org/ts/578.jhtml）免费下载。另外，为满足教师授课的需要，本书还特意提供了建模阶段的过程数据文件、PPT 课件，以及基于 MATLAB、SAS EM、SPSS Modeler、R、TipDM 等上机实验环境下的数据挖掘各阶段程序 / 模型及相关代码，读者可通过热线电话（40068-40020）、企业 QQ（4006840020）或以下微信公众号 TipDM（或微信号 Tip DataMining）咨询获取，同时也可通过上述联系方式咨询本书的相关问题。

本书适用对象

❑ 开设数据挖掘课程的高校教师和学生。

目前国内不少高校将数据挖掘引入本科教学中，在数学、计算机、自动化、电子信息、金融等专业开设了与数据挖掘技术相关的课程，但目前这一课程的教学仍然主要限于理论介绍。因为单纯的理论教学过于抽象，学生理解起来往往比较困难，教学效果也不甚理想。本书提供的基于实战案例和建模实践的教学，能够使师生充分发挥互动性和创造性，理论联系实际，达到最佳的教学效果。

❑ 需求分析及系统设计人员。

这类人员可以在理解数据挖掘原理及建模过程的基础上，结合数据挖掘案例完成精确营销、客户分群、交叉销售、流失分析、客户信用记分、欺诈发现、智能推荐等数据挖掘应用的需求分析和设计。

❑ 数据挖掘开发人员。

这类人员可以在理解数据挖掘应用需求和设计方案的基础上，结合本书提供的第三方接口快速完成数据挖掘应用的编程实现。

❑ 进行数据挖掘应用研究的科研人员。

许多科研院所为了更好地对科研工作进行管理，纷纷开发了适用自身的科研业务管理系统，并在使用过程中积累了大量的科研信息数据。但是，这些科研业务管理系统一般没有对这些数据进行深入分析，并没有对数据所隐藏的价值充分地挖掘利用。科研人员需要通过数据挖掘建模工具及有关方法论来深挖科研信息的价值，从而提高科研水平。

❑ 关注高级数据分析的人员。

业务报告和商业智能解决方案对于了解过去和现在的状况可能是非常有用的。但是，数据挖掘的预测分析解决方案还能使这类人员预见未来的发展状况，让他们的机构能够先发制人，而不是处于被动。因为数据挖掘的预测分析解决方案将复杂的统计方法和机器学习技术应用到数据中，通过使用预测分析技术来揭示隐藏在交易系统或企业资源计划（ERP）、结构数据库与普通文件中的模式和趋势，从而为其决策提供科学依据。

如何阅读本书

本书共16章，分三篇：基础篇、实战篇和提高篇。基础篇介绍了数据挖掘的基本原理；实战篇介绍了各种真实案例，通过对案例深入浅出的剖析，使读者在不知不觉中获得数据挖掘项目的经验，同时快速领悟看似难懂的数据挖掘理论。读者在阅读过程中，应充分利用随书配套的案例建模数据，借助相关的数据挖掘建模工具，通过上机实验，以快速理解相关的知识与理论。

基础篇（第1～5章），第1章的主要内容是数据挖掘基础；第2章对本书所用到的数据挖掘建模工具MATLAB进行了简明扼要的说明；第3～5章介绍数据挖掘的建模过程，包括数据探索、数据预处理及挖掘建模的常用算法与原理。

实战篇（第6～15章），重点对数据挖掘技术在电力、航空、医疗、互联网、生产制造以及公共服务等行业的应用进行了分析。在案例结构组织上，本书是按照先介绍案例背景与挖掘目标，再阐述分析方法与过程，最后完成模型构建的顺序进行的，在建模过程的关键环节，穿插程序以实现代码。最后通过上机实践，加深数据挖掘技术在案例应用中的理解。

提高篇（第 16 章），介绍了基于 MATLAB 二次开发的数据挖掘应用软件——TipDM 数据挖掘建模工具，并以此工具为例详细介绍了基于 MATLAB 接口完成数据挖掘二次开发的各个步骤，使读者体验到通过 MATLAB 实现数据挖掘二次开发的强大魅力。

勘误和支持

除封面署名外，参加本书编写工作的还有樊哲、云伟标、王路、徐英刚、姜雅君、廖晓霞、李白冰、刘名军、刘晓勇、薛云、胡晓辉、李成华、刘丽君、许宝通、黄辉煌、王云飞等，由于作者水平有限，编写时间仓促，书中难免会出现一些错误或者不准确的地方，恳请读者批评指正。

读者可以将书中的错误及遇到的问题通过前面提供的微信公众号或 QQ 号反馈给我们，我们将尽量在线上为读者提供最满意的解答。本书的全部建模数据文件及源程序，可以从全国大学生数据挖掘竞赛网站（www.tipdm.org）下载，同时我们将会及时发布相应内容的更新。如果您有更多的宝贵意见，欢迎发送邮件至邮箱 13560356095@qq.com，期待能够得到您的真挚反馈。

致谢

在本书编写过程中，得到了广大企事业单位科研人员的大力支持，在此谨向广东电力科学研究院、广西电力科学研究院、广东电信规划设计院、珠江 / 黄海水产研究所、轻工业环境保护研究所、华南师范大学、广东工业大学、广东技术师范学院、南京中医药大学、华南理工大学、湖南师范大学、韩山师范学院、广东石油化工学院、中山大学、广州泰迪智能科技有限公司、武汉泰迪智慧科技有限公司等单位给予支持的专家及师生致以深深的谢意。

在本书的编辑和出版过程中还得到了参与中国数据挖掘建模竞赛（http://www.tipdm.org）的众多师生及机械工业出版社杨福川和姜影等人的无私帮助与支持，在此一并表示感谢。

张良均

Contents 目　录

前　言

基础篇

第1章　数据挖掘基础……2

1.1　某知名连锁餐饮企业的困惑……2

1.2　从餐饮服务到数据挖掘……3

1.3　数据挖掘的基本任务……4

1.4　数据挖掘的建模过程……4

1.4.1　定义挖掘目标……5

1.4.2　数据取样……5

1.4.3　数据探索……7

1.4.4　数据预处理……7

1.4.5　挖掘建模……7

1.4.6　模型评价……7

1.5　常用的数据挖掘建模工具……8

1.6　小结……9

第2章　MATLAB数据分析工具箱简介……10

2.1　MATLAB的安装……10

2.2　MATLAB使用入门……11

2.2.1　MATLAB R2014a操作界面……11

2.2.2　MATLAB常用操作……13

2.3　MATLAB数据分析工具箱……17

2.4　配套附件使用设置……18

2.5　小结……19

第3章　数据探索……20

3.1　数据质量分析……20

3.1.1　缺失值分析……21

3.1.2　异常值分析……21

3.1.3　一致性分析……24

3.2　数据特征分析……24

3.2.1　分布分析……24

3.2.2　对比分析……27

3.2.3　统计量分析……29

3.2.4　周期性分析……31

3.2.5　贡献度分析……31

3.2.6　相关性分析……34

3.3　MATLAB主要数据的探索函数……38

3.3.1　统计特征函数……38

3.3.2 统计作图函数 …… 40
3.4 小结 …… 45

第 4 章 数据预处理 …… 46

4.1 数据清洗 …… 47
4.1.1 缺失值处理 …… 47
4.1.2 异常值处理 …… 50
4.2 数据集成 …… 50
4.2.1 实体识别 …… 51
4.2.2 冗余属性识别 …… 51
4.3 数据变换 …… 51
4.3.1 简单的函数变换 …… 51
4.3.2 规范化 …… 52
4.3.3 连续属性离散化 …… 54
4.3.4 属性构造 …… 57
4.3.5 小波变换 …… 57
4.4 数据规约 …… 60
4.4.1 属性规约 …… 60
4.4.2 数值规约 …… 64
4.5 MATLAB 主要的数据预处理函数 …… 67
4.6 小结 …… 71

第 5 章 挖掘建模 …… 72

5.1 分类与预测 …… 72
5.1.1 实现过程 …… 72
5.1.2 常用的分类与预测算法 …… 74
5.1.3 回归分析 …… 74
5.1.4 决策树 …… 80
5.1.5 人工神经网络 …… 85
5.1.6 分类与预测算法评价 …… 90
5.1.7 MATLAB 主要分类与预测算法函数 …… 94
5.2 聚类分析 …… 97
5.2.1 常用的聚类分析算法 …… 97
5.2.2 K-Means 聚类算法 …… 98
5.2.3 聚类分析算法评价 …… 103
5.2.4 MATLAB 主要聚类分析算法函数 …… 103
5.3 关联规则 …… 107
5.3.1 常用的关联规则算法 …… 107
5.3.2 Apriori 算法 …… 108
5.4 时序模式 …… 113
5.4.1 时间序列算法 …… 113
5.4.2 时间序列的预处理 …… 114
5.4.3 平稳时间序列分析 …… 115
5.4.4 非平稳时间序列分析 …… 118
5.4.5 MATLAB 主要时序模式算法函数 …… 129
5.5 离群点检测 …… 131
5.5.1 离群点的检测方法 …… 132
5.5.2 基于统计模型的离群点的检测方法 …… 133
5.5.3 基于聚类的离群点的检测方法 …… 135
5.6 小结 …… 138

实战篇

第 6 章 电力企业的窃漏电用户自动识别 …… 140

6.1 背景与挖掘目标 …… 140

6.2 分析方法与过程 …… 143
6.2.1 数据抽取 …… 144
6.2.2 数据探索分析 …… 144
6.2.3 数据预处理 …… 147
6.2.4 构建专家样本 …… 151
6.2.5 构建模型 …… 152
6.3 上机实验 …… 158
6.4 拓展思考 …… 159
6.5 小结 …… 159

第 7 章 航空公司的客户价值分析 …… 160

7.1 背景与挖掘目标 …… 160
7.2 分析方法与过程 …… 161
7.2.1 数据抽取 …… 164
7.2.2 数据探索分析 …… 164
7.2.3 数据预处理 …… 166
7.2.4 模型构建 …… 170
7.3 上机实验 …… 175
7.4 拓展思考 …… 176
7.5 小结 …… 176

第 8 章 中医证型关联规则挖掘 …… 177

8.1 背景与挖掘目标 …… 177
8.2 分析方法与过程 …… 178
8.2.1 数据获取 …… 180
8.2.2 数据预处理 …… 182
8.2.3 模型构建 …… 186
8.3 上机实验 …… 189
8.4 拓展思考 …… 190
8.5 小结 …… 190

第 9 章 基于水色图像的水质评价 …… 191

9.1 背景与挖掘目标 …… 191
9.2 分析方法与过程 …… 192
9.2.1 数据预处理 …… 193
9.2.2 构建模型 …… 196
9.2.3 水质评价 …… 199
9.3 上机实验 …… 200
9.4 拓展思考 …… 202
9.5 小结 …… 202

第 10 章 基于关联规则的网站智能推荐服务 …… 203

10.1 背景与挖掘目标 …… 203
10.2 分析方法与过程 …… 205
10.2.1 数据抽取 …… 208
10.2.2 数据预处理 …… 208
10.2.3 构建模型 …… 214
10.3 上机实验 …… 220
10.4 拓展思考 …… 221
10.5 小结 …… 221

第 11 章 应用系统负载分析与磁盘容量预测 …… 222

11.1 背景与挖掘目标 …… 222
11.2 分析方法与过程 …… 224
11.2.1 数据抽取 …… 225
11.2.2 数据探索分析 …… 225
11.2.3 数据预处理 …… 225
11.2.4 构建模型 …… 228
11.3 上机实验 …… 235

11.4 拓展思考 ……236
11.5 小结 ……237

第 12 章 面向网络舆情的关联度分析 ……238

12.1 背景与挖掘目标 ……238
12.2 分析方法与过程 ……240
12.2.1 数据抽取 ……240
12.2.2 数据预处理 ……241
12.2.3 构建模型 ……241
12.3 上机实验 ……254
12.4 拓展思考 ……255
12.5 小结 ……256

第 13 章 家用电器用户行为分析及事件识别 ……257

13.1 背景与挖掘目标 ……257
13.2 分析方法与过程 ……258
13.2.1 数据抽取 ……259
13.2.2 数据探索分析 ……260
13.2.3 数据预处理 ……260
13.2.4 模型构建 ……271
13.2.5 模型检验 ……273
13.3 上机实验 ……275
13.4 拓展思考 ……276
13.5 小结 ……278

第 14 章 基于基站定位数据的商圈分析 ……279

14.1 背景与挖掘目标 ……279
14.2 分析方法与过程 ……281
14.2.1 数据抽取 ……282
14.2.2 数据探索分析 ……282
14.2.3 数据预处理 ……283
14.2.4 构建模型 ……287
14.3 上机实验 ……290
14.4 拓展思考 ……291
14.5 小结 ……291

第 15 章 气象与输电线路的缺陷关联分析 ……292

15.1 背景与挖掘目标 ……292
15.2 分析方法与过程 ……296
15.2.1 数据抽取 ……297
15.2.2 数据探索分析 ……297
15.2.3 数据预处理 ……304
15.2.4 模型构建 ……307
15.3 上机实验 ……312
15.4 拓展思考 ……313
15.5 小结 ……315

提高篇

第 16 章 基于 MATLAB 的数据挖掘二次开发 ……318

16.1 混合编程应用体验——TipDM 数据挖掘平台 ……318
16.1.1 建设目标 ……318
16.1.2 模型构建 ……319
16.1.3 模型发布 ……321

16.1.4 模型调用……323
16.1.5 模型更新……323
16.2 二次开发过程……323
16.2.1 接口算法编程……324
16.2.2 用 Library Compiler 创建 Java 组件……324
16.2.3 安装 MATLAB 运行时环境……326
16.2.4 JDK 环境及设置……327
16.2.5 接口函数的调用……327
16.3 小结……329
参考文献……330

基础篇

- 第 1 章　数据挖掘基础
- 第 2 章　MATLAB 数据分析工具箱简介
- 第 3 章　数据探索
- 第 4 章　数据预处理
- 第 5 章　挖掘建模

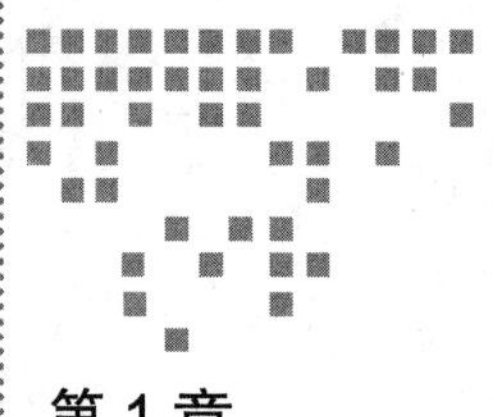

Chapter 1 第1章

数据挖掘基础

1.1 某知名连锁餐饮企业的困惑

国内某餐饮连锁有限公司（以下简称T餐饮）成立于1998年，主要经营粤菜，兼顾湘菜、川菜等中餐的综合菜系。至今已经发展成为在国内具有一定知名度、美誉度，多品牌、立体化的大型餐饮连锁企业。下属员工1000多人，拥有16家直营分店，经营总面积近13 000平方米，年营业额近亿元。其旗下各分店均坐落在繁华市区的主干道，雅致的装潢，配以精致的饰品、灯具、器物，出品精美、服务规范。

近年来餐饮行业面临较为复杂的市场环境，与其他行业一样餐饮企业都遇到了原材料成本升高、人力成本升高、房租成本升高等问题，这也使得整个行业的利润率急剧下降。在人力成本和房租成本上升的必然趋势下，如何在保持产品质量的同时提高企业效率，成为了T餐饮急需面对的问题。从2000年开始，T餐饮通过加强信息化管理来提高效率，目前已上线的管理系统如下所述。

1. 客户关系管理系统

该系统详细记录了每位客人的喜好，为顾客提供个性化服务，满足客户个性化需求。通过客户关怀，提高客户的忠诚度。比如企业能随时查询、了解今天哪位客人过生日或其他纪念日，根据客人的价值分类给予相应关怀，如送鲜花、生日蛋糕、寿面等。通过本系统，还可对客户行为进行深入分析，包括客户价值分析、新客户分析与发展，并根据其价值情况提供给管理者，为企业提供决策支持。

2. 前厅管理系统

该系统通过掌上电脑无线点菜方式，改变了传统“饭店点菜、下单、结账一支笔和一张纸，服务员来回跑的局面”，快速完成点菜过程。通过厨房自动送达信息，菜单不需要再通过手写，同时传菜部也轻松了不少，菜单会通过电脑自动打印出来，差错率降低，也不存在厨房人员看不懂服务员字迹而送错菜的问题。

3. 后厨管理系统

信息化技术可实现后厨与前厅沟通无障碍，客人菜单瞬间传到厨房。服务员只需点击掌上电脑的发送键，客人的菜单即被传送到收银管理系统中，由系统的电脑发出指令，设在厨房等处的打印机可立即打印出相应的菜单，厨师即可按单做菜。与此同时，收银台也打印出一张同样的菜单放在客人桌上，以备客人查询以及作结账凭据，使客人明白消费。

4. 财务管理系统

该系统完成销售统计、销售分析、财务审计，实现对日常经营、销售的管理。通过报表，企业管理者很容易掌握前台的销售情况，从而达到对财务的控制。通过表格和图形可以显示餐厅的销售情况，如菜品排行榜、日客户流量、日销售收入分析等；统计每天的出菜情况，可以了解哪些是滞销菜，哪些是畅销菜，从而了解顾客的品位，有针对性地制定出一套既适合餐饮企业的发展又能迎合顾客品位的菜肴体系和定价策略。

5. 物资管理系统

该系统主要完成对物资的进、销、存，实际上就是一套融采购管理（入库、供应商管理、账款管理）、销售（通过配菜卡与前台销售联动）、盘存为一体的物流管理系统。对于连锁企业，还涉及统一的配送管理等。

通过以上信息化的建设，T 餐饮已经积累了大量的历史数据，有没有一种方法可帮助企业从这些数据中洞察商机、提取价值？在同质化的市场竞争中，找到一些市场以前并不存在的“捡漏”和“补缺”？

1.2　从餐饮服务到数据挖掘

企业经营最大的目的就是盈利，而餐饮企业盈利的核心就是其菜品和顾客，也就是其提供的产品和服务对象。企业经营者每天都在想推出什么样的菜系和种类会吸引更多的顾客，究竟各种顾客各自的喜好是什么，以及在不同的时段是不是有不同的菜品畅销，当把几种不同的菜品组合在一起推出时是不是能够得到更好的效果，未来一段时间菜品原材料应该采购多少，……

T 餐饮的经营者想尽快地解决这些疑问，使自己的企业更加符合现有顾客的口味，吸引更多的新顾客，又能根据不同的情况和环境转换自己的经营策略。T 餐饮在经营过程中，通过分析历史数据，总结出一些行之有效的经验：

- ❑ 在点餐过程中，由有经验的服务员根据顾客特点进行菜品推荐，一方面可提高菜品的销量，另外一方面可减少客户点餐的时间和频率，以提高用户体验；
- ❑ 根据菜品历史销售情况，综合考虑节假日、气候和竞争对手等影响因素，对菜品销量进行预测，以便餐饮企业提前准备原材料；
- ❑ 定期对菜品销售情况进行统计，分类统计出好评菜和差评菜，为促销活动和新菜品推出的提供支持；
- ❑ 根据就餐频率和金额对顾客的就餐行为进行评分，筛选出优质客户，定期回访和送去关怀。

上述措施的实施都依赖于企业已有业务系统中保存的数据，但是目前从这些数据中获得有关产品和客户的特点以及能够产生价值的规律更多依赖于管理人员的个人经验。如果有一套工具或系统，能够从业务数据中自动或半自动地发现相关的知识和解决方案，这将极大地提高企业的决策水平和竞争能力。这种从数据中"淘金"，从大量数据（包括文本）中挖掘出隐含的、未知的、对决策有潜在价值的关系、模式和趋势，并用这些知识和规则建立用于决策支持的模型，提供预测性决策支持的方法、工具和过程，就是数据挖掘；它是利用各种分析工具在大量数据中寻找其规律和发现模型与数据之间关系的过程，是统计学、数据库技术和人工智能技术的综合。

这种分析方法可避免"人治"的随意性，避免企业管理仅依赖个人领导力的风险和不确定性，实现精细化营销与经营管理。

1.3 数据挖掘的基本任务

数据挖掘的基本任务包括利用分类与预测、聚类分析、关联规则、时序模式、偏差检测、智能推荐等方法，帮助企业提取数据中蕴含的商业价值，提高企业的竞争力。

对餐饮企业而言，数据挖掘的基本任务是从餐饮企业采集各类菜品销量、成本单价、会员消费、促销活动等内部数据，以及天气、节假日、竞争对手以及周边商业氛围等外部数据；之后利用数据分析手段，实现菜品智能推荐、促销效果分析、客户价值分析、新店选点优化、热销 / 滞销菜品分析和销量趋势预测；最后将这些分析结果推送给餐饮企业管理者及有关服务人员，为餐饮企业降低运营成本、增加盈利能力、实现精准营销、策划促销活动等提供智能服务支持。

1.4 数据挖掘的建模过程

从本节开始，将以餐饮行业的数据挖掘应用为例，详细介绍数据挖掘的建模过程，如图 1-1 所示。

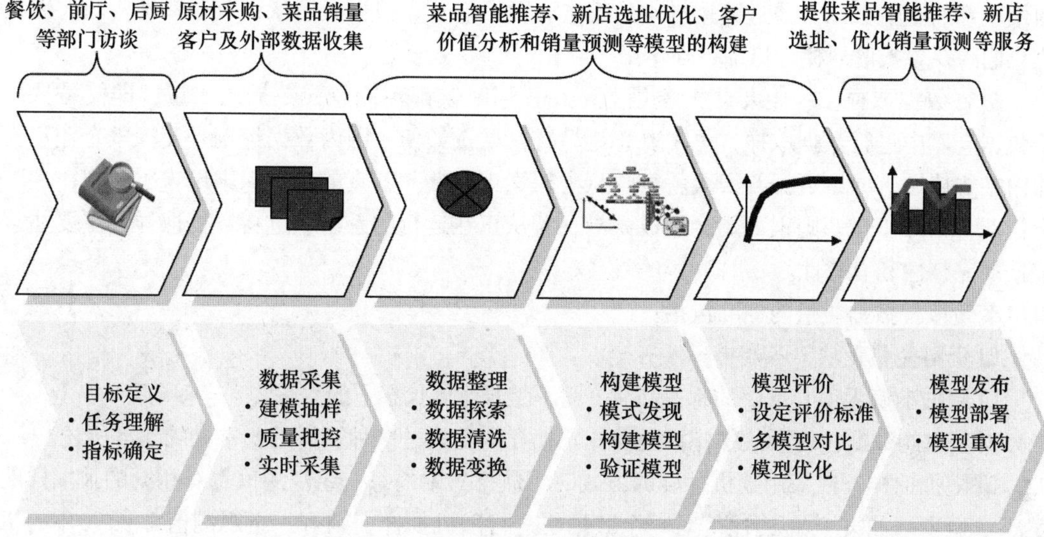

图 1-1　餐饮行业数据挖掘的建模过程

1.4.1　定义挖掘目标

针对具体的数据挖掘应用需求，首先要明确本次的挖掘目标是什么，系统完成后能达到什么样的效果。因此我们必须分析应用领域，包括应用中的各种知识和应用目标，了解相关领域的有关情况，熟悉背景知识，弄清用户需求。要想充分发挥数据挖掘的价值，必须对目标有一个清晰明确的定义，即决定到底想干什么。

针对餐饮行业的数据挖掘应用，可定义以下挖掘目标：

- 实现动态菜品智能推荐，帮助顾客快速发现自己感兴趣的菜品，同时确保推荐给顾客的菜品也是餐饮企业所期望的，实现餐饮消费者和餐饮企业的双赢；
- 对餐饮客户进行细分，了解不同客户的贡献度和消费特征，分析哪些客户是最有价值的，哪些是最需要关注的，对不同价值的客户采取不同的营销策略，将有限的资源投放到最有价值的客户身上，实现精准化营销；
- 基于菜品的历史销售情况，综合考虑节假日、气候和竞争对手等影响因素，对菜品销量进行趋势预测，方便餐饮企业准备原材料；
- 基于餐饮大数据，优化新店选址，并对新店位置的潜在顾客口味偏好进行分析，以便及时进行菜式调整。

1.4.2　数据取样

在明确了需要进行数据挖掘的目标后，接下来就需要从业务系统中抽取出一个与挖掘目标相关的样本数据子集。抽取数据的标准，一是相关性，二是可靠性，三是有效性，而不是动用全部的企业数据。通过数据样本的精选，不但能减少数据处理量，节省系统资源，而且使我们想要寻找的规律性更加突显出来。

进行数据取样，一定要严把质量关。在任何时候都不能忽视数据的质量，即使是从一个数据仓库中进行数据取样，也不要忘记检查其质量如何。因为数据挖掘是要探索企业运作的内在规律性，原始数据有误，就很难从中探索规律性。若真的从中探索出来了“规律性”，再依此去指导工作，则很可能会造成误导；若从正在运行的系统中进行数据取样，更要注意数据的完整性和有效性。

衡量取样数据质量的标准包括：

- 资料完整无缺，各类指标项齐全。
- 数据准确无误，反映的都是正常（而不是异常）状态下的水平。

对获取的数据，可再从中作抽样操作。抽样的方式是多种多样的，常见的如下所述。

- 随机抽样：在采用随机抽样的方式时，数据集中的每一组观测值都有相同的被抽样的概率。如按 10% 的比例对一个数据集进行随机抽样，则每一组观测值都有 10% 的机会被取到。
- 等距抽样：如按 5% 的比例对一个有 100 组观测值的数据集进行等距抽样，则有 100/5=20，等距抽样方式是取第 20、40、60、80、100 五组观测值。
- 分层抽样：在进行这种抽样操作时，首先要将样本总体分成若干层次（或者说分成若干个子集）。在每个层次中的观测值都具有相同的被选用的概率，但对不同的层次可设定不同的概率。这样的抽样结果通常具有更好的代表性，进而使模型具有更好的拟合精度。
- 从起始顺序抽样：这种抽样方式是从输入数据集的起始处开始抽样。抽样的数量可以给定一个百分比，或者直接给定选取观测值的组数。
- 分类抽样：在前述几种抽样方式中，并不考虑抽取样本的具体取值。分类抽样则依据某种属性的取值来选择数据子集。如，按客户名称分类、按地址区域分类等。分类抽样的选取方式就是前面所述的几种方式，只是抽样以类为单位。

基于上节定义的针对餐饮行业的挖掘目标，需从客户关系管理系统、前厅管理系统、后厨管理系统、财务管理系统和物资管理系统抽取用于建模和分析的餐饮数据，主要包括以下内容。

- 餐饮企业信息：名称、位置、规模、联系方式；部门、人员、角色等；
- 餐饮客户信息：姓名、联系方式、消费时间、消费金额等；
- 餐饮企业菜品信息：菜品名称、菜品单价、菜品成本、所属部门等；
- 菜品销量数据：菜品名称、销售日期、销售金额、销售份数；
- 原材料供应商资料及商品数据：供应商姓名、联系方式；商品名称、客户评价信息；
- 促销活动数据：促销日期、促销内容、促销描述；
- 外部数据：如天气、节假日、竞争对手以及周边商业氛围等数据。

1.4.3 数据探索

前面所叙述的数据取样，多少是带着人们对如何实现数据挖掘目的的先验认识进行操作的。当我们拿到了一个样本数据集后，它是否达到我们原来设想的要求；其中有没有什么明显的规律和趋势；有没有出现从未设想过的数据状态；属性之间有什么相关性；它们可区分成怎样一些类别等，这些都是要首先探索的内容。

对所抽取的样本数据进行探索、审核和必要的加工处理，是保证最终的挖掘模型的质量所必需的。可以说，挖掘模型的质量不会超过抽取样本的质量。数据探索和预处理的目的是为了保证样本数据的质量，从而为保证模型质量打下基础。

针对上一节采集的餐饮数据，数据探索主要包括：异常值分析、缺失值分析、相关分析、周期性分析等，有关介绍详见第 3 章。

1.4.4 数据预处理

当采样数据维度过大时，如何进行降维处理、缺失值处理等都是数据预处理要解决的问题。

由于采样数据中常常包含许多有噪声、不完整甚至不一致的数据，对数据挖掘所涉及的数据对象必须进行预处理。那么如何对数据进行预处理以改善数据质量，并最终达到完善数据挖掘结果的目的呢？

针对采集的餐饮数据，数据预处理主要包括：数据筛选、数据变量转换、缺失值处理、坏数据处理、数据标准化、主成分分析、属性选择、数据规约等，有关介绍详见第 3 章。

1.4.5 挖掘建模

样本抽取完成并经预处理后，接下来要考虑的问题是本次建模属于数据挖掘应用中的哪类问题（分类、聚类、关联规则、时序模式或是智能推荐），选用哪种算法进行模型构建？

这一步是数据挖掘工作的核心环节。针对餐饮行业的数据挖掘应用，挖掘建模主要包括基于关联规则算法的动态菜品智能推荐、基于聚类算法的餐饮客户价值分析、基于分类与预测算法的菜品销量预测、基于整体优化的新店选址。

以菜品销量预测为例，模型构建是对菜品历史销量，综合考虑节假日、气候和竞争对手等采样数据轨迹的概括，它反映的是采样数据内部结构的一般特征，并与该采样数据的具体结构基本吻合。模型的具体化就是菜品销量预测公式，此公式可以产生与观察值有相似结构的输出，这就是预测值。

1.4.6 模型评价

从上一节的建模过程中会得出一系列的分析结果，模型评价的目的之一就是从这些模型中自动找出一个最好的模型出来，另外就是要根据业务对模型进行解释和应用。

对分类与预测模型和聚类分析模型的评价方法是不同的，具体评价方法详见第 5 章相关章节的内容介绍。

1.5 常用的数据挖掘建模工具

数据挖掘是一个反复探索的过程，只有将数据挖掘工具提供的技术和实施经验与企业的业务逻辑和需求紧密结合，并在实施过程中不断地磨合，才能取得好的效果。下面简单介绍几种常用的数据挖掘建模工具。

1. SAS Enterprise Miner

Enterprise Miner（EM）是 SAS 推出的一个集成的数据挖掘系统，允许使用和比较不同的技术，同时还集成了复杂的数据库管理软件。它的运行方式是通过在一个工作空间（workspace）中按照一定的顺序添加各种可以实现不同功能的节点，然后对不同节点进行相应的设置，最后运行整个工作流程（workflow），便可以得到相应的结果。

2. IBM SPSS Modeler

IBM SPSS Modeler 原名 Clementine，2009 年被 IBM 收购后对产品的性能和功能进行了大幅度改进和提升。它封装了最先进的统计学和数据挖掘技术，来获得预测知识并将相应的决策方案部署到现有的业务系统和业务过程中，从而提高企业的效益。IBM SPSS Modeler 拥有直观的操作界面、自动化的数据准备和成熟的预测分析模型，结合商业技术可以快速建立预测性模型。

3. SQL Server

Microsoft 的 SQL Server 中集成了数据挖掘组件——Analysis Servers，借助 SQL Server 的数据库管理功能，可以无缝地集成在 SQL Server 数据库中。SQL Server 2008 中提供了决策树算法、聚类分析算法、Naive Bayes 算法、关联规则算法、时序算法、神经网络算法、线性回归算法等常用的数据挖掘算法。但是其预测建模的实现是基于 SQL Server 平台的，平台移植性相对较差。

4. MATLAB

MATLAB（Matrix Laboratory，矩阵实验室）是美国 Mathworks 公司开发的应用软件，具备强大的科学及工程计算能力，它不但具有以矩阵计算为基础的强大数学计算能力和分析功能，而且还具有丰富的可视化图形表现功能和方便的程序设计能力。MATLAB 并不提供一个专门的数据挖掘环境，但它提供非常多的相关算法的实现函数，是学习和开发数据挖掘算法的很好选择。

5. WEKA

WEKA（Waikato Environment for Knowledge Analysis）是一款知名度较高的开源机器学

习和数据挖掘软件。高级用户可以通过 Java 编程和命令行来调用其分析组件。同时，WEKA 也为普通用户提供了图形化界面，称为 WEKA Knowledge Flow Environment 和 WEKA Explorer，可以实现预处理、分类、聚类、关联规则、文本挖掘、可视化等。

6. KNIME

KNIME（Konstanz InformationMiner, http://www.knime.org）是基于 Java 开发的，可以扩展使用 Weka 中的挖掘算法。KNIME 采用类似数据流（Data Flow）的方式来建立分析挖掘流程。挖掘流程由一系列功能节点组成，每个节点都有输入 / 输出端口，用于接收数据或模型、导出结果。

7. RapidMiner

RapidMiner 也叫 YALE（Yet Another Learning Environment, https://rapidminer.com），提供图形化界面，采用类似 Windows 资源管理器中的树状结构来组织分析组件，树上每个节点表示不同的运算符（operator）。YALE 中提供了大量的运算符，包括数据处理、变换、探索、建模、评估等各个环节。YALE 是用 Java 开发的，基于 Weka 来构建，可以调用 Weka 中的各种分析组件。RapidMiner 有拓展的套件 Radoop，可以和 Hadoop 集成起来，在 Hadoop 集群上运行任务。

8. TipDM

TipDM（顶尖数据挖掘平台）使用 Java 语言开发，能从各种数据源获取数据，建立多种数据挖掘模型（目前已集成数十种预测算法和分析技术，基本覆盖了国外主流挖掘系统支持的算法）。TipDM 支持数据挖掘流程所需的主要过程：数据探索（相关性分析、主成分分析、周期性分析）、数据预处理（属性选择、特征提取、坏数据处理、空值处理）、预测建模（参数设置、交叉验证、模型训练、模型验证、模型预测）、聚类分析、关联规则挖掘等一系列功能。

1.6　小结

本章从一个知名的餐饮企业经营过程中存在的困惑出发，引出数据挖掘的概念、基本任务、建模过程及常用工具。

如何帮助企业从数据中洞察商机、提取价值，这是现阶段几乎所有企业都关心的问题。通过发生在身边的案例，由浅入深地引出深奥的数据挖掘理论，让读者在不知不觉中感悟到数据挖掘的非凡魅力！本案例同时也贯穿到后续第 3 ~ 5 章的理论介绍中。

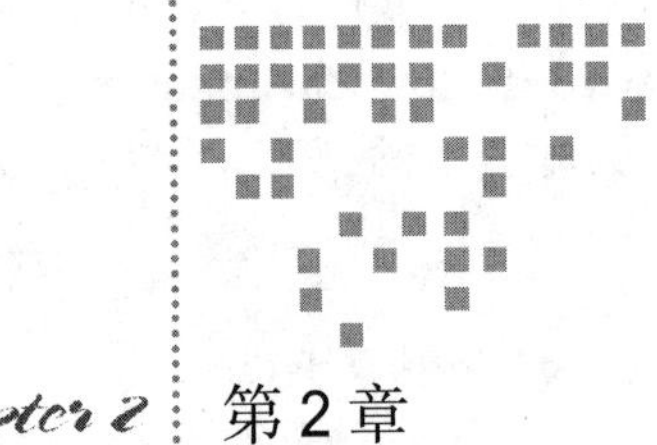

Chapter 2 第2章

MATLAB数据分析工具箱简介

MATLAB[1]（矩阵实验室）是MATrix LABoratory的缩写，是一款由美国MathWorks公司出品的工程与科学计算软件。它提供一种用于算法开发、数据可视化、数据分析以及数值计算的科学计算语言和交互式环境。它具有下列优势：

- MATLAB程序语言易学，其代码编辑、调试交互式环境比较人性化，易于初学者上手；
- 具有较高的开放性，MATLAB不仅提供功能丰富的内置函数供用户调用，也允许用户编写自定义函数来扩充功能；
- MATLAB是学术界和业界最常用的算法设计平台，具有丰富的网络资源，很多用户根据自己的需要开发最新的算法或函数工具箱共享在互联网上。

MATLAB是一个体系庞大的应用软件，主要包括核心的MATLAB基础工具箱和各专业领域的其他工具箱。MATLAB在数据分析、数据挖掘领域具有特别优势，本书针对数据分析和挖掘相关的内容采用原理加实战的方式来对MATLAB相关函数进行介绍。本章主要对MATLAB软件的安装、一些数据分析和挖掘相关的工具箱及常用函数的使用进行简单介绍。在后续的章节中，首先介绍数据挖掘分析的相关原理，然后针对每个原理选取MATLAB相关函数进行实战演示，使读者不仅能对数据挖掘相关原理比较清晰，同时可以使用本书提供的MATLAB相关实例来切实地感受相关数据挖掘原理的精髓。

2.1 MATLAB的安装

本书使用的MATLAB版本为MATLAB R2014a。根据操作系统的不同，可选择安装64位或32位的版本。推荐安装64位版本，64位版本可使其运行内存不再受操作系统内存上限的影响。安装时直接运行根目录下的 bin/win32/setup.exe 文件即可。MathWorks 公司在 MATLAB 的官方网站：https://cn.mathworks.com/programs/trials/trial_request.html?prodcode=ML&s_iid=main_trial_ML_cta1 提供试用版的下载。

在安装过程中可选择在线安装或离线安装两种方式。选择在线安装需要提供用户名和密码；离线安装方式需要提供安装序列号以及许可文件。

安装好 MATLAB 后，单击安装目录中 bin 目录下的 matlab.exe 启动 MATLAB，打开如图 2-1 所示的界面。

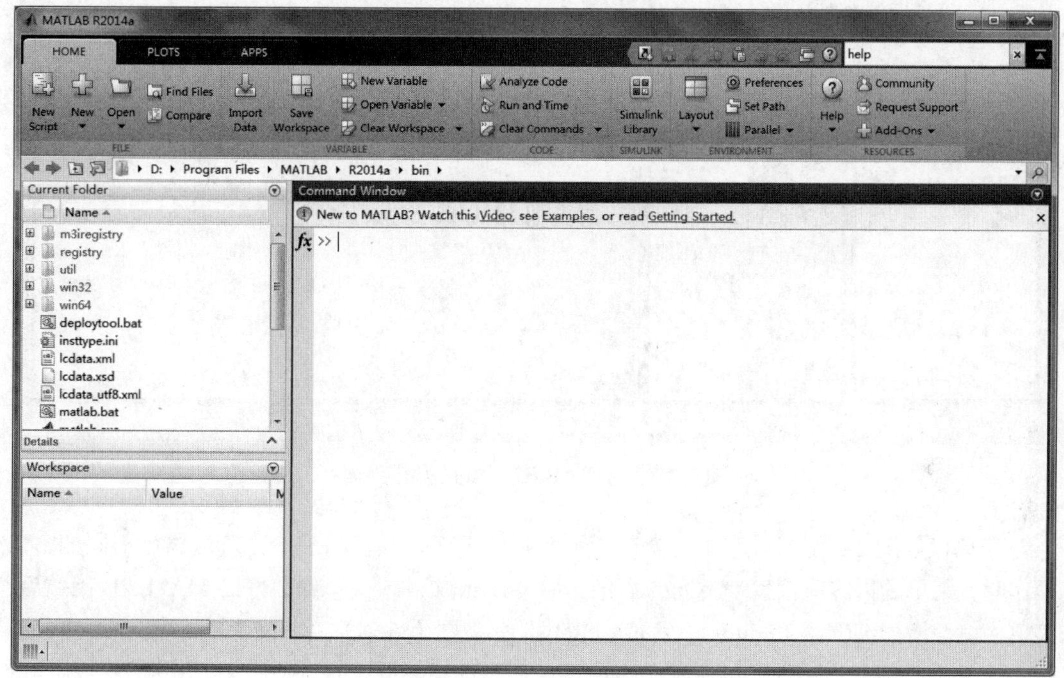

图 2-1　MATLAB R2014a 的初始界面

2.2　MATLAB 使用入门

2.2.1　MATLAB R2014a 操作界面

MATLAB 的界面布局可以根据使用者的需求和习惯进行调整。通过调整工具栏中的 Layout 选项：选择 Layer → Default 选项，这时会出现如图 2-1 的界面；接着，选择 Layer → Command History → Docked 选项，展示 Command History 界面，通过点击界面拖拽的方式，把常用的工作环境界面进行调整，调整后的界面如图 2-2 所示。MATLAB R2014a 的工作环境由六部分组成，包括菜单栏、工具栏、当前文件夹窗口（Current Folder）、工作空间窗口（Workspace）、历史命令窗口（Command History）和命令窗口（Command Window）。

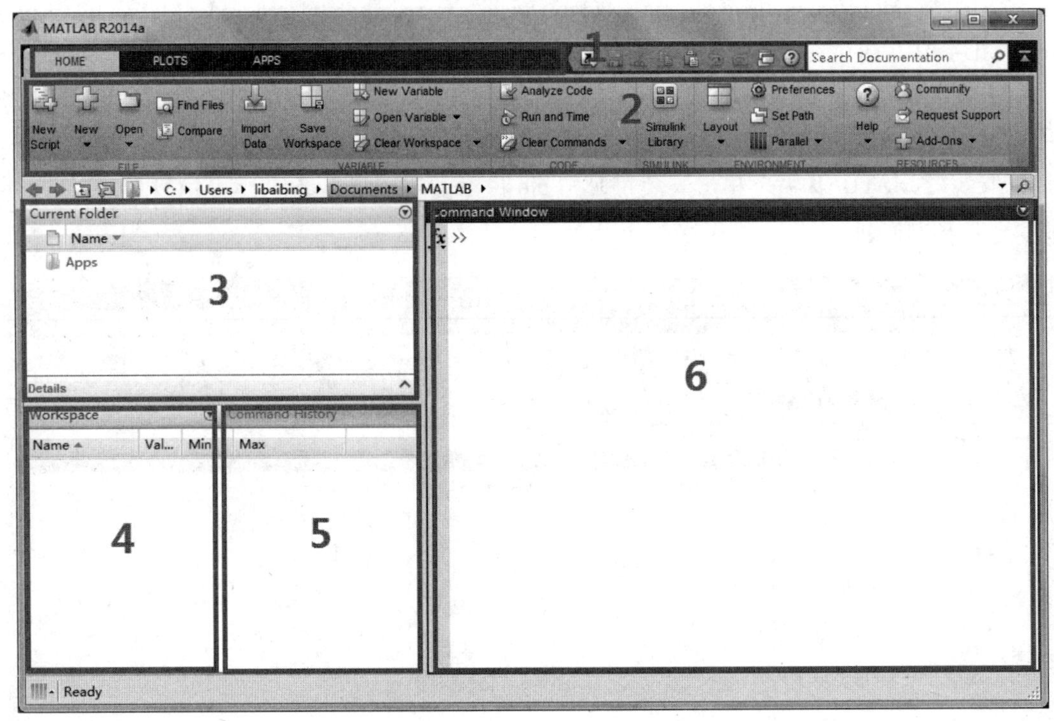

图 2-2　MATLAB R2014a 的操作界面

菜单栏如图 2-2 中标号为 1 的窗口所示，它位于工作环境的最上方。当执行不同的窗口操作时，菜单的内容就会发生不同的变化。如打开 m 文件或一个编写好的 MATLAB 函数后，菜单栏就会增加编辑器（Editor）、发布（Publish）、视图（View）三个菜单栏选项。

工具栏如标号为 2 的窗口所示，当在菜单栏中选择不同的选项时，工具栏会发生相应的变化，为用户提供便捷的操作。如在主页（Home）菜单中，可以进行新建、打开、查找文件等操作。

当前文件夹窗口，如标号为 3 的窗口所示，用于显示当前路径下的文件。在当前文件夹窗口中可以显示或改变当前文件夹、显示当前目录下的文件夹、进行路径搜索等操作。

工作空间窗口，如标号为 4 的窗口所示，用来显示当前保存在内存中的变量的名称、数据类型、维数以及最大值 / 最小值。双击工作空间窗口中的变量，能够查看其详细的取值。

历史命令窗口，如标号为 5 的窗口所示，记录所有执行过的命令及时间，可以通过双击来重新执行某个命令。

命令窗口，如标号为 6 的窗口所示，是 MATLAB 进行工作的窗口，也是实现 MATLAB 各种功能的窗口。其中的“ >> ”是运算提示符，表示 MATLAB 处于准备编辑的状态，用户可以直接在运算提示符后输入命令语句，再按 Enter 键执行。

2.2.2　MATLAB 常用操作

1. doc

功能：打开 MATLAB 帮助浏览器。

在命令窗口输入 doc，按 Enter 键执行，或者在 MATLAB 右上角单击 ? 按钮，都可打开帮助浏览器。帮助浏览器是 MATLAB 自带的帮助系统，是学习 MATLAB 的一个非常有用的工具。例如要了解 plot() 函数，可以在帮助浏览器的搜索栏中查找 plot，如图 2-3 所示，即可获得 plot() 函数的使用帮助。

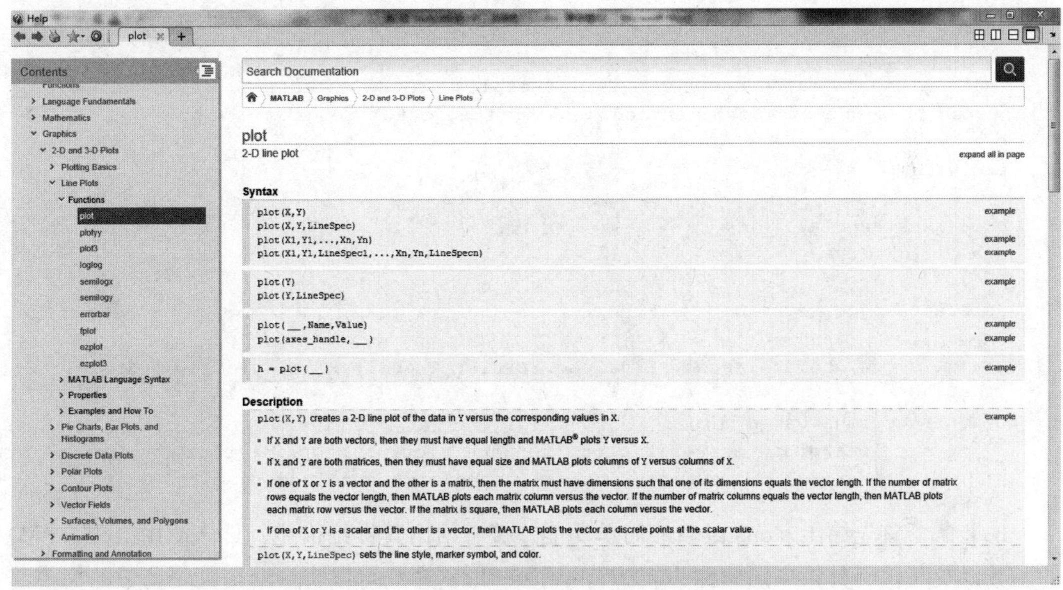

图 2-3　MATLAB R2014a 帮助浏览器

使用帮助中主要包括 7 部分内容：语法（Syntax）部分给出了 plot 函数的各种调用方法；函数说明（Description）部分，针对每种语法进行详细描述，描述函数的主要功能以及输入数据的格式等；例子部分给出 plot 函数常用的例子，用户可以直接运行示例程序得到结果，得到对该函数的一个直观的印象；输入参数部分，给出输入参数的详细解释，包括输入参数的取值范围等；输出参数部分给出输出参数的详细描述，类似输入参数；更多（More About）给出了和该函数相关的信息；其他（See Also）则提供了与该函数相关的其他函数的链接。

使用 MATLAB 的帮助系统是一种快速学习和掌握 MATLAB 的有效方法。下面以绘制一个给定的时序 y 的时序图为例进行说明。MATLAB 中最基本的绘图命令是 plot，我们在帮助系统中查找 plot，查看其基本语法，找到和自己需求相关的语法，这里使用 plot(y) 语法即可。接下来查看其语法的详细解释，由于这里的 y 是一个时序向量，直接调用即可。然后编写脚本代码、运行程序，即可得到所要的时序图。当然在查看完语法的详细解释后还可以查看其示例程序，直接复制其代码片段到命令窗口执行并查看结果。这样就不会单单对 plot() 函数停留在简单理解的水平上了。最后，如果需要进一步调整所作的时序图，比如设置标题、x 轴、y 轴等信息，还可以在其他里面查询到相关的函数。

2. help

功能：提供 MATLAB 函数和 M 文件的在线帮助。

在命令窗口中输入 help plot，按 Enter 键执行，得到 MATLAB 中自带函数 plot() 的帮助信息如下。

```
>> help plot
plot - 2-D line plot

This MATLAB function creates a 2-D line plot of the data in Y versus the
…such that one of its dimensions equals the vector length.

plot(X,Y)
…
plot(axes_handle,___)
h = plot(___)

Reference page for plot

See also gca, hold, legend, LineSpec, title, xlabel, xlim, ylabel, ylim

Other functions named plot
      simulink/plot, curvefit/plot, finance/plot, fixedpoint/plot, mpc/plot,
             rf/plot, wavelet/plot, simscape/simscape.logging.plot
```

help 命令首先给出 plot() 函数的简单功能，接着给出其详细描述、具体使用语法、相关的函数以及其他工具箱中同样称为 plot() 的函数。help 命令可以直接给出某个函数的简单用法，方便用户快速针对某个函数的使用有一个简单、大体的了解。

3. clc

功能：清除命令窗中所有的显示内容。

4. clear

功能：清除 MATLAB 工作空间中的内存变量。

一般利用 clc 命令与 clear 命令，清除内存变量和命令窗口中的所有显示内容。

5. save 和 load

功能：save 将 MATLAB 工作空间中的所有变量保存到为 .mat 的二进制格式文件中；load 从磁盘文件中重新调入变量内容到工作空间。

6. xlsread、xlswrite、csvread、csvwrite

功能：xlsread、csvread 读取 Excel 或者 CSV 文件到当前的工作空间；xlswrite、csvwrite

把当前工作空间的数据写到 Excel 或者 CSV 文件中。

7. database、exec、fetch

功能：database 连接数据库，根据参数的不同其所连接的数据库也不同；exec 执行给定的 sql 语句；fetch 获取 sql 执行的结果。MATLAB 连接 MySQL 并查询数据的示例代码，如代码清单 2-1 所示。

代码清单 2-1　MATLAB 连接 MySQL 并查询数据示例程序

```
%% MySQL 数据库导入数据示例程序
clear;

% 初始化参数
sqlquery = 'select u.user,u.password,u.host from user u';      % 查询脚本
dbname='mysql';                                                 % 数据库名称
username='admin';
password='admin';
host = 'localhost';
dpath='D:\Program Files\MySQL\Connector J 5.1.25\mysql-connector-java-5.1.25-bin.
    jar';                                                       % MySQL 驱动路径
datafile = '../tmp/user.xls';                                   % 数据保存路径

%% 连接数据库并查询
javaaddpath(dpath);                             % 把 MySQL 驱动加入系统路径
conn = database(dbname,username,password,'Vendor','MySQL',...
          'Server',host);                       % 连接数据库
curs = exec(conn,sqlquery);                     % 执行查询
setdbprefs('DataReturnFormat','cellarray');     % 设置数据格式
curs = fetch(curs);                             % 获取数据

%% 保存数据
data = curs.data;                               % 获取数据
xlswrite(datafile,data);                        % 数据写入 Excel
```

* 代码详见：示例程序 /code/database_example.m

8. fopen、fscanf、fprintf

功能：fopen 打开一个文件，设置参数可以设置打开的权限，比如读、写等；fscanf 读取文本文件的数据；fprintf 写入数据到文本文件中。

9. imread、imwrite、print

功能：imread 读取图片数据；imwrite 把图片数据写入文件；print 把画出来的图片保存到文件。比如，现在需要针对一个文件夹中所有的图片进行截取并计算其一阶矩，那么可以使用 dir() 函数得到所有图片的索引，即可进行批量处理（参考第 9 章基于水色图像的水质评价）。其 MATLAB 代码，如代码清单 2-2 所示。

代码清单 2-2　图片批量截取

```
%% 图片批量截取
clear;
```

```
% 初始化参数
picdir = '../data/images/' ;                        % 图片所在的文件夹
picsave = '../tmp/';                                % 截取图片保存文件夹
logfile = '../tmp/log.txt' ;                        % 日志文件所在的路径
momentfile ='../tmp/moment.xls';                    % 图片阶矩存储路径

%% 日志文件初始化
fileID = fopen(logfile,'a+');                       % 以追加的方式添加日志信息
loginfo =[datestr(now) '   ' '日志初始化完成 '];     % 日志信息
fprintf(fileID,'%s\r\n',loginfo);                   % 写入日志信息

%% 批量获取图片名
inputfolder=dir(picdir);
inputfolder=struct2cell(inputfolder);
inputfolder=inputfolder';
isdirs=cell2mat(inputfolder(:,4));
num= sum(isdirs==0);                                % 图片的数量
images=inputfolder(:,1);
images=images(isdirs==0);                           % 图片名
% 日志记录
loginfo =[datestr(now) '    ' '图片所在的文件夹为: ' picdir ...
    ', 一共有 ' num2str(num) '个图片 '];
fprintf(fileID,'%s\r\n',loginfo);

%% 图片的批量截取和保存
rows = size(images,1);
moment = zeros(rows,3);                             % 初始化一阶矩变量
for i= 1:rows
    % 日志记录
    loginfo =[datestr(now) '    ' '正在处理第 ' num2str(i) ...
    '个图片, 文件名为 ' images{i,1} ];
    fprintf(fileID,'%s\r\n',loginfo);
    imdata_i = imread([picdir images{i,1}]);        % 读取图片文件
    [width,length,z]=size(imdata_i);
    subimage= imdata_i(fix(width/2)-50:fix(width/2)+50,...
        fix(length/2)-50:fix(length/2)+50,:);% 图片截取
    imwrite(subimage,[picsave images{i,1}]);        % 保存图片
    % 计算截取图片后一阶矩
    subimage=im2double(subimage);                   % 数据转换
    firstmoment= mean(mean(subimage));              % 一阶矩
    for j=1:3
        moment(i,j)=firstmoment(1,1,j);
    end
end

%% 保存数据 关闭日志文件
xlswrite(momentfile,moment);                        % 把阶矩数据写入Excel 文件
% 日志记录
loginfo =[datestr(now) '    ' '阶矩数据已写入文件 ' ];
fprintf(fileID,'%s\r\n',loginfo);

fclose(fileID);  % 关闭日志文件
```

* 代码详见：示例程序 /code/batch_pic_process.m

10. plot

功能：画图，可以设置参数进行定制的图像绘制。比如，使用代码清单 2-3 可以实现读取 Excel 的时间序列数据，然后进行定制作图。

代码清单 2-3　定制作图

```
%% 定制作图
clear;
% 初始化参数
tsfile = '../data/time_series.xls';      % 时间序列所在路径;
tspic = '../tmp/time_series.png' ;       % 时间序列图保存路径;

%% 读取时间序列
[num,txt] = xlsread(tsfile);

%% 定制作图
h=figure ;
set(h,'Visible','off');                  % 直接保存，不需弹框
plot(num(:,1),num(:,2),'-ok');           % 使用 -o 连接，颜色为黑色
xlabel(txt{1,1});
ylabel(txt{1,2});
title('时间序列图');

%% 保存图片
print(h,'-dpng',tspic);
```

* 代码详见：示例程序 /code/cust_plot.m

2.3　MATLAB 数据分析工具箱

MATLAB 工具箱主要包含的类别有数学类、统计与优化类、信号处理与通信类、控制系统设计与分析类、图像处理类、测试与测量类、计算金融类、计算生物类、并行计算类、数据库访问与报告类、MATLAB 代码生成类、MATLAB 应用发布类。每个类别内含有一个或多个工具箱。比如数学、统计与优化类别就包含有曲线拟合工具箱、优化工具箱、神经网络工具箱、统计工具箱等。MATLAB 应用发布类别主要包含 MATLAB 和其他语言的混合编译、编程，包括 C、C#、Java 等。

本书主要介绍数据分析以及与挖掘实战相关的内容，所以仅就 MATLAB 中与数据分析及挖掘相关的工具箱进行介绍，包含统计工具箱、优化工具箱、曲线拟合工具箱、神经网络工具箱等，如表 2-1 所示。

表 2-1　MATLAB 数据挖掘的相关工具箱

工具箱	简介
统计工具箱	使用统计和机器学习分析及构建数据模型
曲线拟合工具箱	使用回归、插值、平滑拟合曲线数据

（续）

工具箱	简介
优化工具箱	解决线性、非线性、二次、整数优化的问题
神经网络工具箱	创建、训练、仿真神经网络

统计工具箱可以对数据进行组织、分析和建模，使用和统计分析、机器学习相关的算法及工具。用户可以使用回归以及分类分析来进行预测建模、生成随机序列（蒙特卡罗模拟），同时可以使用统计分析工具对数据进行前期的探索研究或者进行假设性检验。在分析多维数据时，统计工具箱提供连续特征选择、主成分分析、正规化和收缩、偏最小二乘回归分析法等工具帮助用户筛选出对模型有重要影响的变量。该工具箱同时还提供有监督、无监督的机器学习算法，包括支持向量机（SVMs）、决策树、K-Means、分层聚类、K 近邻聚类搜索、高斯混合、隐马尔科夫模型等[2]。

优化工具箱主要提供用于在满足给定的束缚条件时寻找最优解的相关函数，主要包含线性规划、混合整数线性规划、二次规划、非线性最优化、非线性最小平方问题的求解函数。在该工具箱中，用户可以针对连续型、离散型问题寻求最优的解决方法，使用权衡分析法进行分析，或者在算法和应用中融合多种优化方法，从而达到较好的效果[2]。

曲线拟合工具箱提供一个图形用户界面（GUI）和各种函数调用接口供用户实现数据拟合。使用该工具箱可以进行数据探索性分析、数据预处理、数据过程处理、比较分析候选模型和异常值过滤。用户可以使用 MATLAB 库函数提供的线性与非线性模型或者用户自定义的方程式来进行回归分析。该工具箱也支持无参数模型，比如样条变换、插值以及平滑[2]。

神经网络工具箱提供的函数以及应用可以用于复杂的、非线性系统的建模。不仅支持前馈监督式学习、径向基和动态网络，同时还支持组织映射以及竞争层形式的非监督式学习。利用该工具箱，用户可以设计、训练、可视化以及仿真神经网络。神经网络工具箱的应用主要包括：回归、分类、聚类分析、时间序列预测和动力系统建模，对应于其所包含的四个子工具箱。在处理海量数据时，还可以考虑使用数据分布式以及分布式计算功能、GPU 功能以及并行计算工具箱[2]。

2.4 配套附件使用设置

本书附件资源按照章节组织，在附件的目录中会有 chapter2、chapter3、chapter4 等章节。在原理篇的章节目录下只包含“示例程序”文件夹，包含三个子目录：code、data 和 tmp。其中 code 为章节正文中使用的代码；data 为使用的数据文件；tmp 文件夹中存放临时文件或者示例程序运行的结果文件。

在实战篇，如 chapter6 中则包含“示例程序”“上机实验”“上机实验拓展”“拓展思考”文件夹。其中的“示例程序”文件夹和原理篇一致；“上机实验”文件夹则主要针对上机实验部分的完整代码，其子目录结构和“示例程序”一致；“上机实验拓展”中包含“SAS”“R”“SPSS”三个文件夹，主要是使用不同的工具来解决上机实验问题；“拓展思考”则主要存储拓展思考部分的数据文件。

读者只需把整个章节如 chapter2 复制到本地计算机中，打开其中的示例程序即可运行程序并得到结果。这里需要注意，在示例程序中使用的一些自定义函数在对应的章节可以找到相应的 m 文件。同时示例程序中的参数初始化可能需要根据具体设置进行配置，比如，数据库驱动地址如果和示例程序不同，请自行修改。

2.5　小结

本章主要对 MATLAB 进行简单介绍，包括软件安装、使用入门及相关注意事项，以及 MATLAB 数据分析及挖掘的相关工具箱。由于 MATLAB 包含有多个领域的工具箱，本章只介绍了与数据分析及数据挖掘相关的工具箱，包括统计工具箱、优化工具箱、曲线拟合工具箱和神经网络工具箱。工具箱中包含的函数在后续章节中会进行实例分析，通过在 MATLAB 平台上完成实际案例来掌握数据分析和数据挖掘的原理，培养读者应用数据分析和挖掘技术解决实际问题的能力。

Chapter 3 第3章

数据探索

根据观测、调查收集到初步的样本数据集后，接下来要考虑的问题是：样本数据集的数量和质量是否满足模型构建的要求？有没有出现从未设想过的数据状态？其中有没有什么明显的规律和趋势？各因素之间有什么样的关联性？

通过检验数据集的数据质量、绘制图表、计算某些特征量等手段，对样本数据集的结构和规律进行分析的过程就是数据探索。数据探索有助于选择合适的数据预处理和建模方法，甚至可以完成一些通常由数据挖掘解决的问题。

本章从数据质量分析和数据特征分析两个角度对数据进行探索。

3.1 数据质量分析

数据质量分析是数据挖掘中数据准备过程的重要一环，是数据预处理的前提，也是数据挖掘分析结论有效性和准确性的基础，没有可信的数据，数据挖掘构建的模型将是空中楼阁。

数据质量分析的主要任务是检查原始数据中是否存在脏数据，脏数据一般是指不符合要求，以及不能直接进行相应分析的数据。在常见的数据挖掘工作中，脏数据包括：

- 缺失值
- 异常值
- 不一致的值
- 重复数据及含有特殊符号（如#、￥、*）的数据

本小节将主要对数据中的缺失值、异常值和一致性进行分析。

3.1.1 缺失值分析

数据的缺失主要包括记录的缺失和记录中某个字段信息的缺失，两者都会造成分析结果的不准确。以下从缺失值产生的原因及影响等方面展开分析。

1. 缺失值产生的原因

- 有些信息暂时无法获取，或者获取信息的代价太大。
- 有些信息是被遗漏的，可能是因为输入时认为不重要、忘记填写或对数据理解错误等一些人为因素而造成的，也可能是由于数据采集设备的故障、存储介质的故障、传输媒体的故障等非人为原因而丢失的。
- 属性值不存在。在某些情况下，缺失值并不意味着数据有错误。对一些对象来说某些属性值是不存在的，如一个未婚者的配偶姓名、一个儿童的固定收入等。

2. 缺失值的影响

- 数据挖掘建模将丢失大量的有用信息。
- 数据挖掘模型所表现出的不确定性更加显著，模型中蕴含的规律更难把握。
- 包含空值的数据会使建模过程陷入混乱，导致不可靠的输出。

3. 缺失值的分析

使用简单的统计分析，可以得到含有缺失值的属性的个数，以及每个属性的未缺失数、缺失数与缺失率等。

对缺失值的处理，从总体上来说分为删除存在缺失值的记录、对可能值进行插补和不处理三种情况，将在4.1.1节详细介绍。

3.1.2 异常值分析

异常值分析是检验数据是否有录入错误以及含有不合常理的数据。忽视异常值的存在是十分危险的，不加剔除地把异常值包括进数据的计算分析过程中，对结果会带来不良影响；重视异常值的出现，分析其产生的原因，常常成为发现问题进而改进决策的契机。

异常值是指样本中的个别值，其数值明显偏离其余的观测值。异常值也称为离群点，异常值的分析也称为离群点分析。

1. 简单统计量分析

可以先对变量做一个描述性统计，进而查看哪些数据是不合理的。最常用的统计量是最大值和最小值，用来判断这个变量的取值是否超出了合理的范围。如客户年龄的最大值为199岁，则该变量的取值存在异常。

2. 3σ 原则

如果数据服从正态分布，在 3σ 原则下，异常值被定义为一组测定值中与平均值的偏差超过三倍标准差的值。在正态分布的假设下，距离平均值 3σ 之外的值出现的概率为

$P(|x-\mu|>3\sigma)\leqslant 0.003$，其属于极个别的小概率事件。

如果数据不服从正态分布，也可以用远离平均值的多少倍的标准差来描述。

3. 箱型图分析

箱型图提供了识别异常值的一个标准：异常值通常被定义为小于 $Q_L-1.5IQR$ 或大于 $Q_U+1.5IQR$ 的值。Q_L 称为下四分位数，表示全部观察值中有四分之一的数据取值比它小；Q_U 称为上四分位数，表示全部观察值中有四分之一的数据取值比它大；IQR 称为四分位数间距，是上四分位数 Q_U 与下四分位数 Q_L 之差，其间包含了全部观察值的一半。

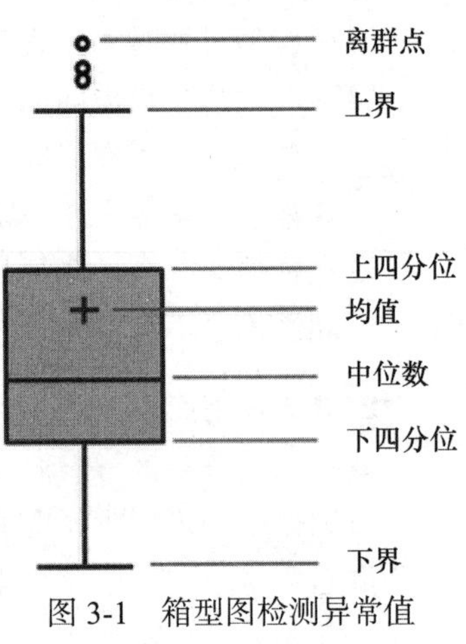

图 3-1 箱型图检测异常值

箱型图依据实际数据绘制，没有对数据作任何限制性的要求。如服从某种特定的分布形式，它只是真实、直观地表现数据分布的本来面貌；另一方面，箱型图判断异常值的标准以四分位数和四分位距为基础，四分位数具有一定的鲁棒性：多达 25% 的数据可以变得任意远而不会很大地干扰四分位数，所以异常值不能对这个标准施加影响。由此可见，箱型图识别异常值的结果比较客观，在识别异常值方面有一定的优越性，如图 3-1 所示。

在餐饮系统中的销售额数据可能出现缺失值和异常值，如表 3-1 中的数据所示。

表 3-1 餐饮日销售额数据示例

时间	2015-2-10	2015-2-11	2015-2-12	2015-2-13	2015-2-14
销售额 / 元	2 742.80	3 014.30	865	3 036.80	

* 数据详见：示例程序 /data/catering_sale.xls

分析餐饮系统日销售额数据可以发现，其中有部分数据是缺失的，但是如果数据记录和属性较多，使用人工分辨的方法就很不切合实际，所以这里需要编写程序来检测出含有缺失值的记录和属性以及缺失率个数和缺失率等。同时，通过观察可以看出日销售额数据也含有异常值，由于这里数据量较大，所以使用箱型图来检测异常值。其 MATLAB 检测代码如代码清单 3-1 所示。

代码清单 3-1 餐饮销售额数据缺失值及异常值检测代码

```
%% 餐饮销量数据缺失值及异常值检测
clear;
% 初始化参数
catering_sale = '../data/catering_sale.xls';    % 餐饮数据
index = 1;                                       % 销量数据所在列

%% 读入数据
[num,txt] = xlsread(catering_sale);
```

```
sales =num(2:end,index);
rows = size(sales,1);

%% 缺失值检测 并打印结果
nanvalue = find(isnan( sales));
if isempty(nanvalue)   %  没有缺失值
      disp('没有缺失值！');
else
      rows_ = size(nanvalue,1);
      disp(['缺失值个数为：' num2str(rows_) ',缺失率为：' num2str(rows_/rows) ]);
end

%% 异常值检测
% 箱型图上下界
q_= prctile(sales,[25,75]);
p25=q_(1,1);
p75=q_(1,2);
upper = p75+ 1.5*(p75-p25);
lower = p25-1.5*(p75-p25);
upper_indexes = sales(sales>upper);
lower_indexes = sales(sales<lower);
indexes =[upper_indexes;lower_indexes];
indexes = sort(indexes);
% 箱型图
figure
hold on;
boxplot(sales,'whisker',1.5,'outliersize',6);
rows = size(indexes,1);
flag =0;
for i =1:rows
  if flag ==0
     text(1+0.01,indexes(i,1),num2str(indexes(i,1)));
     flag=1;
  else
      text(1-0.017*length(num2str(indexes(i,1))),indexes(i,1),num2str(indexes(i,1)));
    flag=0;
  end
end
hold off;
disp('餐饮销量数据缺失值及异常值检测完成！');
```

* 代码详见：示例程序 /code/missing_abnormal_check.m

运行上面的程序，其结果为“缺失值个数为：1”，同时可以得到如图 3-2 所示的箱型图。

从图 3-2 中可以看出，箱型图中的超过上下界的 7 个销售额数据可能为异常值。结合具体业务可以把 865、4060.3、4065.2 归为正常值，将 60、22、6607.4、9106.44 归为异常值。最后确定过滤规则为日销量在 400 以下 5000 以上则属于异常数据，编写过滤程序，进行后续处理。

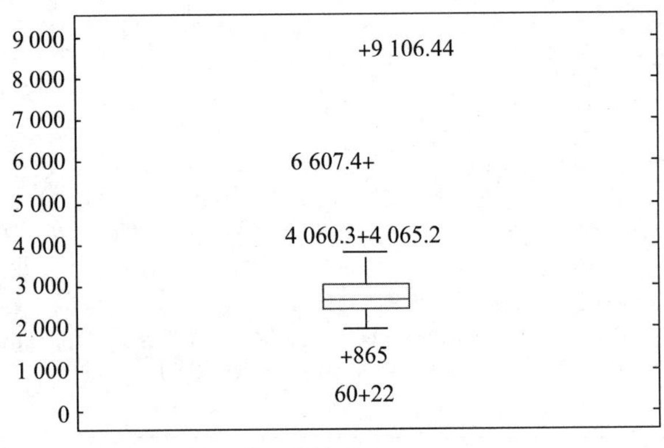

图 3-2 异常值检测箱型图

3.1.3 一致性分析

数据不一致性是指数据的矛盾性、不相容性。直接对不一致的数据进行挖掘，可能会产生与实际相违背的挖掘结果。

在数据挖掘过程中，不一致数据的产生主要发生在数据集成的过程中，可能是由于被挖掘数据是来自于不同的数据源、对于重复存放的数据未能进行一致性更新造成的。例如，两张表中都存储了用户的电话号码，但在用户的电话号码发生改变时只更新了其中一张表中的数据，那么这两张表中就有了不一致的数据。

3.2 数据特征分析

对数据进行质量分析以后，接下来可通过绘制图表、计算某些特征量等手段进行数据的特征分析。

3.2.1 分布分析

分布分析能揭示数据的分布特征和分布类型。对于定量数据，欲了解其分布形式是对称的还是非对称的、发现某些特大或特小的可疑值，可作出频率分布表、绘制频率分布直方图、绘制茎叶图进行直观地分析；对于定性分类数据，可用饼图和条形图直观地显示分布情况。

1. 定量数据的分布分析

对于定量、变量而言，选择“组数”和“组宽”是做频率分布分析时最主要的问题，一般按照以下步骤：

1）求极差；

2）决定组距与组数；

3）决定分点；

4）列出频率分布表；

5）绘制频率分布直方图。

遵循的主要原则有：

1）各组之间必须是相互排斥的；

2）各组必须将所有的数据包含在内；

3）各组的组宽最好相等。

下面结合具体实例来运用分布分析对定量数据进行特征分析。

表 3-2 是描述菜品捞起生鱼片在 2014 年第二个季度的销售数据，绘制销售量的频率分布表、频率分布图，对该定量数据作出相应的分析。

表 3-2 捞起生鱼片的销售情况

日　期	销售额 / 元	日　期	销售额 / 元	日　期	销售额 / 元
2014-4-1	420	2014-5-1	1 770	2014-6-1	3 960
2014-4-2	900	2014-5-2	135	2014-6-2	1 770
2014-4-3	1 290	2014-5-3	177	2014-6-3	3 570
2014-4-4	420	2014-5-4	45	2014-6-4	2 220
2014-4-5	1 710	2014-5-5	180	2014-6-5	2 700
⋮	⋮	⋮	⋮	⋮	⋮
2014-4-30	450	2014-5-30	2 220	2014-6-30	2 700
		2014-5-31	1 800		

* 数据详见：示例程序 /data/catering_sale.xls

（1）求极差

极差 = 最大值 − 最小值 =3960−45=3915

（2）分组

这里根据业务数据的含义，可取组距为 500。

组数 = 极差 / 组距 = 3915/500 = 7.83 ⇒ 8

（3）决定分点

如表 3-3 所示。

表 3-3 分布区间

[0，500）	[500，1 000）	[1 000，1 500）	[1 500，2 000）
[2 000，2 500）	[2 500，3 000）	[3 000，3 500）	[3 500，4 000）

（4）绘制频率分布直方图[3]

根据分组区间得到如下频率分布表，如表 3-4 所示。其中，第 1 列将数据所在的范围分成若干组段，其中第 1 个组段要包括最小值，最后一个组段要包括最大值，习惯上将各组段设为左闭右开的半开区间，如第一个分组为 [0, 500）；第 2 列组中值是各组段的代表值，由本组段的上、下限相加除以 2 得到；第 3 列和第 4 列分别为频数和频率；第 5 列是累计频率，是否需要计算该列视情况而定。

表 3-4 频率分布表

组　段	组中值 x	频　数	频率 f	累计频率
[0，500）	250	15	16.48%	16.48%
[500，1 000）	750	24	26.37%	42.85%
[1 000，1 500）	1 250	17	18.68%	61.54%
[1 500，2 000）	1 750	15	16.48%	78.02%
[2 000，2 500）	2 250	9	9.89%	87.91%
[2 500，3 000）	2 750	3	3.30%	92.31%
[3 000，3 500）	3 250	4	4.40%	95.60%
[3 500，4 000）	3 750	3	3.30%	98.90%
[4 000，4 500）	4 250	1	1.10%	100.00%

（5）绘制频率分布直方图

若以 2014 年第二季度捞起生鱼片每天的销售额为横轴，以各组段的频率密度（频率与组距之比）为纵轴，表 3-4 的数据可绘制成频率分布直方图，如图 3-3 所示。

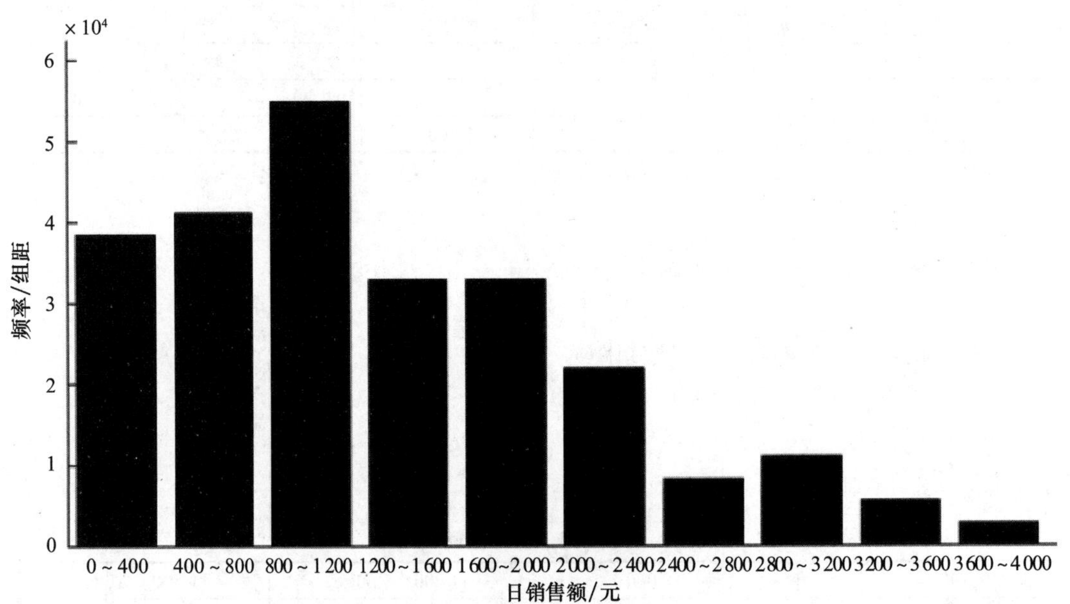

图 3-3 销售额的频率分布直方图

2. 定性数据的分布分析

对于定性变量，常常根据变量的分类类型来分组，可以采用饼图和条形图来描述定性变量的分布。

饼图的每一个扇形部分代表每一类型的百分比或频数，根据定性变量的类型数目将饼图分成几个部分，每一部分的大小与每一类型的频数成正比；条形图的高度代表每一类型的百分比或频数，条形图的宽度没有意义。

图 3-4 和图 3-5 分别是菜品 A、B、C 在某段时间销售量的分布饼图和条形图。

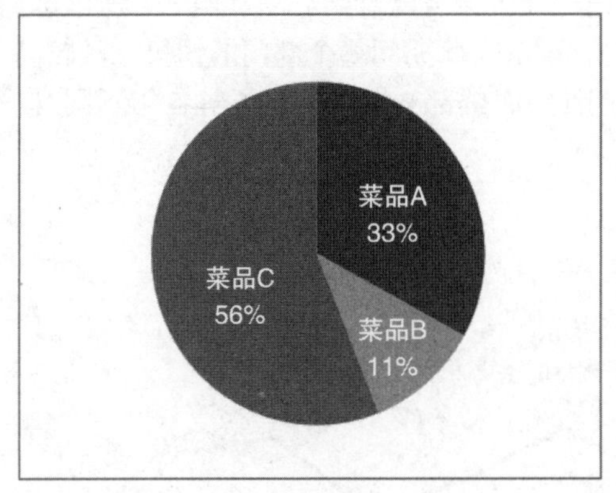

图 3-4 菜品销售量分布（饼图）

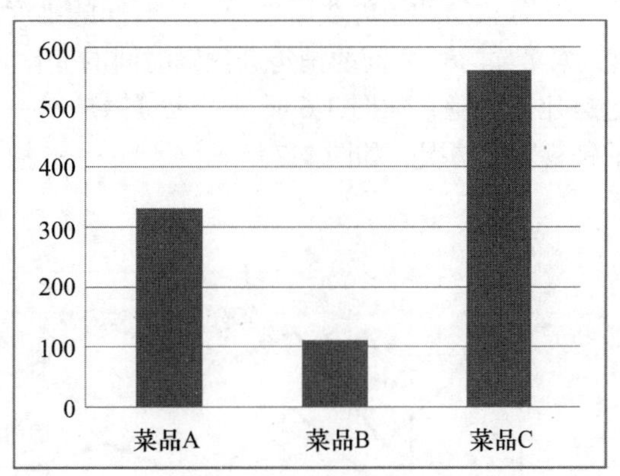

图 3-5 菜品的销售量分布（条形图）

3.2.2 对比分析

对比分析是指把两个相互联系的指标进行比较，从数量上展示和说明研究对象规模的大小、水平的高低、速度的快慢，以及各种关系是否协调。特别适用于指标间的横纵向比较、时间序列的比较分析。在对比分析中，选择合适的对比标准是十分关键的步骤，选择得合适，才能作出客观的评价，选择不合适，评价可能会得出错误的结论。

对比分析主要有以下两种形式。

（1）绝对数比较

它是利用绝对数进行对比，从而寻找差异的一种方法。

（2）相对数比较

它是用两个有联系的指标对比计算的，用以反映客观现象之间数量联系程度的综合指标，其数值表现为相对数。由于研究目的和对比基础不同，相对数可以分为以下几种。

①结构相对数：将同一总体内的部分数值与全部数值对比求得比重，用以说明事物的性质、结构或质量。如居民食品支出额占消费支出总额的比重、产品合格率等。

②比例相对数：将同一总体内不同部分的数值对比，表明总体内各部分的比例关系，如人口性别比例、投资与消费比例等。

③比较相对数：将同一时期两个性质相同的指标数值对比，说明同类现象在不同空间条件下的数量对比关系。如不同地区商品价格的对比；不同行业、不同企业间某项指标的对比等。

④强度相对数：将两个性质不同但有一定联系的总量指标对比，用以说明现象的强度、密度和普遍程度。如人均国内生产总值用“元 / 人”表示，人口密度用“人 / 平方公里”表示，也有用百分数或千分数表示的，如人口出生率用 ‰ 表示。

⑤计划完成程度相对数：是某一时期实际完成数与计划数进行对比，用以说明计划完成的程度。

⑥动态相对数：将同一现象在不同时期的指标数值进行对比，用以说明发展方向和变化的速度。如发展速度、增长速度等。

从各菜品的销售数据来看，从时间的维度上进行分析，可以看到甜品部门 A、海鲜部门 B、素菜部门 C 之间的销售金额随时间的变化趋势，了解在此期间哪个部门的销售金额较高，趋势比较平稳，如图 3-6 所示；也可以从单一部门（如海鲜部）作分析，了解各年不同月份的销售对比情况，如图 3-7 所示。

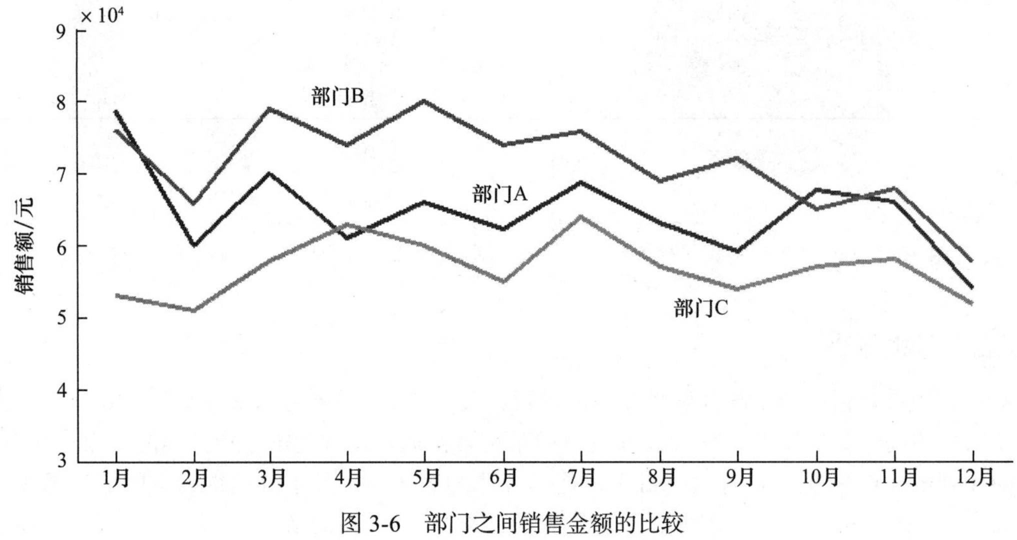

图 3-6 部门之间销售金额的比较

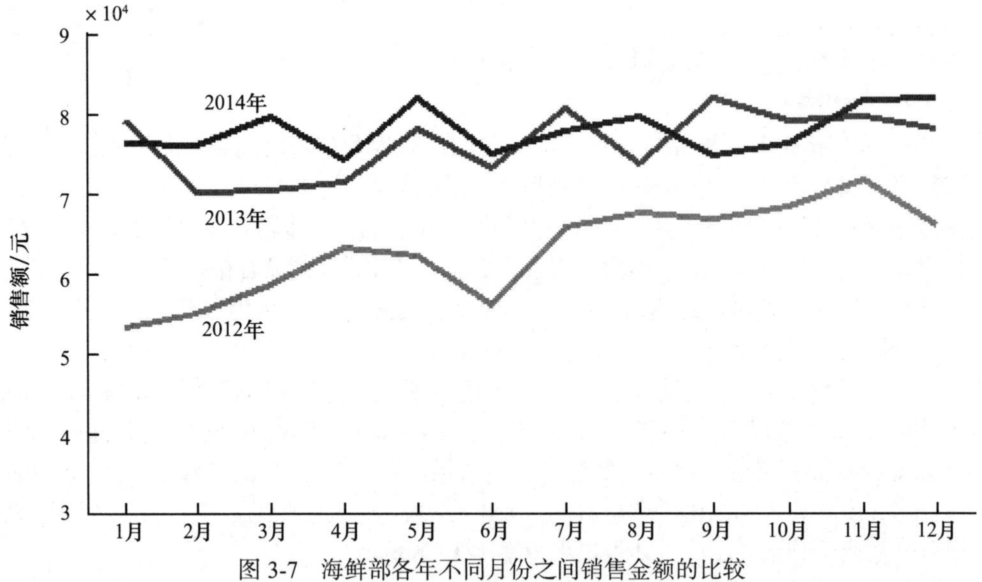

图 3-7 海鲜部各年不同月份之间销售金额的比较

从总体来看，三个部门的销售金额呈递减趋势，A 部门和 C 部门的递减趋势比较平稳；

B部门的销售金额下降的趋势比较明显，进一步分析造成这种现象的业务原因，可能是原材料不足造成的。

3.2.3 统计量分析

用统计指标对定量数据进行统计描述，常从集中趋势和离中趋势两个方面进行分析。

平均水平的指标是对个体集中趋势的度量，使用最广泛的是均值和中位数；反映变异程度的指标则是对个体离开平均水平的度量，使用较广泛的是标准差（方差）、四分位间距。

1. 集中趋势度量

（1）均值

均值是所有数据的平均值。

如果求 n 个原始观察数据的平均数，计算公式为：

$$mean(x) = \bar{x} = \frac{\sum x_i}{n} \tag{3-1}$$

有时，为了反映在均值中不同成分所占的不同重要程度，为数据集中的每一个 x_i 赋予 w_i，这就得到了加权均值的计算公式：

$$mean(x) = \bar{x} = \frac{\sum w_i x_i}{\sum w_i} = \frac{w_1 x_1 + w_2 x_2 + \cdots + w_n x_n}{w_1 + w_2 + \cdots + w_n} \tag{3-2}$$

类似的，频率分布表，如表3-4所示的平均数可以使用下式计算：

$$mean(x) = \bar{x} = \sum f_i x_i = f_1 x_1 + f_2 x_2 + \cdots + f_n x_n \tag{3-3}$$

式中，$x_1, x_2, \cdots, x_k$ 分别为 k 个组段的组中值；$f_1, f_2, \cdots, f_k$ 分别为 k 个组段的频率。这里的 f_i 起了权重的作用。

作为一个统计量，均值的主要问题是对极端值很敏感。如果数据中存在极端值或者数据是偏态分布的，那么均值就不能很好地度量数据的集中趋势。为了消除少数极端值的影响，可以使用截断均值或者中位数来度量数据的集中趋势。截断均值是去掉高、低极端值之后的平均数。

（2）中位数

中位数是将一组观察值从小到大按顺序排列，位于中间的那个数据，即在全部数据中，小于和大于中位数的数据个数相等。

将某一数据集 $x: \{x_1, x_2, \cdots, x_n\}$ 从小到大排序：$\{x_{(1)}, x_{(2)}, \cdots, x_{(n)}\}$

当 n 为奇数时

$$M = x_{\left(\frac{n+1}{2}\right)} \tag{3-4}$$

当 n 为偶数时

$$M = \frac{1}{2}\left(x_{\left(\frac{n}{2}\right)} + x_{\left(\frac{n+1}{2}\right)}\right) \tag{3-5}$$

（3）众数

众数是指数据集中出现最频繁的值。众数并不经常用来度量定性变量的中心位置，其更适用于定性变量，众数不具有唯一性。

2. 离中趋势度量

（1）极差

$$极差 = 最大值 - 最小值$$

极差对数据集的极端值非常敏感，并且忽略了位于最大值与最小值之间的数据是如何分布的。

（2）标准差

标准差度量数据偏离均值的程度，计算公式为：

$$s = \sqrt{\frac{\sum (x_i - \bar{x})^2}{n}} \tag{3-6}$$

（3）变异系数

变异系数度量标准差相对于均值的离中趋势，计算公式为：

$$CV = \frac{s}{\bar{x}} \times 100\% \tag{3-7}$$

变异系数主要用来比较两个或多个具有不同单位或不同波动幅度的数据集的离中趋势。

（4）四分位数间距

四分位数包括上四分位数和下四分位数。将所有数值由小到大排列并分成四等份，处于第一个分割点位置的数值是下四分位数，处于第二个分割点位置（中间位置）的数值是中位数，处于第三个分割点位置的数值是上四分位数。

四分位数间距，是上四分位数 Q_U 与下四分位数 Q_L 之差，其间包含了全部观察值的一半。其值越大，说明数据的变异程度越大；反之，说明数据的变异程度越小。

针对餐饮销量数据进行统计量分析，其 MATLAB 代码如代码清单 3-2 所示。

代码清单 3-2　餐饮销量数据统计量分析代码

```
%% 餐饮销量数据统计量分析
clear;
% 初始化参数
catering_sale = '../data/catering_sale.xls'; % 餐饮数据
index = 1; % 销量数据所在列

%% 读入数据
[num,txt] = xlsread(catering_sale);
sales = num(2:end,index);
sales = de_missing_abnormal(sales);

%% 统计量分析
% 均值
mean_ = mean(sales);
% 中位数
median_ = median(sales);
% 众数
mode_ = mode(sales);
% 极差
range_ = range(sales);
```

```
% 标准差
std_ = std(sales);
% 变异系数
variation_ = std_/mean_;
% 四分位数间距
q1 = prctile(sales,25);
q3 = prctile(sales,75);
distance = q3-q1;

%% 打印结果
disp(['销量数据均值：' num2str(mean_) '，中位数：' num2str(median_) '，众数：' ...
    num2str(mode_) '，极差：' num2str(range_) '，标准差：' num2str(std_) ...',
    变异系数：' num2str(variation_) '，四分位间距：' num2str(distance)]);
disp('餐饮销量统计量分析完成！');
```

* 代码详见：示例程序 /code/statistics_analyze.m

运行上面的程序，可以得到下面的结果，即为餐饮销量数的统计量情况：

```
>> statistics_analyze
销量数据均值：2744.5954，中位数：2655.9，众数：2618.2，极差：3200.2，标准差：424.7394，变异
    系数：0.15475，四分位间距：566.65
餐饮销量统计量分析完成！
```

3.2.4 周期性分析

周期性分析是探索某个变量是否随着时间变化而呈现出某种周期变化的趋势。时间尺度相对较长的周期性趋势有年度周期性趋势、季节周期性趋势，相对较短的有月度周期性趋势、周度周期性趋势，甚至更短的天、小时周期性趋势。

例如要对某单位用电量进行预测，可以先分析该用电单位日用电量的时序图，来直观地估计其用电量的变化趋势。

图 3-8 是某用电单位 A 在 2014 年 9 月日用电量的时序图；图 3-9 是用电单位 A 在 2013 年 9 月日用电量的时序图。

总体来看用电单位 A 在 2014 年 9 月日用电量呈现出周期性，以周为周期，因为周六、周日不上班，所以周末用电量较低。工作日和非工作日的用电量比较平稳，没有太大的波动。而 2013 年 9 月日用电量总体呈现出递减的趋势，同样周末的用电量是最低的。

3.2.5 贡献度分析

贡献度分析又称帕累托分析，它的原理是帕累托法则，又称 20/80 定律。同样的投入放在不同的地方会产生不同的效益。比如对一个公司来讲，80% 的利润常常来自于 20% 最畅销的产品，而其他 80% 的产品只产生了 20% 的利润。

就餐饮企业来讲，应用贡献度分析可以重点改善某菜系盈利最高的前 80% 的菜品，或者重点发展综合影响最高的 80% 的部门。这种结果可以通过帕累托图直观地呈现出来。图 3-10 是海鲜系列的十个菜品 $A_1 \sim A_{10}$ 某个月的盈利额（已按照从大到小排序）。

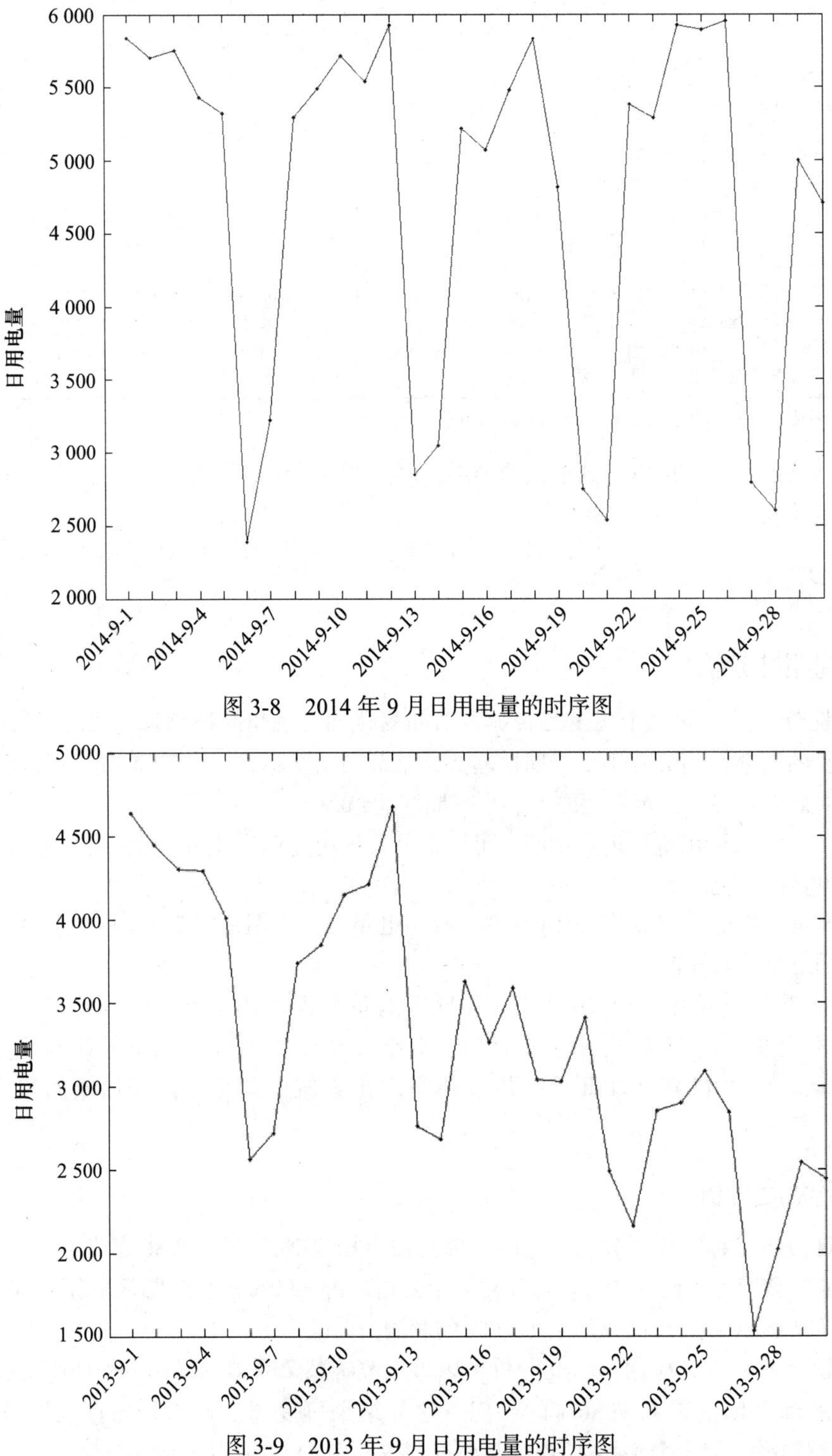

图 3-8　2014 年 9 月日用电量的时序图

图 3-9　2013 年 9 月日用电量的时序图

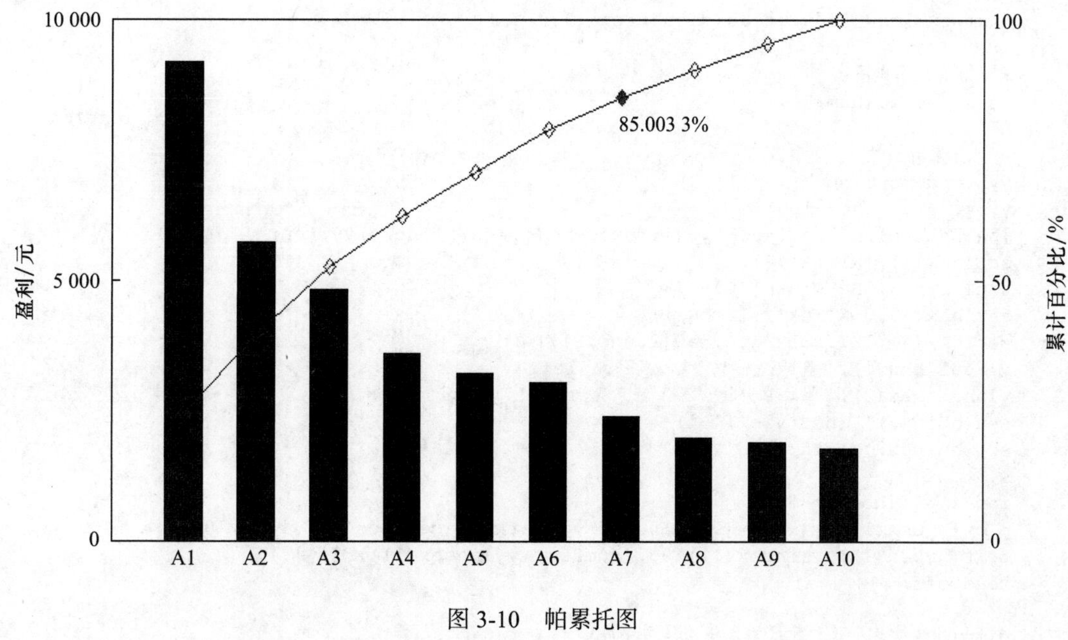

图3-10 帕累托图

由图3-10可知，菜品A1 ~ A7共7个菜品，占菜品种类数的70%，总盈利额占该月盈利额的85.0033%。根据帕累托法则，应该增加对菜品A1 ~ A7的成本投入，减少对菜品A8 ~ A10的成本投入以获得更高的盈利额。

表3-5是餐饮系统对应的菜品盈利数据示例。

表3-5 餐饮系统菜品盈利数据

菜品ID	17 148	17 154	109	117	17 151
菜品名	A1	A2	A3	A4	A5
盈利 / 元	9 173	5 729	4 811	3 594	3 195
菜品ID	14	2 868	397	88	426
菜品名	A6	A7	A8	A9	A10
盈利 / 元	3 026	2 378	1 970	1 877	1 782

* 数据详见：示例程序/data/catering_dish_profit.xls

其MATLAB代码如代码清单3-3所示。

代码清单3-3 菜品盈利帕累托图代码

```
%% 菜品盈利数据 帕累托图
clear;
% 初始化参数
dish_profit = '../data/catering_dish_profit.xls';      % 餐饮菜品盈利数据

%% 读入数据
```

```
[num,txt,raw] = xlsread(dish_profit);

%% 帕累托图作图
rows = size(num,1);
hold on;
% 计算累计系数
yy_ = cumsum(num(:,end));
yy=yy_/yy_(end)*100;
[hAx,hLine1,hLine2]=plotyy(1:rows,num(:,end),1:rows,yy,'bar','plot');
set(hAx(1),'XTick',[])              % 去掉 x 轴的刻度
set(hLine1,'BarWidth',0.5);
set(hAx(2), 'XTick', 1:rows);
set(hAx(2),'XTickLabel',raw(2:end,2));
ylabel(hAx(1),' 盈利：元 ')           % left y-axis
ylabel(hAx(2),' 累计百分比：%')        % right y-axis
set(hLine2,'LineStyle','-')
set(hLine2,'Marker','d')
% 标记 80% 点
index = find(yy>=80);
plot(index(1),yy(index(1))*100,'d', 'markerfacecolor', [ 1, 0, 0 ] );
text(index(1),yy(index(1))*93,[num2str(yy(index(1))) '%'] );
hold off;

disp(' 餐饮菜品盈利数据帕累托图作图完成！ ');
```

* 代码详见：示例程序 /code/dish_pareto.m

3.2.6 相关性分析

分析连续变量之间线性相关程度的强弱，并用适当的统计指标表示出来的过程称为相关分析。

1. 直接绘制散点图

判断两个变量是否具有线性相关关系的最直观的方法是直接绘制散点图，如图 3-11 所示。

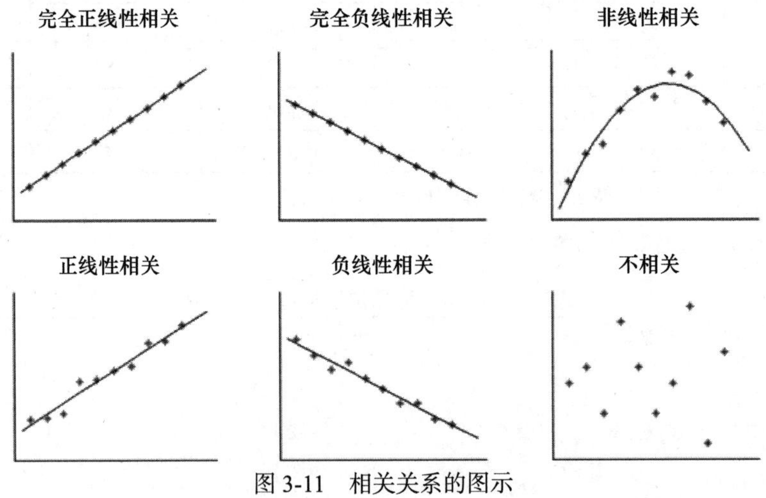

图 3-11 相关关系的图示

2. 绘制散点图矩阵

需要同时考察多个变量间的相关关系时，一一绘制其简单散点图会十分麻烦。此时可利用散点图矩阵来同时绘制各变量间的散点图，从而快速发现多个变量间的主要相关性，这在进行多元线性回归时显得尤为重要。

散点图矩阵如图 3-12 所示。

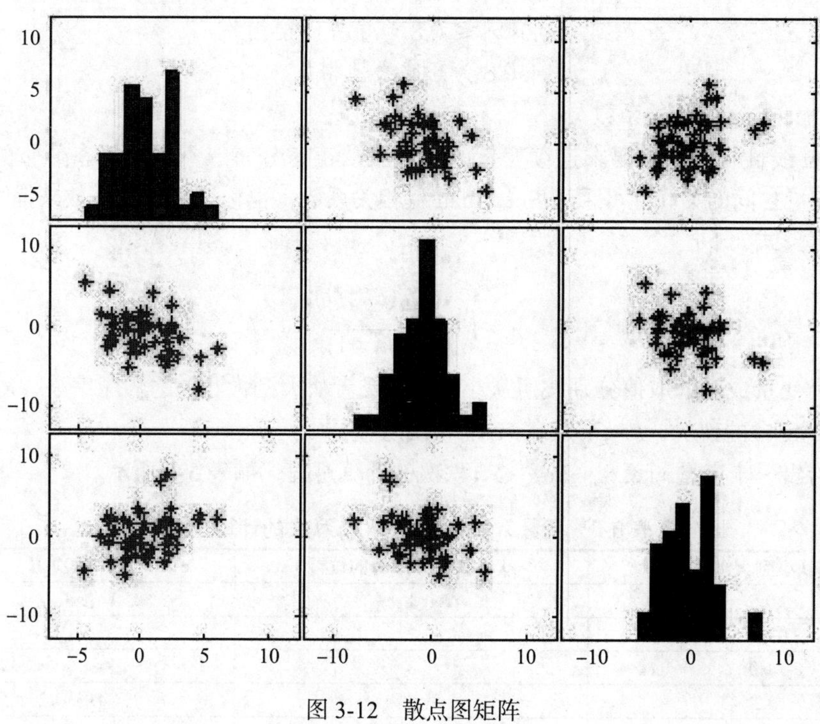

图 3-12 散点图矩阵

3. 计算相关系数

为了更加准确地描述变量之间的线性相关程度，可以通过计算相关系数来进行相关分析。在二元变量的相关分析过程中比较常用的有 Pearson 相关系数、Spearman 秩相关系数和判定系数。

（1）Pearson 相关系数

一般用于分析两个连续性变量之间的关系，其计算公式如下：

$$r=\frac{\sum_{i=1}^{n}(x_i-\bar{x})(y_i-\bar{y})}{\sqrt{\sum_{i=1}^{n}(x_i-\bar{x})^2\sum_{i=1}^{n}(y_i-\bar{y})^2}} \tag{3-8}$$

相关系数 r 的取值范围：$-1 \leqslant r \leqslant 1$

$$\begin{cases} r>0 \text{ 为正相关；} r<0 \text{ 为负相关} \\ |r|=0 \text{ 表示不存在线性关系} \\ |r|=1 \text{ 表示完全线性相关} \end{cases}$$

$0<|r|<1$ 表示存在不同程度的线性相关：

$$\begin{cases} |r| \leqslant 0.3 \text{ 为不存在线性相关} \\ 0.3<|r| \leqslant 0.5 \text{ 为低度线性相关} \\ 0.5<|r| \leqslant 0.8 \text{ 为显著线性相关} \\ |r|>0.8 \text{ 为高度线性相关} \end{cases}$$

（2）Spearman 秩相关系数

Pearson 线性相关系数要求连续变量的取值服从正态分布。不服从正态分布的变量、分类或等级变量之间的关联性可采用 Spearman 秩相关系数，也称等级相关系数来描述。

其计算公式如下：

$$r_s = 1 - \frac{6\sum_{i=1}^{n}(R_i - Q_i)^2}{n(n^2 - 1)} \tag{3-9}$$

对两个变量成对的取值分别按照从小到大（或者从大到大小）的顺序编秩，R_i 代表 x_i 的秩次，Q_i 代表 y_i 的秩次，R_i–Q_i 为 x_i、y_i 的秩次之差。

下面给出一个变量 $x(x_1,x_2,\cdots,x_i,\cdots,x_n)$ 秩次的计算过程，如表 3-6 所示。

表 3-6　变量 $x(x_1,x_2,\cdots,x_i,\cdots,x_n)$ 秩次的计算过程

x_i 从小到大排序	从小到大排序时的位置	秩次 R_i
0.5	1	1
0.8	2	2
1.0	3	3
1.2	4	（4+5）/2=4.5
1.2	5	（4+5）/2=4.5
2.3	6	6
2.8	7	7

因为一个变量的相同的取值必须有相同的秩次，所以在计算中采用的秩次是排序后所在位置的平均值。

易知，只要两个变量具有严格单调的函数关系，那么它们就是完全 Spearman 相关的，这与 Pearson 相关不同，Pearson 相关只有在变量具有线性关系时才是完全相关的。

上述两种相关系数在实际应用计算中都要对其进行假设检验，使用 t 检验方法检验其显著性水平以确定其相关程度。研究表明，在正态分布假设下，Spearman 秩相关系数与 Pearson 相关系数在效率上是等价的，而对于连续测量数据，更适合用 Pearson 相关系数来进行分析。

（3）判定系数

判定系数是相关系数的平方，用 r^2 表示；用来衡量回归方程对 y 的解释程度。判定系数的取值范围：$0 \leqslant r^2 \leqslant 1$。$r^2$ 越接近 1，表明 x 与 y 之间的相关性越强；r^2 越接近 0，表明两个变量之间几乎没有直线相关关系。

在餐饮系统中可以统计得到不同菜品的日销量数据，数据示例如表 3-7 所示。

表 3-7 菜品日销量数据

日期	百合酱蒸凤爪	翡翠蒸香茜饺	金银蒜汁蒸排骨	乐膳真味鸡	蜜汁焗餐包	生炒菜心	铁板酸菜豆腐	香煎韭菜饺	香煎萝卜糕	原汁原味菜心
2015/1/1	17	6	8	24	13	13	18	10	10	27
2015/1/2	11	15	14	13	9	10	19	13	14	13
2015/1/3	10	8	12	13	8	3	7	11	10	9
2015/1/4	9	6	6	3	10	9	9	13	14	13
2015/1/5	4	10	13	8	12	10	17	11	13	14

* 数据详见：示例程序 /data/catering_sale_all.xls

分析这些菜品销售量之间的相关性可以得到不同菜品之间的关系，比如是替补菜品、互补菜品或者没有关系的菜品，为原材料采购提供参考。其 MATLAB 代码如代码清单 3-4 所示。

代码清单 3-4 餐饮销量数据相关性分析

```
%% 餐饮销量数据相关性分析
clear;
% 初始化参数
catering_sale = '../data/catering_sale_all.xls';          % 餐饮数据，含有其他属性
index = 1;                                                % 销量数据所在列

%% 读入数据
[num,txt] = xlsread(catering_sale);

%% 相关性分析
corr_ = corr(num);
%% 打印结果
rows = size(corr_,1);
for i=2:rows
    disp(['"' txt{1,2} '"和"' txt{1,1+i} '"的相关系数为：' num2str(corr_(i,1))]);
end
disp('餐饮菜品日销量相关性分析完成！');
```

* 代码详见：示例程序 /code/correlation_analyze.m

运行上面的代码，可以得到下面的结果：

```
"百合酱蒸凤爪"和"翡翠蒸香茜饺"的相关系数为：0.0092058
"百合酱蒸凤爪"和"金银蒜汁蒸排骨"的相关系数为：0.016799
"百合酱蒸凤爪"和"乐膳真味鸡"的相关系数为：0.45564
"百合酱蒸凤爪"和"生炒菜心"的相关系数为：0.3085
"百合酱蒸凤爪"和"铁板酸菜豆腐"的相关系数为：0.2049
"百合酱蒸凤爪"和"香煎韭菜饺"的相关系数为：0.12745
"百合酱蒸凤爪"和"香煎萝卜糕"的相关系数为：-0.090276
```

```
"百合酱蒸凤爪"和"原汁原味菜心"的相关系数为：0.42832
餐饮菜品日销量相关性分析完成！
```

从上面的结果可以看到如果顾客点了“百合酱蒸凤爪”和点“翡翠蒸香茜饺”“金银蒜汁蒸排骨”“香煎萝卜糕”“铁板酸菜豆腐”“香煎韭菜饺”等主食类的相关性比较低，反而点“乐膳真味鸡”“生炒菜心”“原汁原味菜心”的相关性比较高。

3.3 MATLAB 主要数据的探索函数

MATLAB 提供了大量的与数据探索相关的函数，这些数据探索函数可大致分为统计特征函数与统计作图函数。本节对 MATLAB 中主要的统计特征函数与统计作图函数进行介绍，并举例以方便理解。

3.3.1 统计特征函数

统计特征函数用于计算数据的均值、方差、标准差、分位数、相关系数、协方差等，这些统计特征能反映出数据的整体分布。本节所介绍的统计特征函数如表 3-8 所示。

表 3-8 MATLAB 主要的统计特征函数

函数名	函数功能	所属工具箱
mean()	计算数据样本的算术平均数	通用工具箱
geomean()	计算数据样本的几何平均数	统计工具箱
var()	计算数据样本的方差	统计工具箱
std()	计算数据样本的标准差	统计工具箱
corr()	计算数据样本的 Spearman（Pearson）相关系数矩阵	统计工具箱
cov()	计算数据样本的协方差矩阵	通用工具箱
moment()	计算数据样本的指定阶中心矩	统计工具箱

（1）mean

- 功能：计算数据样本的算术平均数。
- 使用格式：n=mean(X)，计算样本 X 的均值 n，样本 X 可为向量、矩阵或多维数组。

（2）geomean

- 功能：计算数据样本的几何平均数。
- 使用格式：n= geomean(X)，计算样本 X 的几何均值 n，样本 X 可为向量、矩阵或多维数组。

（3）var

- 功能：计算数据样本的方差。
- 使用格式：v=var(X)，计算样本 X 的方差 v。若 X 为向量，则计算向量的样本方差；若 X 为矩阵，则 v 为 X 的各列向量的样本方差构成的行向量。

（4）std

- 功能：计算数据样本的标准差。
- 使用格式：s= std (X)，计算样本 X 的标准差，若样本 X 为向量，则计算向量的标准差；若 X 为矩阵，则 s 为 X 的各列向量的标准差构成的行向量。

（5）corr

- 功能：计算数据样本的 Spearman（Pearson）相关系数矩阵。
- 使用格式：R= corr (x, y, 'name', 'value')，计算列向量 x、y 的相关系数矩阵 R。其中 name 和 value 的取值如表 3-9 所示。

表 3-9 corr 函数 name/value 取值表

name	value	说 明
Type	Pearson	皮尔森相关系数，默认选项
	Kendall	卡德尔系数
	Spearman	斯皮尔曼系数
Rows	all	全部数据，默认选项
	complete	只使用没有缺失值的行
	pairwise	计算 R(*i*,*j*) 只使用第 *i* 和 *j* 列中没有缺失值的数据

- 实例：计算两个列向量的相关系数，采用 Spearman 方法。

```
x=[1:8]';                             % 生成列向量 x
y=[2:9]';                             % 生成列向量 y
R=corr(x,y,'type','Spearman')         % 计算两个列向量 x，y 的相关系数，易知 y=x+1
R = 1                                 % 得到相关系数为 1
```

（6）cov

- 功能：计算数据样本的协方差矩阵。
- 使用格式：R=cov(X)，计算样本 X 的协方差矩阵 R。样本 X 可为向量或矩阵。当 X 为向量时，R 表示 X 的方差；当 X 为矩阵时，cov(X) 计算方差矩阵。

R=cov(x, y)，函数等价于 cov([x, y])。参数 x、y 为长度相等的列向量。

- 实例：计算 20×5 随机矩阵的协方差矩阵。

```
X=randn(20,5);                        % 产生 20×5 随机矩阵
R=cov(X)                              % 计算协方差矩阵 R
R =
    1.4250    0.0101   -0.2317    0.0972   -0.0111
    0.0101    0.6585   -0.3630   -0.2576   -0.3123
   -0.2317   -0.3630    1.3048    0.1498    0.1914
    0.0972   -0.2576    0.1498    0.8638   -0.1444
   -0.0111   -0.3123    0.1914   -0.1444    0.9308
```

（7）moment

- 功能：计算数据样本的指定阶中心矩。

- 使用格式：m=moment(X, order) 计算样本 X 的 order 阶次的中心矩 m，参数 order 为正整数。样本 X 可为向量、矩阵或多维数组。
- 说明：一阶中心矩为 0，二阶中心矩为用除数 n 得到的方差，其中 n 为向量 X 的长度或矩阵 X 的行数。
- 实例：计算 20×5 随机矩阵的二阶中心矩。

```
X=randn(20,5);              % 产生 20×5 随机矩阵
m=moment(X,2)               % 计算二阶中心矩
m=
  0.5317    0.6852    0.8533    1.1307    0.7918
```

3.3.2 统计作图函数

通过统计作图函数绘制的图表可以直观地反映出数据及统计量的性质及其内在的规律，如盒图可以表示多个样本的均值，误差条形图能同时显示下限误差和上限误差，最小二乘拟合曲线图能分析两个变量间的关系。本节所介绍的统计作图函数如表 3-10 所示。

表 3-10 MATLAB 主要统计作图函数

作图函数名	作图函数功能	所属工具箱
plot()	绘制线性二维图、折线图	通用工具箱
pie()	绘制饼型图	通用工具箱
hist()	绘制二维条形直方图，可显示数据的分配情形	通用工具箱
boxplot()	绘制样本数据的箱型图	统计工具箱
semilogx()/semilogy()	绘制 x 或 y 轴的对数图形	通用工具箱
errorbar()	绘制误差条形图	通用工具箱

（1）plot

- 功能：绘制线性二维图、折线图。
- 使用格式：plot(X, Y, S)，绘制 Y 对于 X（即以 X 为横轴的二维图形），字符串参量 S 指定绘制时图形的类型、样式和颜色，常用的选项有：‘b’为蓝色、‘r’为红色、‘g’为绿色、‘o’为圆圈、‘+’为加号标记、‘-’为实线、‘--’为虚线。当 X、Y 均为实数同维向量时，则描出点 $(X(i),Y(i))$，然后用直线依次相连；当 X、Y 均为复数向量时，不考虑虚数部分；当 X 或 Y 是一个矩阵时，则该矩阵的行或列的向量将被绘制。
- 实例：在区间 $(0 \leqslant x \leqslant 2\pi)$ 绘制一条蓝色的正弦虚线，并在每个坐标点标上五角星。绘制图形如图 3-13 所示。

```
X=[0:2*pi/20:2*pi];         %x 坐标输入
Y=sin(X);                   % 计算对应 x 的正弦值
plot(X,Y,'bp--')            % 控制图形格式为蓝色带星虚线，显示正弦曲线
```

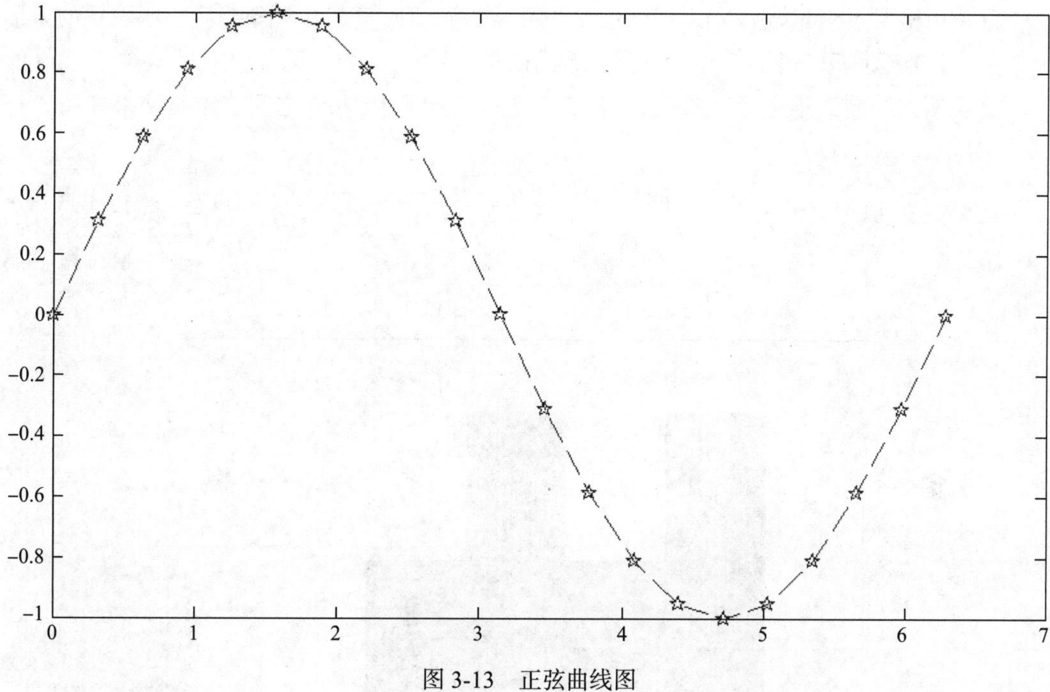

图 3-13 正弦曲线图

（2）pie

- 功能：绘制饼形图。
- 使用格式：pie(X)，绘制矩阵 X 中非负数据的饼形图。若 X 中非负元素和小于 1，则函数仅画出部分饼形图，且非负元素 X(*i*, *j*) 的值直接限定饼形图中扇形的大小；若 X 中非负元素和大于等于 1，则非负元素 X(*i*, *j*) 代表饼形图中的扇形大小通过 X(*i*, *j*)/Y 的大小来决定，其中，Y 为矩阵 X 中非负元素和。
- 实例：通过向量 [1 3 1.5 4 1.5] 绘制饼形图，并将第一部分分离出来，绘制结果如图 3-14 所示。

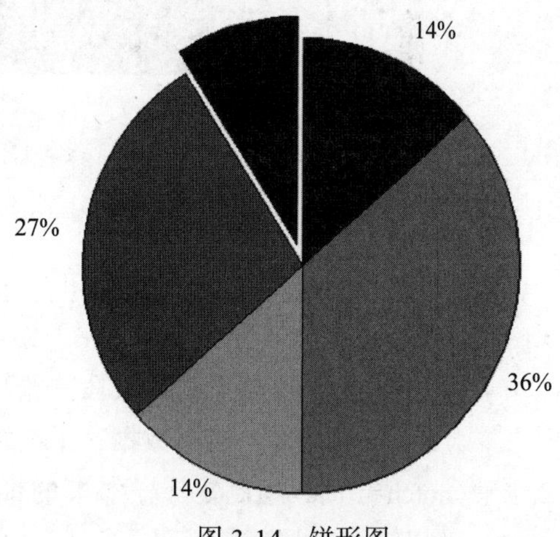

图 3-14 饼形图

```
x=[1 3 1.5 4 1.5];
explode=[1 0 0 0 0];      %第一个元素为1表示饼图中第一部分分离出来
pie(x,explode);           %画饼形图
```

（3）hist

- 功能：绘制二维条形直方图，可显示数据的分布情形。

- 使用格式：N=hist(Y, X)，把向量 Y 中元素分到由向量 X 中元素指定中心位置的条形中，且返回每一个条形中的元素个数给向量 N。
- 实例：绘制二维条形直方图，将 12 个数据分配到 [0, 0.5] 之间。绘制结果如图 3-15 所示。

```
x=0.05:0.1:0.55;                                                   % 直方图的五个中心位置
y=[0.01 0.02 0.03 0.15 0.2 0.25 0.28 0.3 0.31 0.4 0.41 0.5 ];   % 待分配的 12 个数
hist(y,x);                                                         % 绘制二维条形直方图
```

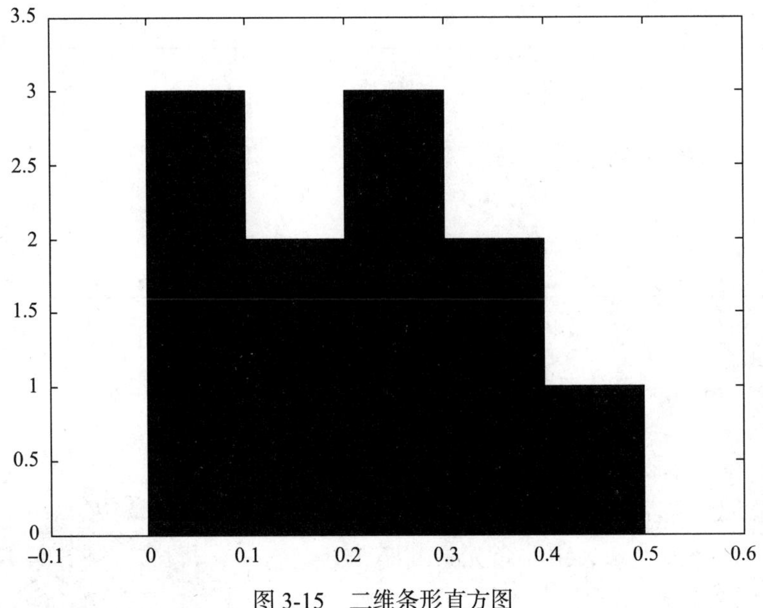

图 3-15　二维条形直方图

（4）boxplot

- 功能：绘制样本数据的箱型图。
- 使用格式：boxplot(X, notch)，绘制矩阵样本 X 的箱型图。其中，盒子的上、下四分位数和中值处有一条线段。箱型末端延伸出去的直线称为须，表示盒外数据的长度。如果在须外没有数据，则在须的底部有一点，点的颜色与须的颜色相同。参数 notch=1 时，绘制矩阵样本 X 的带刻槽的凹盒图。参量 notch=0 时，绘制矩阵样本 X 的无刻槽的矩形箱型图。
- 实例：绘制样本数据的箱型图，样本由两组正态分布的随机数据组成。其中，一组数据均值为 4，标准差为 5，另一组数据均值为 8，标准差为 6。绘制结果，如图 3-16 所示。

```
x1=normrnd(4,5,100,1);          % 生成正态分布的随机数据，均值为 4，标准差为 5
x2=normrnd(8,6,100,1);          % 生成正态分布的随机数据，均值为 8，标准差为 6
```

```
boxplot([x1,x2],1)                    % 绘制带刻槽的样本数据的箱形图
```

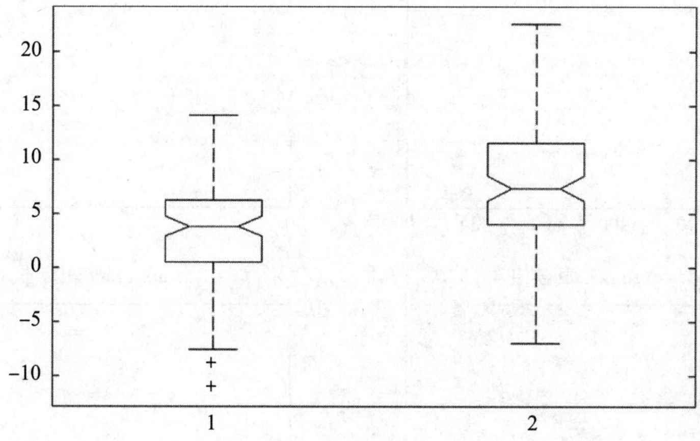

图 3-16 箱型图

（5）semilogx/semilogy

- 功能：绘制 x 或 y 轴的对数图形。
- 使用格式：semilogx(x, y)，对 x 轴使用对数刻度（以 10 为底），y 轴使用线性刻度，进行 plot 函数绘图，等价于 plot(log10(x), y)。
- 实例：构造对数和指数函数数据使用 semilogx 和 semilogy 函数进行绘图，绘制结果如图 3-17 所示。

```
%% semilogx 和 semilogy 作图
% semilogx 针对对数关系 ;semilogy 针对指数关系
%semilogx
x = 0:1000;
y = log(x);
figure
subplot(2,2,1)
plot(x,y);
title('semilogx 原始数据图 ');
subplot(2,2,3)
semilogx(x,y);
title('semilogx 转换图 ');
%semilogy
x = 0:0.1:10;
y = exp(x);
subplot(2,2,2)
plot(x,y);
title('semilogy 原始数据图 ');
subplot(2,2,4)
semilogy(x,y);
title('semilogy 转换图 ');
```

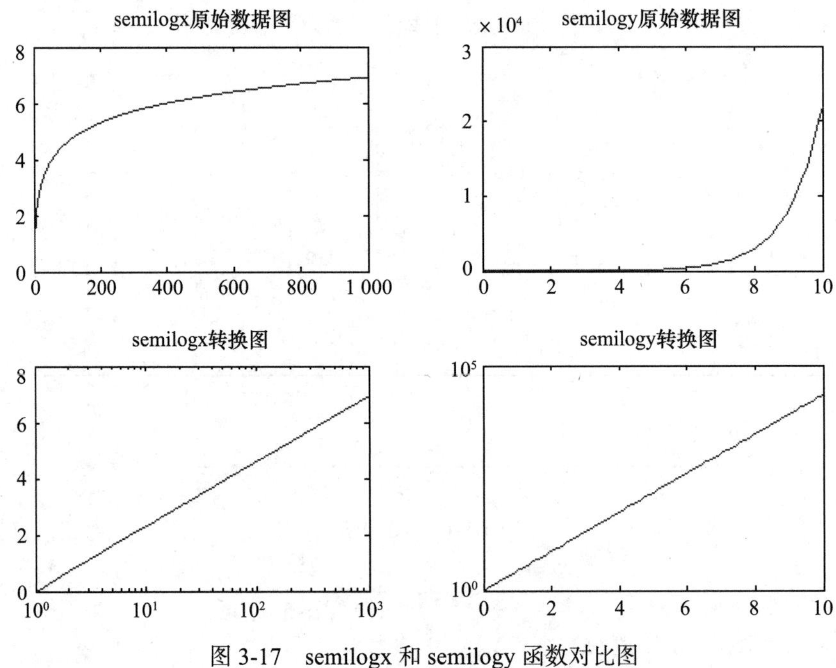

图 3-17　semilogx 和 semilogy 函数对比图

（6）errorbar

- 功能：绘制误差条形图。
- 使用格式：errorbar(X, Y, L, U)，绘制误差条形图。参量 X、Y、L、U 必须为同型向量或矩阵。若同为向量，则在点 (X(*i*),Y(*i*)) 处画出向下长为 L(*i*)，向上长为 U(*i*) 的误差棒；若同为矩阵，则在点 (X(*i*, *j*), Y(*i*, *j*)) 处画出向下长为 L(*i*, *j*)，向上长为 U(*i*, *j*) 的误差棒。

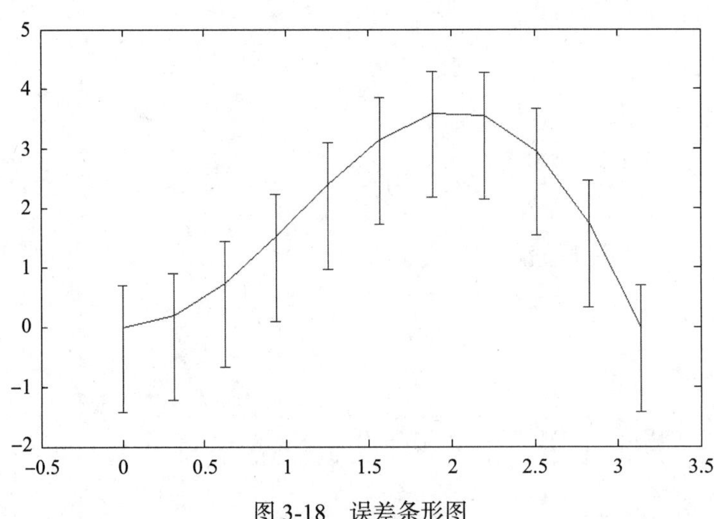

图 3-18　误差条形图

❑ 实例：绘制误差棒图。绘制结果如图 3-18 所示。

```
X=0:pi/10:pi;              % 产生横坐标
Y=2*X.*sin(X);             % 根据函数 2*X.*sin(X) 产生纵坐标
E=std(Y)*ones(size(X));    % 产生误差棒长度
errorbar(X,Y,E,E)          % 绘制误差棒图
```

3.4 小结

本章从应用的角度出发，从数据质量分析和数据特征分析两个方面对数据进行探索分析，最后介绍了 MATLAB 常用的数据探索函数及用例。数据质量分析要求我们拿到数据后要先检测是否存在缺失值和异常值；数据特征分析要求我们在数据挖掘建模前，通过频率分布分析、对比分析、帕累托分析、周期性分析、相关性分析等方法，对采集的样本数据的特征规律进行分析，以了解数据的规律和趋势，为数据挖掘的后续环节提供支持。

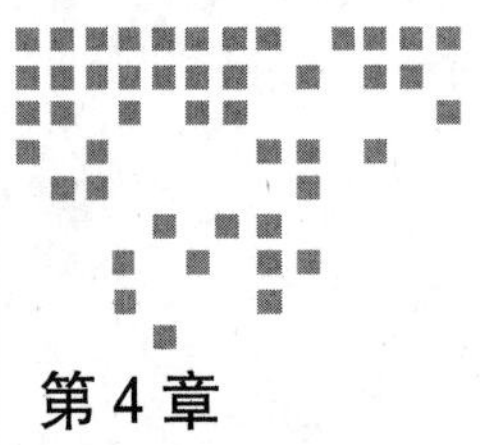

Chapter 4 第 4 章

数据预处理

在数据挖掘中，海量的原始数据中存在着大量不完整（有缺失值）、不一致、有异常的数据，严重影响到数据挖掘建模的执行效率，甚至可能导致挖掘结果的偏差，所以进行数据清洗就显得尤为重要了。数据清洗完成后接着进行或者同时进行数据集成、转换、规约等一系列的处理，该过程就是数据预处理。数据预处理一方面是要提高数据的质量，另一方面是要让数据更好地适应特定的挖掘技术或工具。据统计发现，在数据挖掘的过程中，数据预处理工作量占到了整个过程的 60%。

数据预处理的主要内容包括数据清洗、数据集成、数据变换和数据规约，处理过程如图 4-1 所示。

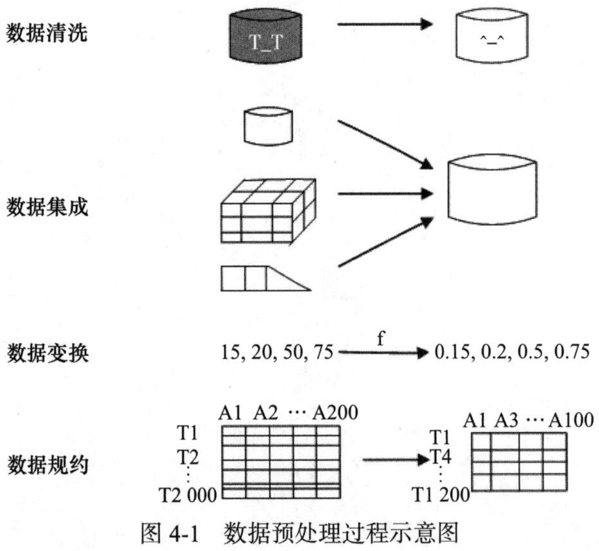

图 4-1　数据预处理过程示意图

4.1　数据清洗

数据清洗主要是删除原始数据集中的无关数据、重复数据、平滑噪声数据，筛选掉与挖掘主题无关的数据，处理缺失值、异常值等。

4.1.1　缺失值处理

处理缺失值的方法可分为三类：删除记录、数据插补和不处理。其中常用的数据插补方法如表 4-1 所示。

表 4-1　常用的数据插补方法

插补方法	方法描述
均值 / 中位数 / 众数插补	根据属性值的类型，用该属性取值的平均数 / 中位数 / 众数进行插补
使用固定值	将缺失的属性值用一个常量替换。如广州一个工厂普通外来务工人员的“基本工资”属性的空缺值可以用 2015 年广州市普通外来务工人员工资标准 1895 元 / 月，该方法就是使用固定值
最近临插补	在记录中找到与缺失样本最接近的样本的该属性值插补
回归方法	对带有缺失值的变量，根据已有数据和与其有关的其他变量（因变量）的数据建立拟合模型来预测缺失的属性值
插值法	插值法是利用已知点建立合适的插值函数 $f(x)$，未知值由对应点 x_i 求出近似的函数值 $f(x_i)$ 来代替

如果通过简单地删除小部分记录达到既定的目标，那么删除含有缺失值的记录这种方法是最有效的。然而，这种方法却有很大的局限性。它是以减少历史数据来换取数据的完备，会造成资源的大量浪费，其丢弃了大量隐藏在这些记录中的信息。尤其是在数据集本来就包含很少记录的情况下，删除少量记录可能会严重影响到分析结果的客观性和正确性。一些模型可以将缺失值视作一种特殊的取值，允许直接在含有缺失值的数据上进行建模。

在数据挖掘中常用的插补方法见表 4-1，本节重点介绍拉格朗日插值法和牛顿插值法。其他的插值方法还有 Hermite 插值、分段插值、样条插值法等。

1. 拉格朗日插值法

根据数学知识可知，对于平面上已知的 n 个点（无两点在一条直线上）可以找到一个 $n-1$ 次多项式 $y=a_0+a_1x+a_2x^2+\cdots+a_{n-1}x^{n-1}$，使此多项式曲线过 n 个点。

1）求已知的过 n 个点的 $n-1$ 次多项式：

$$y=a_0+a_1x+a_2x^2+\cdots+a_{n-1}x^{n-1} \tag{4-1}$$

将 n 个点的坐标 $(x_1,y_1),(x_2,y_2),\cdots,(x_n,y_n)$ 代入多项式，得

$$\begin{aligned} y_1&=a_0+a_1x_1+a_2x_1^2+\cdots+a_{n-1}x_1^{n-1}\\ y_2&=a_0+a_1x_2+a_2x_2^2+\cdots+a_{n-1}x_2^{n-1}\\ &\vdots\\ y_n&=a_0+a_1x_n+a_2x_n^2+\cdots+a_{n-1}x_n^{n-1} \end{aligned}$$

解出拉格朗日插值多项式为：

$$
\begin{aligned}
L(x) &= y_1 \frac{(x-x_2)(x-x_3)\cdots(x-x_n)}{(x_1-x_2)(x_1-x_3)\cdots(x_1-x_n)} \\
&+ y_2 \frac{(x-x_1)(x-x_3)\cdots(x-x_n)}{(x_2-x_1)(x_2-x_3)\cdots(x_2-x_n)} \\
&+ \vdots \qquad\qquad \vdots \\
&+ y_n \frac{(x-x_1)(x-x_2)\cdots(x-x_{n-1})}{(x_n-x_1)(x_n-x_2)\cdots(x_n-x_{n-1})} \\
&= \sum_{i=0}^{n} y_i \prod_{j=0,\, j\neq i}^{n} \frac{x-x_j}{x_i-x_j}
\end{aligned}
\tag{4-2}
$$

2）将缺失的函数值对应的点 x 代入插值多项式得到缺失值的近似值 $L(x)$。

拉格朗日插值公式结构紧凑，在理论分析中很方便，但是当插值节点增减时，插值多项式就会随之变化，这在实际计算中是很不方便的，为了克服其这一缺点，提出了牛顿插值法。

2. 牛顿插值法

1）求已知的 n 个点对 $(x_1,y_1),(x_2,y_2),\cdots,(x_n,y_n)$ 的所有阶差商公式

$$f[x_1,x]=\frac{f[x]-f[x_1]}{x-x_1}=\frac{f(x)-f(x_1)}{x-x_1} \tag{4-3}$$

$$f[x_2,x_1,x]=\frac{f[x_1,x]-f[x_2,x_1]}{x-x_2} \tag{4-4}$$

$$f[x_3,x_2,x_1,x]=\frac{f[x_2,x_1,x]-f[x_3,x_2,x_1]}{x-x_3} \tag{4-5}$$

$$\vdots \qquad\qquad \vdots$$

$$f[x_n,x_{n-1},\cdots,x_1,x]=\frac{f[x_{n-1},\cdots,x_1,x]-f[x_n,x_{n-1},\cdots,x_1]}{x-x_n} \tag{4-6}$$

2）联立以上差商公式建立如下插值多项式 $f(x)$

$$
\begin{aligned}
f(x) &= f(x_1)+(x-x_1)f[x_2,x_1]+(x-x_1)(x-x_2)f[x_3,x_2,x_1]+ \\
&\quad (x-x_1)(x-x_2)(x-x_3)f[x_4,x_3,x_2,x_1]+\cdots+ \\
&\quad (x-x_1)(x-x_2)\cdots(x-x_{n-1})f[x_n,x_{n-1},\cdots,x_2,x_1]+ \\
&\quad (x-x_1)(x-x_2)\cdots(x-x_n)f[x_n,x_{n-1},\cdots,x_1,x] \\
&= P(x)+R(x)
\end{aligned}
\tag{4-7}
$$

其中

$$
\begin{aligned}
P(x) &= f(x_1)+(x-x_1)f[x_2,x_1]+(x-x_1)(x-x_2)f[x_3,x_2,x_1]+ \\
&\quad (x-x_1)(x-x_2)(x-x_3)f[x_4,x_3,x_2,x_1]+\cdots+ \\
&\quad (x-x_1)(x-x_2)\cdots(x-x_{n-1})f[x_n,x_{n-1},\cdots,x_2,x_1]
\end{aligned}
\tag{4-8}
$$

$$R(x)=(x-x_1)(x-x_2)\cdots(x-x_n)f[x_n,x_{n-1},\cdots,x_1,x] \tag{4-9}$$

$P(x)$ 是牛顿插值逼近函数；$P(x)$ 是误差函数。

3）将缺失的函数值对应的点 x 代入插值多项式得到缺失值的近似值 $f(x)$。

牛顿插值法也是多项式插值，但采用了另一种构造插值多项式的方法，与拉格朗日插值

法相比，具有承袭性和易于变动节点的特点。

下面结合具体案例介绍拉格朗日插值法和牛顿插值法的实现方法。

餐饮系统中的销量数据可能会出现缺失值，如表 4-2 所示为某餐厅一段时间的销量数据，其中 2015 年 2 月 14 日的数据缺失，用拉格朗日插值法与牛顿插值法对缺失值进行插补的 MATLAB 程序实现如代码清单 4-1。

表 4-2　某餐厅一段时间的销量数据

时　间	2015/2/25	2015/2/24	2015/2/23	2015/2/22	2015/2/21	2015/2/20
销售额 / 元	3 442.1	3 393.1	3 136.6	3 744.1	6 607.4	4 060.3
时　间	2015/2/19	2015/2/18	2015/2/16	2015/2/15	2015/2/14	2015/2/13
销售额 / 元	3 614.7	3 295.5	2 332.1	2 699.3	空值	3 036.8

* 数据详见：示例程序 /data/catering_sale.xls

代码清单 4-1　拉格朗日与牛顿插值法进行插补代码

```
%% 拉格朗日插值和牛顿插值法的对比
clear;
% 参数初始化
inputfile = '../data/catering_sale.xls' ; % 销量数据文件
index =1; % 销量数据所在下标
outputfile ='../tmp/sales.xls';          % 插值后数据存放

%% 读入数据
[num,txt,raw] = xlsread(inputfile);
data = num(:,index);

%% 去除异常值
data = de_abnormal(data);

%% 调用拉格朗日插值法进行插值
la_data = ployinterp_column(data,'lagrange');

%% 调用牛顿插值法进行插值
new_data = ployinterp_column(data,'newton');

%% 结果写入文件
rows = size(data,1);
result = cell(rows+1,3);
result{1,1}='原始值';
result{1,2}='拉格朗日插值';
result{1,3}='牛顿插值';

result(2:end,1)= num2cell(data);
result(2:end,2)= num2cell(la_data);
result(2:end,3)= num2cell(new_data);
xlswrite(outputfile,result);
disp('拉格朗日插值法和牛顿插值法的结果已写入数据文件！');
```

* 代码详见：示例程序 /code/lagrange_newton_interp.m

应用拉格朗日插值法和牛顿插值法对表 4-2 中的缺失值进行插补，使用缺失值前后各 5 个未缺失的数据参与建模，得到的插值结果如下所示。

时　间	原始值	拉格朗日插值法	牛顿插值法
2015/2/21	6 607.4	4 275.255	4 275.255
2015/2/14	空值	4 156.86	4 156.86

在进行插值之前会对数据进行异常值检测，发现 2015-2-21 日的数据是异常的（数据大于 5000），所以也把此日期数据定义为空缺值，进行补数。利用拉格朗日插值法和牛顿插值法对 2015-2-21 和 2015-2-14 的数据进行插补，结果都是 4156.86，这两天都是周末，而周末的销售额一般要比周一到周五要多，所以插值结果比较符合实际情况。同时拉格朗日插值法和牛顿插值法是同一种方法的两种变形，其构造拟合函数的思路是相同的，因而在不增减插值节点的情况下，该案例中用两种算法计算的插值结果是相同的。

4.1.2 异常值处理

在数据预处理时，异常值是否剔除，需视具体情况而定，因为有些异常值可能蕴含着有用的信息。异常值处理的常用方法如表 4-3 所示。

表 4-3　异常值处理的常用方法

异常值处理的常用方法	方法描述
删除含有异常值的记录	直接将含有异常值的记录删除
视为缺失值	将异常值视为缺失值，利用缺失值处理的方法进行处理
平均值修正	可用前后两个观测值的平均值修正该异常值
不处理	直接在具有异常值的数据集上进行挖掘建模

将含有异常值的记录直接删除这种方法简单易行，但缺点也很明显。在观测值很少的情况下，删除会造成样本量不足，可能会改变变量的原有分布，从而造成分析结果的不准确。视为缺失值处理的好处是可以利用现有变量的信息，对异常值（缺失值）进行填补。

在很多情况下，要先分析异常值出现的可能原因，再判断异常值是否应该舍弃，如果是正确的数据，可以直接在具有异常值的数据集上进行挖掘建模。

4.2 数据集成

数据挖掘需要的数据往往分布在不同的数据源中，数据集成就是将多个数据源合并存放在一个一致的数据存储（如数据仓库）中的过程。

在数据集成时，来自多个数据源的现实世界实体的表达形式是不一样的，有可能不匹配，要考虑实体识别问题和属性冗余问题，从而将源数据在最低层上加以转换、提炼和集成。

4.2.1 实体识别

实体识别是从不同数据源识别出现实世界的实体，它的任务是统一不同源数据的矛盾之处，常见的实体识别如下所述。

1. 同名异义

数据源 A 中的属性 ID 和数据源 B 中的属性 ID 分别描述菜品编号和订单编号，即描述的是不同的实体。

2. 异名同义

数据源 A 中的 sales_dt 和数据源 B 中的 sales_date 都是描述销售日期的，即 A. sales_dt=B. sales_date。

3. 单位不统一

描述同一个实体分别用的是国际单位和中国传统的计量单位。

检测和解决这些冲突就是实体识别的任务。

4.2.2 冗余属性识别

数据集成往往导致数据冗余，如：

- 同一属性多次出现。
- 同一属性命名不一致导致重复。

仔细整合不同源数据能减少甚至避免数据冗余与不一致，从而提高数据挖掘的速度和质量。对于冗余属性要先分析，检测到后再将其删除。

有些冗余属性可以用相关分析检测。给定两个数值型的属性 A 和 B，根据其属性值，用相关系数度量一个属性在多大程度上蕴含另一个属性，相关系数介绍见 3.2.6 节。

4.3 数据变换

数据变换主要是对数据进行规范化处理，将数据转换成“适当的”形式，以适用于挖掘任务及算法的需要。

4.3.1 简单的函数变换

简单的函数变换是对原始数据进行某些数学函数的变换，常用的包括平方、开方、取对数、差分运算等，即

$$x' = x^2 \tag{4-10}$$

$$x' = \sqrt{x} \tag{4-11}$$

$$x' = \log(x) \tag{4-12}$$

$$\nabla f(x_k) = f(x_{k+1}) - f(x_k) \tag{4-13}$$

简单的函数变换常用来将不具有正态分布的数据变换成具有正态分布的数据；在时间序列分析中，有时简单的对数变换或者差分运算就可以将非平稳序列转换成平稳序列。在数据挖掘中，简单的函数变换可能更有必要，比如个人年收入的取值范围为 1 万元～ 10 亿元，这是一个很大的区间，使用对数变换对其进行压缩是常用的一种变换处理。

4.3.2 规范化

数据标准化（归一化）处理是数据挖掘的一项基础工作。不同评价指标往往具有不同的量纲，数值间的差别可能很大，不进行处理可能会影响到数据分析的结果。为了消除指标之间的量纲和取值范围差异的影响，需要进行标准化处理，将数据按照比例进行缩放，使之落入一个特定的区域，便于进行综合分析。如将工资收入属性值映射到 [−1, 1] 或者 [0, 1] 内。

数据规范化对于基于距离的挖掘算法尤为重要。

1. 最小－最大规范化

其也称为离差标准化，是对原始数据的线性变换，将数值映射到 [0, 1] 区间。

转换公式如下：

$$x^* = \frac{x - \min}{\max - \min} \tag{4-14}$$

其中 max 为样本数据的最大值，min 为样本数据的最小值。max-min 为极差。离差标准化保留了原来数据中存在的关系，是消除量纲和数据取值范围影响的最简单的方法。这种处理方法的缺点是若数值集中或某个数值很大，则规范化后各值会接近于 0，并且将会相差不大。若将来遇到超过目前属性$[\min, \max]$取值范围的时候，会引起系统出错，需要重新确定 min 和 max。

2. 零－均值规范化

其也叫标准差标准化，经过处理的数据的均值为 0，标准差为 1。转化公式为：

$$x^* = \frac{x - \bar{x}}{\sigma} \tag{4-15}$$

其中 $\bar{x}$ 为原始数据的均值；σ 为原始数据的标准差。这种方法是当前用得最多的数据标准化方法，但是均值和标准差受离群点的影响很大，因此通常需要修改上述变换。首先用中位数 M 取代均值，其次用绝对标准差取代标准差 $\sigma^* = \sum_{i=1}^{i=n} |x_i - W|$，$W$ 是平均数或者中位数。

3. 小数定标规范化

通过移动属性值的小数位数，将属性值映射到 [−1, 1] 之间，移动的小数位数取决于属性值绝对值的最大值。

转化公式为：

$$x^* = \frac{x}{10^k} \tag{4-16}$$

下面通过对一个矩阵使用上面三种规范化方法对其进行处理，并对比结果，程序如代码清单 4-2 所示。

代码清单 4-2　数据规范化代码

```
%% 数据规范化
clear;
% 参数初始化:
data = '../data/normalization_data.xls';

%% 读取数据
[data, ~ ] = xlsread(data);

%% 最小 - 最大规范化
data_scatter = mapminmax(data',0,1); % 数据需要转置
data_scatter = data_scatter';

%% 零 - 均值规范化
data_zscore = zscore(data);

%% 小数定标规范化
max_ = max(abs(data));
max_ = power(10,ceil(log10(max_)));
cols = size(max_,2);
data_dot = data;
for i=1:cols
    data_dot(:,i)=data(:,i)/max_(1,i);
end

%% 打印结果
disp('原始数据为:');
disp(data);
disp('最小 - 最大规范化后的数据为:');
disp(data_scatter);
disp('零 - 均值规范化后的数据为:');
disp(data_zscore);
disp('小数定标规范化后的数据为:');
disp(data_dot);
```

* 代码详见：示例程序 /code/data_normalization.m

执行上面的代码后，可以在命令行看到下面的输出结果：

原始数据为:

```
 78     521     602    2863
144    -600    -521    2245
 95    -457     468   -1283
 69     596     695    1054
190     527     691    2051
101     403     470    2487
146     413     435    2571
```

最小-最大规范化后的数据为：

0.0744	0.9373	0.9235	1.0000
0.6198	0	0	0.8509
0.2149	0.1196	0.8133	0
0	1.0000	1.0000	0.5637
1.0000	0.9423	0.9967	0.8041
0.2645	0.8386	0.8150	0.9093
0.6364	0.8470	0.7862	0.9296

零-均值规范化后的数据为：

−0.9054	0.6359	0.4645	0.7981
0.6047	−1.5877	−2.1932	0.3694
−0.5164	−1.3040	0.1474	−2.0783
−1.1113	0.7846	0.6846	−0.4569
1.6571	0.6478	0.6752	0.2348
−0.3791	0.4018	0.1521	0.5373
0.6504	0.4216	0.0693	0.5956

小数定标规范化后的数据为：

0.0780	0.5210	0.6020	0.2863
0.1440	−0.6000	−0.5210	0.2245
0.0950	−0.4570	0.4680	−0.1283
0.0690	0.5960	0.6950	0.1054
0.1900	0.5270	0.6910	0.2051
0.1010	0.4030	0.4700	0.2487
0.1460	0.4130	0.4350	0.2571

对于一个含有 n 个记录、p 个属性的数据集，就分别对每一个属性的取值进行规范化。对原始的数据矩阵分别用最小 - 最大规范化、零 – 均值规范化、小数定标规范化进行规范化后的数据如上所示。

4.3.3 连续属性离散化

一些数据挖掘算法，特别是某些分类算法如 ID3 算法、Apriori 算法等，要求数据是分类属性形式。这样，常常需要将连续属性变换成分类属性，即连续属性离散化。

1. 离散化的过程

连续属性的离散化就是在数据的取值范围内设定若干个离散的划分点，将取值范围划分为一些离散化的区间，最后用不同的符号或整数值代表落在每个子区间中的数据值。所以，离散化涉及两个子任务：确定分类数以及如何将连续属性值映射到这些分类值中。

2. 常用的离散化方法

常用的离散化方法有等宽法、等频法和（一维）聚类分析法。

（1）等宽法

将属性的值域分成具有相同宽度的区间，区间的个数由数据本身的特点决定或者用户指定，类似于制作频率分布表。

（2）等频法

将相同数量的记录放进每个区间。

以上两种方法简单、易于操作，但都需要人为地规定划分区间的个数。同时，等宽法的缺点在于它对离群点比较敏感，倾向于不均匀地把属性值分布到各个区间。有些区间包含许多数据，而另外一些区间的数据极少，这样会严重损坏所建立的决策模型。等频法虽然避免了上述问题的产生，却可能将相同的数据值分到不同的区间以满足每个区间中固定的数据个数。

（3）（一维）聚类分析法

（一维）聚类分析法包括两个步骤，首先将连续属性的值用聚类算法（如 K-Means 算法）进行聚类，然后再将聚类得到的簇进行处理，合并到一个簇的连续属性值做同一标记。聚类分析的离散化方法也需要用户指定簇的个数，从而决定产生的区间数。

下面使用上述三种离散化的方法对“医学中中医证型的相关数据”进行连续属性离散化的对比，该属性的示例数据如表 4-4 所示。

表 4-4 中医证型连续属性离散化数据

肝气郁结证型系数	0.056	0.488	0.107	0.322	0.242	0.389

* 数据详见：示例程序 /data/discretization_data.xls

具体可以参考第 8 章中相关章节的内容，其 MATLAB 代码如代码清单 4-3 所示。

代码清单 4-3 数据离散化代码

```
%% 数据离散化
clear;
% 参数初始化:
data = '../data/discretization_data.xls';
k = 4;

%% 读取数据
[data, ~ ] = xlsread(data);
rows = size(data,1);
%% 等宽离散化
% 规则需要自定义
rules = [0,0.179,0.258,0.35,0.504];
width_data = zeros(rows,2);
width_data(:,1) = data;
width_data(:,2)= arrayfun(@find_type,data);

%% 等频离散化
frequent_data = zeros(rows,2);
frequent_data(:,1) = data;
end_ =-1;
for i=1:k-1
    start_ = floor((i-1)*rows/k)+1;
    end_ = floor(i*rows/k);
    frequent_data(start_:end_,2) = i;
end
frequent_data(end_+1:end,2) = k;

%% 聚类离散化
```

```
[idx, ~ ] = kmeans(data,k);
cluster_data = zeros(rows,2);
cluster_data(:,1) = data;
cluster_data(:,2) = idx;

%% 作图展示结果
figure
cust_subplot(width_data,3,1,1,k);
cust_subplot(frequent_data,3,1,2,k);
cust_subplot(cluster_data,3,1,3,k);
disp('数据离散化完成！');
```

* 代码详见：示例程序 /code/data_discretization.m

运行上面的程序，可以得到如图 4-2 ~ 图 4-4 所示的结果。

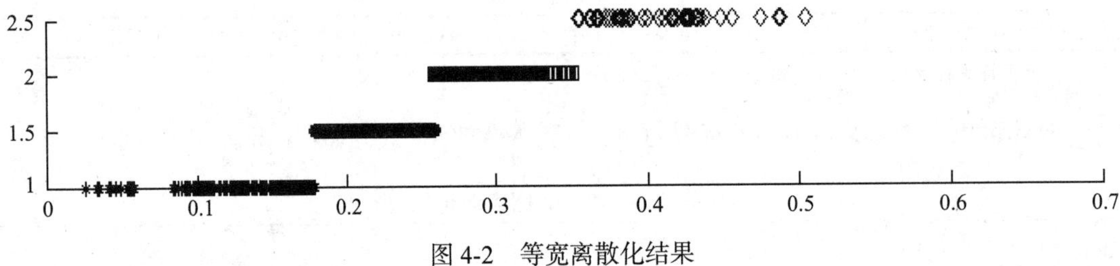

图 4-2　等宽离散化结果

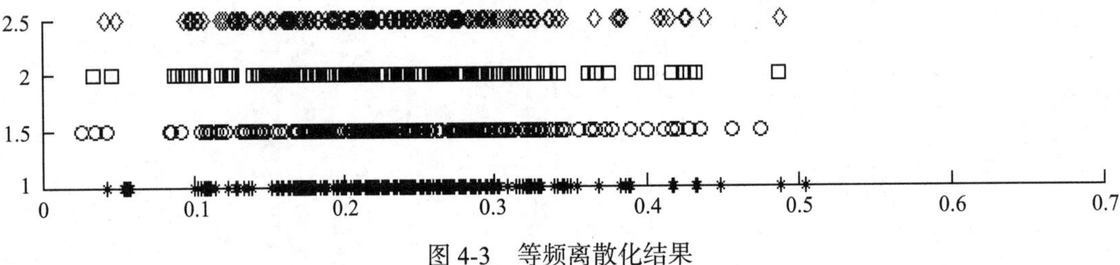

图 4-3　等频离散化结果

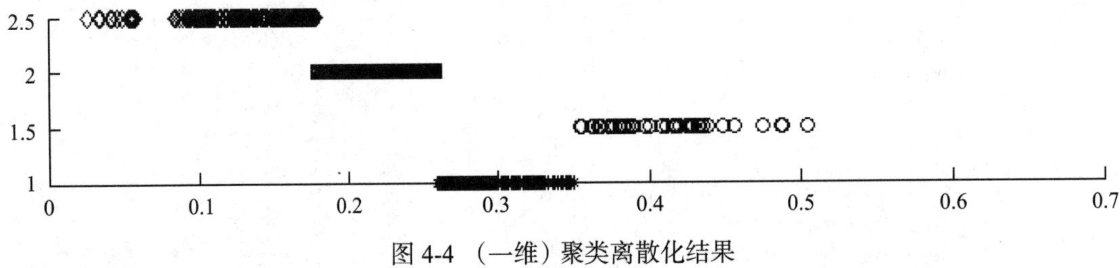

图 4-4　（一维）聚类离散化结果

分别用等宽法、等频法和（一维）聚类分析法对数据进行离散化，将数据分成四类，然后将每一类记为同一个标识，如分别记为 A1、A2、A3、A4，再进行建模。

4.3.4 属性构造

在数据挖掘的过程中，为了帮助提取更有用的信息、挖掘更深层次的模式，提高挖掘结果的精度，需要利用已有的属性集构造出新的属性，并加到现有的属性集合中。

比如进行防窃漏电诊断建模时，已有的属性包括供入电量、供出电量（线路上各大用户用电量之和）。理论上供入电量和供出电量应该是相等的，但是由于在传输过程中存在电能损耗，使得供入电量略大于供出电量，如果该条线路上的一个或多个大用户存在窃漏电行为，会使得供入电量明显大于供出电量（详见图 6-1 窃漏电用户的识别流程）。反过来，为了判断是否有大用户存在窃漏电行为，可以构造出一个新的指标——线损率，该过程就是构造属性。新构造的属性线损率按以下公式计算：

$$线损率=\frac{供入电量-供出电量}{供入电量}\times 100\% \tag{4-17}$$

线损率的正常范围一般在 3% ~ 15%，如果远远超过该范围，就可以认为该条线路的大用户很可能存在窃漏电等用电异常的行为。

根据线损率的计算公式，由供入电量、供出电量进行线损率的属性构造代码，如代码清单 4-4 所示。

代码清单 4-4 线损率属性构造代码

```
%% 线损率属性构造
clear;
%初始化参数
inputfile= '../data/electricity_data.xls';      % 供入、供出电量数据
outputfile = '../tmp/electricity_data.xls';     % 属性构造后数据文件

%% 读取数据
[num,txt,raw]=xlsread(inputfile);               % 数据第一列为供入电量，第二列为供出电量
[rows,cols] = size(num);

%% 构造属性
loss = (num(:,1)-num(:,2))./num(:,1);

%% 保存结果
result = cell(rows+1,cols+1);
result(:,1:cols) =raw;
result{1,cols+1} = '线损率';
result(2:end,cols+1) = num2cell(loss);
xlswrite(outputfile,result);
disp('线损率属性构造完毕！');
```

* 代码详见：示例程序 /code/line_rate_construct.m

4.3.5 小波变换

小波变换[4][5]是一种新型的数据分析工具，是近年来兴起的信号分析手段。小波分析的

理论和方法在信号处理、图像处理、语音处理、模式识别、量子物理等领域得到越来越广泛的应用，它被认为是近年来在工具及方法上的重大突破。小波变换具有多分辨率的特点，在时域和频域都具有表征信号局部特征的能力，通过伸缩和平移等运算过程对信号进行多尺度的聚焦分析，提供了一种非平稳信号的时频分析手段，可以由粗及细地逐步观察信号，从中提取有用的信息。

能够刻画某个问题的特征量往往是隐含在一个信号中的某个或某些分量中，小波变换可以把非平稳信号分解为表达不同层次不同频带信息的数据序列即小波系数，选取适当的小波系数，即完成了信号的特征提取。下面将介绍基于小波变换的信号特征的提取方法。

1. 基于小波变换的信号特征的提取方法

基于小波变换的特征提取方法主要有：基于小波变换的多尺度空间能量分布特征的提取、基于小波变换的多尺度空间中模极大值特征的提取、基于小波包变换特征的提取、基于适应性小波神经网络特征的提取，详见表 4-5。

表 4-5 基于小波变换的信号特征的提取方法

基于小波变换的信号特征的提取方法	方法描述
基于小波变换的多尺度空间能量分布特征的提取方法	各尺度空间内的平滑信号和细节信号能提供原始信号的时频局域信息，特别是能提供不同频段上信号的构成信息。把不同分解尺度上信号的能量求解出来，就可以将这些能量尺度顺序排列形成特征向量以供识别使用
基于小波变换的多尺度空间中模极大值特征的提取方法	利用小波变换的信号局域化分析能力，求解小波变换的模极大值特征来检测信号的局部奇异性，将小波变换模极大值的尺度参数 s、平移参数 t 及其幅值作为目标的特征量
基于小波包变换特征的提取方法	利用小波分解，可将时域随机信号序列映射为尺度域各子空间内的随机系数序列，按小波包分解得到的最佳子空间内随机系数序列的不确定性程度最低，将最佳子空间的熵值及最佳子空间在完整二叉树中的位置参数作为特征量，可以用于目标识别
基于适应性小波神经网络特征的提取方法	基于适应性小波神经网络特征的提取方法可以把信号通过分析小波拟合表示，并进行特征提取

2. 小波基函数

小波基函数是一种具有局部支集的函数，并且平均值为0，小波基函数满足 $\psi(0)=\int\psi(t)\mathrm{d}t=0$。常用的小波基有 Haar 小波基、db 系列小波基等。Haar 小波基函数如图 4-5 所示。

3. 小波变换

对小波基函数进行伸缩和平移变换：

$$\psi_{a,b}(t)=\frac{1}{\sqrt{|a|}}\psi\left(\frac{t-b}{a}\right) \tag{4-18}$$

其中，a 为伸缩因子；b 为平移因子。

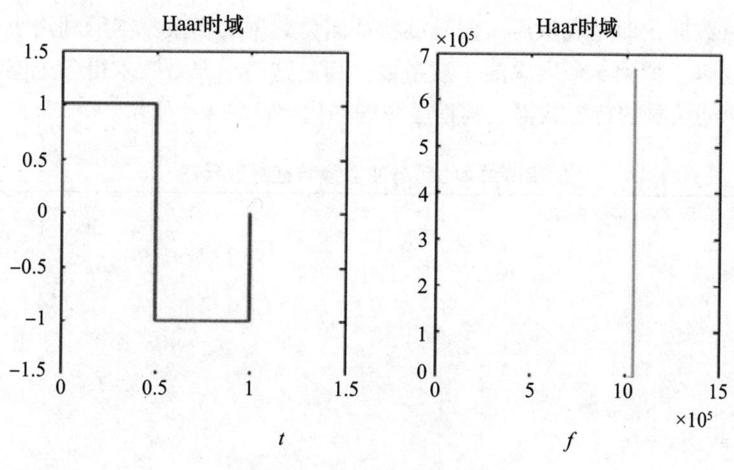

图 4-5　Haar 小波基函数

任意函数 $f(t)$ 的连续小波变换（CWT）为：

$$W_f(a,b) = |a|^{-1/2} \int f(t)\psi\left(\frac{t-b}{a}\right)\mathrm{d}t \tag{4-19}$$

可知，连续小波变换为 $f(t) \to W_f(a,b)$ 的映射，对小波基函数 $\psi(t)$ 增加约束条件 $C_\psi = \int \frac{|\hat{\psi}(t)|^2}{t}\mathrm{d}t < \infty$ 就可以由 $W_f(a,b)$ 逆变换得到 $f(t)$。其中 $\hat{\psi}(t)$ 为 $\psi(t)$ 的傅里叶变换。

其逆变换为：

$$f(t) = \frac{1}{C_\psi}\int\int \frac{1}{a^2} W_f(a,b)\psi\left(\frac{t-b}{a}\right)\mathrm{d}a \cdot \mathrm{d}b \tag{4-20}$$

下面介绍基于小波变换的多尺度空间能量分布特征的提取方法。

4. 基于小波变换的多尺度空间能量分布特征的提取方法

应用小波分析技术可以把信号在各频率波段中的特征提取出来，基于小波变换的多尺度空间能量分布特征提取方法是对信号进行频带分析，再分别计算所得的各个频带的能量作为特征向量。

信号 $f(t)$ 的二进小波分解可表示为：

$$f(t) = A_j + \sum D_j \tag{4-21}$$

其中 A 是近似信号，为低频部分；D 是细节信号，为高频部分，此时信号的频带分布如图 4-6 所示。

信号的总能量为：

$$E = EA_j + \sum ED_j \tag{4-22}$$

选择第 j 层的近似信号和各层的细节信号的能量作为特征，构造特征向量为：

$$F = [EA_j, ED_1, ED_2, \cdots, ED_j] \tag{4-23}$$

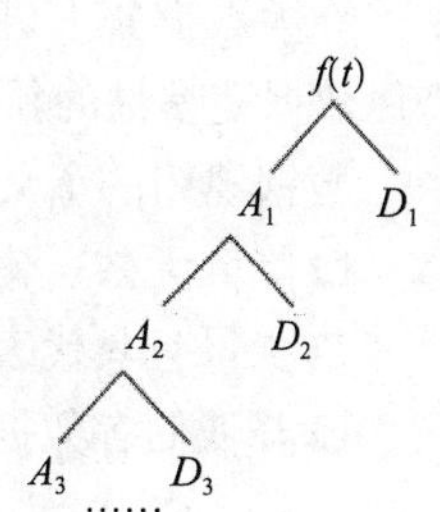

图 4-6　多尺度分解的信号频带分布

利用小波变换可以对声波信号进行特征提取，提取出可以代表声波信号的向量数据，即完成从声波信号到特征向量数据的变换。本例利用小波函数对声波信号数据进行分解，得到 5 个层次的小波系数。利用这些小波系数求得各个能量值，这些能量值即可作为声波信号的特征数据。其程序实现如代码清单 4-5 所示。

代码清单 4-5　小波变换特征提取代码

```
%% 利用小波分析 进行特征分析
clear;
% 参数初始化
level =5;
load leleccum;
signal = leleccum(1:3920);

%% 进行 level 层小波分解
[C,S] = wavedec2(signal,level,'bior3.7');

%% 提取第 i 层小波系数，并计算各层能量值
E=zeros(1,level);
for i=1:level
      [H_i, ~ , ~ ] = detcoef2('all',C,S,i);
      E(1,i)=norm(H_i,'fro');
end

%% 打印各层能量值，即提取的特征值
disp('声音信号小波分析完成，提取的特征向量为：');
disp(E);
```

* 代码详见：示例程序 /code/wave_analyze.m

运行上面的代码可以得到声音信号的特征向量如下所示：

```
>> wave_analyze
声音信号小波分析完成，提取的特征向量为：
   1.0e-11 *

    0.1281    0.2181    0.3206    0.4970    0.6451
```

4.4　数据规约

在大数据集上进行复杂的数据分析和挖掘将需要很长的时间，数据规约产生更小的但保持原数据完整性的新数据集。在规约后的数据集上进行分析和挖掘将更有效率。

数据规约的意义在于：

- ❑ 降低无效、错误数据对建模的影响，提高建模的准确性。
- ❑ 少量且具代表性的数据将大幅缩减数据挖掘所需的时间。
- ❑ 降低储存数据的成本。

4.4.1　属性规约

属性规约通过属性合并创建新属性维数，或者直接通过删除不相关的属性维数来减少数

据维数，从而提高数据挖掘的效率、降低计算成本。属性规约的目标是寻找出最小的属性子集并确保新数据子集的概率分布，并尽可能地接近原来数据集的概率分布。属性规约常用方法如表 4-6 所示。

表 4-6 属性规约的常用方法

属性规约的常用方法	方法描述	方法解析
合并属性	将一些旧属性合为新属性	初始属性集：$\{A_1,A_2,A_3,A_4,B_1,B_2,B_3,C\}$ $\{A_1,A_2,A_3,A_4\} \to A$ $\{B_1,B_2,B_3\} \to B$ ⇒ 规约后属性集：$\{A,B,C\}$
逐步向前选择	从一个空属性集开始，每次从原来属性集合中选择一个当前最优的属性添加到当前属性子集中。直到无法选择出最优属性或满足一定阈值约束为止	初始属性集：$\{A_1,A_2,A_3,A_4,A_5,A_6\}$ $\{\} \Rightarrow \{A_1\} \Rightarrow \{A_1,A_4\}$ ⇒ 规约后属性集：$\{A_1,A_4,A_6\}$
逐步向后删除	从一个全属性集开始，每次从当前属性子集中选择一个当前最差的属性并将其从当前属性子集中消去，直到无法选择出最差属性为止或满足一定阈值约束为止	初始属性集：$\{A_1,A_2,A_3,A_4,A_5,A_6\}$ $\Rightarrow \{A_1,A_3,A_4,A_5,A_6\} \Rightarrow \{A_1,A_4,A_5,A_6\}$ ⇒ 规约后的属性集：$\{A_1,A_4,A_6\}$
决策树归纳	利用决策树的归纳方法对初始数据进行分类归纳学习，获得一个初始决策树，所有没有出现在这个决策树上的属性均可认为是无关属性，因此将这些属性从初始集合中删除，就可以获得一个较优的属性子集	初始属性集：$\{A_1,A_2,A_3,A_4,A_5,A_6\}$ A_4? Y N A_1? A_6? Y N Y N 类1? 类2? 类1? 类2? ⇒ 规约后的属性集：$\{A_1,A_4,A_6\}$
主成分分析	用较少的变量去解释原始数据中的大部分变量，即将许多相关性很高的变量转化成彼此相互独立或不相关的变量	详见下面的计算步骤

逐步向前选择、逐步向后删除和决策树归纳是属于直接删除不相关属性维数的方法。主成分分析是一种用于连续属性的数据降维方法，它构造了原始数据的一个正交变换，新空间的基底去除了原始空间基底数据的相关性，只需使用少数新变量就能够解释原始数据中的大部分变异。在应用中，通常是选出比原始变量个数少，能解释大部分数据中的变量的几个新变量，即所谓的主成分，来代替原始变量进行建模。

主成分分析 [6] 的计算步骤如下。

❑ 设原始变量 $X_1,X_2,\cdots,X_p$ 的 n 次观测数据矩阵为：

$$X=\begin{bmatrix} x_{11} & x_{12} & \cdots & x_{1p} \\ x_{21} & x_{22} & \cdots & x_{2p} \\ \vdots & \vdots & & \vdots \\ x_{n1} & x_{n2} & \cdots & x_{np} \end{bmatrix} A(X_1,X_2,\cdots,X_P) \tag{4-24}$$

- 将数据矩阵按列进行中心标准化。为了方便，将标准化后的数据矩阵仍然记为 X。
- 求相关系数矩阵 $R, R=(r_{ij})_{p\cdot p}$，r_{ij} 定义为：

$$r_{ij}=\sum_{k=1}^{n}(x_{ki}-\bar{x}_i)(x_{kj}-\bar{x}_j) \Big/ \sqrt{\sum_{k=1}^{n}(x_{ki}-\bar{x}_i)^2\sum_{k=1}^{n}(x_{kj}-\bar{x}_j)^2} \tag{4-25}$$

其中，$r_{ij}=r_{ji}, r_{ii}=1$。

- 求 R 的特征方程 $\det(R-\lambda E)=0$ 的特征根 $\lambda_1 \geqslant \lambda_2 \geqslant \cdots \geqslant \lambda_p > 0$。
- 确定主成分个数 m：$\dfrac{\sum_{i=1}^{m}\lambda_i}{\sum_{i=1}^{p}\lambda_i} \geqslant \alpha$，$\alpha$ 根据实际问题确定，一般取 80%。
- 计算 m 个相应的单位特征向量：

$$\beta_1=\begin{bmatrix} \beta_{11} \\ \beta_{21} \\ \vdots \\ \beta_{p1} \end{bmatrix},\ \beta_2=\begin{bmatrix} \beta_{12} \\ \beta_{22} \\ \vdots \\ \beta_{p2} \end{bmatrix},\ \dots,\ \beta_m=\begin{bmatrix} \beta_{m2} \\ \beta_{m2} \\ \vdots \\ \beta_{m2} \end{bmatrix} \tag{4-26}$$

- 计算主成分：

$$Z_i=\beta_{1i}X_1+\beta_{2i}X_2+\cdots+\beta_{pi}X_p\ (i=1,2,\cdots,m) \tag{4-27}$$

使用主成分分析降维的程序，如代码清单 4-6 所示。

代码清单 4-6 主成分分析降维代码

```
%% 主成分分析降维
clear;
% 参数初始化
inputfile = '../data/principal_component.xls';
outputfile = '../tmp/dimention_reducted.xls';   % 降维后的数据
proportion = 0.95 ;                             % 主成分的比例

%% 数据读取
[num, ~ ] = xlsread(inputfile);

%% 主成分分析
[coeff, ~ ,latent] = pca(num);

%% 计算累计贡献率，确认维度
sum_latent = cumsum(latent/sum(latent));        % 累计贡献率
dimension = find(sum_latent>proportion);
dimension= dimension(1);

%% 降维
data = num * coeff(:,1:dimension);
xlswrite(outputfile,data);
```

```
disp('主成分特征根：');
disp(latent');
disp('主成分单位特征向量');
disp(coeff);
disp('累计贡献率');
disp(sum_latent');
disp(['主成分分析完成，降维后的数据在' outputfile]);
```

*代码详见：示例程序 /code/principal_component_analyze.m

运行上面的代码可以得到下面的结果。

```
>> principal_component_analyze
主成分特征根：
  400.7164    81.2549    22.1371    12.4593     0.7780     0.2128     0.1075     0.0479

主成分单位特征向量
    0.5679     0.6480    -0.4514    -0.1940    -0.0613    -0.0258     0.0380    -0.1015
    0.2280     0.2473     0.2380     0.9022    -0.0338     0.0668    -0.0952     0.0394
    0.2328    -0.1709    -0.1769    -0.0073     0.1265    -0.1282    -0.1559     0.9102
    0.2243    -0.2090    -0.1184    -0.0142     0.6433     0.5702    -0.3430    -0.1876
    0.3359    -0.3605    -0.0517     0.0311    -0.3896     0.5264     0.5664     0.0619
    0.4368    -0.5591    -0.2009     0.1256    -0.1068    -0.5228    -0.1899    -0.3460
    0.0386     0.0019    -0.0012     0.1115     0.6323    -0.3117     0.6990    -0.0209
    0.4647     0.0591     0.8070    -0.3449     0.0472    -0.0754    -0.0451     0.0214

累计贡献率
    0.7740     0.9310     0.9737     0.9978     0.9993     0.9997     0.9999     1.0000
```

从上面的结果可以得到特征方程 $\det(R-\lambda E)=0$ 有 7 个特征根、对应的 7 个单位特征向量以及累计贡献率。

当选取 3 个主成分时，累计贡献率已达到 97.37%，选取 3 个主成分和对应的单位特征向量，根据公式（4-27）$Z_i=\beta_{1i}X_1+\beta_{2i}X_2+\cdots+\beta_{8i}X_8$，$i=1,2,3,\cdots,8$ 计算出成分结果，如下所示。

X1	X2	X3	X4	X5	X6	X7	X8
40.4	24.7	7.2	6.1	8.3	8.7	2.442	20
25	12.7	11.2	11	12.9	20. 2	3.542	9.1
13.2	3.3	3.9	4.3	4.4	5.5	0.578	3.6
22.3	6.7	5.6	3.7	6	7.4	0.176	7.3
34.3	11.8	7.1	7.1	8	8.9	1.726	27.5
35.6	12.5	16.4	16.7	22.8	29.3	3.017	26.6
22	7.8	9.9	10.2	12.6	17.6	0.847	10.6
48. 4	13.4	10.9	9.9	10.9	13.9	1.772	17.8
40.6	19.1	19.8	19	29.7	39.6	2.449	35.8
24.8	8	9.8	8.9	11.9	16.2	0.789	13.7
12.5	9.7	4.2	4.2	4.6	6.5	0.874	3.9
1.8	0.6	0.7	0.7	0.8	1.1	0.056	1
32.3	13.9	9.4	8.3	9.8	13.3	2.126	17.1
38.5	9.1	11.3	9.5	12.2	16.4	1.327	11.6

Z1	Z2	Z3
47.594 99	23. 114 14	-0.393 81
39.688 93	-0.270 64	-3.932 43
15.696 27	3.357 65	-4.800 25
24.971 63	8.509 281	-5.806 44
44.834 11	16.217 15	5.217 147
63. 563 22	-3.154 18	-3.577 14
35. 742 31	-1.391 88	-6.668 12
53. 371 27	20.101 35	-10.752 9
80.284 59	-7.046 75	-0.138 33
37.654 78	1.978 984	-4.893 53
17.460 44	3.843 648	-2.971 68
2.694 976	0.204 742	-0.331 89
42.691 16	11.073 92	-3.299 48
45.402 52	10.404 1	-12.903 3

原始数据从 8 维被降维到了 3 维，关系式由公式（4-27）确定，同时这 3 维数据占了原始数据 95% 以上的信息。

4.4.2 数值规约

数值规约通过选择替代的、较小的数据来减少数据量，包括有参数方法和无参数方法两类。有参数方法是使用一个模型来评估数据，只需存放参数，而不需要存放实际数据。例如，回归（线性回归和多元回归）和对数线性模型（近似离散属性集中的多维概率分布）。无参数方法就需要存放实际数据，例如，直方图、聚类、抽样（采样）、参数回归。

1. 直方图

直方图使用分箱来近似数据分布，是一种流行的数据规约形式。属性 A 的直方图将 A 的数据分布划分为不相交的子集或桶。如果每个桶只代表单个属性值 / 频率对，则该桶称为单桶。通常，桶表示给定属性的一个连续区间。

这里结合实际案例来说明如何使用直方图做数值规约。下面的数据是某餐饮企业菜品的单价表（按人民币取整，单位：元）从小到大排序。

3, 3, 5, 5, 5, 8, 8, 10, 10, 10, 10, 15, 15, 15, 22, 22, 22, 22, 22, 22, 22, 22, 22, 25, 25, 25, 25, 25, 25, 25, 25, 25, 30, 30, 30, 30, 30, 35, 35, 35, 35, 35, 39, 39, 40, 40, 40

图 4-7 使用单桶显示了这些数据的直方图。为进一步压缩数据，通常让每个桶代表给定属性的一个连续值域。在图 4-8 中每个桶代表长度为人民币 13 元的价值区间。

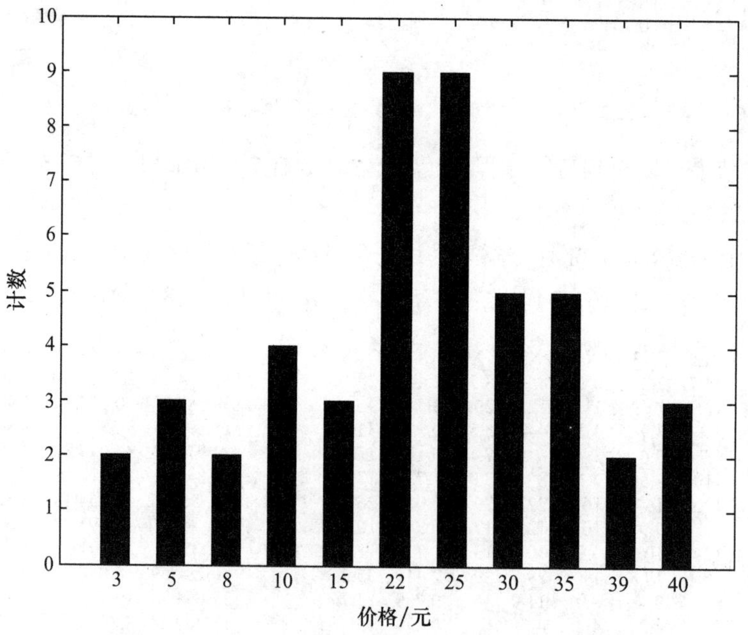

图 4-7　使用单桶的价格直方图——每个单桶代表一个价值 / 频率对

2. 聚类

聚类技术是将数据元组（即记录，数据表中的一行）视为对象。它将对象划分为簇，使一个簇中的对象相互“相似”，而与其他簇中的对象“相异”。在数据规约中，用数据的簇替换实际数据。该技术的有效性依赖于簇的定义是否符合数据的分布性质。

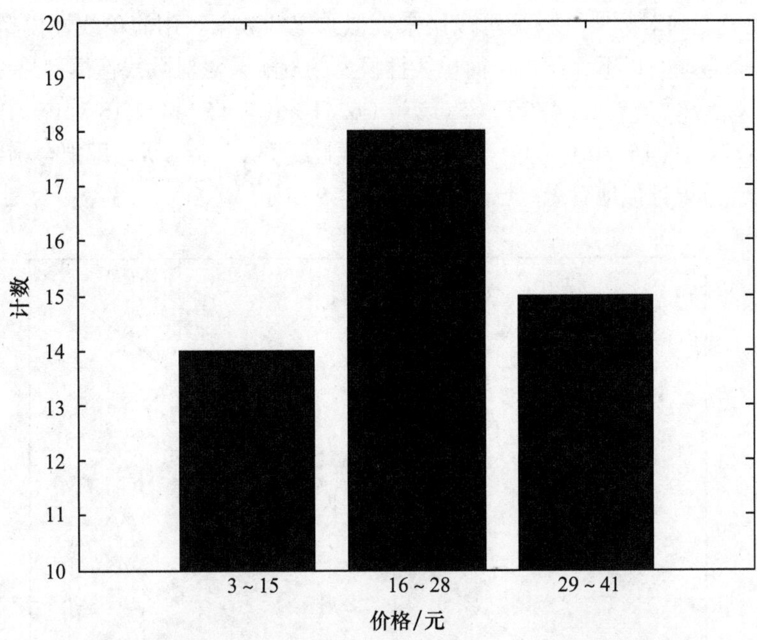

图 4-8　价格的等宽直方图——每个桶代表一个价格区间 / 频率对

3. 抽样（采样）

抽样（采样）也是一种数据规约技术，它用比原始数据小得多的随机样本（子集）表示原始数据集。假定原始数据集 D 包含 N 个元组，可以采用抽样方法对 D 进行抽样。下面介绍常用的抽样方法。

- s 个样本无放回简单随机抽样：从 D 的 N 个元组中抽取 s 个样本（$s < N$），其中 D 中任意元组被抽取的概率均为 $1/N$，即所有元组的抽取是可能相等的。
- s 个样本有放回简单随机抽样：该方法类似于无放回简单随机抽样，其不同在于每次一个元组从 D 中抽取后，记录它，然后放回原处。
- 聚类抽样：如果 D 中的元组分组放入 M 个互不相交的“簇”，则可以得到 s 个簇的简单随机抽样，其中 $s < M$。例如，数据库中元组通常一次检索一页，这样每页就可以视为一个簇。
- 分层抽样：如果 D 划分成互不相交的部分，称做层，则通过对每一层的简单随机抽样就可以得到 D 的分层样本。例如，可以得到关于顾客数据的一个分层样本，按照顾客的每个年龄组创建分层。

用于数据规约时，抽样最常用来估计聚集查询的结果。在指定的误差范围内，可以确定（使用中心极限定理）估计一个给定的函数所需的样本大小。通常样本的大小 s 相对于 N 非常小。而通过简单地增加样本大小，这样的集合可以进一步求精。

4. 参数回归

简单线性模型和对数线性模型可以用来近似给定的数据。用简单线性模型对数据建模，使之拟合为一条直线。以下介绍一个简单线性模型的例子，对对数线性模型只作简单介绍。

把点对（2, 5）、（3, 7）、（4, 9）、（5, 12）、（6, 11）、（7, 15）、（8, 18）、（9, 19）、（11, 22）、（12, 25）、（13, 24）、（15, 30）、（17, 35）规约成线性函数 $y = wx + b$，即拟合函数 $y = 2x + 1.3$ 线上所对应的点可以近似地看做是已知点，如图 4-9 所示。

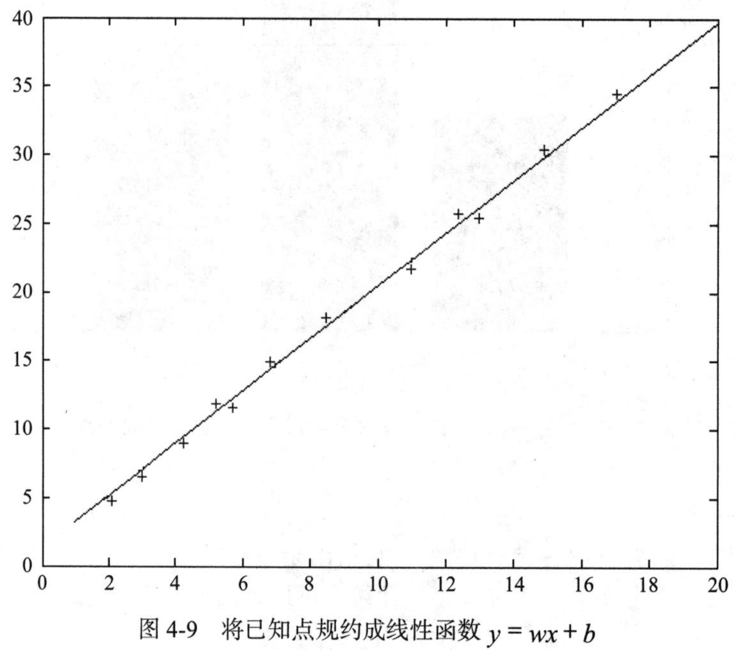

图 4-9　将已知点规约成线性函数 $y = wx + b$

其中，y 的方差是常量 13.44。在数据挖掘中，x 和 y 是数值属性。系数 2 和 1.3（称做回归系数）分别为直线的斜率和 y 轴截距。系数可以用最小二乘方法求解，它使数据的实际直线与估计直线之间的误差最小化。多元线性回归是（简单）线性回归的扩充，允许响应变量 y 建模为两个或多个预测变量的线性函数。

对数线性模型是用来描述期望频数与协变量（指与因变量有线性相关并在探讨自变量与因变量关系时通过统计技术加以控制的变量）之间关系的。考虑期望频数 m 正无穷之间，故需要进行对数变换为 $f(m) = \ln m$，使它的取值在 $-\infty$ 与 $+\infty$ 之间。

对数线性模型公式为：

$$\ln m = \beta_0 + \beta_1 x_1 + \cdots + \beta_k x_k \tag{4-28}$$

对数线性模型一般用来近似离散的多维概率分布。在一个 n 元组的集合中，每个元组可以看做是 n 维空间中的一个点。可以使用对数线性模型基于维组合的一个较小子集，估计离散化属性集的多维空间中每个点的概率，这使得高维数据空间可以由较低维空间构造。因此，对数线性模型也可以用于维规约（由于低维空间的点通常比原来的数据点占据较少的空间）和数据光滑（因为与较高维空间的估计相比，较低维空间的聚集估计较少受抽样方差的影响）。

4.5 MATLAB 主要的数据预处理函数

表 4-7 给出了本节要介绍的 MATLAB 中的插值、数据归一化、主成分分析等与数据预处理相关的函数。本小节对它们进行介绍，并补充介绍 MATLAB 中没有的拉格朗日插值与牛顿插值的内容。

表 4-7　MATLAB 主要的数据预处理函数

函数名	函数功能	所属工具箱
interp1()	进行一维数据插值	通用工具箱
lagrange_interp ()	本书编写的拉格朗日插值函数，对一维数据进行拉格朗日插值	本书编写
newton_interp()	本书编写的牛顿插值函数，对一维数据进行牛顿插值	本书编写
unique()	去除数据中的重复元素，得到单值元素列表	通用工具箱
find()	找到矩阵数据中相应标识所在的位置	通用工具箱
isnan()	判断矩阵中的元素是否为数值	通用工具箱
mapminmax()	对数据矩阵进行最大值、最小值的规范化	神经网络工具箱
zscore()	对数据矩阵进行标准差规范化	统计工具箱
pca()	对指标变量矩阵进行主成分分析	统计工具箱
rand()	生成随机矩阵，进行放回随机抽样时可使用	统计工具箱
randsample()	进行不放回随机抽样	统计工具箱

1. interp1()

- ❑ 功能：一维数据插值。
- ❑ 使用格式：yi=interp1(X, Y, xi, method)，进行一维数据的线性插值，参数 X 和 Y 表示已知数据，其中，X 为向量，Y 为与 X 同维向量或行数等于 X 长度的矩阵。xi 为向量，表示待插入点，如果 Y 为向量，则 xi 中元素通过向量 X 与 Y 的内插值得到 yi；如果 Y 为一矩阵，则 xi 中的元素通过对向量 X 与矩阵 Y 的每列分别进行内插值得到 yi。yi 的维数为 length(xi)*size(Y, 2)，其中，length(xi) 表示向量 xi 的长度，size(Y, 2) 表示矩阵 Y 的列数。参数 method 表示指定的插值方法，常用的参数有“linear”线性插值（缺省时，默认方法）、“nearest”最近邻点插值、“v5cubic”三次插值。

2. lagrange_interp()

- ❑ 功能：本书编写的拉格朗日插值函数，对一维数据进行拉格朗日插值。
- ❑ 使用格式：yi=lagrange_interp (X, Y, xi)，参数 X 和 Y 表示已知数据，其中，X 为向量；Y 为与 X 同长度的向量；xi 为向量，表示待插入点；yi 为返回的对应 xi 的拉格朗日插值。

❑ 代码：根据4.1.1节中的拉格朗日插值公式，本书编写的拉格朗日插值函数代码如下。

```
function [ yi ] = lagrange_interp (X,Y,xi)
n=length(X);                    % 得到已知数据长度
m=length(xi);                   % 得到待插值数据长度
yi=zeros(size(xi));
for j=1:m                       % 待插值数据有 m 个，计算每个插值结果
    for i=1:n                   % 已知的 n 个数据构造中间值
        temp=1;                 %temp 用于存储中间值
        for k=1:n
            if(i ~ =k)          % 和自身标号相同的不相乘
                temp=temp*(xi(j)-X(k))/(X(i)-X(k));
            end
        end
        yi(j)=Y(i)*temp+yi(j);
    end
end
end
```

3. newton_interp()

❑ 功能：本书编写的牛顿插值函数，对一维数据进行牛顿插值。

❑ 使用格式：yi=newton_interp (X, Y, xi)，参数 X 和 Y 表示已知数据，其中，X 为向量，Y 为与 X 同长度的向量国；xi 为向量，表示待插入点；yi 为返回的对应 xi 的牛顿插值值。

❑ 代码：本书编写的牛顿插值函数代码如下。

```
function yi=newton(X,Y,xi)
syms t;                         % 定义自变量 t，用于字符公式
if(length(X)==length(Y))
    n=length(X);
    c(1:n)=0.0;
else
    disp('X和Y的维数不相等！ ');
    return;
end
f=Y(1);                         %f 用来记录得到的牛顿插值公式的字符串表达式
y1=0;
l=1;
for i=1:n-1
    for j=i+1:n
        y1(j)=(Y(j)-Y(i))/(X(j)-X(i));
    end
    c(i)=y1(i+1);               %c 记录差分
    l=l*(t-X(i));               %l 记录 (x-x0)(x-x1)……的值
    f=f+c(i)*l;                 % 累加得到差分公式
    Y=y1;
```

```
end
f=simplify(f);                          % 简化得到的牛顿插值公式
m=length(xi);                           % 开始输出
for i=1:m
      yi(i)=subs(f,'t',xi(i));          % 根据公式计算需要的值
end
yi=double(yi);                          % 转换为数值型，为返回值
```

4. unique()

- 功能：去除数据中的重复元素，得到单值元素列表。
- 使用格式：[b, i, j]=unique(X)，将数据矩阵 X 中的元素去重复后，返回到 b 中，并返回索引向量 i、j。其中，i 表示元素在原向量或矩阵中的最大索引位置；j 表示原向量中单值元素在 b 中的索引位置。
- 实例：求向量 A 中的单值元素，并返回相关索引，代码如下。

```
A=[8 7 3 9 2 4 11 3 8 4 4];
[b,i,j]=unique(A);
b =                                     %b 为 A 中元素去重复后的一个单值排列
     2     3     4     7     8     9    11
i =                                     %i 表示元素在原向量或矩阵中的最大索引位置
     5     3     6     2     1     4     7
j =                                     % j 表示原向量中单值元素在 b 中的索引位置
     5     4     2     6     1     3     7     2     5     3     3
```

5. find()

- 功能：找到矩阵数据中相应标识所在的位置。
- 使用格式：[i, j]=find(X==mark)，找到样本矩阵 X 中和 mark 值一样的元素，返回它所在的位置，i 记录行坐标；j 记录列坐标。

6. isnan()

- 功能：判断矩阵数据中的元素是否为数值。
- 使用格式：Y=isnan(X)，对样本矩阵 X 中的每个元素进行判断，如果元素为数值则返回 0，不是数值则返回 1，返回的结果存储到矩阵 Y 中，矩阵 Y 由 0、1 组成。

7. mapminmax()

- 功能：对数据矩阵进行最大值、最小值的规范化。
- 使用格式：Z= mapminmax (X, ymin, ymax)，输入样本数据 X，规范化后的最小值为 ymin；最大值为 ymax；Z 为进行规范化后的数据。
- 实例：将一个 10 维行向量进行最大值、最小值的规范化到 [0, 1] 之间。

```
X=1:1:10;                               %产生 1 ~ 10 的一个行向量
Z=mapminmax(X,0,1)
Z =                                     %最大值、最小值规范化后的数据
 0    0.1111    0.2222    0.3333    0.4444    0.5556    0.6667    0.7778    0.8889    1.0000
```

8. zscore()

- 功能：对数据矩阵进行标准差的规范化。
- 使用格式：Z = zscore(X)，对样本矩阵 X 进行标准差的标准化，返回标准化后的结果到 Z 矩阵中。

9. pca()

- 功能：对指标变量矩阵进行主成分分析。
- 使用格式：[coeff, score, latent, tsquared] = pca(X)，X 为要进行主成分分析的数据矩阵，X 矩阵一列的值代表一个变量指标的一列观测值。latent 为主成分分析得到的特征根；coeff 为各特征根对应的系数矩阵；score 为得分，由 coeff 与 X 得到；tsquared 为 X 中每个观测值的 Hotelling's T-squared 值。
- 实例：使用 pca() 函数对一个 10 × 4 维的随机矩阵进行主成分分析的结果如下。

```
X=rand(10,4);                 % 产生一个 10×4 维的随机矩阵，每一列为一个指标变量
[coeff,score,latent]=pca(X)
coeff =                       %coeff 每一列的值为一个特征根对应的特征向量（系数矩阵）
    0.1448    0.2578    0.3839    0.8748
    0.6378   -0.6045    0.4594   -0.1290
    0.5496    0.7445    0.1153   -0.3610
   -0.5198    0.1173    0.7926   -0.2964
score =                       %score 为得分
   -0.1861    0.6502    0.3460    0.0001
   -0.3108   -0.3603   -0.4608    0.1204
    0.5379   -0.1349    0.0908   -0.0801
    0.0848    0.2492   -0.4870   -0.2797
    0.6107   -0.0082   -0.0116   -0.0006
   -0.4339   -0.4197    0.2169   -0.1942
    0.2385   -0.3948    0.3842    0.0608
   -0.4032    0.0615   -0.0638    0.2693
    0.3451    0.2110   -0.1324    0.1988
   -0.4829    0.1460    0.1177   -0.0949
latent =                      %latent 为主成分分析过程中产生的特征值
    0.1734
    0.1150
    0.0897
    0.0291
```

10. rand()

- 功能：生成服从均匀分布的随机矩阵，元素分布在区间（0, 1）上，抽样时可使用。
- 使用格式：Y=rand(n)，生成一个 n · n 随机矩阵，其元素均匀分布在区间（0, 1）上；Y=rand(m, n)，生成一个 m · n 随机矩阵，其元素均匀分布在区间（0, 1）上。
- 实例：使用 rand 函数对一个 10 维的向量放回采集一个 3 维样本的代码如下。

```
a=1:1:10;                     % 产生一个维数为 10 的向量，为总体
```

```
m=length(a);                    %得到数据的维数
n=3;                            %n 为取的样本大小
idx= ceil(m*rand(1,n)) ;  %ceil 为朝着无穷大方向取整，n 为取的样本个数
b=a(idx)                        %b 为进行 n 次简单随机采样（有放回抽样）得到的样本
b =
     8    10     7
```

11. randsample()

- 功能：进行不放回随机抽样。
- 使用格式：a=randsample(n, k)，1 ~ n 的数字序列里随机返回 k 个数。其中，这 k 个数之间彼此不相同，以实现不放回随机抽样。

4.6　小结

本章介绍了数据预处理的四个主要任务：数据清洗、数据集成、数据变换和数据规约。数据清洗主要介绍了对缺失值和异常值的处理，延续了第 3 章的缺失值和异常值分析的内容。本章所介绍的处理缺失值的方法分为删除记录、数据插补和不处理；处理异常值的方法有删除含有异常值的记录、不处理、平均值修正和视为缺失值；数据集成是合并多个数据源中的数据，并存放到一个数据存储的过程，对该部分内容的介绍从实体识别问题和冗余属性两个方面进行；数据变换介绍了如何从不同的应用角度对已有属性进行函数变换；数据规约从属性（纵向）规约和数值（横向）规约两个方面介绍了如何对数据进行规约，使挖掘的性能和效率得到很大的提高。通过对原始数据进行相应的处理，将为后续挖掘建模提供良好的数据基础。

Chapter 5 第5章

挖掘建模

经过数据探索与数据预处理，得到了可以直接建模的数据。根据挖掘目标和数据形式可以建立分类与预测、聚类分析、关联规则、时序模式、离群点检测等模型，以帮助企业提取数据中蕴含的商业价值，提高企业的竞争力。

5.1 分类与预测

就餐饮企业而言，经常会碰到以下问题：

- 如何基于菜品的历史销售情况，以及节假日、气候和竞争对手等影响因素，对菜品的销量进行趋势预测？
- 如何预测在未来一段时间内哪些顾客会流失，哪些顾客最有可能会成为VIP客户？
- 如何预测一种新产品的销售量，以及在哪种类型的客户中会较受欢迎？

除此之外，餐厅经理需要通过数据分析来帮助他了解具有某些特征的顾客的消费习惯；餐饮企业老板希望知道下个月的销售收入、原材料采购需要投入多少，这些都是分类与预测的例子。

分类与预测是预测问题的两种主要类型，分类主要是预测分类标号（离散属性），而预测主要是建立连续值的函数模型，预测给定自变量所对应的因变量的值。

5.1.1 实现过程

1. 分类

分类是构造一个分类模型，输入样本的属性值，输出对应的类别，将每个样本映射到预先定义好的类别。

分类模型建立在已有类标记的数据集上，模型在已有样本上的准确率可以方便地计算出来，所以分类属于有监督的学习。图 5-1 是一个将销售量分为“高、中、低”三种分类的问题。

图 5-1 分类问题

2. 预测

预测是建立两种或两种以上变量间相互依赖的函数模型，然后进行预测或控制。

3. 实现过程

分类和预测的实现过程类似，以分类模型为例，其实现步骤如图 5-2 所示。

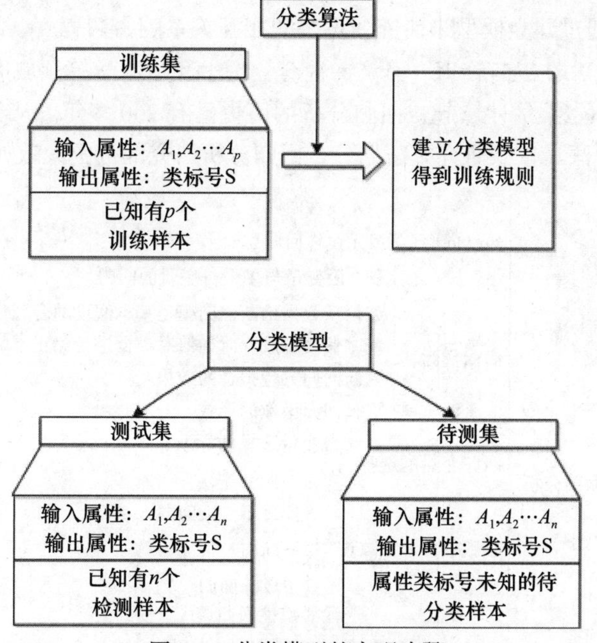

图 5-2 分类模型的实现步骤

分类算法有两个过程：第一个是学习步，通过归纳分析训练样本集来建立分类模型得到分类规则；第二个是分类步，先用已知的测试样本集评估分类规则的准确率，如果准确率是可以接受的，则使用该模型对未知类标号的待测样本集进行预测。

预测模型的实现也有两步，类似于图 5-2 描述的分类模型的实现，第一步是通过训练集建立预测属性（数值型的）的函数模型；第二步是在模型通过检验后进行预测或控制。

5.1.2 常用的分类与预测算法

常用的分类与预测算法如表 5-1 所示。

表 5-1 主要分类与预测算法简介

算法名称	算法描述
回归分析	回归分析是确定预测属性（数值型）与其他变量间相互依赖的定量关系最常用的统计学方法，包括线性回归、非线性回归、Logistic 回归、岭回归、主成分回归、偏最小二乘回归等模型
决策树	决策树采用自顶向下的递归方式，在内部节点进行属性值的比较，并根据不同的属性值从该节点向下分支，最终得到的叶节点是学习划分的类
人工神经网络	人工神经网络是一种模仿大脑神经网络结构和功能而建立的信息处理系统，其是表示神经网络的输入与输出变量之间关系的模型
贝叶斯网络	贝叶斯网络又称信度网络，是 Bayes 方法的扩展，是目前不确定知识表达和推理领域最有效的理论模型之一
支持向量机	支持向量机是一种通过某种非线性映射，把低维的非线性可分转化为高维的线性可分，其是在高维空间进行线性分析的算法

5.1.3 回归分析

回归分析 [7] 是通过建立模型来研究变量之间相互关系的密切程度、结构状态及进行模型预测的一种有效工具，在工商管理、经济、社会、医学和生物学等领域应用十分广泛。从 19 世纪初高斯提出最小二乘估计算起，回归分析的历史已有 200 多年。从经典的回归分析方法到近代的回归分析方法，按照研究方法划分，回归分析研究的范围大致如下：

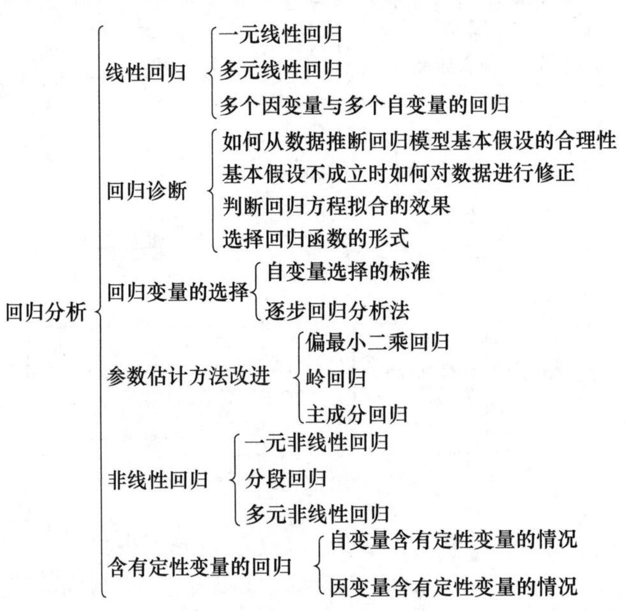

在数据挖掘环境下，自变量与因变量具有相关关系，自变量的值是已知的，因变量的值是要预测的。

常用的回归模型如表 5-2 所示。

表 5-2　常用的回归模型

回归模型名称	适用条件	算法描述
线性回归	因变量与自变量是线性关系	对一个或多个自变量和因变量之间的线性关系进行建模，可用最小二乘法求解模型系数
非线性回归	因变量与自变量之间不都是线性关系	对一个或多个自变量和因变量之间的非线性关系进行建模。如果非线性关系可以通过简单的函数变换转化成线性关系，用线性回归的思想求解；如果不能转化，用非线性最小二乘法求解
Logistic 回归	一般是因变量的有 1 和 0（是和否）两种取值	其是广义线性回归模型的特例，利用 Logistic 函数将因变量的取值范围控制在 0 和 1 之间，表示取值为 1 的概率
岭回归	参与建模的自变量之间具有多重共线性	其是一种改进最小二乘估计的方法
主成分回归	参与建模的自变量之间具有多重共线性	主成分回归是根据主成分分析的思想提出来的，是对最小二乘法的一种改进，它是参数估计的一种有偏估计。可以消除自变量之间的多重共线性

线性回归模型是相对简单的回归模型，但是通常因变量和自变量之间呈现某种曲线关系，就需要建立非线性回归模型。

Logistic 回归属于概率型的非线性回归，分为二分类和多分类的回归模型。对于二分类的 Logistic 回归，因变量 y 只有“是、否”两个取值，记为 1 和 0。假设在自变量 $x_1,x_2,\cdots,x_p$ 作用下，y 取“是”的概率是 p，则取“否”的概率是 $1-p$，研究的是当 y 取“是”发生的概率 p 与自变量 $x_1,x_2,\ldots,x_p$ 的关系。

当自变量之间出现多重共线性时，用最小二乘估计的回归系数将会不准确，消除多重共线性的参数改进的估计方法主要有岭回归和主成分回归。

下面就较常用的 Logistic 回归模型的原理展开介绍。

1. Logistic 回归分析介绍

（1）Logistic 函数

Logistic 回归模型中的因变量只有 1 和 0（如是和否、发生和不发生）两种取值。假设在 p 个独立自变量 $x_1,x_2,\cdots,x_p$ 作用下，记 y 取 1 的概率是 $p=P(y=1|X)$，取 0 概率是 $1-p$，取 1 和取 0 的概率之比为 $\frac{p}{1-p}$，称为事件的优势比（odds），对 odds 取自然对数即得 Logistic 变换 $\text{Logit}(p)=\ln\left(\frac{p}{1-p}\right)A$。令 $\text{Logit}(p)=\ln\left(\frac{p}{1-p}\right)=Z$，则 $p=\frac{1}{1+e^{-z}}$，即 Logistic 函数如图 5-3 所示。

当 p 在 $(0,1)$ 之间变化时，odds 的取值范围是 $(0,+\infty)$，则 Logistic 函数的取值范围是 $(-\infty,+\infty)$。

（2）Logistic 回归模型

Logistic 回归模型是建立 $\ln\left(\frac{p}{1-p}\right)$ 与自然变量的线性回归模型。

Logistic 回归模型的公式为：

$$\ln\left(\frac{p}{1-p}\right)=\beta_0+\beta_1 x_1+\cdots+\beta_p x_p+\varepsilon \tag{5-1}$$

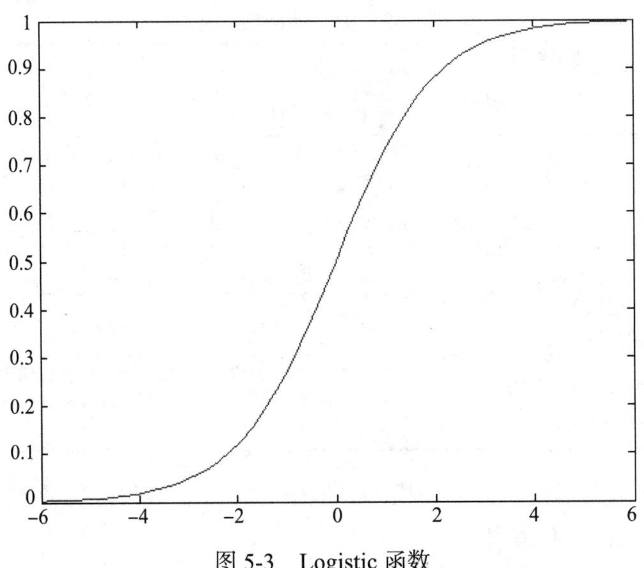

图 5-3 Logistic 函数

因为 $\ln\left(\frac{p}{1-p}\right)$ 的取值范围是 $(-\infty,+\infty)$，这样，自变量 $x_1,x_2,\cdots,x_p$ 可在任意范围内取值。

记 $g(x)=\beta_0+\beta_1 x_1+\cdots+\beta_p x_p$，得到：

$$p=P(y=1|X)=\frac{1}{1+e^{-g(x)}} \tag{5-2}$$

$$1-p=P(y=0|X)=1-\frac{1}{1+e^{-g(x)}}=\frac{1}{1+e^{g(x)}} \tag{5-3}$$

（3）Logistic 回归模型的解释

$$\frac{p}{1-p}=e^{\beta_0+\beta_1 x_1+\cdots+\beta_p x_p+\varepsilon} \tag{5-4}$$

β_0：在没有自变量，即 $x_1,x_2,\cdots,x_p$ 全部取 0，$y=1$ 与 $y=0$ 发生概率之比的自然对数；

β_i：某自变量 x_i 变化时，即 $x_i=1$ 与 $x_i=0$ 相比，$y=1$ 优势比的对数值。

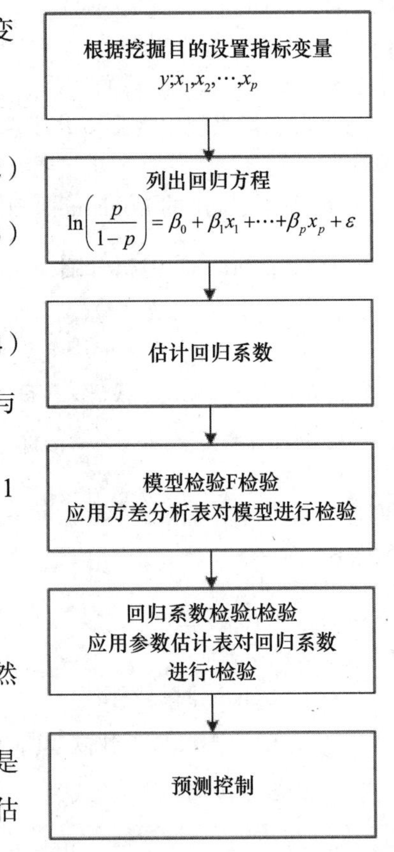

图 5-4 Logistic 回归模型的建模步骤

2. Logistic 回归模型的建模步骤

Logistic 回归模型的建模步骤如图 5-4 所示。

- 根据分析目的设置指标变量（因变量和自变量），然后收集数据；
- y 取 1 的概率是 $p=P(y=1|X)$，y 取 0 的概率是 $1-p$。用 $\ln\left(\frac{p}{1-p}\right)$ 和自变量列出线性回归方程，估计出模型中的回归系数；

- 进行模型检验，根据输出的方差分析表中的F值和p值来检验该回归方程是否显著，如果p值小于显著性水平α则模型通过检验，可以进行下一步回归系数的检验；否则要重新选择指标变量，重新建立回归方程；
- 进行回归系数的显著性检验，在多元线性回归中，回归方程显著并不意味着每个自变量对y的影响都显著，为了从回归方程中剔除那些次要的、可有可无的变量，重新建立更为简单有效的回归方程，需要对每个自变量进行显著性检验，检验结果由参数估计表得到，采用逐步回归法，首先剔除掉最不显著的因变量，重新构造回归方程，一直到模型和参与的回归系数都通过检验；
- 模型应用。输入自变量的取值，就可以得到预测变量的值，或者根据预测变量的值去控制自变量的取值。

下面对某银行降低贷款拖欠率的数据进行逻辑回归建模，该数据示例如表5-3所示。

表5-3 银行贷款拖欠率数据

年龄	教育	工龄	地址	收入	负债率	信用卡负债	其他负债	违约
41	3	17	12	176.00	9.30	11.36	5.01	1
27	1	10	6	31.00	17.30	1.36	4.00	0
40	1	15	14	55.00	5.50	0.86	2.17	0
41	1	15	14	120.00	2.90	2.66	0.82	0
24	2	2	0	28.00	17.30	1.79	3.06	1

* 数据详见：示例程序 /data/bankloan.xls

利用MATLAB对这个数据进行逻辑回归分析，分别采用逐步寻优（逐步剔除掉最不显著的因变量）和使用MATLAB自带的逐步向前、向后回归函数进行建模，其代码如代码清单5-1所示。

代码清单5-1 逻辑回归代码

```
%% 逻辑回归——自动建模
clear;
% 参数初始化
filename = '../data/bankloan.xls' ;

%% 读取数据
[num,txt] = xlsread(filename);
X = num(:,1:end-1);
Y = num(:,end);

%% 递归建模
flag =1;
mdl = fitglm(X,Y,'linear','distr','binomial','Link','logit');
while flag ==1
    disp(mdl); % 打印 model
    pValue = mdl.Coefficients.pValue;
```

```
        pValue_gt05 =pValue>0.05 ;
        if sum(pValue_gt05)==0 % 没有 pValue 值大于 0.05 的值
            flag =0;
            break;
        end
        % 移除 pValue 中大于 0.05 的变量最大的变量
        fprintf('\n 移除变量: ');
        [t,index]= max(pValue,[],1);
        fprintf('%s\t',mdl.CoefficientNames{1,index});
        fprintf('\n 模型如下: ');
        if index-1 ~ =0
             removeVariance =mdl.CoefficientNames{1,index};
        else
             removeVariance ='1';
        end
             % 从模型中移除变量
        mdl = removeTerms(mdl,removeVariance);
end

%% 自动建模，添加变量
disp(' 添加变量，自动建模中 ...');
mdl2 = stepwiseglm(X,Y,'constant','Distribution','binomial','Link','logit');
disp(' 添加变量，自动建模模型如下: ')
disp(mdl2);

%% 自动建模，移除变量
disp(' 移除变量，自动建模中 ...');
mdl3 =stepwiseglm(X,Y,'linear','Distribution','binomial','Link','logit');
disp(' 移除变量，自动建模模型如下: ')
disp(mdl3);
```

* 代码详见：示例程序 /code/logistic_regression.m

运行代码清单 5-1 可以得到部分输出结果如下：

```
>> logistic_regression

Generalized Linear regression model:
    logit(y) ~ 1 + x1 + x2 + x3 + x4 + x5 + x6 + x7 + x8
    Distribution = Binomial

Estimated Coefficients:
                      Estimate        SE          tStat        pValue
                     __________    _________    ________    __________

    (Intercept)         -1.5536      0.61927     -2.5088      0.012115
    x1                 0.034407      0.01737      1.9808       0.04761
    x2                 0.090563      0.12306     0.73595       0.46176
    x3                 -0.25823     0.033159     -7.7875     6.837e-15
    x4                   -0.105     0.023224     -4.5213    6.1463e-06
    x5               -0.0085673    0.0079563     -1.0768       0.28157
```

```
    x6                  0.06733     0.030532      2.2052      0.027437
    x7                  0.62558      0.11283      5.5446    2.9468e-08
    x8                 0.062704     0.077485     0.80925       0.41837


700 observations, 691 error degrees of freedom
Dispersion: 1
Chi^2-statistic vs. constant model: 253, p-value = 4.62e-50

移除变量: x2
...
移除变量: x8
...
移除变量: x5
...
移除变量: x1
模型如下:
Generalized Linear regression model:
    logit(y) ~ 1 + x3 + x4 + x6 + x7
    Distribution = Binomial

Estimated Coefficients:
                       Estimate        SE        tStat       pValue
                      _________    ________    ________    __________

    (Intercept)        -0.79107     0.25154     -3.1449     0.0016617
    x3                  -0.2426    0.028058     -8.6464    5.3133e-18
    x4                -0.081245      0.0196     -4.1453    3.3944e-05
    x6                 0.088267    0.018543      4.7601    1.9349e-06
    x7                    0.573    0.087271      6.5658    5.1769e-11


700 observations, 695 error degrees of freedom
Dispersion: 1
Chi^2-statistic vs. constant model: 248, p-value = 2.11e-52


添加变量, 自动建模中 ...
1. Adding x6, Deviance = 701.429, Chi2Stat = 102.9352, PValue = 3.462836e-24
2. Adding x3, Deviance = 631.0827, Chi2Stat = 70.3463, PValue = 4.975615e-17
3. Adding x7, Deviance = 575.6363, Chi2Stat = 55.44638, PValue = 9.604349e-14
4. Adding x4, Deviance = 556.7317, Chi2Stat = 18.90459, PValue = 1.374216e-05
添加变量, 自动建模模型如下:

Generalized Linear regression model:
    logit(y) ~ 1 + x3 + x4 + x6 + x7
    Distribution = Binomial

Estimated Coefficients:
                       Estimate        SE        tStat       pValue
                      _________    ________    ________    __________

    (Intercept)        -0.79107     0.25154     -3.1449     0.0016617
```

```
    x3                  -0.2426      0.028058     -8.6464    5.3133e-18
    x4                -0.081245        0.0196     -4.1453    3.3944e-05
    x6                 0.088267      0.018543      4.7601    1.9349e-06
    x7                    0.573      0.087271      6.5658    5.1769e-11


700 observations, 695 error degrees of freedom
Dispersion: 1
Chi^2-statistic vs. constant model: 248, p-value = 2.11e-52
移除变量，自动建模中 ...
1. Removing x2, Deviance = 552.21, Chi2Stat = 0.53853, PValue = 0.46304
2. Removing x8, Deviance = 553.02, Chi2Stat = 0.80958, PValue = 0.36825
3. Removing x5, Deviance = 553.18, Chi2Stat = 0.15877, PValue = 0.69029
移除变量，自动建模模型如下:

Generalized Linear regression model:
    logit(y) ~ 1 + x1 + x3 + x4 + x6 + x7
    Distribution = Binomial

Estimated Coefficients:
                       Estimate        SE         tStat        pValue
                      ________    ________    _______    __________

    (Intercept)        -1.6313     0.51268    -3.1819     0.0014631
    x1                0.032557    0.017174     1.8958      0.057991
    x3                -0.26076    0.030106    -8.6616    4.6532e-18
    x4                -0.10365    0.023086    -4.4896    7.1346e-06
    x6                0.089255    0.018546     4.8126    1.4895e-06
    x7                 0.57265    0.087227     6.5651    5.1993e-11


700 observations, 694 error degrees of freedom
Dispersion: 1
Chi^2-statistic vs. constant model: 251, p-value = 3.06e-52
```

从上面的结果可以看出，采用逐步寻优剔除变量，分别剔除了 x2、x8、x1、x5，最终构建的模型包含的变量为常量 x3、x4、x6、x7，其模型的 p-value 是 2.11e-52，模型通过检验。采用 MATLAB 自带的逐步向前、向后回归函数同样可以得到最终的模型。

这里需要注意 MATLAB 自带的函数模型变量寻优设置不同的参数可以采用不同的方式进行寻优，比如代码清单 5-1 展示的就是添加变量和剔除变量的两种方式。同时，这两个结果不同，从剔除变量的模型的 p-value 中可以看到 x1 的值为 0.057 991，在 MATLAB 中对于 0.05 和 0.1 之间的变量是不剔除的。

5.1.4 决策树

决策树方法在分类、预测、规则提取等领域有着广泛的应用。在 20 世纪 70 年代后期和 80 年代初期，机器学习研究者 J.Ross Quinilan 提出了 ID3[8] 算法以后，决策树在机器学习、数据挖掘邻域得到极大的发展。Quinilan 后来又提出了 C4.5，成为新的监督学习算法。1984 年几位统计学家提出了 CART 分类算法。ID3 和 ART 算法大约同时被提出，但都是采用类似的方法从训练样本中学习决策树的。

决策树是一树状结构，它的每一个叶节点对应着一个分类，非叶节点对应着在某个属性上的划分，根据样本在该属性上的不同取值将其划分成若干个子集。对于非纯的叶节点，多数类的标号给出到达这个节点的样本所属的类。构造决策树的核心问题是在每一步如何选择适当的属性对样本进行拆分。对一个分类问题，从已知类标记的训练样本中学习并构造出决策树是一个自上而下分而治之的过程。

常用的决策树算法如表 5-4 所示。

表 5-4 常见的决策树算法

决策树算法	算法描述
ID3 算法	其核心是在决策树的各级节点上，使用信息增益方法作为属性的选择标准，来帮助确定生成每个节点时所应采用的合适属性
C4.5 算法	C4.5 决策树算法相对于 ID3 算法的重要改进是使用信息增益率来选择节点属性。C4.5 算法可以克服 ID3 算法存在的不足：ID3 算法只适用于离散的描述属性，而 C4.5 算法既能够处理离散的描述属性，又可以处理连续的描述属性
CART 算法	CART 决策树是一种十分有效的非参数分类和回归方法，通过构建树、修剪树、评估树来构建一个二叉树。当终节点是连续变量时，该树为回归树；当终节点是分类变量时，该树为分类树

本节将详细介绍 ID3 算法，其也是最经典的决策树分类算法。

1. ID3 算法简介及基本原理

ID3 算法基于信息熵来选择最佳的测试属性，它选择当前样本集中具有最大信息增益值的属性作为测试属性；样本集的划分则依据测试属性的取值进行，测试属性有多少个不同的取值就将样本集划分为多少个子样本集，同时决策树上相应于该样本集的节点长出新的叶子节点。ID3 算法根据信息论的理论，采用划分后样本集的不确定性作为衡量划分好坏的标准，用信息增益值度量不确定性：信息增益值越大，不确定性越小。因此，ID3 算法在每个非叶节点选择信息增益最大的属性作为测试属性，这样可以得到当前情况下最纯的拆分，从而得到较小的决策树。

设 S 是 s 个数据样本的集合。假定类别属性具有 m 个不同的值：$C_i(i=1,2,\cdots,m)$，设 s_i 是类 C_i 中的样本数。对一个给定的样本，它总的信息熵为

$$I(s_1,s_2,\cdots,s_m)=-\sum_{i=1}^{m}P_i\log_2(P_i) \tag{5-5}$$

其中，P_i 是任意样本属于 C_i 的概率，一般可以用 $\frac{s_i}{s}$ 估计。

设一个属性 A 具有 k 个不同的值 $\{a_1,a_2,\cdots,a_k\}$，利用属性 A 将集合 S 划分为 k 个子集 $\{S_1,S_2,\cdots,S_k\}$，其中 S_j 包含了集合 S 中属性 A 取 a_j 值的样本。若选择属性 A 为测试属性，则这些子集就是从集合 S 的节点生长出来的新的叶节点。设 s_{ij} 是子集 S_j 中类别为 C_i 的样本数，

则根据属性 A 划分样本的信息熵值为

$$E(\mathrm{A})=\sum_{j=1}^{k}\frac{s_{1j}+s_{2j}+\cdots+s_{mj}}{s}I(s_{1j},s_{2j},\cdots,s_{mj}) \tag{5-6}$$

其中，$I(s_{1j},s_{2j},\cdots,s_{mj})=-\sum_{i=1}^{m}P_{ij}\log_2(P_{ij})$，$P_{ij}=\frac{s_{ij}}{s_{1j}+s_{2j}+\cdots+s_{mj}}$ 是子集 S_j 中类别为 C_j 的样本的概率。

最后，用属性 A 划分样本集 S 后所得的信息增益（Gain）为

$$Gain(\mathrm{A})=I(s_1,s_2,\cdots,s_m)-E(A) \tag{5-7}$$

显然 $E(\mathrm{A})$ 越小，$Gain(\mathrm{A})$ 的值就越大，说明选择测试属性 A 对于分类提供的信息越大，选择 A 之后对分类的不确定程度越小。属性 A 的 k 个不同的值对应的样本集 S 的 k 个子集或分支，通过递归调用上述过程（不包括已经选择的属性），生成其他属性作为节点的子节点和分支来生成整个决策树。ID3 决策树算法作为一个典型的决策树学习算法，其核心是在决策树的各级节点上都用信息增益作为判断标准来进行属性的选择，使得在每个非叶节点上进行测试时，都能获得最大的类别分类增益，使分类后的数据集的熵最小。这样的处理方法使得树的平均深度较小，从而有效地提高了分类效率。

2. ID3 算法的具体流程

ID3 算法的具体流程如下：

- 对当前样本集合，计算所有属性的信息增益；
- 选择信息增益最大的属性作为测试属性，把测试属性取值相同的样本划为同一个子样本集；
- 若子样本集的类别属性只含有单个属性，则分支为叶子节点，判断其属性值并标上相应的符号，然后返回调用处；否则对子样本集递归调用本算法。

下面将结合餐饮案例实现 ID3 的具体实施步骤。T 餐饮企业作为大型的连锁企业，生产的产品种类比较多，另外涉及的分店所处的位置也不同、数目也比较多。对于企业的高层来讲，了解周末和非周末销量是否有大的区别，以及天气、促销活动等因素是否能够影响门店的销量这些信息至关重要。因此，为了让决策者准确地了解和销量有关的一系列影响因素，需要构建模型来分析天气、是否周末和是否有促销活动对其销量的影响，下面以单个门店来进行分析。

对于天气属性，数据源中存在多种不同的值，这里将那些属性相近的值进行类别整合。如天气为“多云”“多云转晴”“晴”这些属性值相近，均是适宜外出的天气，不会对产品销量有太大的影响，因此将它们分为一类，天气属性值设置为“好”，同理对于“雨”“小到中雨”等天气，均是不适宜外出的天气，因此将它们分为一类，并将天气属性值设置为“坏”。

对于是否为周末属性，周末则设置为“是”；非周末则设置为“否”。

对于是否有促销活动属性，有促销则设置为“是”；无促销则设置为“否”。

产品的销售数量为数值型，需要对属性进行离散化，将销售数据划分为“高”和“低”

两类。将其平均值作为分界点，大于平均值的划分到“高”类别，小于平均值的划分为“低”类别。

经过上述处理，我们得到的数据集合如表5-5所示。

表5-5 处理后的数据集合

序号	天气	是否为周末	是否有促销	销量
1	坏	是	是	高
2	坏	是	是	高
3	坏	是	是	高
4	坏	否	是	高
⋮	⋮	⋮	⋮	⋮
32	好	否	是	低
33	好	否	否	低
34	好	否	否	低

* 数据详见：示例程序/data/sales_data.xls

采用ID3算法构建决策树模型的具体步骤如下：

- 根据公式（5-5），计算总的信息熵，其中数据中总记录数为34，而销售数量为“高”的数据有18，“低”的有16。

$$I(18,16)=-\frac{18}{34}\log_2\frac{18}{34}-\frac{16}{34}\log_2\frac{16}{34}=0.997\,503$$

- 根据公式（5-5）和（5-6），计算每个测试属性的信息熵。

对于天气属性，其属性值有“好”和“坏”两种。其中天气为“好”的条件下，销售数量为“高”的记录为11，销售数量为“低”的记录为6，可表示为(11, 6)；天气为“坏”的条件下，销售数量为“高”的记录为7，销售数量为“低”的记录为10，可表示为(7, 10)。则天气属性的信息熵计算过程如下：

$$I(11,6)=-\frac{11}{17}\log_2\frac{11}{17}-\frac{6}{17}\log_2\frac{6}{17}=0.936\,667$$

$$I(7,10)=-\frac{7}{17}\log_2\frac{7}{17}-\frac{10}{17}\log_2\frac{10}{17}=0.977\,418$$

$$E（天气）=\frac{17}{34}I(11,6)+\frac{17}{34}I(7,10)=0.957\,043$$

对于是否周末属性，其属性值有“是”和“否”两种。其中是否周末属性为“是”的条件下，销售数量为“高”的记录为11，销售数量为“低”的记录为3，可表示为(11, 3)；是否周末属性为“否”的条件下，销售数量为“高”的记录为7，销售数量为“低”的记录为13，可表示为(7, 13)。则节假日属性的信息熵计算过程如下：

$$I(11,3)=-\frac{11}{14}\log_2\frac{11}{14}-\frac{3}{14}\log_2\frac{3}{14}=0.749\,595$$

$$I(7,13)=-\frac{7}{20}\log_2\frac{7}{20}-\frac{13}{20}\log_2\frac{13}{20}=0.934\,068$$

$$E（是否周末）=\frac{14}{34}I(11,3)+\frac{20}{34}I(7,13)=0.858\,109$$

对于是否有促销属性，其属性值有“是”和“否”两种。其中是否有促销属性为“是”的条件下，销售数量为“高”的记录为15，销售数量为“低”的记录为7，可表示为（15, 7）；其中是否有促销属性为“否”的条件下，销售数量为“高”的记录为3，销售数量为“低”的记录为9，可表示为(3, 9)。则是否有促销属性的信息熵计算过程如下：

$$I(15,7)=-\frac{15}{22}\log_2\frac{15}{22}-\frac{7}{22}\log_2\frac{7}{22}=0.902\,393$$

$$I(3,9)=-\frac{3}{12}\log_2\frac{3}{12}-\frac{9}{12}\log_2\frac{9}{12}=0.811\,278$$

$$E（是否有促销）=\frac{22}{34}I(15,7)+\frac{12}{34}I(3,9)=0.870\,235$$

- 根据公式（5-7），计算天气、是否周末和是否有促销属性的信息增益值。

$$Gain（天气）=I(18,16)-E（天气）=0.997\,503-0.957\,043=0.040\,46$$

$$Gain（是否周末）=I(18,16)-E（是否周末）=0.997\,503-0.858\,109=0.139\,394$$

$$Gain（是否有促销）=I(18,16)-E（是否有促销）=0.997\,503-0.870\,235=0.127\,268$$

- 由第3步的计算结果可以知道是否周末属性的信息增益值最大，它的两个属性值“是”和“否”作为该根节点的两个分支。然后按照第1步～第3步的步骤继续对该根节点的三个分支进行节点的划分，针对每一个分支节点继续进行信息增益的计算，如此循环反复，直到没有新的节点分支，最终构成一棵决策树。生成的决策树模型如图5-5所示。

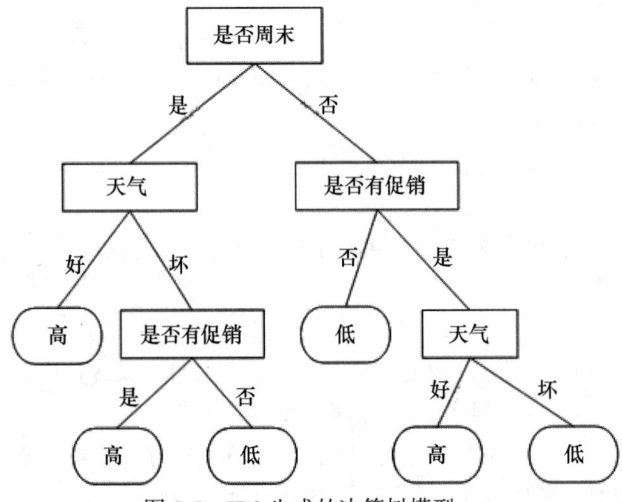

图 5-5　ID3 生成的决策树模型

从上面的决策树模型可以看出门店销售量的高低和各属性之间的关系，并可以提取出以下决策规则：

- 若周末属性为“是”，天气为“好”，则销售数量为“高”；
- 若周末属性为“是”，天气为“坏”，促销属性为“是”，则销售数量为“高”；
- 若周末属性为“是”，天气为“坏”，促销属性为“否”，则销售数量为“低”；
- 若周末属性为“否”，促销属性为“否”，则销售数量为“低”；
- 若周末属性为“否”，促销属性为“是”，天气为“好”，则销售数量为“高”；
- 若周末属性为“否”，促销属性为“是”，天气为“坏”，则销售数量为“低”。

由于ID3决策树算法采用了信息增益作为选择测试属性的标准，会偏向于选择取值较多的即所谓的高度分支属性，而这类属性并不一定是最优的属性。同时ID3决策树算法只能处理离散属性，对于连续型的属性，在分类前需要对其进行离散化。为了解决倾向于选择高度分支属性的问题，人们采用信息增益率作为选择测试属性的标准，这样便得到C4.5决策树的算法。此外常用的决策树算法还有CART算法、SLIQ算法、SPRINT算法和PUBLIC算法，等等。

使用ID3算法建立决策树的MATLAB代码如代码清单5-2所示。

代码清单5-2　决策树算法预测销量高低代码

```
%% 使用ID3决策树算法预测销量高低
clear ;
% 参数初始化
inputfile = '../data/sales_data.xls'; % 销量及其他属性数据

%% 读取数据
[ ~ ,txt]=xlsread(inputfile);
X = txt(2:end,2:end-1);
Y = txt(2:end,end);

%% 构造ID3决策树
tree = id3(X,Y);

%% 画决策树
view(tree,'Mode','Graph');
disp('ID3算法构建决策树完成！ ');
```

*代码详见：示例程序/code/ID3_decision_tree.m

5.1.5　人工神经网络

人工神经网络[9][10]（Artificial Neural Networks，ANNs），是模拟生物神经网络进行信息处理的一种数学模型。它以对大脑的生理研究成果为基础，其目的在于模拟大脑的某些机理与机制，实现一些特定的功能。

1943年，美国心理学家McCulloch和数学家Pitts联合提出了形式神经元的数学模型MP模型，证明了单个神经元能执行逻辑功能，开创了人工神经网络研究的时代；1957年，计算机科学家Rosenblatt用硬件完成了最早的神经网络模型，即感知器，并用来模拟生物的感知和学习能力；1969 年 M.Minsky 等仔细分析了以感知器为代表的神经网络系统的功能及局限后，出版了《Perceptron》（感知器）一书，指出感知器不能解决高阶谓词问题，人工神经网络的研究进入一个低谷期。20 世纪 80 年代以后，超大规模集成电路、脑科学、生物学、光学的迅速发展为人工神经网络的发展打下了基础，人工神经网络的发展进入兴盛期。

人工神经元是人工神经网络操作的基本信息处理单位。人工神经元的模型如图 5-6 所示，它是人工神经网络的设计基础。一个人工神经元对输入信号 $X=[x_1,x_2,\cdots,x_m]^{\mathrm{T}}$ 的输出 y 为 $y=f(u+b)$，其中 $u=\sum_{i=1}^{m}w_ix_i$，公式中各字符的含义见图 5-6。

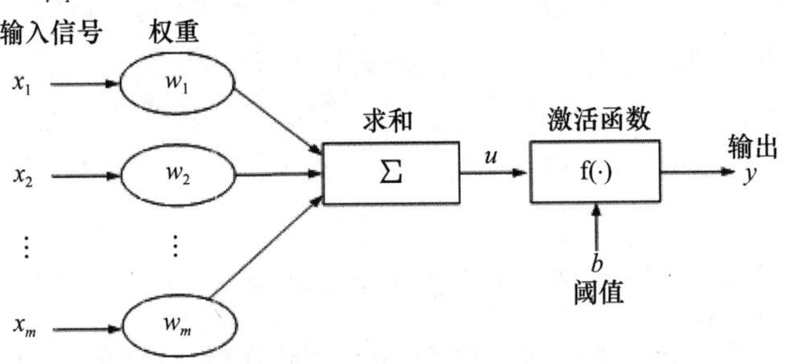

图 5-6　人工神经元模型

激活函数主要有以下 3 种形式，如表 5-6 所示。

表 5-6　激活函数分类表

激活函数	表达形式	图　形	解释说明
域值函数（阶梯函数）	$f(v)=\begin{cases}1 & v\geqslant 0\\0 & v<0\end{cases}$	$f(v)$, 1, v	当函数的自变量小于 0 时，函数的输出为 0；当函数的自变量大于或等于 0 时，函数的输出为 1，用该函数可以把输入分成两类
分段线性函数	$f(v)=\begin{cases}1, & v\geqslant 1\\v, & -1<v<1\\-1, & v\leqslant -1\end{cases}$	$f(v)$, +1, −1, +1, −1, v	该函数在（−1，+1）线性区间内的放大系数是一致的，这种形式的激活函数可以看做是非线性放大器的近似
非线性转移函数	$f(v)=\dfrac{1}{1+e^{-v}}$	$f(v)$, 1, 0, v	单极性 S 型函数为实数域 R 到 [0,1] 闭区间的连续函数，代表了连续状态型神经元模型。其特点是函数本身及其导数都是连续的，能够体现数学计算中的优越性

人工神经网络的学习也称为训练，指的是神经网络在受到外部环境的刺激时调整神经网络的参数，使神经网络以一种新的方式对外部环境作出反应的一个过程。在分类与预测中，人工神经网络主要使用有指导的学习方式，即根据给定的训练样本，调整人工神网络的参数以使网络输出接近于已知的样本类标记或其他形式的因变量。

在人工神经网络的发展过程中，提出了多种不同的学习规则，没有一种特定的学习算法适用于所有的网络结构和具体问题。在分类与预测中，δ 学习规则（误差校正学习算法）是使用最广泛的一种。误差校正学习算法根据神经网络的输出误差对神经元的连接强度进行修正，属于有指导性的学习。设神经网络中神经元 i 作为输入，神经元 j 为输出神经元，它们的连接权值为 w_{ij}，则对权值的修正为 $\Delta w_{ij}=\eta\delta_j Y_i$，其中 δ 为学习率，$\delta_j=T_j-Y_j$ 为 j 的偏差，即输出神经元 j 的实际输出和教师信号之差，其示意图如图 5-7 所示。

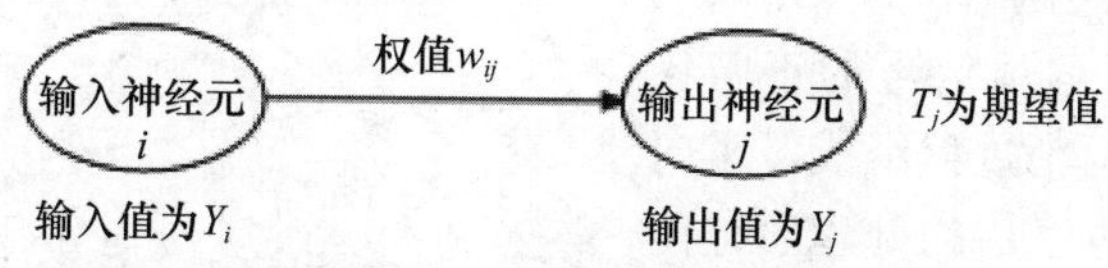

图 5-7　δ 学习规则示意图

神经网络训练是否完成常用误差函数（也称目标函数）用 E 来衡量。当误差函数小于某一个设定的值时，即停止神经网络的训练。误差函数为衡量实际输出向量 Y_k 与期望值向量 T_k 误差大小的函数，常采用二乘误差函数将其定义为 $E=\frac{1}{2}\sum_{k=1}^{N}[Y_k-T_k]^2$（或 $E=\sum_{k=1}^{N}[Y_k-T_k]^2$），$k=1,2,\cdots,N$ 为训练样本个数。

使用人工神经网络模型需要确定网络连接的拓扑结构、神经元的特征和学习规则等。目前，已有近 40 种人工神经网络模型，常用来实现分类和预测的人工神经网络算法如表 5-7 所示。

表 5-7　人工神经网络算法

算法名称	算法描述
BP 神经网络	BP 神经网络是一种按误差逆传播算法训练的多层前馈网络，学习算法是 δ 学习规则，是目前应用最广泛的神经网络模型之一
LM 神经网络	LM 神经网络是基于梯度下降法和牛顿法相结合的多层前馈网络，特点：迭代次数少、收敛速度快、精确度高
RBF 径向基神经网络	RBF 径向基神经网络能够以任意精度逼近任意连续函数，从输入层到隐含层的变换是非线性的，而从隐含层到输出层的变换是线性的，特别适合于解决分类问题
FNN 模糊神经网络	FNN 模糊神经网络是具有模糊权系数或者输入信号是模糊量的神经网络，是模糊系统与神经网络相结合的产物，它汇聚了神经网络与模糊系统的优点，集联想、识别、自适应及模糊信息处理于一体
GMDH 神经网络	GMDH 神经网络也称为多项式神经网络，它是前馈神经网络中常用的一种用于预测的神经网络。它的特点是网络结构不固定，而且在训练过程中会不断地改变
ANFIS 自适应神经网络	ANFIS 自适应神经网络镶嵌在一个全部模糊的结构中，在不知不觉中向训练数据学习，自动产生、修正并高度概括出最佳的输入与输出变量的隶属函数以及模糊规则；另外该神经网络的各层结构与参数也都具有了明确的、易于理解的物理意义

BP 神经网络的学习算法是 δ 学习规则，其目标函数采用 $E=\sum_{k=1}^{N}[Y_k-T_k]^2$，下面详细介绍 BP 神经网络算法。

BP(Back Propagation，反向传播）算法的特征是利用输出后的误差来估计输出层的直接前导层的误差，再用这个误差估计更新前一层的误差，如此一层一层地反向传播下去，就获得了所有其他各层的误差估计。这样就形成了将输出层表现出的误差沿着与输入传送相反的方向逐级向网络的输入层传递的过程。这里我们以典型的三层BP神经网络为例，描述标准的BP算法。图5-8所示的是一个有3个输入节点、4个隐层节点、1个输出节点的一个3层BP神经网络。

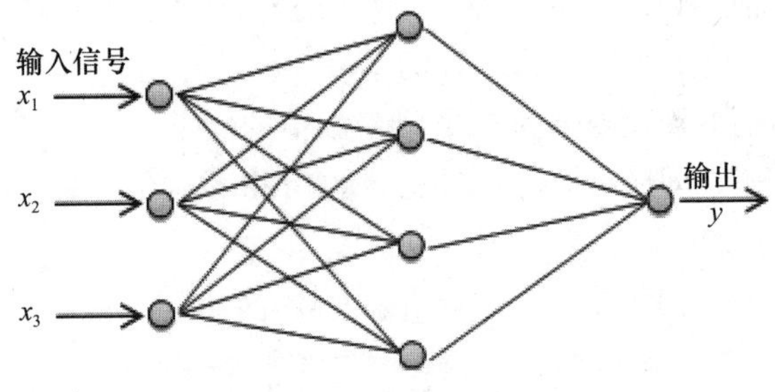

图5-8　3层BP神经网络结构

BP算法的学习过程由信号的正向传播与误差的逆向传播两个过程组成。正向传播时，输入信号经过隐层的处理后，传向输出层。若输出层节点未能得到期望的输出，则转入误差的逆向传播阶段，将输出误差按某种子形式，通过隐层向输入层返回，并“分摊”给隐层4个节点与输入层x_1、x_2、x_3、三个输入节点，从而获得各层单元的参考误差或称误差信号，作为修改各单元权值的依据。这种信号正向传播与误差逆向传播的各层权矩阵的修改过程，是周而复始进行的。权值不断修改的过程，也就是网络的学习（或称训练）过程。此过程一直进行到网络输出的误差逐渐减少到可接受的程度或达到设定的学习次数为止，BP算法学习过程的流程图如图5-9所示。

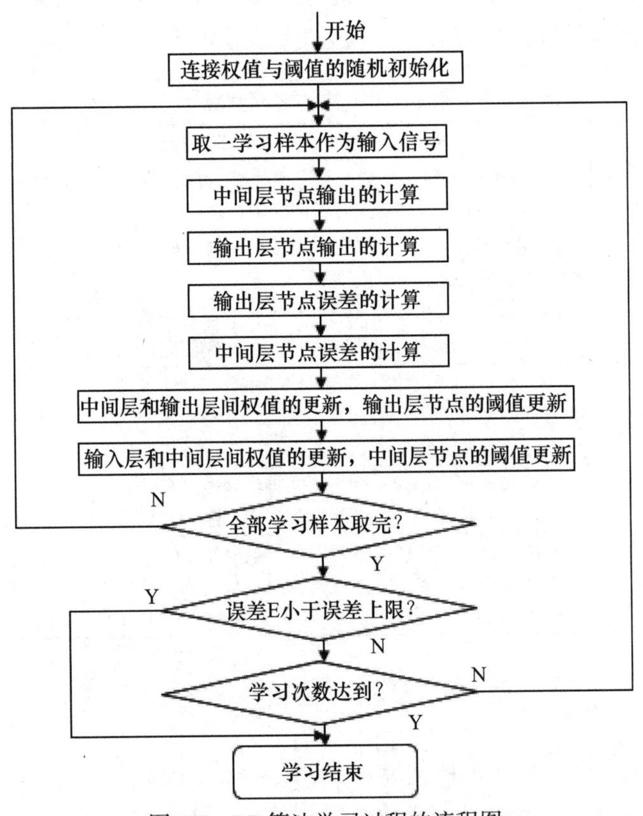

图5-9　BP算法学习过程的流程图

BP算法开始运行后，给定学习次数的上限，初始化学习次数为0，对权值和阈值赋予小的随机数，一般在[−1, 1]之间。输入样本数据，网络正向传播，得到中间层与输出层的值。比较输出层的值与教师信号值的误差，用误差函数E来判断误差是否小于误差上限，如不小于误差上限，则对中间层和输出层权值和阈值进行更新，更新的算法为δ学习规则。更新权值和阈值后，再次将样本数据作为输入，得到中间层与输出层的值，计算误差E是否小于上限，学习次数是否达到指定值，如果达到指定值，则学习结束。

BP算法只用到均方误差函数对权值和阈值的一阶导数（梯度）的信息，使得该算法存在收敛速度缓慢、易陷入局部极小等缺陷，在应用中可根据实际情况选择适合的人工神经网络算法与结构，如LM神经网络、RBF径向基神经网络等。

针对表5-5的数据应用BP神经网络算法进行建模，其MATLAB代码如代码清单5-3所示。

代码清单5-3 用BP神经网络算法预测销量高低的代码

```
%% 使用BP神经网络算法预测销量高低
clear ;
% 参数初始化
inputfile = '../data/sales_data.xls'; % 销量及其他属性数据

%% 数据预处理
disp(' 正在进行数据预处理 ...');
[matrix, ~ ] =  bp_preprocess(inputfile);

%% 输入数据变换
input = matrix(:,1:end-1);
target = matrix(:,end);
input=input';
target=target';
target=full(ind2vec(target+1));

%% 新建BP神经网络，并设置参数
% net = feedforwardnet(10);
net = patternnet(10);
net.trainParam.epochs=1000;
net.trainParam.show=25;
net.trainParam.showCommandLine=0;
net.trainParam.showWindow=1;
net.trainParam.goal=0;
net.trainParam.time=inf;
net.trainParam.min_grad=1e-6;
net.trainParam.max_fail=5;
net.performFcn='mse';
% 训练神经网络模型
net= train(net,input,target);
disp('BP神经网络训练完成！ ');

%% 使用训练好的BP神经网络进行预测
y= sim(net,input);
```

```
plotconfusion(target,y);
disp('销量预测完成！');
```

*代码详见：示例程序 /code/bp_neural_network.m

运行上面的代码，可以得到下面的混淆矩阵图，如图 5-10 所示。

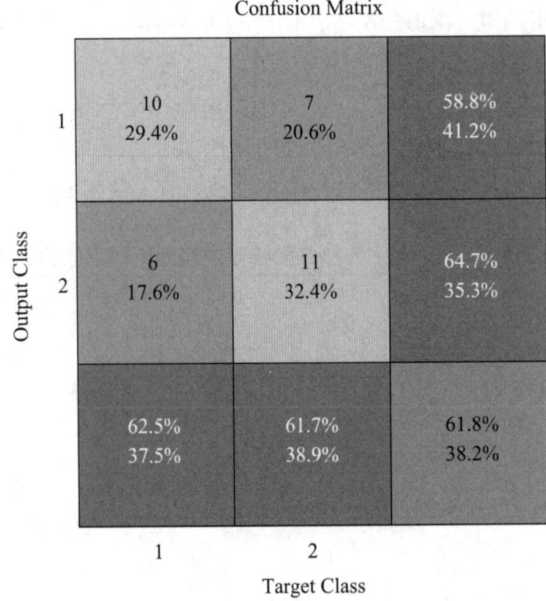

图 5-10 BP 神经网络预测销量高低的混淆矩阵图

从图 5-10 可以看出，检测样本为 34 个，预测正确的个数为 21 个，预测准确率为 61.8%，预测准确率较低，是由于神经网络预测时需要较多的样本，是在此预测数据较少造成的。

5.1.6 分类与预测算法评价

分类与预测模型对训练集进行预测而得出的准确率并不能很好地反映预测模型未来的性能，为了有效判断一个预测模型的性能表现，需要一组没有参与预测模型建立的数据集，并在该数据集上评价预测模型的准确率，这组独立的数据集叫做测试集。模型预测效果评价，通常用相对 / 绝对误差、平均绝对误差、均方误差、均方根误差、平均绝对百分误差等指标来衡量。

1. 绝对误差与相对误差

设 Y 表示实际值，$\hat{Y}$ 表示预测值，则称 E 为绝对误差（AbsoluteError），其计算公式如下：

$$E = Y - \hat{Y} \tag{5-8}$$

e 为相对误差（RelativeError），其计算公式如下：

$$e = \frac{Y - \hat{Y}}{Y} \tag{5-9}$$

有时相对误差也用百分数表示：

$$e = \frac{Y - \hat{Y}}{Y} \times 100\% \tag{5-10}$$

这是一种直观的误差表示方法。

2. 平均绝对误差

平均绝对误差（MeanAbsoluteError, MAE），其计算公式如下：

$$MAE = \frac{1}{n}\sum_{i=1}^{n}|E_i| = \frac{1}{n}\sum_{i=1}^{n}|Y_i - \hat{Y}_i| \tag{5-11}$$

式中各项的含义如下。

- ❑ MAE：平均绝对误差。
- ❑ E_i：第 i 个实际值与预测值的绝对误差。
- ❑ Y_i：第 i 个实际值。
- ❑ $\hat{Y}_i$：第 i 个预测值。

由于预测误差有正有负，为了避免正负相抵消，故取误差的绝对值进行综合并取其平均数，这是误差分析的综合指标法之一。

3. 均方误差

均方误差（MeanSquaredError, MSE），其计算公式如下：

$$MSE = \frac{1}{n}\sum_{i=1}^{n}E_i^2 = \frac{1}{n}\sum_{i=1}^{n}(Y_i - \hat{Y}_i)^2 \tag{5-12}$$

式中，MSE 表示均方差，其他符号同前。

本方法用于还原平方失真程度。

均方误差是预测误差平方之和的平均数，它避免了正负误差不能相加的问题。由于对误差 E 进行了平方，加强了数值大的误差在指标中的作用，从而提高了这个指标的灵敏性，是一大优点。均方误差是误差分析的综合指标之一。

4. 均方根误差

均方根误差（RootMeanSquaredError, RMSE），其计算公式如下：

$$RMSE = \sqrt{\frac{1}{n}\sum_{i=1}^{n}E_i^2} = \sqrt{\frac{1}{n}\sum_{i=1}^{n}(Y_i - \hat{Y}_i)^2} \tag{5-13}$$

式中，$RMSE$ 表示均方根误差，其他符号同前。

这是均方误差的平方根，代表了预测值的离散程度，也叫标准误差，最佳拟合情况为 $RMSE = 0$。均方根误差也是误差分析的综合指标之一。

5. 平均绝对百分误差

平均绝对百分误差（MeanAbsolute PercentageError, MAPE），其计算公式如下：

$$MAPE = \frac{1}{n}\sum_{i=1}^{n}|E_i/Y_i| = \frac{1}{n}\sum_{i=1}^{n}|(Y_i - \hat{Y}_i)/Y_i| \quad (5\text{-}14)$$

式中，*MAPE* 表示平均绝对百分误差。一般认为 *MAPE* 小于 10 时，预测精度较高。

6. Kappa 统计

Kappa 统计是比较两个或多个观测者对同一事物，或观测者对同一事物的两次或多次观测结果是否一致，是以由于机遇造成的一致性和实际观测的一致性之间的差别大小作为评价基础的统计指标。Kappa 统计量和加权 Kappa 统计量不但可以用于无序和有序分类变量资料的一致性、重现性检验，而且能给出一个反映一致性大小的“量”值。

- Kappa 取值在［−1, +1］之间，其值的大小均有不同的意义：
- Kappa = +1，说明两次判断的结果完全一致。
- Kappa = −1，说明两次判断的结果完全不一致。
- Kappa = 0，说明两次判断的结果是机遇造成的。
- Kappa < 0，说明一致程度比机遇造成的还差，两次检查结果很不一致，在实际应用中无意义。
- Kappa > 0，说明有意义，Kappa 越大，说明一致性愈好。
- Kappa ⩾ 0.75，说明已经取得了相当满意的一致程度。
- Kappa<0.4，说明一致程度不够。

7. 识别准确度

识别准确度（Accuracy），其计算公式如下：

$$Accuracy = \frac{TP + FN}{TP + TN + FP + FN} \times 100\% \quad (5\text{-}15)$$

式中各项的含义说明如下。

- TP（True Positives）：正确的肯定，表示正确肯定的分类数。
- TN（True Negatives）：正确的否定，表示正确否定的分类数。
- FP（False Positives）：错误的肯定，表示错误肯定的分类数。
- FN（False Negatives）：错误的否定，表示错误否定的分类数。

8. 识别精确率

识别精确率（Precision），其计算公式如下：

$$Precision = \frac{TP}{TP + FP} \times 100\% \quad (5\text{-}16)$$

9. 反馈率

反馈率 (Recall)，其计算公式如下：

$$Recall = \frac{TP}{TP + TN} \times 100\% \quad (5\text{-}17)$$

10. ROC 曲线

受试者工作特性（Receiver Operating Characteristic，ROC）曲线是一种非常有效的模

型评价方法，可为选定临界值给出定量提示。将灵敏度（Sensitivity）设在纵轴，1-特异性（1-Specificity）设在横轴，就可得出ROC曲线图。该曲线下的积分面积（Area）大小与每种方法的优劣密切相关，反映分类器正确分类的统计概率，其值越接近1说明该算法的效果越好。

11. 混淆矩阵

混淆矩阵（Confusion Matrix）是模式识别领域中一种常用的表达形式。它描绘样本数据的真实属性与识别结果类型之间的关系，是评价分类器性能的一种常用方法。假设对于N类模式的分类任务，识别数据集D包括T_0个样本，每类模式分别含有T_i个数据（$i=1,\cdots,N$）。采用某种识别算法构造分类器C，cm_{ij}表示第i类模式被分类器C判断成第j类模式的数据占第i类模式样本总数的百分率，则可得到如下$N\cdot N$维混淆矩阵$CM(C,D)$。

$$CM(C,D)=\begin{pmatrix} cm_{11} & cm_{22} & \dots & cm_{1i} & \dots & cm_{1N} \\ cm_{21} & cm_{22} & \dots & cm_{2i} & \dots & cm_{2N} \\ \vdots & \vdots & & \vdots & & \vdots \\ cm_{i1} & cm_{i2} & \dots & cm_{ii} & \dots & cm_{iN} \\ \vdots & \vdots & & \vdots & & \vdots \\ cm_{N1} & cm_{N2} & \dots & cm_{Ni} & \dots & cm_{NN} \end{pmatrix} \tag{5-18}$$

混淆矩阵中元素的行下标对应目标的真实属性，列下标对应分类器产生的识别属性。对角线元素表示各模式能够被分类器C正确识别的百分率，而非对角线元素则表示发生错误判断的百分率。

通过混淆矩阵，可以获得分类器的正确识别率和错误识别率。

各模式正确识别率：

$$R_i=cm_{ii},\quad i=1,\cdots,N \tag{5-19}$$

平均正确识别率：

$$R_A=\sum_{i=1}^{N}(cm_{ii}\cdot T_i)/T_0 \tag{5-20}$$

各模式错误识别率：

$$W_i=\sum_{j=1,j\neq i}^{N}cm_{ij}=1-cm_{ii}=1-R_i \tag{5-21}$$

平均错误识别率：

$$W_A=\sum_{i=1}^{N}\sum_{j=1,j\neq i}^{N}(cm_{ii}\cdot T_i)/T_0=1-R_A \tag{5-22}$$

对于一个二分类预测模型，分类结束后的混淆矩阵如表5-8所示。

表5-8 混淆矩阵

<table>
<tr><th colspan="2" rowspan="2">混淆矩阵表</th><th colspan="2">预测类</th></tr>
<tr><th>类=1</th><th>类=0</th></tr>
<tr><td rowspan="2">实际类</td><td>类=1</td><td>A</td><td>B</td></tr>
<tr><td>类=0</td><td>C</td><td>D</td></tr>
</table>

如有 150 个样本数据，这些数据分成 3 类，每类 50 个，分类结束后得到的混淆矩阵如下：

43	5	2
2	45	3
0	1	49

第 1 行的数据说明有 43 个样本正确分类，有 5 个样本应该属于第 1 类，却错误地分到了第二类，有 2 个样本应属于第一类，却错误地分到了第三类。

5.1.7 MATLAB 主要分类与预测算法函数

分类与预测在 MATLAB 中的数据挖掘部分占有很大的比重，其涵盖多个算法模块，主要的算法模型包含神经网络模块的分类模型、分类树模型、集成学习分类模型。神经网络模型包含多种应用，比如聚类、时间序列、模式识别，而这里的分类模型主要包含模式识别，其函数为 patternnet()。分类树模型主要是指机器学习中的分类树和回归模型，主要包括 fitctree() 和 fitrtree() 两个函数。集成学习分类模型主要指机器学习中的集成学习模块，其函数为 fitensemble()，通过改变其参数，可以选择不同的分类模型。其所有的预测算法函数如表 5-9 所示。

表 5-9 MATLAB 主要分类和预测算法函数

函数名	函数功能	所属工具箱
glmfit()	构建一个广义的线性回归模型	统计工具箱
patternnet()	构建一个模式识别神经网络	神经网络工具箱
fitctree()	构建一个分类树	统计工具箱
fitrtree()	构建一个用于回归分析的二元决策树	统计工具箱
fitensemble()	构建一个分类或者回归模型	统计工具箱
fitNaiveBayes()	构建一个朴素贝叶斯分类器	统计工具箱

1. glmfit()

- 功能：构建一个广义线性回归模型。
- 使用格式：b = glmfit(X, y, distr)，根据属性数据 X 以及每个记录对应的类别数据 y 构建一个线性回归模型，distr 可取值为：binomial、gamma、inverse gaussian、normal（默认值）和 poisson，分别代表不同类型的回归模型。

2. patternnet()

- 功能：模式识别神经网络是一个前馈神经网络，通过对已知含有标签的数据进行训练得到神经网络模型，从而可以对新的不含标签的数据进行分类。用于输入的标签数据需要进行特殊编码，即一个类别使用一个向量进行表示，比如一共有 3 个类别，那么类别 1 可以编码为 [1, 0, 0]，类别 3 可以编码为 [0, 0, 1]。
- 使用格式：net = patternnet(hiddenSizes, trainFcn, performFcn)，构建一个隐含层神经

元个数为 hiddenSizes，模型函数为 trainFcn，性能函数为 performFcn 的神经网络 net。其中模型函数的可选值如表 5-10 所示。

表 5-10　模式识别神经网络主要模型函数

参数值	参数解释
Trainscg	使用标度共轭梯度算法更新权值和偏移值
Trainlm	使用 LM 算法更新权值和偏移值
Trainbr	使用 LM 算法更新权值和偏移值（贝叶斯正则化）
Trainrp	根据弹性反向传播算法更新权值和偏移值

3. fitctree()

- 功能：构建一个二叉分类树，每个分支节点根据输入数据进行确定。
- 使用格式：tree = fitctree(x, y)，根据数据的属性数据 x 以及每个记录对应的类别数据 y 构建一个二叉分类树 tree。

4. fitensemble()

- 功能：创建一个模型，该函数可以根据不同的参数构建不同的模型，可以用于分类或者回归。
- 使用格式：Ensemble = fitensemble(x, y, Method, NLearn, Learners)，根据输入属性数据 x 以及每个记录对应的 y 值（如 y 是离散型变量，则模型为分类模型；如 y 是连续型变量，则模型为回归模型）、Method（用于构建的模型名称，其值如表 5-11 所示）、NLearn（模型学习的循环次数）以及 Learners 值（弱学习算法名称，有三个值，分别是“Discriminant”“KNN”“Tree”）构建一个分类或者回归模型。该模型的性能依赖于弱学习算法的参数设置，如果这些参数设置不合理，将导致较差的性能。

表 5-11　fitensemble() 函数常用 method 参数值列表

参数值	误差函数	适　用
AdaBoostM1	$\varepsilon_t=\sum_{n=1}^{N}d_n^{(t)}I(y_n\neq h_t(x_n))$	用于二类别分类
LogitBoost	$\varepsilon_t=\sum_{n=1}^{N}d_n^{(t)}(y_n-h_t(x_n))^2$	用于二类别分类
GentleBoost	$\varepsilon_t=\sum_{n=1}^{N}d_n^{(t)}(y_n-h_t(x_n))^2$	用于二类别分类
AdaBoostM2	$\varepsilon_t=\frac{1}{2}\sum_{n=1}^{N}\sum_{k\neq y_n}d_{n,k}^{(t)}[1-h_t(x_n,y_n)+h_t(x_n,k)]$	用于三类别或三类别以上分类

- 实例：使用 fitensemble 函数构建三个模型，对比三个模型的误差。

```
% 初始化参数——构建输入数据
rng(0,'twister') % for reproducibility
Xtrain = rand(2000,20);
```

```
Ytrain = sum(Xtrain(:,1:5),2) > 2.5;
idx = randsample(2000,200); % 增加噪声
Ytrain(idx) = ~ Ytrain(idx);
% 构建一个 AdaBoostM1 模型
ada = fitensemble(Xtrain,Ytrain,'AdaBoostM1',...
    300,'Tree','LearnRate',0.1);
% 构建一个 RobustBoost 模型，设置误差阈值为 0.15
rb1 = fitensemble(Xtrain,Ytrain,'RobustBoost',300,...
   'Tree','RobustErrorGoal',0.15,'RobustMaxMargin',1);
% 构建一个 RobustBoost 模型，设置误差阈值为 0.01
rb2 = fitensemble(Xtrain,Ytrain,'RobustBoost',300,...
   'Tree','RobustErrorGoal',0.01);
% 画图比较误差
figure
plot(resubLoss(rb1,'Mode','Cumulative'));
hold on
plot(resubLoss(rb2,'Mode','Cumulative'),'r--');
plot(resubLoss(ada,'Mode','Cumulative'),'g.');
hold off;
xlabel('Number of trees');
ylabel('Resubstitution error');
legend('ErrorGoal=0.15','ErrorGoal=0.01',...
    'AdaBoostM1','Location','NE');
```

误差图如图 5-11 所示。

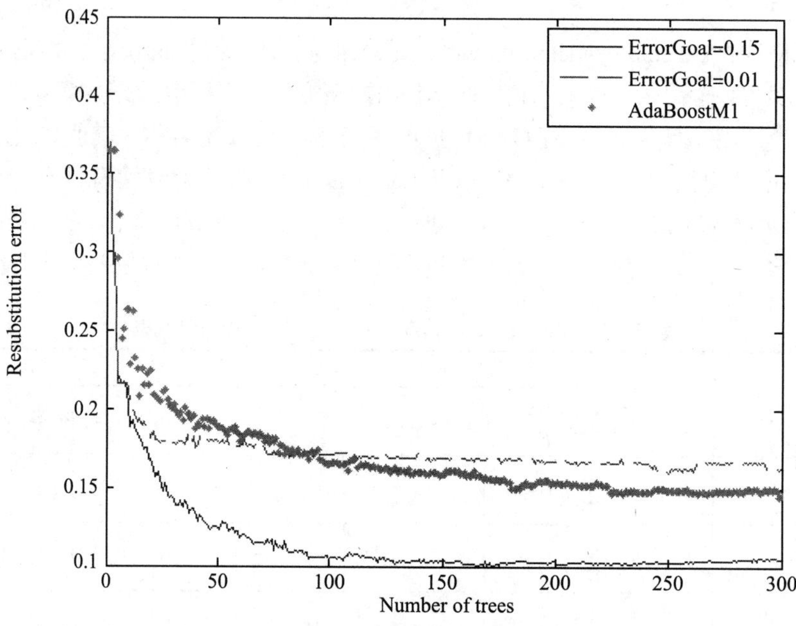

图 5-11　fitensemble 函数构建模型误差对比图

5. fitNaiveBayes()

❑ 功能：创建一个朴素贝叶斯分类器。

❑ 使用格式：NBModel = fitNaiveBayes(x, y)，根据输入数据 x 以及每个 x 对应的类别号

y（如果y为NaN或者空字符串‘ ’或者undefined，都会被视为缺失值，朴素贝叶斯分类器会直接忽略这些值对应的x）构建一个朴素贝叶斯分类器。

5.2 聚类分析

餐饮企业经常会遇到以下问题：

- 如何通过餐饮客户消费行为的测量，进一步评判餐饮客户的价值和对餐饮客户进行细分，找到有价值的客户群和需关注的客户群？
- 如何合理对菜品进行分析，以便区分哪些菜品畅销、毛利又高，哪些菜品滞销、毛利又低？

餐饮企业遇到的这些问题，可以通过聚类分析解决。

5.2.1 常用的聚类分析算法

与分类不同，聚类分析是在没有给定划分类别的情况下，根据数据相似度进行样本分组的一种方法。与分类模型需要使用有类标记样本构成的训练数据不同，聚类模型可以建立在无类标记的数据上，是一种非监督的学习算法。聚类的输入是一组未被标记的样本，聚类根据数据自身的距离或相似度将它们划分为若干组，划分的原则是组内样本最小化而组间（外部）距离最大化，如图5-12所示。

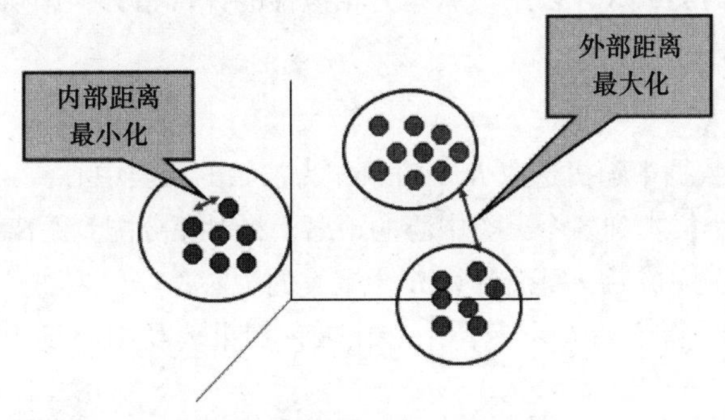

图5-12 聚类分析建模原理

常用的聚类方法如表5-12所示。

表5-12 常用的聚类方法

类别	包括的主要算法
划分（分裂）方法	K-Means算法（K-平均）、K-MEDOIDS算法（K-中心点）、CLARANS算法（基于选择的算法）
层次分析方法	BIRCH算法（平衡迭代规约和聚类）、CURE算法（代表点聚类）、CHAMELEON算法（动态模型）
基于密度的方法	DBSCAN算法（基于高密度连接区域）、DENCLUE算法（密度分布函数）、OPTICS算法（对象排序识别）

（续）

类　别	包括的主要算法
基于网格的方法	STING 算法（统计信息网络）、CLIOUE 算法（聚类高维空间）、WAVE-CLUSTER 算法（小波变换）
基于模型的方法	统计学方法、神经网络方法

常用的聚类算法，如表 5-13 所示。

表 5-13　常用的聚类分析算法

算法名称	算法描述
K-Means	K- 均值聚类也叫快速聚类法，在最小化误差函数的基础上将数据划分为预定的类数 K。该算法原理简单并便于处理大量的数据
K- 中心点	K- 均值算法对孤立点的敏感性，K- 中心点算法不采用簇中对象的平均值作为簇中心，而选用簇中离平均值最近的对象作为簇中心
系统聚类	系统聚类也叫多层次聚类，分类的单位由高到低呈树形结构，且所处的位置越低，其所包含的对象就越少，但这些对象间的共同特征越多。该聚类方法只适合在小数据量的时候使用，数据量大的时候处理速度会非常慢

5.2.2　K-Means 聚类算法

K-Means 聚类算法 [11] 是典型的基于距离的非层次聚类算法，在最小化误差函数的基础上将数据划分为预定的类数 K，采用距离作为相似性的评价指标，即认为两个对象的距离越近，其相似度就越大。

1. 算法过程

（1）从 N 个样本数据中随机选取 K 个对象作为初始的聚类中心；

（2）分别计算每个样本到各个聚类中心的距离，将对象分配到距离最近的聚类中；

（3）所有对象分配完成后，重新计算 K 个聚类的中心；

（4）与前一次计算得到的 K 个聚类中心比较，如果聚类中心发生变化，转第（2）步，否则转第（4）步；

（5）当质心不发生变化时停止并输出聚类结果。

聚类的结果可能依赖于初始聚类中心的随机选择，可能使得结果严重偏离全局最优分类。在实践中为了得到较好的结果，通常以不同的初始聚类中心，多次运行 K-Means 算法。在所有对象分配完成后，重新计算 K 个聚类的中心时，对于连续数据聚类中心取该簇的均值，但是当样本的某些属性是分类变量时，均值可能无定义，可以使用 K- 众数方法。

2. 数据类型与相似性的度量

（1）连续属性

对于连续属性，要先对各属性值进行零 – 均值规范，再进行距离的计算。K-Means 聚类算法中，一般需要度量样本之间的距离、样本与簇之间的距离以及簇与簇之间的距离。

度量样本之间的相似性最常用的是欧几里得距离、曼哈顿距离和闵可夫斯基距离；样本与簇之间的距离可以用样本到簇中心的距离 $d(e_i,x)$；簇与簇之间的距离可以用簇中心的距离 $d(e_i,e_j)$。

用 p 个属性来表示 n 个样本的数据矩阵如下

$$\begin{bmatrix} x_{11} & \cdots & x_{1p} \\ \vdots & & \vdots \\ x_{n1} & \cdots & x_{np} \end{bmatrix}$$

欧几里得距离的计算公式为：

$$d(i,j)=\sqrt{(x_{i1}-x_{j1})^2+(x_{i2}-x_{j2})^2+\cdots+(x_{ip}-x_{jp})^2} \quad (5\text{-}23)$$

曼哈顿距离的计算公式为：

$$d(i,j)=|x_{i1}-x_{j1}|+|x_{i2}-x_{j2}|+\cdots+|x_{ip}-x_{jp}| \quad (5\text{-}24)$$

闵可夫斯基距离的计算公式为：

$$d(i,j)=\sqrt[q]{(|x_{i1}-x_{j1}|)^q+(|x_{i2}-x_{j2}|)^q+\cdots+(|x_{ip}-x_{jp}|)^q} \quad (5\text{-}25)$$

q 为正整，q=1 时即为曼哈顿距离；q=2 时即为欧几里得距离。

（2）文档数据

对于文档数据使用余弦相似性度量，先将文档数据整理成文档—词矩阵格式，如表 5-14 所示。

表 5-14 文档—词矩阵

	lost	win	team	score	music	happy	sad	…	coach
文档一	14	2	8	0	8	7	10	…	6
文档二	1	13	3	4	1	16	4	…	7
文档三	9	6	7	7	3	14	8	…	5

两个文档之间的相似度的计算公式为：

$$d(i,j)=\cos(i,j)=\frac{\vec{i}g\vec{j}}{|\vec{i}|g|\vec{j}|} \quad (5\text{-}26)$$

3. 目标函数

使用误差平方和 SSE 作为度量聚类质量的目标函数，对于两种不同的聚类结果，可选择误差平方和较小的分类结果。

连续属性的 SSE 计算公式为：

$$SSE=\sum_{i=1}^{K}\sum_{x\in E_i}dist(e_i,x)^2 \quad (5\text{-}27)$$

文档数据的 SSE 计算公式为：

$$SSE=\sum_{i=1}^{K}\sum_{x\in E_i}\cos ine(e_i,x)^2 \quad (5\text{-}28)$$

簇 E_i 的聚类中心 e_i 的计算公式为：

$$e_i = \frac{1}{n_i}\sum_{x \in E_i} x \tag{5-29}$$

符号及含义如表 5-15 所示。

表 5-15 符号表

符 号	含 义
K	聚类簇的个数
E_i	第 i 个簇
x	对象（样本）
e_i	簇 E_i 的聚类中心
n	数据集中样本的个数
n_i	第 i 个簇中样本的个数

下面结合具体案例来实现本节开始提出的问题。

部分餐饮客户的消费行为特征数据如表 5-16 所示。根据这些数据将客户分类成不同的客户群，并评价这些客户群的价值。

表 5-16 消费行为特征数据

ID	R	F	M
1	37	4	579
2	35	3	616
3	25	10	394
4	52	2	111
5	36	7	521
6	41	5	225
7	56	3	118
8	37	5	793
9	54	2	111
10	5	18	1 086

采用 K-Means 聚类算法，设定聚类个数 K 为 3，最大迭代次数为 500 次，距离函数取欧氏距离。

K-Means 聚类算法的 MATLAB 代码如代码清单 5-4 所示。

代码清单 5-4 K-Means 聚类算法代码

```
%% 使用K-Means算法聚类消费行为的特征数据
clear ;
% 参数初始化
inputfile = '../data/consumption_data.xls';      % 销量及其他属性数据
k = 3; % 聚类的类别
iteration =500 ;                                 % 聚类最大循环次数
distance = 'sqEuclidean';                        % 距离函数

%% 读取数据
```

```
[num,txt]=xlsread(inputfile);
data = num(:,2:end);

%% 数据标准化
data = zscore(data);

%% 调用 kmeans 算法
opts = statset('MaxIter',iteration);
[IDX,C] = kmeans(data,k,'distance',distance,'Options',opts);

%% 打印结果
for i=1:k
   disp(['第' num2str(i) '组聚类中心为: ']);
   disp(C(i,:));
end

disp('K-Means 聚类算法完成! ');
```

执行 K-Means 聚类算法输出的结果如表 5-17 所示。

表 5-17 聚类算法的输出结果

分群类别		分群 1	分群 2	分群 3
样本个数		120	616	204
样本个数占比		12.77%	65.53%	21.70%
聚类中心	R	−1.623 56	-0.116 34	1.306 33
	F	1.820 445	-0.024 46	−0.996 98
	M	2.188 56	-0.121 29	−0.921 13

以下是 MATLAB 绘制的不同客户分群的概率密度函数图，通过这些图能直观地比较不同客户群的价值，如图 5-13 ~图 5-15 所示。

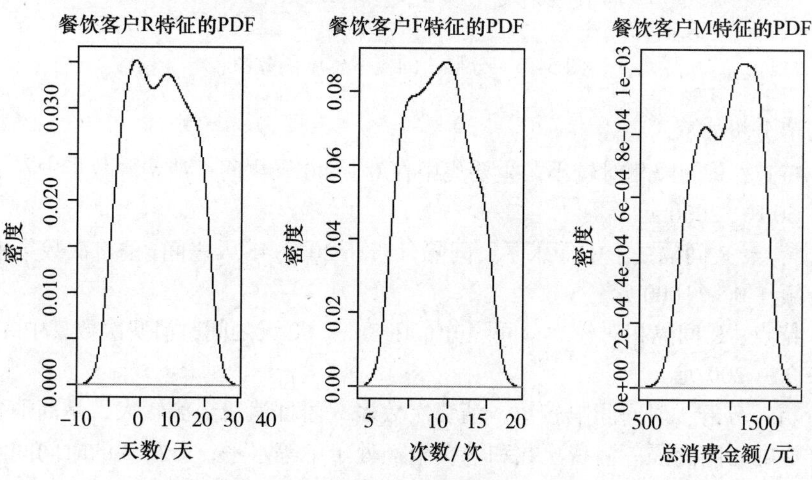

图 5-13 分群 1 的概率密度函数图

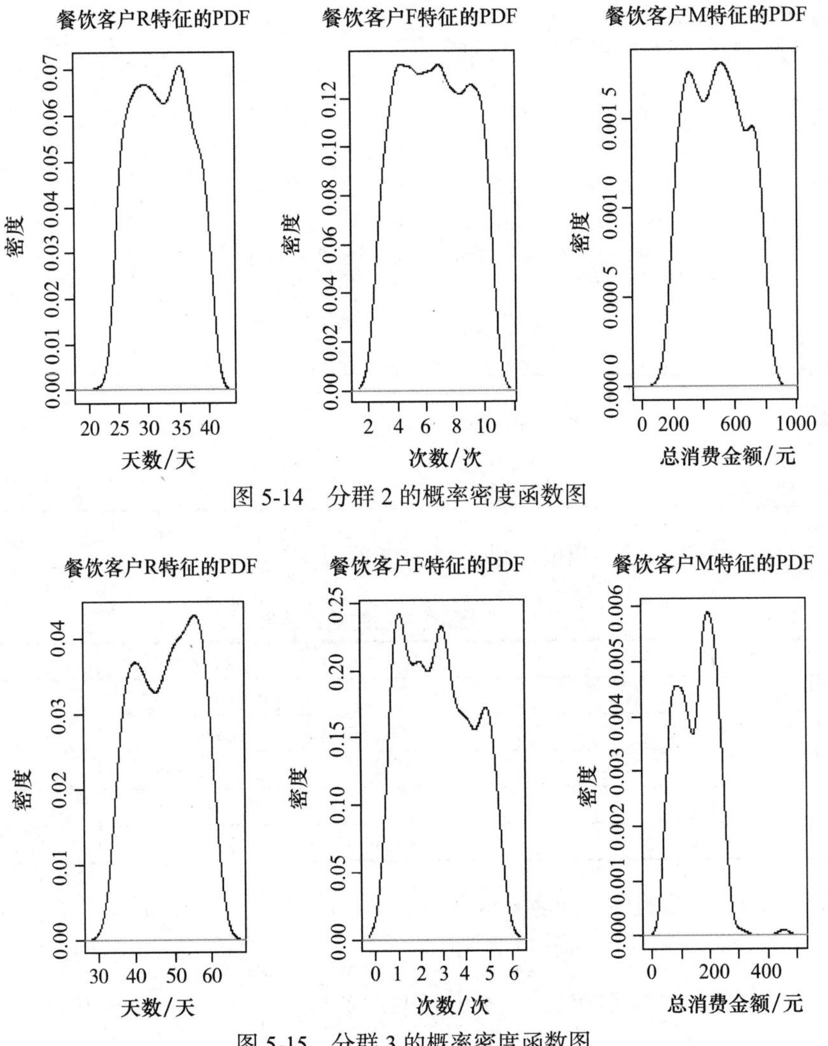

图 5-14　分群 2 的概率密度函数图

图 5-15　分群 3 的概率密度函数图

客户价值分析如下。

分群 1 特点：R 间隔相对较小，主要集中在 0 ~ 40 天之间；消费次数集中在 5 ~ 25 次；消费金额在 500 ~ 2000 元。

分群 2 特点：R 间隔处于中等水平，间隔分布在 20 ~ 45 天之间；消费次数集中在 2 ~ 12 次；消费金额在 0 ~ 1000 元。

分群 3 特点：R 间隔相对较大，间隔分布在 30 ~ 60 天之间；消费次数集中在 1 ~ 6 次；消费金额在 0 ~ 200 元。

对比分析：分群 1 时间间隔较短，消费次数多，而且消费金额较大，是高消费、高价值人群；分群 2 的时间间隔、消费次数和消费金额处于中等水平；分群 3 的时间间隔较长，消费次数和消费金额处于较低水平，是价值较低的客户群体。

5.2.3 聚类分析算法评价

聚类分析仅根据样本数据本身将样本分组。其目标是，组内的对象相互之间是相似的（相关的），而不同组中的对象是不同的（不相关的）。组内的相似性越大，组间差别越大，聚类效果就越好。

1. purity 评价法

purity 方法是极为简单的一种聚类评价方法，只需计算正确聚类数占总数的比例，purity 评价公式如下。

$$purity(X,Y)=\frac{1}{n}\sum_{k}\max_{i}|x_k\cap y_i| \tag{5-30}$$

其中，$x=(x_1,x_2,\cdots,x_k)$ 是聚类的集合。x_k 表示第 k 个聚类的集合；$y=(y_1,y_2,\ldots,y_k)$ 表示需要被聚类的集合，y_i 表示第 i 个聚类对象；n 表示被聚类集合对象的总数。

2. RI 评价法

实际上这是一种用排列组合原理来对聚类进行评价的手段，RI 评价公式如下：

$$RI=\frac{R+W}{R+M+D+W} \tag{5-31}$$

其中，R 是指被聚在一类的两个对象被正确分类了；W 是指不应该被聚在一类的两个对象被正确分开了；M 指不应该放在一类的对象被错误地放在了一类；D 指不应该分开的对象被错误地分开了。

3. F 值评价法

这是基于上述 RI 评价法衍生出的一个方法，F 值评价公式如下：

$$F_\alpha=\frac{(1+\alpha^2)pr}{\alpha^2 p+r} \tag{5-32}$$

其中，$p=\frac{R}{R+M}$；$r=\frac{R}{R+D}$。

实际上 RI 评价法就是把准确率 p 和召回率 r 看得同等重要，事实上有时候我们可能需要某一特性更多一点儿，这时候就适合使用 F 值评价法。

5.2.4 MATLAB 主要聚类分析算法函数

在 MATLAB 中实现的聚类主要包括 K-Means 聚类、层次聚类、FCM 以及神经网络聚类，其主要的相关函数如表 5-18 所示。

表 5-18 聚类主要函数列表

函数名	函数功能	所属工具箱
linkage()	创建一个层次聚类树	统计工具箱
cluster()	根据层次聚类树进行聚类或 根据高斯混合分布构建聚类	统计工具箱

（续）

函数名	函数功能	所属工具箱
kmeans()	k-Means 聚类	统计工具箱
evalclusters()	用于评价聚类结果	统计工具箱
fcm()	模糊聚类	模糊逻辑工具箱
selforgmap()	用于聚类的自组织神经网络	神经网络工具箱

1. linkage()

- 功能：创建一个层次聚类树，和 cluster 配合使用。
- 使用格式：Z = linkage(x, method, metric)，根据输入数据 x 以及给定的 method、metric（输入数据 x 的每个样本，即每行之间的距离的算法）参数构建层次聚类树。其中 method 的参数值，如表 5-19 所示。

表 5-19　linkage() 函数的 method 参数值列表

参数值	说　明
average	未加权平均值距离
centroid	中心距离，只适合 metric 为欧氏距离的情况
complete	最远距离
median	加权中心距离，只适合 metric 为欧式距离的情况
single	最近距离，使用默认距离
ward	内方差距离，只适合 metric 为欧式距离的情况
weighted	健全平均值距离

metric 的参数值如表 5-20 所示。

表 5-20　linkage() 函数的 metric 参数值列表

参数值	说　明
euclidean	欧氏距离
seuclidean	标准欧氏距离
minkowski	明可夫斯基距离
chebychev	切比雪夫距离
mahalanobis	马氏距离
cosine	余弦距离
correlation	相关系数距离
spearman	斯皮尔曼距离
hamming	汉明距离
jaccard	Jaccard 距离
自定义距离函数	使用自定义函数，其格式一般为 D=distfun(XI，XJ)，其中 XI 是一个 1×n 维行向量；XJ 是一个 m · n 维矩阵；返回值 D 是一个 m×1 维的列向量

2. cluster()

- 功能：创建一个层次聚类或者高斯混合分布聚类模型。
- 使用格式：T = cluster(Z,'maxclust', n) 或 T = cluster(Z,'cutoff', c)，其中 Z 为使用 linkage 函数构建的层次聚类树，是一个 (m−1)×3 维的矩阵，其中 m 是观察的样本数；当参数为'maxclust'时，n 为聚类的类别；当参数为'cutoff'时，c 表示剪枝的阈值。

3. kmeans()

- 功能：创建一个 k 均值聚类模型。
- 使用格式：[IDX, C, sumd, D] = kmeans(x, k, param1, val1, param2, val2, …)，根据给定的输入数据 x、聚类数 k 以及各种其他附加参数进行聚类，其中返回值中的 IDX 为每个样本数据的类别；C 为返回的 k 个类别的中心向量；k · p 维矩阵中，p 为样本的维度；sumd 为返回每个类别样本到中心向量的距离和，1×k 维向量；D 为返回每个样本到中心的距离，n · k 维矩阵。附加参数名其参数值的对应关系，如表 5-21 所示。

表 5-21　kmeans 函数附加参数名 / 值列表

参数名	参数值	说明
distance		距离计算函数，默认选项
	sqEuclidean	平方欧氏距离
	Cosine	余弦距离
	Correlation	相关系数距离
	Hamming	汉明距离
emptyaction		当一个聚类中心没有一个样本值时的操作
	error	把一个空聚类作为错误，默认选项
	drop	把空聚类移除，返回值 C 和 D 设置为 NaN
	singleton	为距离聚类中心最远的点创建一个聚类中心
MaxIter	100	循环的次数，默认是 100
UseParallel	true/default	是否使用并行工具箱，默认是 default，即不使用
replicates	1	循环的次数，和 MaxIter 的不同点是每次改变初始值，根据 sumd 的值返回最佳的初始值聚类结果
start		用于初始化聚类中心向量的方法
	sample	随机选择，默认选项
	uniform	随机均匀的选择 k 个中心向量
	cluster	使用样本数据的 10% 进行预分类
	Matrix	k×p 维的矩阵，即自己制定聚类中心

- 实例：使用 kmeans 函数构建一个聚类模型，并使用图表示聚类记录以及聚类中心。

```
% 构建聚类输入数据
rng('default') % For reproducibility
X = [randn(100,2)+ones(100,2);...
```

```
    randn(100,2)-ones(100,2)];
% 构建聚类模型——设置参数
 opts = statset('Display','final');
[idx,ctrs] = kmeans(X,2,'Distance','city',...
             'Replicates',5,'Options',opts);
% 画图表示样本及聚类中心
plot(X(idx==1,1),X(idx==1,2),'r.','MarkerSize',12)
hold on
plot(X(idx==2,1),X(idx==2,2),'b.','MarkerSize',12)
plot(ctrs(:,1),ctrs(:,2),'kx',...
     'MarkerSize',12,'LineWidth',2)
plot(ctrs(:,1),ctrs(:,2),'ko',...
     'MarkerSize',12,'LineWidth',2)
legend('Cluster 1','Cluster 2','Centroids',...
       'Location','NW')
hold off
```

其聚类记录及聚类中心如图 5-16 所示。

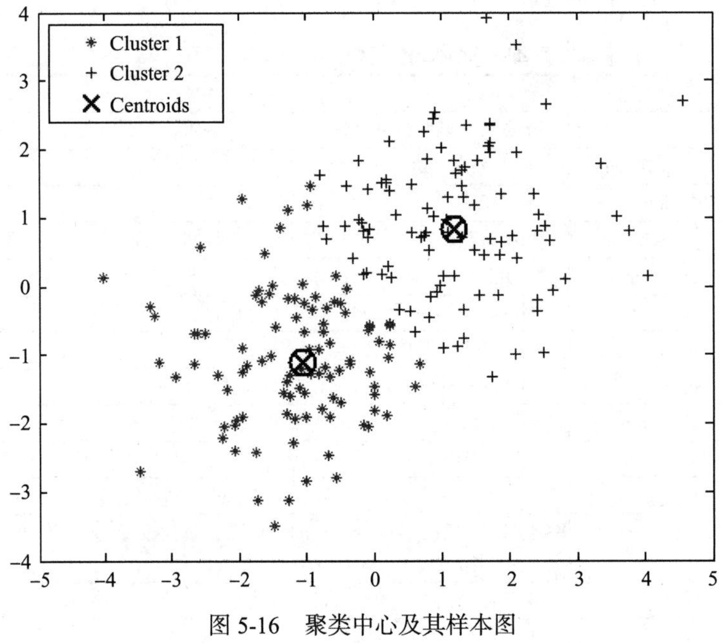

图 5-16　聚类中心及其样本图

4. fcm()

- 功能：创建一个模糊聚类模型。
- 使用格式：[center, U, obj_fcn] = fcm(data, cluster_n)，根据输入聚类数据 data 和需要聚类的类别数 cluster_n 构建一个模糊聚类模型，其中 center 为最终的聚类中心向量，每行代表一个聚类中心向量；U 为最终模糊分区矩阵；obj_fcn 为循环过程中目标函数的值。

5. selforgmap()

- 功能：创建一个自组织神经网络聚类模型。
- 使用格式：net = selforgmap(dimensions, coverSteps, initNeighbor, topologyFcn, distanceFcn)，其中 net 为自组织神经网络；dimensions 为聚类维度值，行向量，默认是 [8, 8]；coverSteps 为初始循环的次数，默认值为 100；initNeighbor：初始邻居大小，默认值为 3；topologyFcn 为层拓扑函数，默认为 'hextop'；distanceFcn 为神经元距离函数，默认为 'linkdist'。

5.3 关联规则

下面通过餐饮企业中的一个实际情景引出关联规则的概念。客户在餐厅点餐时，面对菜单中大量的菜品信息，往往无法迅速找到满意的菜品，既增加了点菜的时间，也降低了客户的就餐体验。实际上，菜品的合理搭配是有规律可循的：顾客的饮食习惯、菜品的荤素和口味，有些菜品之间是相互关联的，而有些菜品之间是对立或竞争的关系（负关联），这些规律都隐藏在大量的历史菜单数据中，如果能够通过数据挖掘发现客户点餐的规则，就可以快速识别客户的口味，当下了某个菜品的订单时为其推荐相关联的菜品，引导客户消费，提高顾客的就餐体验和餐饮企业的业绩水平。

关联规则分析也成为购物篮分析，最早是为发现超市销售数据库中不同商品之间的关联关系。例如一个超市的经理想要更多地了解顾客的购物习惯，比如"哪组商品可能会在一次购物中同时被购买？"或者"某顾客购买了个人电脑，那该顾客三个月后购买数码相机的概率有多大？"他可能会发现如果购买了面包的顾客同时非常有可能会购买牛奶，这就导出了一条关联规则"面包→牛奶"，其中面包称为规则的前项，而牛奶则称为规则的后项。通过对面包降低售价进行促销，而适当提高牛奶的售价，关联销售出的牛奶就有可能增加超市整体的利润。

关联规则分析是数据挖掘中最活跃的研究方法之一，目的是在一个数据集中找出各项之间的关联关系，而这种关系并没有在数据中直接表示出来。

5.3.1 常用的关联规则算法

常用的关联规则算法如表 5-22 所示。

表 5-22 常用关联规则算法

算法名称	算法描述
Apriori	关联规则最常用也是最经典的挖掘频繁项集的算法，其核心思想是通过连接产生候选项及其支持度，然后通过剪枝生成频繁项集
FP-Tree	针对 Apriori 算法固有的多次扫描事务数据集的缺陷，提出的不产生候选频繁项集的方法。Apriori 和 FP-Tree 都是寻找频繁项集的算法

（续）

算法名称	算法描述
Eclat 算法	Eclat 算法是一种深度优先算法，采用垂直数据表示形式，在概念格理论的基础上利用基于前缀的等价关系将搜索空间划分为较小的子空间
灰色关联法	分析和确定各因素之间的影响程度或是若干个子因素（子序列）对主因素（母序列）的贡献度而进行的一种分析方法

以下重点介绍 Apriori 算法。

5.3.2 Apriori 算法

以超市销售数据为例，提取关联规则的最大困难在于当存在很多商品时，可能的商品的组合（规则的前项与后项）的数目会达到一种令人望而却步的程度。因而各种关联规则分析的算法从不同方面入手减小可能的搜索空间的大小，以及减小扫描数据的次数。Apriori[12] 算法是最经典的挖掘频繁项集的算法，第一次实现了在大数据集上可行的关联规则提取，其核心思想是通过连接产生候选项与其支持度，然后通过剪枝生成频繁项集。

1. 关联规则和频繁项集

（1）关联规则的一般形式

项集 A、B 同时发生的概率称为关联规则的支持度（也称相对支持度）:

$$Support(A \Rightarrow B) = P(A \cup B) \tag{5-33}$$

项集 A 发生，则项集 B 发生的概率为关联规则的置信度:

$$Confidence(A \Rightarrow B) = P(B \mid A) \tag{5-34}$$

（2）最小支持度和最小置信度

最小支持度是用户或专家定义的衡量支持度的一个阈值，表示项目集在统计意义上的最低重要性；最小置信度是用户或专家定义的衡量置信度的一个阈值，表示关联规则的最低可靠性，同时满足最小支持度阈值和最小置信度阈值的规则称作强规则。

（3）项集

项集是项的集合。包含 k 个项的项集称为 k 项集，如集合 { 牛奶，麦片，糖 } 是一个 3 项集。

项集的出现频率是所有包含项集的事务计数，又称做绝对支持度或支持度计数。如果项集 I 的相对支持度满足预定义的最小支持度阈值，则 I 是频繁项集。频繁 k 项集通常记作 L_k。

（4）支持度计数

项集 A 的支持度计数是事务数据集中包含项集 A 的事务个数，简称为项集的频率或计数。

已知项集的支持度计数，则规则 $A \Rightarrow B$ 的支持度和置信度很容易从所有事务计数、项集 A 和项集 $A \cup B$ 的支持度计数推出：

$$Support(A \Rightarrow B) = \frac{A,B\text{同时发生的事务个数}}{\text{所有事务个数}} = \frac{Support\_count(A \cup B)}{Total\_count(A)} \tag{5-35}$$

$$Confidence(A \Rightarrow B) = P(A \mid B) = \frac{Support(A \cup B)}{Support(A)} = \frac{Support\_count(A \cup B)}{Support\_count(A)} \quad (5\text{-}36)$$

也就是说，一旦得到所有事务的个数，A、B 和 $A \cup B$ 的支持度计数，就可以导出对应的关联规则 $A \Rightarrow B$ 和 $B \Rightarrow A$，并可以检查该规则是否是强规则。

在 MATLAB 中实现上述 Apriori 算法的代码如代码清单 5-5 所示。

代码清单 5-5 Apriori 算法调用代码

```
%% 使用 Apriori 算法挖掘菜品订单的关联规则
clear;
% 参数初始化
inputfile = '../data/menu_orders.txt'; % 销量及其他属性数据
outputfile='../tmp/as.txt';            % 输出转换后 0、1 矩阵文件
minSup = 0.2;                          % 最小支持度
minConf = 0.5;                         % 最小置信度
nRules = 1000;                         % 输出最大规则数
sortFlag = 1;                          % 按照支持度排序
rulefile = '../tmp/rules.txt';         % 规则输出文件

%% 调用转换程序，把数据转换为 0、1 矩阵，自定义函数
[transactions,code] = trans2matrix(inputfile,outputfile,',');

%% 调用 Apriori 关联规则算法，自定义函数
[Rules,FreqItemsets] = findRules(transactions, minSup, minConf, nRules, sortFlag,
    code, rulefile);

disp('Apriori 算法挖掘菜品订单关联规则完成！ ');
```

*代码详见：示例程序 /code/cal_apriori.m

2. Ariori 算法——使用候选产生频繁项集

Apriori 算法的主要思想是找出存在于事务数据集中最大的频繁项集，利用得到的最大频繁项集与预先设定的最小置信度阈值生成强关联规则。

（1）Apriori 的性质

频繁项集的所有非空子集也必须是频繁项集。根据该性质可以得出：向不是频繁项集 I 的项集中添加事务 A，新的项集 $I \cup A$ 一定也不是频繁项集。

（2）Apriori 算法实现的两个过程

1）找出所有的频繁项集（支持度必须大于等于给定的最小支持度阈值），在这个过程中连接步和剪枝步互相融合，最终得到最大的频繁项集 L_k。

连接步：连接步的目的是找到 K 项集。对给定的最小支持度阈值，分别对 1 项候选集 C_1，剔除小于该阈值的项集得到 1 项频繁集 L_1；下一步由 L_1 自身连接产生两项候选集 C_1，保留 C_2 中满足约束条件的项集得到两项频繁集，记为 L_2；再下一步由 L_2 与 L_1 连接产生三项候选集 C_3，保留 C_2 中满足约束条件的项集得到三项频繁集，记为 L_3，等等。这样循环下去，

得到最大频繁项集 L_k。

剪枝步：剪枝步紧接着连接步，在产生候选项 C_k 的过程中起到减小搜索空间的目的。由于 C_k 是 L_{k-1} 与 L_1 连接产生的，根据 Apriori 的性质频繁项集的所有非空子集也必须是频繁项集，所以不满足该性质的项集将不会存在于 C_k 中，该过程就是剪枝。

2）由频繁项集产生强关联规则：由过程 1）可知未超过预定的最小支持度阈值的项集已被剔除，如果剩下这些规则又满足了预定的最小置信度阈值，那么就挖掘出了强关联规则。

下面将结合餐饮行业的实例来讲解 Apriori 关联规则算法挖掘的实现过程。数据库中部分点餐数据，如表 5-23 所示。

表 5-23 数据库中部分点餐数据

序 列	时 间	订单号	菜品 ID	菜品名称
1	2014-8-21	101	18 491	健康麦香包
2	2014-8-21	101	8 693	香煎葱油饼
3	2014-8-21	101	8 705	翡翠蒸香茜饺
4	2014-8-21	102	8 842	菜心粒咸骨粥
5	2014-8-21	102	7 794	养颜红枣糕
6	2014-8-21	103	8 842	金丝燕麦包
7	2014-8-21	103	8 693	三丝炒河粉
…	…	…	…	…

首先将表 5-23 中的事务数据（一种特殊类型的记录数据）整理成关联规则模型所需的数据结构，从中抽取 10 个点餐订单作为事务数据集，设支持度为 0.2（支持度计数为 2），为方便起见将菜品 {18 491，8842，8693，7794，8705} 分别简记为 {a，b，c，d，e}，如表 5-24 所示。

表 5-24 某餐厅事务数据集

订单号	菜品 ID	菜品简记 ID
1	18 491、8 693、8 705	a、c、e
2	8 842、7 794	b、d
3	8 842、8 693	b、c
4	18 491、8 842、8 693、7 794	a、b、c、d
5	18 491、8 842	a、b
6	8 842、8 693	b、c
7	18 491、8 842	a、b
8	18 491、8 842、8 693、8 705	a、b、c、e
9	18 491、8 842、8 693	a、b、c
10	18 491、8 693	a、c

Apriori 算法的实现过程，如图 5-17 所示。

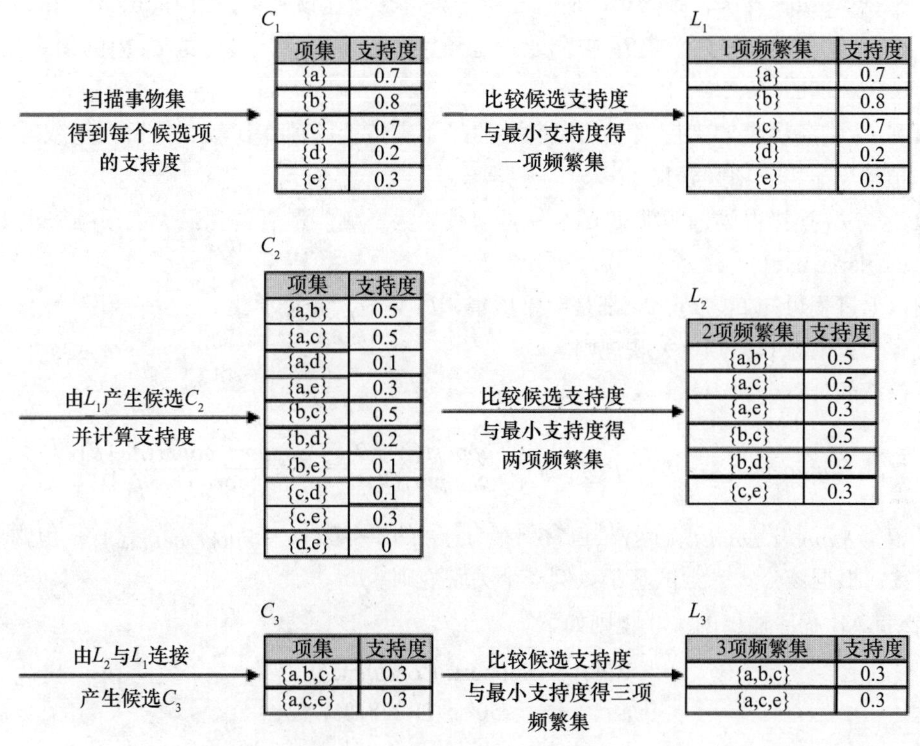

图 5-17 Apriori 算法的实现过程

过程一：找最大 k 项频繁集。

- ❑ Apriori 算法简单地扫描所有的事务，事务中的每一项都是候选 1 项集的集合 C_1 的成员，计算每一项的支持度。比如 $P(\{a\})=\frac{\text{项集 }\{a\}\text{ 的支持度计数}}{\text{所有事务个数}}=\frac{7}{10}=0.7$；
- ❑ 对 C_1 中各项集的支持度与预先设定的最小支持度阈值作比较，保留大于或等于该阈值的项，得一项频繁集 L_1；
- ❑ 扫描所有事务，L_1 与 L_1 连接得候选 2 项集 C_2，并计算每一项的支持度。如 $P(\{a,b\})=\frac{\text{项集 }\{a,b\}\text{ 的支持度计数}}{\text{所有事务个数}}=\frac{5}{10}=0.5$。接下来是剪枝步，由于 C_2 的每个子集（即 L_1）都是频繁集，所以没有项集从 C_2 中被剔除；
- ❑ 对 C_2 中各项集的支持度与预先设定的最小支持度阈值作比较，保留大于或等于该阈值的项，得两项频繁集 L_2；
- ❑ 扫描所有事务，L_2 与 L_1 连接得候选 3 项集 C_2，并计算每一项的支持度，如 $P(\{a,b,c\})=\frac{\text{项集 }\{a,b,c\}\text{ 的支持度计数}}{\text{总的事务计数}}=\frac{3}{10}=0.3$。接下来是剪枝步，$L_2$ 与 L_1 连接的所有项集为：{a, b, c}、{a, b, d}、{a, b, e}、{a, c, d}、{a, c, e}、{b, c, d}、{b, c, e}，

根据 Apriori 算法，频繁集的所有非空子集也必须是频繁集，因为 {b, d}、{b, e}、{c, d} 不包含在 b 项频繁集 L_2 中，即不是频繁集，应剔除，最后的 C_3 中的项集只有 {a, b, c} 和 {a, c, e}；

- 对 C_3 中各项集的支持度与预先设定的最小支持度阈值作比较，保留大于或等于该阈值的项，得三项频繁集 L_3；
- L_2 与 L_1 连接得候选四项集 C_4，易得剪枝后为空集。最后得到最大三项频繁集 {a，b，c} 和 {a, c, e}。

由以上过程可知 L_1、L_2、L_3 都是频繁项集，L_3 是最大频繁项集。

过程二：由频繁集产生关联规则。

置信度的计算公式为：

$$Confidence(A \Rightarrow B) = P(A \mid B) = \frac{Support(A \cup B)}{Support(A)} = \frac{Support\_count(A \cup B)}{Support\_count(A)}$$

其中，$Support\_count(A \cup B)$ 是包含项集 $A \cup B$ 的事务数；$Support\_count(A)$ 是包含项集 A 的事务数；根据该公式，尝试基于该例产生关联规则。

MATLAB 程序输出的关联规则如下。

```
Rule     (Support, Confidence)
a -> b    (50%, 71.4286%)
b -> a    (50%, 62.5%)
a -> c    (50%, 71.4286%)
c -> a    (50%, 71.4286%)
b -> c    (50%, 62.5%)
c -> b    (50%, 71.4286%)
e -> a    (30%, 100%)
e -> c    (30%, 100%)
a,b -> c  (30%, 60%)
a,c -> b  (30%, 60%)
b,c -> a  (30%, 60%)
e -> a,c  (30%, 100%)
a,c -> e  (30%, 60%)
a,e -> c  (30%, 100%)
c,e -> a  (30%, 100%)
d -> b    (20%, 100%)
```

就第一条输出结果进行解释：客户同时点菜品 a 和 b 的概率是 50%，点了菜品 a，再点菜品 b 的概率是 71.4286%。知道了这些，就可以对顾客进行智能推荐，在增加销量的同时满足客户的需求。

5.4　时序模式

就餐饮企业而言，经常会遇到以下问题：由于餐饮行业是生产和销售同时进行的，因此销售预测对于餐饮企业十分必要。如何基于菜品的历史销售数据，做好餐饮销售预测，以便减少菜品的脱销现象和避免因备料不足而造成的生产延误，从而减少菜品生产的等待时间，以提供给客户更优质的服务；同时可以减少安全库存量，做到生产准时制，以降低物流成本。

餐饮销售预测可以看做基于时间序列的短期数据预测，预测对象为具体的菜品销售量。

常用按时间顺序排列的一组随机变量 $X_1,X_2,\cdots,X_t,\cdots$ 来表示一个随机事件的时间序列，简记为 $\{X_t\}$；用 $x_1,x_2,\cdots,x_n$ 或 $\{x_t,t=1,2,\cdots,n\}$ 表示该随机序列的 n 个有序观察值，称为序列长度为 n 的观察值序列。

本节应用时间序列分析 [13] 的目的就是给定一个已被观测了的时间序列，预测该序列的未来值。

5.4.1　时间序列算法

常用的时间序列模型如表 5-25 所示。

表 5-25　常用的时间序列模型

模型名称	描　述
平滑法	平滑法常用于趋势分析和预测，利用修匀技术，削弱短期随机波动对序列的影响，使序列平滑化。根据所用平滑技术的不同，可具体分为移动平均法和指数平滑法
趋势拟合法	趋势拟合法是把时间作为自变量，相应的序列观察值作为因变量，建立回归模型。根据序列的特征，可具体分为线性拟合和曲线拟合
组合模型	时间序列的变化主要受到长期趋势（T）、季节变动（S）、周期变动（C）和不规则变动（ε）这四个因素的影响。根据序列的特点，可以构建加法模型和乘法模型 加法模型：$x_t=T_t+S_t+C_t+\varepsilon_t$ 乘法模型：$x_t=T_t\cdot S_t\cdot C_t\cdot\varepsilon_t$
AR 模型	$x_t=\phi_0+\phi_1x_{t-1}+\phi_2x_{t-2}+\cdots+\phi_px_{t-p}+\varepsilon_t$ 以前 P 期的序列值 $x_{t-1},x_{t-2},\cdots,x_{t-p}$ 为自变量、随机变量 X_t 的取值 x_t 为因变量建立线性回归模型
MA 模型	$x_t=\mu+\varepsilon_t-\theta_1\varepsilon_{t-1}-\theta_2\varepsilon_{t-2}-\cdots-\theta_q\varepsilon_{t-q}$ 随机变量 X_t 的取值 x_t 与以前各期的序列值无关，建立 x_t 与前 q 期的随机扰动 $\varepsilon_{t-1},\varepsilon_{t-2},\cdots,\varepsilon_{t-p}$ 的线性回归模型
ARMA 模型	$x_t=\phi_0+\phi_1x_{t-1}+\phi_2x_{t-2}+\cdots+\phi_px_{t-p}+\varepsilon_t-\theta_1\varepsilon_{t-1}-\theta_2\varepsilon_{t-2}-\cdots-\theta_q\varepsilon_{t-q}$ 随机变量 X_t 的取值 x_t 不仅与前 p 期的序列值有关，还与前 q 期的随机扰动有关
ARIMA 模型	许多非平稳序列差分后会显示出平稳序列的性质，称这个非平稳序列为差分平稳序列。对差分平稳序列可以使用 ARIMA 模型进行拟合
ARCH 模型	ARCH 模型能准确地模拟时间序列变量的波动性变化，适用于序列具有异方差性并且异方差函数短期自相关
GARCH 模型	GARCH 模型称为广义 ARCH 模型，它是 ARCH 模型的拓展。相比于 ARCH 模型，GARCH 模型及其衍生模型更能反映实际序列中的长期记忆性、信息的非对称性等性质

以下将重点介绍 AR 模型、MA 模型、ARMA 模型和 ARIMA 模型。

5.4.2 时间序列的预处理

拿到一个观察值序列后，首先要对它的纯随机性和平稳性进行检验，这两个重要的检验称为序列的预处理。根据检验结果可以将序列分为不同的类型，对不同类型的序列会采取不同的分析方法。

- ❑ 对于纯随机序列，又叫白噪声序列，序列的各项之间没有任何相关关系，序列在进行完全无序的随机波动，可以终止对该序列的分析。白噪声序列是没有信息可提取的平稳序列；
- ❑ 对于平稳非白噪声序列，它的均值和方差是常数，现已有一套非常成熟的平稳序列的建模方法。通常是建立一个线性模型来拟合该序列的发展，借此提取该序列的有用信息。ARMA 模型是最常用的平稳序列拟合模型；
- ❑ 对于非平稳序列，由于它的均值和方差不稳定，处理方法一般是将其转变为平稳序列，这样就可以应用有关平稳时间序列的分析方法，如建立 ARMA 模型来进行相应的研究。如果一个时间序列经差分运算后具有平稳性，称该序列为差分平稳序列，可以使用 ARIMA 模型进行分析。

1. 平稳性检验

（1）平稳时间序列的定义

对于随机变量 X，可以计算其均值（数学期望）μ、方差 σ^2；对于两个随机变量 X 和 Y，可以计算 X、Y 的协方差 $\text{cov}(X,Y)=E[(X-\mu_X)(Y-\mu_Y)]$ 和相关系数 $\rho(X,Y)=\frac{\text{cov}(X,Y)}{\sigma_X\sigma_Y}$，它们度量了两个不同事件之间的相互影响程度。

对于时间序列 $\{X_t,t\in T\}$，任意时刻的序列值 X_t 都是一个随机变量，每一个随机变量都会有均值和方差，记 X_t 的均值为 μ_t、方差为 σ_t；任取 t、$s\in T$，定义序列 $\{X_t\}$ 的自协方差函数 $\gamma(t,s)=E[(X_t-\mu_t)(X_s-\mu_s)]$ 和自相关系数 $\rho(t,s)=\frac{\text{cov}(X_t,X_s)}{\sigma_t\sigma_s}$（特别应注意，$\gamma(t,t)=\gamma(0)=1,\rho_0=1$），之所以称它们为自协方差函数和自相关系数，是因为它们衡量的是同一个事件在两个不同时期（时刻 t 和 s）之间的相关程度，形象地讲就是度量自己过去的行为对自己现在的影响。

如果时间序列 $\{X_t,t\in T\}$ 在某一常数附近波动且波动范围有限，即有常数均值和常数方差，并且延迟 k 期的序列变量的自协方差和自相关系数是相等的或者说延迟 k 期的序列变量之间的影响程度是一样的，则称 $\{X_t,t\in T\}$ 为平稳序列。

（2）平稳性的检验

对序列的平稳性的检验有两种检验方法：一种是根据时序图和自相关图的特征作出判断的图检验，该方法操作简单、应用广泛，缺点是带有主观性；另一种是构造检验统计量进行的方法，目前最常用的方法是单位根检验。

- ❑ 时序图检验。根据平稳时间序列的均值和方差都为常数的性质，平稳序列的时序图显示该序列值始终在一个常数附近随机波动，而且波动的范围有界；如果有明显的趋势性或者周期性那它通常不是平稳序列。
- ❑ 自相关图检验。平稳序列具有短期相关性，这个性质表明对平稳序列而言通常只有近期的序列值对现时值的影响比较明显，间隔越远的过去值对现时值的影响越小。随着延迟期数 k 的增加，平稳序列的自相关系数 ρ_k（延迟 k 期）会比较快的衰减趋向于零，并在零附近随机波动，而非平稳序列的自相关系数衰减的速度比较慢，这就是利用自相关图进行平稳性检验的标准。
- ❑ 单位根检验。单位根检验是指检验序列中是否存在单位根，因为存在单位根就是非平稳时间序列了。

2. 纯随机性检验

如果一个序列是纯随机序列，那么它的序列值之间应该没有任何关系，即满足 $\gamma(k)=0, k\neq 0$，这是一种理论上才会出现的理想状态，实际上纯随机序列的样本自相关系数不会绝对为零，但是很接近零，并在零附近随机波动。

纯随机性检验也称白噪声检验，一般用构造检验统计量来检验序列的纯随机性，常用的检验统计量有Q统计量、LB统计量，由样本各延迟期数的自相关系数可以计算得到检验统计量，然后计算出对应的 p 值，如果 p 值显著大于显著性水平 α，则表示该序列不能拒绝纯随机的原假设，可以停止对该序列的分析。

5.4.3 平稳时间序列分析

ARMA模型的全称是自回归移动平均模型，它是目前最常用的拟合平稳序列的模型。它又可以细分为AR模型、MA模型和ARMA三大类，都可以看做多元线性回归模型。

1. AR模型

具有以下结构的模型称为 p 阶自回归模型，简记为 $AR(P)$:

$$x_t=\phi_0+\phi_1 x_{t-1}+\phi_2 x_{t-2}+\cdots+\phi_p x_{t-p}+\varepsilon_t \tag{5-37}$$

即在 t 时刻的随机变量 X_t 的取值 x_t 是前 p 期 $x_{t-1}, x_{t-2}, \cdots, x_{t-p}$ 的多元线性回归，认为 x_t 主要受过去 p 期序列值的影响。误差项是当期的随机干扰 ε_t，其为零均值白噪声序列。

平稳AR模型的性质如表5-26所示。

表 5-26 平稳AR模型的性质

统计量	性 质
均值	常数均值
方差	常数方差
自相关系数（ACF）	拖尾
偏自相关系数（PACF）	p阶截尾

（1）均值

对满足平稳性条件的 AR(p) 模型的方程，两边取期望，得：

$$E(x_t)=E(\phi_0+\phi_1x_{t-1}+\phi_2x_{t-2}+\cdots+\phi_px_{t-p}+\varepsilon_t) \tag{5-38}$$

已知 $E(x_t)=\mu,E(\varepsilon_t)=0$，所以有 $\mu=\phi_0+\phi_1\mu+\phi_2\mu+\cdots+\phi_p\mu$，

解得：

$$\mu=\frac{\phi_0}{1-\phi_1-\phi_2-\cdots-\phi_p} \tag{5-39}$$

（2）方差

平稳 AR(p) 模型的方差有界，等于常数。

（3）自相关系数（ACF）

平稳 AR(p) 模型的自相关系数 $\rho_k=\rho(t,t-k)=\dfrac{\text{cov}(X_t,X_{t-k})}{\sigma_t\sigma_{t-k}}$ 呈指数的速度衰减，始终有非零取值，不会在 k 大于某个常数之后就恒等于零，这个性质就是平稳 AR(p) 模型的自相关系数 ρ_k 具有的拖尾性。

（4）偏自相关系数（PACF）

对于一个平稳 AR(p) 模型，求出延迟 k 期自相关系数 ρ_k 时，实际上得到的并不是 X_t 与 X_{t-k} 之间单纯的相关关系，因为 X_t 同时还会受到中间 k−1 个随机变量 $X_{t-1},X_{t-2},\cdots,X_{t-k+1}$ 的影响，所以自相关系数 ρ_k 里实际上掺杂了其他变量对 X_t 与 X_{t-k} 的相关影响，为了单纯地测度 X_{t-k} 对 X_t 的影响，引进偏自相关系数的概念。

可以证明平稳 AR(p) 模型的偏自相关系数具有 p 阶截尾性，这个性质连同前面的自相关系数的拖尾性是 AR(p) 模型重要的识别依据。

2. MA 模型

具有以下结构的模型称为 q 阶自回归模型，简记为 $MA(q)$：

$$x_t=\mu+\varepsilon_t-\theta_1\varepsilon_{t-1}-\theta_2\varepsilon_{t-2}-\cdots-\theta_q\varepsilon_{t-q} \tag{5-40}$$

即在 t 时刻的随机变量 X_t 的取值 x_t 是前 q 期的随机扰动 $\varepsilon_{t-1},\varepsilon_{t-2},\cdots,\varepsilon_{t-q}$ 的多元线性函数，误差项是当期的随机干扰 ε_t，其为零均值白噪声序列，μ 是序列 $\{X_t\}$ 的均值。认为 x_t 主要是受过去 q 期的误差项的影响。

平稳 MA(q) 模型的性质如表 5-27 所示。

表 5-27 平稳 MA 模型的性质

统计量	性 质
均值	常数均值
方差	常数方差
自相关系数（ACF）	q 阶截尾
偏自相关系数（PACF）	拖尾

3. ARMA 模型

具有以下结构的模型称为自回归移动平均模型，简记为 ARMA(p,q)：

$$x_t=\phi_0+\phi_1 x_{t-1}+\phi_2 x_{t-2}+\cdots+\phi_p x_{t-p}+\varepsilon_t-\theta_1\varepsilon_{t-1}-\theta_2\varepsilon_{t-2}-\cdots-\theta_q\varepsilon_{t-q} \tag{5-41}$$

即在 t 时刻的随机变量 X_t 的取值 x_t 是前 p 期 $x_{t-1},x_{t-2},\cdots,x_{t-p}$ 和前 q 期 $\varepsilon_{t-1},\varepsilon_{t-2},\cdots,\varepsilon_{t-q}$ 的多元线性函数，误差项是当期的随机干扰 ε_t，为零均值白噪声序列。认为 X_t 主要是受过去 p 期的序列值和过去 q 期的误差项的共同影响。

特别应注意，当 q=0 时，是 AR(p) 模型；当 p=0 时，是 MA(q) 模型。

平稳 ARMA(p,q) 的性质，如表 5-28 所示。

表 5-28 平稳 ARMA 模型的性质

统计量	性 质
均值	常数均值
方差	常数方差
自相关系数（ACF）	拖尾
偏自相关系数（PACF）	拖尾

4. 平稳时间序列建模

某个时间序列经过预处理，被判定为平稳非白噪声序列，就可以利用 ARMA 模型进行建模。计算出平稳非白噪声序列 $\{X_t\}$ 的自相关系数和偏自相关系数，再由 AR(p) 模型、MA(q) 和 ARMA(p,q) 的自相关系数和偏自相关系数的性质，选择合适的模型。平稳时间序列建模的步骤如图 5-18 所示。

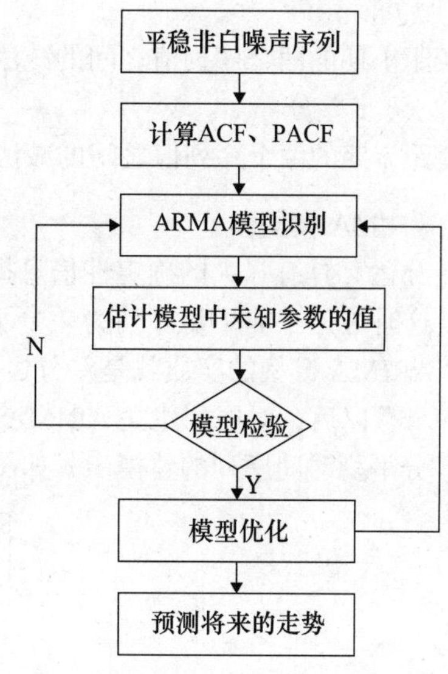

图 5-18 平稳时间序列 ARMA 模型的建模步骤

1）计算 ACF 和 PACF。

先计算平稳非白噪声序列的自相关系数（ACF）和偏自相关系数（PACF）。

2）ARMA 模型识别。

ARMA 模型识别也叫模型定阶，由 AR(p) 模型、MA(q) 模型和 ARMA(p,q) 模型的自相关系数和偏自相关系数的性质，选择合适的模型。其识别的原则如表 5-29 所示。

表 5-29 ARMA 模型的识别原则

模 型	自相关系数（ACF）	偏自相关系数（PACF）
AR(p)	拖尾	p 阶截尾
MA(q)	q 阶截尾	拖尾
ARMA(p,q)	拖尾	拖尾

3）估计模型中未知参数的值并进行参数检验。

4）模型检验。

5）模型优化。

6）模型应用：进行短期预测。

5.4.4 非平稳时间序列分析

前面介绍了对平稳时间序列的分析方法。实际上，在自然界中绝大部分的时间序列都是非平稳的。因而对非平稳时间序列的分析更普遍、更重要，创造出来的分析方法也更多。

对非平稳时间序列的分析方法可以分为确定性因素分解的时序分析和随机时序分析两大类：

- ❑ 确定性因素分解的方法把所有序列的变化都归结为四个因素（长期趋势、季节变动、循环变动和随机波动）的综合影响，其中长期趋势和季节变动的规律性信息通常比较容易提取，而由随机因素导致的波动则非常难以确定和分析，对随机信息浪费严重，会导致模型拟合精度不够理想。
- ❑ 随机时序分析法的发展就是为了弥补确定性因素分解方法的不足。根据时间序列的不同特点，随机时序分析可以建立的模型有 ARIMA 模型、残差自回归模型、季节模型、异方差模型等。本节重点介绍 ARIMA 模型对非平稳时间序列进行建模。

1. 差分运算

（1）p 阶差分

相距 1 期的两个序列值之间的减法运算称为 1 阶差分运算。

（2）k 步差分

相距 k 期的两个序列值之间的减法运算称为 k 步差分运算。

2. ARIMA 模型

差分运算具有强大的确定性信息提取能力，许多非平稳序列差分后会显示出平稳序列的性质，这时称这个非平稳序列为差分平稳序列。对差分平稳序列可以使用 ARIMA 模型进行拟合。ARIMA 模型的实质就是差分运算与 ARIMA 模型的组合，掌握了 ARIMA 模型的建模方法和步骤以后，对序列建立 ARIMA 模型是比较简单的。

差分平稳时间序列的建模步骤如图 5-19 所示。

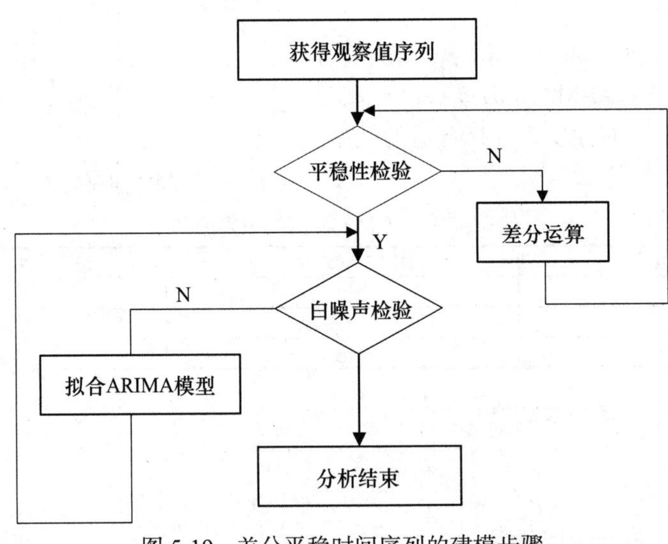

图 5-19 差分平稳时间序列的建模步骤

下面应用上述的理论知识，对表5-30中2015-1-1—2015-2-6某餐厅的销售数据进行建模。

表5-30 某餐厅的销售数据

日 期	销 量	日 期	销 量
2015-1-1	3 023	2015-1-20	3 443
2015-1-2	3 039	2015-1-21	3 428
2015-1-3	3 056	2015-1-22	3 554
2015-1-4	3 138	2015-1-23	3 615
2015-1-5	3 188	2015-1-24	3 646
2015-1-6	3 224	2015-1-25	3 614
2015-1-7	3 226	2015-1-26	3 574
2015-1-8	3 029	2015-1-27	3 635
2015-1-9	2 859	2015-1-28	3 738
2015-1-10	2 870	2015-1-29	3 707
2015-1-11	2 910	2015-1-30	3 827
2015-1-12	3 012	2015-1-31	4 039
2015-1-13	3 142	2015-2-1	4 210
2015-1-14	3 252	2015-2-2	4 493
2015-1-15	3 342	2015-2-3	4 560
2015-1-16	3 365	2015-2-4	4 637
2015-1-17	3 339	2015-2-5	4 755
2015-1-18	3 345	2015-2-6	4 817
2015-1-19	3 421		

* 数据详见：示例程序/data/arima_data.xls

（1）检验序列的平稳性

图5-20所示为原始序列的时序图，显示该序列具有明显的单调递增趋势，可以判断为是非平稳序列；图5-21所示为原始序列的自相关图，显示自相关系数长期大于零，说明序列间具有很强的长期相关性；表5-31所示为原始序列的单位根检验统计量对应的p值显著大于0.05，最终将该序列判断为非平稳序列。

表5-31 原始序列的单位根检验

stat	cValue	p值
3.686 2	−1.948 6	0.999

（2）对原始序列进行一阶差分，并进行平稳性和白噪声检验

- 对一阶差分后的序列再次进行平稳性判断过程同上，如图5-22、图5-23和表5-32所示。

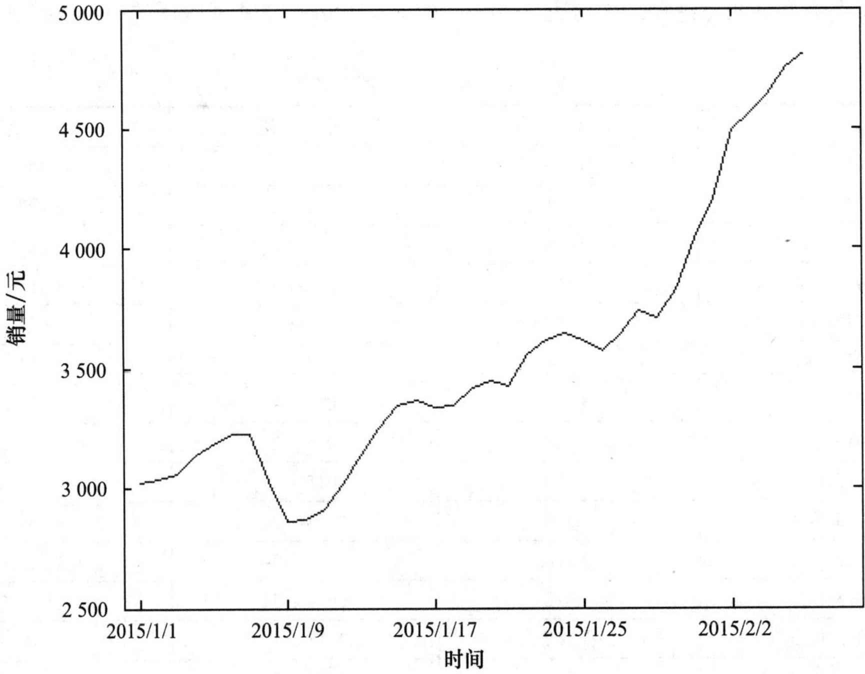

图 5-20 原始序列的时序图

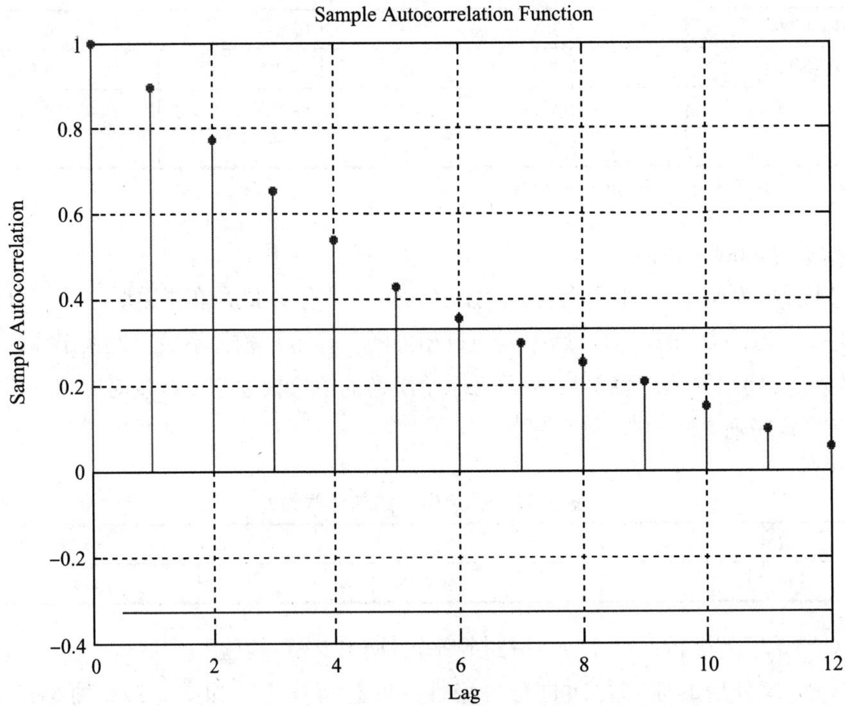

图 5-21 原始序列的自相关图

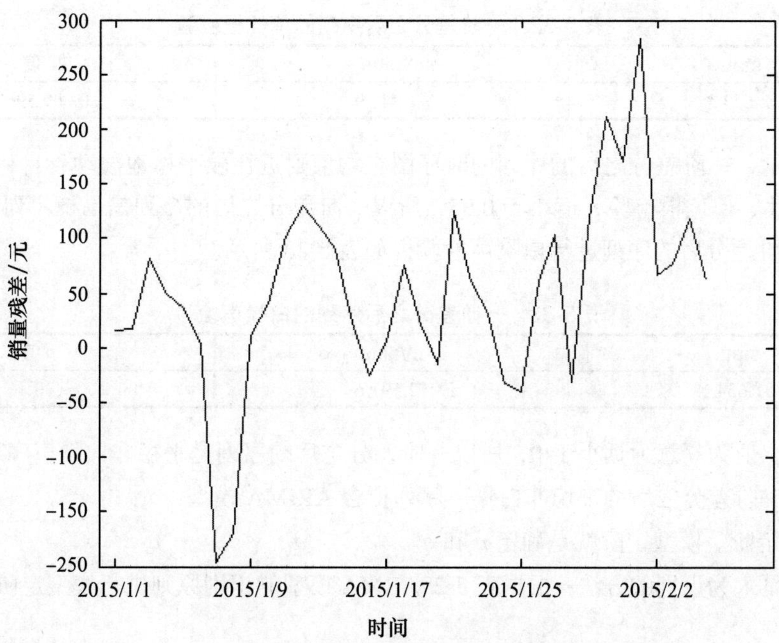

图 5-22 一阶差分之后序列的时序图

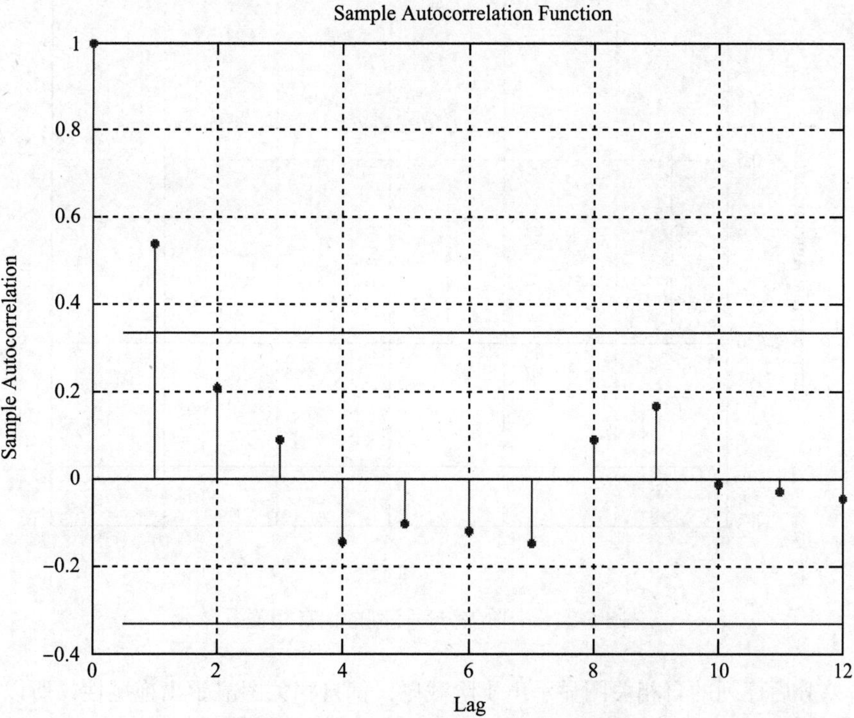

图 5-23 一阶差分之后序列的自相关图

表 5-32 一阶差分之后序列的单位根检验

stat	cValue	p 值
−2.653 2	−1.948 9	0.009 596 5

结果显示，一阶差分之后的序列的时序图在均值附近比较平稳地波动、自相关图有很强的短期相关性、单位根检验 p 值小于 0.05，所以一阶差分之后的序列是平稳序列。

❑ 对一阶差分后的序列进行白噪声检验，如表 5-33 所示。

表 5-33 一阶差分之后序列的白噪声检验

stat	cValue	p 值
101.654 1	12.591 6	0

输出的 p 值为 0 意为远小于 0，所以一阶差分之后的序列是平稳非白噪声序列。

（3）对一阶差分之后的平稳非白噪声序列拟合 ARIMA 模型

❑ 模型定阶。模型定阶就是确定 p 和 q。

第一种是人为识别的方法：根据表 5-29ARMA 模型的识别原则进行模型定阶，如图 5-24 所示。

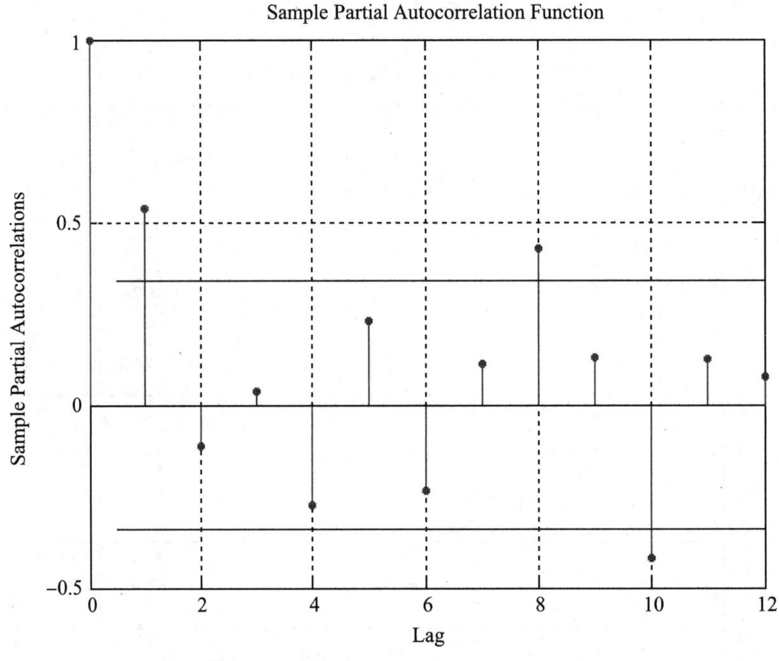

图 5-24 一阶差分后序列的偏自相关图

一阶差分后序列的自相关图显示出 1 阶截尾，偏自相关图显示出拖尾性，所以可以考虑用 MA（1）模型拟合 1 阶差分后的序列，即对原始序列建立 ARIMA（0，1，1）模型。

第二种方法是相对最优模型识别法：计算ARIMA（p, q）当p和q均小于等于5的所有组合的BIC信息量，取其中BIC信息量达到最小的模型阶数。

计算完成BIC矩阵如下：

```
440.4684  431.1254  434.6970  435.1059  438.2063
430.1374  433.3615  432.6534  437.9182  436.6775
433.3506  435.5165  438.0834  441.0442  436.9031
436.9012  438.2008  434.0439  435.8555  438.2464
437.7539  440.1453  434.4525  441.3338       Inf
```

p值为1、q值为0时，最小BIC值为430.1374，p、q定阶完成！

用AR（1）模型拟合一阶差分后的序列，即对原始序列建立ARIMA（1, 1, 0）模型。

虽然两种方法建立的模型是不一样的，但是可以检验两个模型均通过了检验。实际上ARIMA（1, 1, 1）模型也是通过检验的，说明模型具有非唯一性。

下面对一阶差分后的序列拟合AR（1）模型进行分析。

- ❑ 模型检验残差为白噪声序列，p值为0.627 016。
- ❑ ARIMA(1, 1, 0) 模型的参数检验和参数估计如下：

Parameter	Value	Standard Error	T Statistic
Constant	23.115 6	13.828 6	1.671 58
AR{1}	0.545 889	0.115 875	4.711 01
Variance	5 389.86	1 084.38	4.970 47

（4）ARIMA模型预测

应用ARIMA（1, 1, 0）对表5-30中2015-1-1—2015-2-6某餐厅的销售数据做为期5天的预测，结果如下：

2015/2/7	2015/2/8	2015/2/9	2015/2/10	2015/2/11
4 874.0	4 928.2	4 980.9	5 032.8	5 084.2

需要说明的是，利用模型向前预测的时间越长，预测误差将会越来越大，这是时间预测的典型特点。

在MATLAB中实现ARIMA模型建模过程的代码，如代码清单5-6所示。

代码清单5-6　ARIMA模型实现代码

```
%% arima时序模型
clear;

% 参数初始化
discfile = '../data/arima_data.xls';
forecastnum = 5;
%% 读取数据
[num,txt] = xlsread(discfile);
xdata = num;

%% 时序图
```

```
figure;plot(xdata);
xx =1:8:length(xdata);
set(gca,'xtick',xx);
set(gca,'xticklabel',txt(xx+1,1));
title('原始销量数据时序图');
xlabel('时间');
ylabel('销量：元');

%% 自相关图
figure;autocorr(xdata,12);

%% 平稳性检测
data =xdata;
[h,pvalue ,stat,cValue,reg]= adftest(data);
fprintf('原始数据的平稳性检验p值：%s,stat：%s,cValue:%s,reg:\n',...
     num2str(pvalue),num2str(stat),num2str(cValue));
disp(reg);
disp('reg.tStats和reg.FStat');
disp(reg.tStats);
disp(reg.FStat);

[ ~ ,pvalue,stat,cValue ]= lbqtest(data,'lags',6);
fprintf('原始数据的白噪声检验p值：%s,stat：%s,cValue:%s\n',...
     num2str(pvalue),num2str(stat),num2str(cValue));
diffnum = 0; % 差分的次数
while h ~ =1
     data = diff(data);
    [h,pvalue,stat,cValue,reg] =  adftest(data);
    diffnum=diffnum+1;
end
% 打印结果
disp(['平稳性检测p值为：' num2str(pvalue) ',' ...
     num2str(diffnum) '次差分后序列归于平稳']);
fprintf(',stat：%s,cValue:%s,reg:\n',...
     num2str(stat),num2str(cValue));
disp(reg);
disp('reg.tStats和reg.FStat');
disp(reg.tStats);
disp(reg.FStat);
%% 白噪声检测
[ ~ ,pvalue ,stat,cValue]= lbqtest(data,'lags',6);

%% 打印结果
fprintf('一阶差分后白噪声检测p值为：%s,stat：%s,cValue:%s,reg:\n',...
    num2str(pvalue),num2str(stat),num2str(cValue));

if pvalue<0.05
     fprintf('该时间序列为非白噪声序列\n');
else
     fprintf('该时间序列为白噪声序列\n');
end
```

```
%% 差分后时序图
figure;plot(data);
xx =1:8:length(data);
set(gca,'xtick',xx);
set(gca,'xticklabel',txt(xx+1,1));
title('差分销量数据时序图');
xlabel('时间');
ylabel('销量残差: 元');
%% 自相关图
figure;autocorr(data,12);
%% 偏相关图
figure;parcorr(data,12);

D=diffnum;
%% 确定最佳p、D,q值
% 确定p、q的最高阶次
length_=length(xdata);
pmin=0;
qmin=0;

pmax=round(length_/10); % 一般阶数不超过length/10
qmax=round(length_/10); % 一般阶数不超过length/10

%% p、q定阶
LOGL = zeros(pmax+1,qmax+1); %Initialize
PQ = zeros(pmax+1,qmax+1);

for p = pmin:pmax
    for q = qmin:qmax
        mod = arima(p,D,q);
        fprintf('当前p:%d,q:%d',p,q);
        try
            [ ~ , ~ ,logL] = estimate(mod,xdata,'print',false);
        catch
            logL = -realmax;
            fprintf(',************报错!');
        end
        fprintf('\n');
        LOGL(p+1,q+1) = logL;
        PQ(p+1,q+1) = p+q;
    end
end
% 计算BIC的值
fprintf('计算完成');
LOGL = reshape(LOGL,(qmax+1)*(pmax+1),1);
PQ = reshape(PQ,(qmax+1)*(pmax+1),1);
[ ~ ,bic] = aicbic(LOGL,PQ+1,length_);
bic=reshape(bic,pmax+1,qmax+1);
disp('bic矩阵是: ');
disp(bic);
% 寻找最小BIC值下标
```

```
[bic_min,bic_index]=min(bic);
[bic_min,bic_index_]=min(bic_min);
index = [bic_index(bic_index_)-1,bic_index_-1];
p = index(1,1);
q= index(1,2);
disp(['p值为: ' num2str(p) ',q值为: ' num2str(q),...
     '最小BIC值为 :' num2str(bic_min)]);
disp('p、q定阶完成! ');

%% 模型参数打印，以及残差
 mod = arima(p,D,q);
[EstMdl, ~ ,logL] = estimate(mod,xdata,'print',true);
% 计算残差
[res,v] = infer(EstMdl,xdata);
stdRes = res./sqrt(v); % 标准化残差
% 残差白噪声检验
[h,pvalue ]= lbqtest(res);
if pvalue<0.05
     fprintf('残差为非白噪声序列，p值为: %f \n',pvalue);
else
     fprintf('残差为白噪声序列，p值为: %f \n',pvalue);
end

%% 模型预测
[ydata] = forecast(EstMdl,forecastnum,'Y0',xdata);
disp('模型的预测值为: ');
disp(ydata');
```

* 代码详见：示例程序 /code/arima_test.m

运行代码清单 5-6 可以得到以下输出结果：

```
>> arima_test
Warning: Test statistic #1 above tabulated critical values:
maximum p-value = 0.999 reported.
> In adftest>getPValue at 1140
  In adftest>getStat at 1096
  In adftest at 421
  In arima_test at 25
原始数据的平稳性检验p值:0.999,stat:3.6862,cValue:-1.9486,reg:
         num: 37
        size: 36
       names: {'a'}
       coeff: 1.0152
          se: 0.0041
         Cov: 1.6904e-05
      tStats: [1x1 struct]
       FStat: [1x1 struct]
         yMu: 3.5569e+03
      ySigma: 544.4039
        yHat: [36x1 double]
```

```
         res: [36x1 double]
      DWStat: 0.9841
         SSR: 9.2557e+06
         SSE: 2.6729e+05
         SST: 9.5230e+06
         MSE: 7.6369e+03
        RMSE: 87.3892
         RSq: 0.9719
        aRSq: 0.9719
          LL: -211.5152
         AIC: 425.0303
         BIC: 426.6138
         HQC: 425.5830

reg.tStats 和 reg.FStat
           t: 246.9067
        pVal: 2.5416e-58

           F: Inf
        pVal: NaN

原始数据的白噪声检验p值:0,stat:101.6541,cValue:12.5916
平稳性检测p值为:0.0095965,1次差分后序列归于平稳,stat:-2.6532,cValue:-1.9489,reg:
         num: 36
        size: 35
       names: {'a'}
       coeff: 0.6521
          se: 0.1311
         Cov: 0.0172
      tStats: [1x1 struct]
       FStat: [1x1 struct]
         yMu: 50.8000
      ySigma: 90.8269
        yHat: [35x1 double]
         res: [35x1 double]
      DWStat: 1.9441
         SSR: 1.3173e+05
         SSE: 2.1464e+05
         SST: 3.4637e+05
         MSE: 6.3130e+03
        RMSE: 79.4546
         RSq: 0.3803
        aRSq: 0.3803
          LL: -202.2943
         AIC: 406.5887
         BIC: 408.1440
         HQC: 407.1256

reg.tStats 和 reg.FStat
           t: 4.9736
        pVal: 1.8586e-05

           F: Inf
```

```
    pVal: NaN

一阶差分后白噪声检测p值为:0.017837,stat:15.3304,cValue:12.5916,reg:
该时间序列为非白噪声序列
当前p:0,q:0
当前p:0,q:1
当前p:0,q:2
当前p:0,q:3
当前p:0,q:4
当前p:1,q:0
当前p:1,q:1
当前p:1,q:2
当前p:1,q:3
当前p:1,q:4
当前p:2,q:0
当前p:2,q:1
当前p:2,q:2
当前p:2,q:3
当前p:2,q:4
当前p:3,q:0
当前p:3,q:1
当前p:3,q:2
当前p:3,q:3
当前p:3,q:4
当前p:4,q:0
当前p:4,q:1
当前p:4,q:2
当前p:4,q:3
当前p:4,q:4,************* 报错!
计算完成bic矩阵是:
  440.4684  431.1254  434.6970  435.1059  438.2063
  430.1374  433.3615  432.6534  437.9182  436.6775
  433.3506  435.5165  438.0834  441.0442  436.9031
  436.9012  438.2008  434.0439  435.8555  438.2464
  437.7539  440.1453  434.4525  441.3338       Inf

p值为:1,q值为:0,最小BIC值为:430.1374
p、q定阶完成!

    ARIMA(1,1,0) Model:
    --------------------
    Conditional Probability Distribution: Gaussian

                                  Standard          t
     Parameter        Value         Error       Statistic
    -----------    -----------  ------------   -----------
     Constant        23.1156       13.8286        1.67158
        AR{1}       0.545889      0.115875        4.71101
     Variance        5389.86       1084.38        4.97047
残差为白噪声序列,p值为: 0.627016
模型的预测值为:
```

```
1.0e+03 *

  4.8740    4.9282    4.9809    5.0328    5.0842
```

5.4.5 MATLAB 主要时序模式算法函数

MATLAB 实现的时序模式算法主要是 ARIMA 模型，在使用该模型进行建模时，需要进行一系列判别操作，主要包含平稳性检验、白噪声检验、是否差分、AIC 和 BIC 指标值、模型定阶，最后再进行预测。与其相关的函数如表 5-34 所示。

表 5-34　时序模式算法函数列表

函数名	函数功能	所属工具箱
autocorr()	计算自相关系数，画自相关系数图	经济学工具箱
parcorr()	计算偏相关系数，画偏相关系数图	经济学工具箱
adftest()	对观测值序列进行单位根检验	经济学工具箱
diff()	对观测值序列进行差分计算	MATLAB 通用工具箱
regARIMA()	创建一个包含 ARIMA 时序序列误差的回归模型	经济学工具箱
arima()	创建一个 ARIMA 时序模型或把回归时序模型转换为 ARIMAX 模型	经济学工具箱
estimate()	对给定参数的 ARIMA 时序模型进行评估	经济学工具箱
aicbic()	计算 ARIMA 时序模型的 AIC 和 BIC 指标值	MATLAB 通用工具箱
lbqtest()	检测 ARIMA 模型是否符合白噪声检验	经济学工具箱
forecast()	应用构建的时序模型进行预测	经济学工具箱

1. autocorr()

- 功能：计算并画观测值序列自相关系数图。
- 使用格式：[acf, lags, bounds] = autocorr(Series)，输入参数 Series 为观测值序列（即为时间序列），返回参数 acf 为观测值序列自相关函数，lags 为与 acf 对应的延迟，bounds 为置信区间的近似上下限。当没有输出，即为 autocorr(Series) 时，画观测值序列的自相关系数图。

2. parcorr()

- 功能：计算并画观测值序列偏自相关系数图。
- 使用格式：[pacf, lags, bounds] = parcorr(Series)，输入参数与输出参数的含义与 autocorr 函数类似。

3. adftest()

- 功能：对观测值序列进行单位根检验。
- 使用格式：h=adftest(Series)，输入参数 Series 为观测值序列，返回参数 h 为 0 或 1，如为 0 表示观测值序列不满足单位根检验；为 1 表示满足单位根检验。

4. diff()

- 功能：对观测值序列进行差分计算。

- 使用格式：x=diff(Series)，输入参数 Series 为观测值序列，返回值 x 为进行一次差分后的序列。

5. regARIMA()

- 功能：设置时序模式的建模参数，创建回归时序模型。
- 使用格式：Mdl = regARIMA(p, D, q)，创建一个时序模型，输入参数 D 为差分的次数；p 为 AR(p) 模型中截尾的阶数；q 为 MA(q) 模型中截尾的阶数。返回参数 Mdl 为创建好的模型，为一个结构变量。

Mdl = regARIMA(param1, val1, param2, val2, …)，创建一个时序模型，其中输入参数的个数与类型自己设定，常用的参数 param1 有：ARLags、MALags、D、Variance、Distribution 等，其含义分别为 AR(p) 模型截尾阶数、MA(q) 模型截尾阶数、差分次数、方差、数据条件方差服从的分布。

6. arima()

- 功能：设置时序模式的建模参数，创建 ARIMA 时序模型或者把一个回归时序模型转换为 ARIMAX 模型。
- 使用格式：ARIMAX = arima(Mdl)，把一个由 regARIMA() 函数创建的回归时序模型转换为 ARIMAX 时序模型。当其作为创建模型的类应用时，其格式和 regARIMA 类似。

7. estimate()

- 功能：对指定的时序模式进行评估。
- 使用格式：[EstMdl, estParams, EstParamCov, logL] = estimate(Mdl, Series, params0)，输入参数 Mdl 为使用 arima() 函数创建的时序模型，Series 为观测值序列 (即已有的时间序列数据，用这些数据来拟合模型)，params0 为可选的输入参数，设置模型的初始状态和类型；输出参数 EstMdl 为时序模式进行拟合后的模型；estParams 为拟合后得到的拟合参数；EstParamCov 为拟合参数的协方差；logL 为观测值的对数似然。

8. aicbic()

- 功能：计算 ARMA(p, q) 模型的 AIC 和 BIC 指标值。
- 使用格式：[aic, bic] = aicbic(Model)，输入参数 Model 为通过 arima()、estimate() 函数得到的时序模型和返回值，是 Model 时序模型得到的 AIC 和 BIC 指标值。

9. lbqtest()

- 功能：检测 ARMA(p, q) 模型是否符合白噪声检验。
- 使用格式：h= lbqtest(Model)，输入参数 Model 为通过 arima()、estimate() 函数得到的时序模型，返回值 h 为 1 则符合白噪声检验；返回值 *h* 为 0 则符合白噪声检验。

10. forecast()

- 功能：对得到的时序模型进行预测。

❑ 使用格式：[Y, YMSE] = forecast(Mdl, numPeriods)，输入参数 Mdl 为通过 arima()、estimate() 函数得到的时序模型，numPeriods 为指定预测的个数；Y 为返回的预测值；YMSE 为预测的误差。

5.5 离群点检测

就餐饮企业而言，经常会遇到以下问题：

❑ 如何根据客户的消费记录检测是否为异常刷卡消费？

❑ 如何检测是否有异常订单？

这一类异常问题可以通过离群点检测解决。

离群点检测是数据挖掘中重要的一部分，它的任务是发现与大部分其他对象显著不同的对象。大部分数据挖掘方法都将这种差异信息视为噪声而丢弃，然而在一些应用中，罕见的数据可能蕴含着更大的研究价值。

在数据的散布图中，如图 5-25 所示离群点远离其他数据点。因为离群点的属性值明显偏离期望的或常见的属性值，所以离群点检测也称偏差检测。

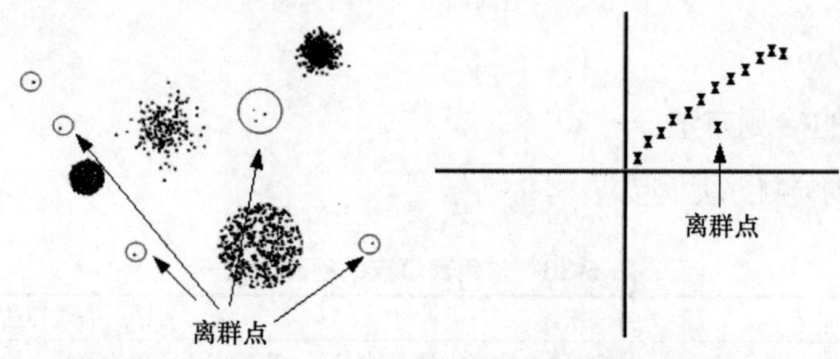

图 5-25 离群点检测示意图

离群点检测已经被广泛应用于电信和信用卡的诈骗检测、贷款审批、电子商务、网络入侵、天气预报等领域，如可以利用离群点检测分析运动员的统计数据，以发现异常的运动员。

1. 离群点的成因

离群点的主要成因有数据来源于不同的类、自然变异、数据测量和收集误差。

2. 离群点的类型

对离群点的大致分类如表 5-35 所示。

表 5-35 离群点的大致分类

分类标准	分类名称	分类描述
从数据范围	全局离群点和局部离群点	从整体来看，某些对象没有离群特征，但是从局部来看，它却显示了一定的离群性。如图 5-26 所示 C 是全局离群点；D 是局部离群点

（续）

分类标准	分类名称	分类描述
从数据类型	数值型离群点和分类型离群点	这是以数据集的属性类型进行划分的
从属性的个数	一维离群点和多维离群点	一个对象可能有一个或多个属性

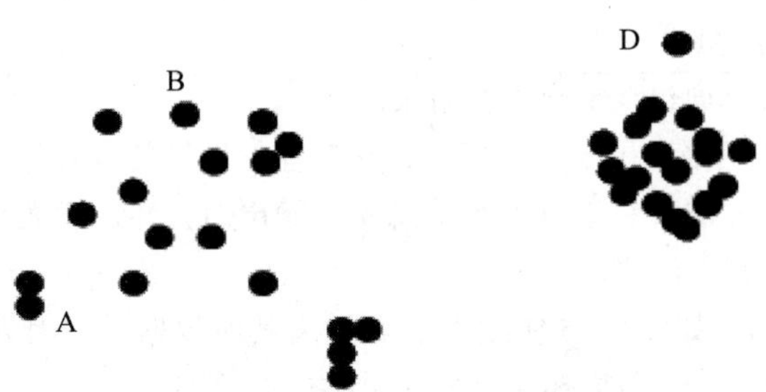

图 5-26　全局离群点和局部离群点

5.5.1　离群点的检测方法

常用离群点的检测方法 [14] 如表 5-36 所示。

表 5-36　常用离群点的检测方法

离群点的检测方法	方法描述	方法评估
基于统计	大部分基于统计的离群点检测方法是构建一个概率分布模型，并计算对象符合该模型的概率，把具有低概率的对象视为离群点	基于统计模型的离群点检测方法的前提是必须知道数据集服从什么分布；对于高维数据，检验效果可能很差
基于邻近度	通常可以在数据对象之间定义邻近性度量，把远离大部分点的对象视为离群点	简单，二维或三维的数据可以作散点图观察；大数据集不适用；对参数选择敏感；具有全局阈值，不能处理具有不同密度区域的数据集
基于密度	考虑数据集可能存在不同密度区域这一事实，从基于密度的观点分析，离群点是在低密度区域中的对象。一个对象的离群点得分是该对象周围密度的逆	给出了对象是离群点的定量度量，并且即使数据具有不同的区域也能够很好地处理；大数据集不适用；参数选择是困难的
基于聚类	一种利用聚类检测离群点的方法，是丢弃远离其他簇的小簇；另一种是系统的方法，首先聚类所有对象，然后评估对象属于簇的程度（离群点得分）	基于聚类技术来发现离群点可能是高度有效的；聚类算法产生的簇的质量对该算法产生的离群点的质量影响非常大

基于统计模型的离群点检测方法需要满足统计学原理，如果分布已知，则检验可能非常有效。基于邻近度的离群点检测方法比统计学方法更一般、更容易使用，因为确定数据集有

意义的邻近度量比确定它的统计分布更容易。基于密度的离群点检测与基于邻近度的离群点检测密切相关，因为密度常用邻近度定义：一种是定义密度为到 K 个最邻近的平均距离的倒数，如果该距离小，则密度高；另一种是使用DBSCAN聚类算法，一个对象周围的密度等于该对象指定距离d内对象的个数。

以下重点介绍基于统计模型和聚类的离群点的检测方法。

5.5.2 基于统计模型的离群点的检测方法

通过估计概率分布的参数来建立一个数据模型，如果一个数据对象不能很好地跟该模型拟合，即如果它很可能不服从该分布，则它是一个离群点。

1. 一元正态分布中的离群点检测

正态分布是统计学中最常用的分布之一。

若随机变量 x 的密度函数 $\varphi(x)=\frac{1}{\sqrt{2\pi}}e^{-\frac{(x-\mu)^2}{2\sigma^2}}(x\in R)$，则称 x 服从正态分布，简称 x 服从正态分布 $N(\mu,\sigma)$，其中参数 μ 和 σ 分别为均值和标准差。

图5-27所示为 $N(0,1)$ 的概率密度函数。

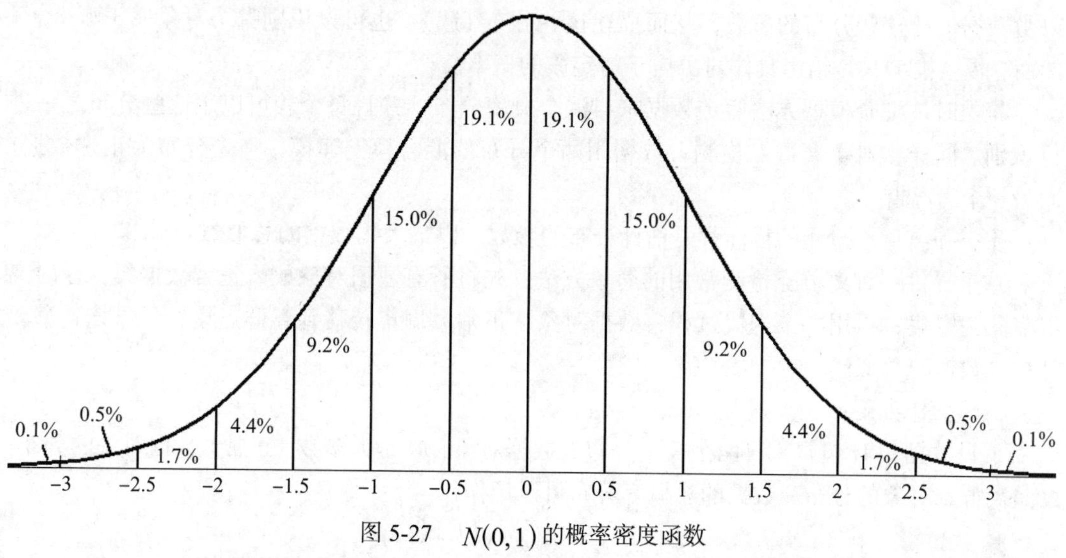

图5-27 $N(0,1)$ 的概率密度函数

$N(0,1)$ 的数据对象出现在该分布的两边尾部的机会很小，因此可以用它作为检测数据对象是否是离群点的基础。数据对象落在三倍标准差中心区域之外的概率仅为0.0027。

2. 混合模型的离群点检测 [15]

这里首先介绍混合模型。混合模型是一种特殊的统计模型，它使用若干统计分布对数据建模。每一个分布对应一个簇，而每个分布的参数提供对应簇的描述，通常用中心和发散描述。

混合模型将数据看做从不同的概率分布得到的观测值的集合。概率分布可以是任何分布，但是通常是多元正态的，因为这种类型的分布不难理解，容易从数学上进行处理，并且已经证明在许多情况下都能产生好的结果。这种类型的分布可以对椭圆簇进行建模。

总的来讲，混合模型数据产生过程为：给定几个类型相同但参数不同的分布，随机地选取一个分布并由它产生一个对象。重复该过程 m 次，其中 m 是对象的个数。

具体地讲，假定有 k 个分布和 m 个对象 $\chi=\{x_1,x_2,\cdots,x_m\}$。设第 j 个分布的参数为 α_j，并设 A 是所有参数的集合，即 $A=\{\alpha_1,\alpha_2,\cdots,\alpha_j\}$。则 $P(x_i\mid\alpha_j)$ 是第 i 个对象来自第 j 个分布的概率。选取第 j 个分布产生一个对象的概率由权值 $w_j(1\leqslant j\leqslant K)$ 给定，其中权值（概率）受限于其和为 1 的约束，即 $\sum_{j=1}^{K}w_j=1$。于是，对象 x 的概率由以下公式给出：

$$P(x\mid A)=\sum_{j=1}^{K}w_jP_j(x\mid\theta_j) \tag{5-42}$$

如果对象以独立的方式产生，则整个对象集的概率是每个个体对象 x_i 的概率的乘积，公式如下：

$$P(\chi\mid\alpha)=\prod_{i=1}^{m}P(x_i\mid\alpha)=\prod_{i=1}^{m}\sum_{j=1}^{K}w_jP_j(x\mid\alpha_j) \tag{5-43}$$

对于混合模型，每个分布描述一个不同的组，即一个不同的簇。通过使用统计方法，可以由数据估计这些分布的参数，从而描述这些分布（簇）。也可以识别哪个对象属于哪个簇。然而，混合模型只是给出具体对象属于特定簇的概率。

聚类时，混合模型方法假定数据来自混合概率分布，并且每个簇可以用这些分布之一进行识别。同样，对于离群点检测，数据用两个分布的混合模型建模，一个分布为正常数据，而另一个为离群点。

聚类和离群点检测的目标都是估计分布的参数，以最大化数据的总似然。

这里提供一种离群点检测常用的简单方法：先将所有数据对象放入正常数据集，这时离群点集为空集；再用一个迭代过程将数据对象从正常数据集转移到离群点集，只是该转移要能提高数据的总似然。

具体操作如下：

假设数据集 U 包含来自两个概率分布的数据对象，M 是大多数（正常）数据对象的分布；N 是离群点对象的分布。数据的总概率分布可以记作：

$$U(x)=(1-\lambda)M(x)+\lambda N(x)$$

其中，x 是一个数据对象；$\lambda\in[0,1]$，给出离群点的期望比例。分布 M 由数据估计得到，而分布 N 通常取均匀分布。设 M_t 和 N_t 分别为时刻 t 正常数据和离群点对象的集合。初始 $t=0$；$M_0=D$；$N_0=\varnothing$。

根据混合模型公式 $P(x\mid A)=\sum_{j=1}^{K}w_jP_j(x\mid\alpha_j)$ 推导，在整个数据集的似然和对数似然可分别由下面两式给出：

$$L_t(U)=\prod_{x_i\in U}P_U(x_i)=\left[(1-\lambda)^{|M_t|}\prod_{x_i\in M_t}P_{M_t}(x_i)\right]\left[\lambda^{|N_t|}\prod_{x_i\in N_t}P_{N_t}(x_i)\right] \tag{5-44}$$

$$LL_t(U)=|M_t|\log(1-\lambda)+\sum_{x_i\in M_t}\log P_{M_t}(x_i)+|N_t|\log\lambda+\sum_{x_i\in N_t}P_{N_t}(x_i) \tag{5-45}$$

其中，P_D、P_{Mt}、P_{Nt} 分别是 D、M、N_t 的概率分布函数。

因为正常数据对象的数量比离群点对象的数量大很多，因此当一个数据对象移动到离群点集后，正常数据对象的分布变化不大。在这种情况下，每个正常数据对象的总似然的贡献保持不变。此外，如果假定离群点服从均匀分布，则移动到离群点集的每一个数据对象对离群点的似然贡献一个固定的量。这样，当一个数据对象移动到离群点集时，数据总似然的改变粗略地等于该数据对象在均匀分布下的概率（用 λ 加权）减去该数据对象在正常数据点分布下的概率（用 $1-\lambda$ 加权）。从而，离群点由这样一些数据对象组成，这样数据对象在均匀分布下的概率比在正常数据对象分布下的概率高。

在某些情况下是很难建立模型的，如因为数据的统计分布未知或没有训练数据可用。在这种情况下，可以考虑另外其他不需要建立模型的检测方法。

5.5.3 基于聚类的离群点的检测方法

聚类分析用于发现局部强相关的对象组，而异常检测用来发现不与其他对象强相关的对象。因此聚类分析非常自然地可以用于离群点的检测。以下主要介绍两种基于聚类的离群点的检测方法。

1. 丢弃远离其他簇的小簇

一种利用聚类检测离群点的方法是丢弃远离其他簇的小簇。通常，该过程可以简化为丢弃小于某个最小阈值的所有簇。

这个方法可以和其他任何聚类技术一起使用，但是需要最小簇大小和小簇与其他簇之间距离的阈值。而且这种方案对簇个数的选择高度敏感，使用这个方案很难将离群点得分附加到对象上。

图 5-28 所示为聚类簇数 K=2，可以直观地看出其中一个包含 5 个对象的小簇远离大部分对象，可以视其为离群点。

2. 基于原型的聚类

基于原型的聚类是另一种更系统的方法。首先聚类所有对象，然后评估对象属于簇的程度（离群点得分）。在这种方法中，可以用对象到它的簇中心的距离来度量属于簇的程度。特别要注意，如果删除一个对象导致该目标的显著改进，则可将该对象视为离群点。例如，在 K 均值算法中，删除远离其相关簇中心的对象能够显著地改进该簇的误差平方和（SSE）。

对于基于原型的聚类，评估对象属于簇的程度（离群点得分）主要有两种方法：一是度量对象到簇原型的距离，并用它作为该对象的离群点得分；二是考虑到簇具有不同的密度，可以度量簇到原型的相对距离，相对距离是点到质心的距离与簇中所有点到质心的距离的中位数之比。

如图 5-29 所示为如果选择聚类簇数 K=3，则对象 A、B、C 应分别属于距离它们最近的簇，但相对于簇内的其他对象，这三个点又分别远离各自的簇，所以有理由怀疑对象 A、B、C 是离群点。

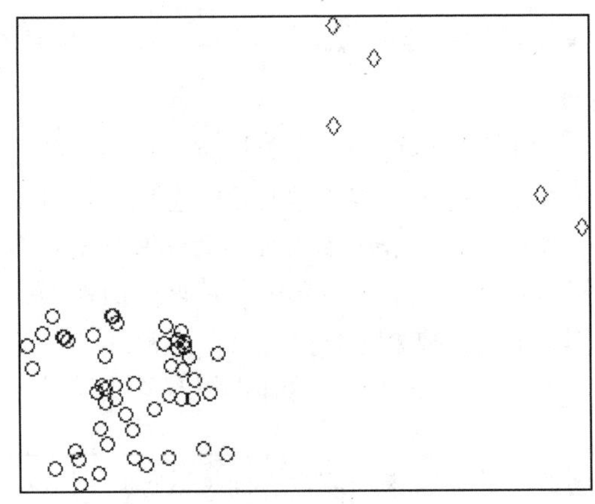
图 5-28 K-Means 算法的聚类图

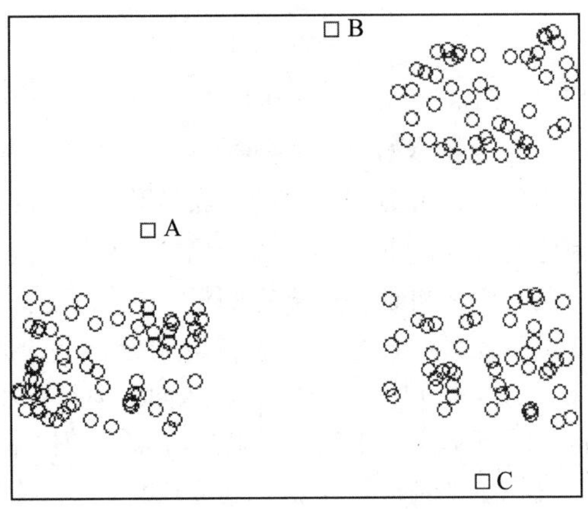

图 5-29 基于距离的离群点检测

其诊断步骤如下：

- ❑ 进行聚类。选择聚类算法（如 K-Means 算法），将样本集聚为 K 簇，并找到各簇的质心。
- ❑ 计算各对象到它的最近质心的距离。
- ❑ 计算各对象到它的最近质心的相对距离。
- ❑ 与给定的阈值作比较。如果某对象的距离大于该阈值，就认为该对象是离群点。

基于聚类的离群点检测的改进方法如下。

- ❑ 离群点对初始聚类的影响：通过聚类检测离群点时，离群点会影响聚类的结果。为了处理该问题，可以使用的方法为对象聚类、删除离群点、对象再次聚类（这种方法不能保证产生最优结果）。
- ❑ 另一种更复杂的方法：取一组不能很好地拟合任何簇的特殊对象，这组对象代表潜在的离群点。随着聚类过程的进展，簇在变化。不再强属于任何簇的对象被添加到潜在的离群点集合；而当前在该集合中的对象被测试，如果它现在强属于一个簇，就可以将它从潜在的离群点集合中移除。聚类过程结束时还留在该集合中的点被分类为离群点（这种方法也不能保证产生最优解，甚至不比前面的简单算法好，在使用相对距离计算离群点得分时，这个问题特别严重）。

对象是否被认为是离群点可能依赖于簇的个数（如 K 很大时的噪声簇）。该问题也没有简单的答案，一种策略是对于不同簇的个数重复该分析；另一种策略是找出大量的小簇，其思路如下：

- ❑ 较小的簇倾向于更加凝聚。
- ❑ 如果存在大量的小簇时，一个对象是离群点，则它多半是一个真正的离群点。

不利的一面是一组离群点可能形成小簇从而逃避检测。

利用表 5-13 的数据进行聚类分析，并计算各个样本到各自聚类中心的距离，分析离群样本。其 MATLAB 代码如代码清单 5-7 所示。

代码清单 5-7 离散点的检测代码

```
%% 基于K-Means聚类的离散点检测
clear ;
% 参数初始化
inputfile = '../data/consumption_data.xls';      % 销量及其他属性数据
k = 3; % 聚类的类别
iteration =500 ;                                 % 聚类最大循环次数
distance = 'sqEuclidean';                        % 距离函数
threshold = 20;                                  % 离散点阈值

%% 读取数据
[num,txt]=xlsread(inputfile);
data = num(:,2:end);

%% 数据标准化
data = zscore(data);

%% 调用kmeans算法
opts = statset('MaxIter',iteration);
[IDX,C, ~ ,D] = kmeans(data,k,'distance',distance,'Options',opts);

%% 作图查看结果
min_d = min(D,[],2);
x=1:length(min_d);
threshold_=x;
threshold_(:)=threshold;
figure
hold on
plot(x,min_d,'ko');
plot(x,threshold_,'k-');
for i=1:length(min_d)
    if min_d(i)>threshold
        plot(i,min_d(i),'k*')
        text(i+7,min_d(i)+2,num2str(min_d(i)));
    end
end
title('离散点检测');
ylabel('距离误差');
xlabel('样本号');
hold off

disp('基于K-Means聚类的离散点检测完成！');
```

* 代码详见：示例程序 /code/discrete_point_test.m

运行上述代码可以得到如图 5-30 所示的离散点检测距离误差图。

分析图 5-30 可以得到，如果距离阈值设置为 20，那么所给的数据中有 7 个离散点，在聚类的时候这些数据应该被剔除。

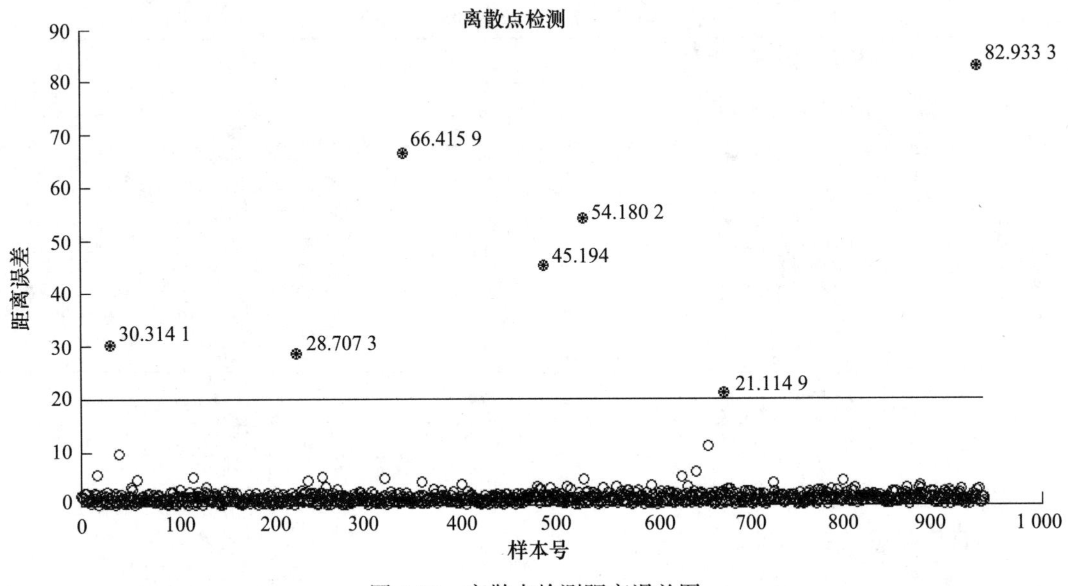

图 5-30　离散点检测距离误差图

5.6 小结

本章主要根据数据挖掘的应用分类，重点介绍了其对应的数据挖掘的建模方法及实现过程。通过对本章的学习，可在以后的数据挖掘过程中采用适当的算法并按所陈述的步骤实现综合应用，更希望通过学习本章的内容能给读者一些启发，思考如何改进或创造更好的挖掘算法。

归纳起来数据挖掘技术的基本任务主要体现在分类与预测、聚类、关联规则、时序模式、离群点检测五个方面。5.1 分类与预测主要介绍了决策树和人工神经网络两个分类模型、回归分析预测模型及其实现过程；5.2 聚类分析主要介绍了 K-Means 聚类算法，建立分类方法，按照接近程度对观测对象给出合理的分类并解释类与类之间的区别；5.3 关联规则主要介绍了 Apriori 算法，以在一个数据集中找出各项之间的关系；5.4 时序模式从序列的平稳性和非平稳性出发，对平稳时间序列主要介绍了 ARMA 模型；对差分平稳序列建立了 ARIMA 模型，应用这两个模型对相应的时间序列进行研究，找寻变化发展的规律，预测将来的走势；5.5 离群点检测主要介绍了基于模型和离群点的检测方法，其是发现与大部分其他对象显著不同的对象的方法。

前 5 章是数据挖掘必备的原理知识，其为本书后续章节的案例理解和实验操作奠定了理论基础。

实 战 篇

- 第 6 章　电力企业的窃漏电用户自动识别
- 第 7 章　航空公司的客户价值分析
- 第 8 章　中医证型关联规则挖掘
- 第 9 章　基于水色图像的水质评价
- 第 10 章　基于关联规则的网站智能推荐服务
- 第 11 章　应用系统负载分析与磁盘容量预测
- 第 12 章　面向网络舆情的关联度分析
- 第 13 章　家用电器用户行为分析及事件识别
- 第 14 章　基于基站定位数据的商圈分析
- 第 15 章　气象与输电线路的缺陷关联分析

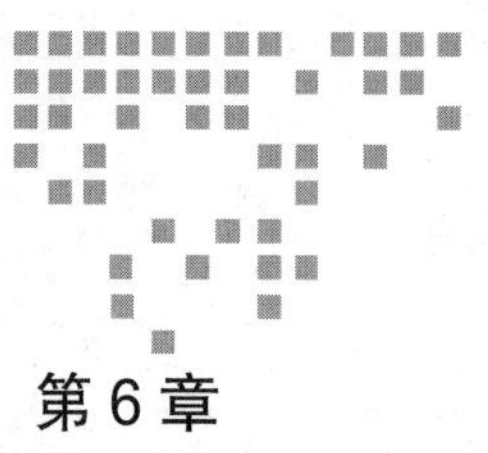

Chapter 6 第 6 章

电力企业的窃漏电用户自动识别

6.1 背景与挖掘目标

传统的防窃漏电方法主要通过定期巡检、定期校验电表、用户举报窃电等手段来发现窃电或计量装置故障。但这种方法对人的依赖性太强，抓窃查漏的目标不明确。目前很多供电局主要通过营销稽查人员、用电检查人员和计量工作人员利用计量异常报警功能和电能量数据查询功能开展用户用电情况的在线监控工作，通过采集电量异常、负荷异常、终端报警、主站报警、线损异常等信息，建立数据分析模型，来实时监测窃漏电情况和发现计量装置的故障。根据报警事件发生前后客户计量点有关的电流、电压、负荷数据情况等，构建基于指标加权的用电异常分析模型，实现检查客户是否存在窃电、违章用电及计量装置故障等。

以上防窃漏电的诊断方法，虽然能获得用电异常的某些信息，但由于终端误报或漏报过多，无法达到真正快速精确定位窃漏电嫌疑用户的目的，往往令稽查工作人员无所适从。而且在采用这种方法建模时，模型各输入指标权重的确定需要用专家的知识和经验，具有很大的主观性，存在明显的缺陷，所以实施效果往往不尽如人意。

现有的电力计量自动化系统能够采集到各项电流、电压、功率因数等用电负荷数据以及用电异常等终端报警信息。异常告警信息和用电负荷数据能够反映用户的用电情况，同时稽查工作人员也会通过在线稽查系统和现场稽查来查找出窃漏电用户，并将数据信息录入系统。若能通过这些数据信息提取出窃漏电用户的关键特征，构建窃漏电用户的识别模型，就能自动检查判断用户是否存在窃漏电行为。

表 6-1 给出了某企业大用户的用电负荷数据，采集时间间隔为 15 分钟，即 0.25 小时，可进一步计算该大用户的用电量；表 6-2 给出了某企业大用户的终端报警信息，其中与窃漏电相关的报警能较好地识别用户的窃漏电行为；表 6-3 给出了某企业大用户违约、窃电处理通知书，里面记录了用户的用电类别和窃电时间。

表 6-1　某企业大用户用电负荷数据

用户编号	时　间	有功总	B　相	C　相	电流 A 相	电流 B 相	电流 C 相	电压 A 相	电压 B 相	电压 C 相	功率因数	功率因数 A	功率因数 B	功率因数 C
0319001000019011001	2011/11/10	202	0	349.2	33.6	0	33.4	10 500	0	10 500	0.784	0.573	−100 00	0.996
0319001000019011001	2011/11/10 0:15	194.8	0	355.4	32.4	0	34	10 500	0	10 500	0.789	0.573	−100 00	0.996
0319001000019011001	2011/11/10 0:30	210.4	0	366	35	0	35	10 500	0	10 500	0.784	0.573	−100 00	0.996
0319001000019011001	2011/11/10 0:45	199.6	0	376.4	33.2	0	36	10 500	0	10 500	0.793	0.573	−100 00	0.996
0319001000019011001	2011/11/10 1:00	191.2	0	334.6	31.8	0	32	10 500	0	10 500	0.785	0.573	−100 00	0.996
0319001000019011001	2011/11/10 1:15	192.4	0	340.8	32	0	32.6	10 500	0	10 500	0.786	0.573	−100 00	0.996
0319001000019011001	2011/11/10 1:30	192.4	0	353.4	32	0	33.8	10 500	0	10 500	0.79	0.573	−100 00	0.996
0319001000019011001	2011/11/10 1:45	197.2	0	357.6	32.8	0	34.2	10 500	0	10 500	0.789	0.573	−100 00	0.996
0319001000019011001	2011/11/10 2:00	178	0	320.8	29.6	0	30.4	10 500	0	10 600	0.788	0.573	−100 00	0.996
0319001000019011001	2011/11/10 2:15	173.2	0	311.6	28.8	0	29.8	10 500	0	10 500	0.788	0.573	−100 00	0.996
0319001000019011001	2011/11/10 2:30	185.2	0	332.4	30.8	0	31.8	10 500	0	10 500	0.787	0.573	−100 00	0.996
0319001000019011001	2011/11/10 2:45	175.6	0	326.2	29.2	0	31.2	10 500	0	10 500	0.791	0.573	−100 00	0.996
0319001000019011001	2011/11/10 3:00	164.8	0	311.6	27.4	0	29.8	10 500	0	10 500	0.793	0.573	−100 00	0.996
0319001000019011001	2011/11/10 3:15	185.8	0	317.8	31.2	0	30.4	10 400	0	10 500	0.782	0.573	−100 00	0.996
0319001000019011001	2011/11/10 3:30	169.6	0	303.2	28.2	0	29	10 500	0	10 500	0.787	0.573	−100 00	0.996
0319001000019011001	2011/11/10 3:45	179.2	0	320	29.8	0	30.6	10 500	0	10 500	0.787	0.573	−100 00	0.996
0319001000019011001	2011/11/10 4:00	175.6	0	305.2	29.2	0	29.2	10 500	0	10 500	0.784	0.573	−100 00	0.996
0319001000019011001	2011/11/10 4:15	178.6	0	324	30	0	31	10 500	0	10 500	0.788	0.573	−100 00	0.996
0319001000019011001	2011/11/10 4:30	173.2	0	313.6	28.8	0	30	10 500	0	10 500	0.788	0.573	−100 00	0.996
0319001000019011001	2011/11/10 4:45	166	0	297	27.6	0	28.4	10 500	0	10 500	0.787	0.573	−100 00	0.996
0319001000019011001	2011/11/10 5:00	170.8	0	303.2	28.4	0	29	10 500	0	10 500	0.786	0.573	−100 00	0.996
0319001000019011001	2011/11/10 5:15	176.8	0	322	29.4	0	30.8	10 500	0	10 500	0.789	0.573	−100 00	0.996
0319001000019011001	2011/11/10 5:30	175.6	0	301	29.2	0	28.8	10 500	0	10 500	0.783	0.573	−100 00	0.996
0319001000019011001	2011/11/10 5:45	164.4	0	299	27.6	0	28.6	10 400	0	10 500	0.789	0.573	−100 00	0.996
0319001000019011001	2011/11/10 6:00	168.4	0	315.8	28	0	30.2	10 500	0	10 500	0.792	0.573	−100 00	0.996
0319001000019011001	2011/11/10 6:15	165.6	0	284.4	27.8	0	27.2	10 400	0	10 500	0.783	0.573	−100 00	0.996
0319001000019011001	2011/11/10 6:30	164.4	0	297	27.6	0	28.4	10 400	0	10 500	0.788	0.573	−100 00	0.996
0319001000019011001	2011/11/10 6:45	188.2	0	334.6	31.6	0	32	10 400	0	10 500	0.787	0.573	−100 00	0.996
0319001000019011001	2011/11/10 7:00	179.8	0	315.8	30.2	0	30.2	10 500	0	10 500	0.785	0.573	−100 00	0.996
0319001000019011001	2011/11/10 7:15	165.6	0	290	27.8	0	28	10 400	0	10 500	0.785	0.573	−100 00	0.996
0319001000019011001	2011/11/10 7:30	219	0	391	36.4	0	37.4	10 500	0	10 500	0.787	0.573	−100 00	0.996
0319001000019011001	2011/11/10 7:45	227.6	0	403.6	38.2	0	38.6	1 0400	0	10 500	0.786	0.573	−100 00	0.996

表 6-2 某企业大用户终端报警信息

用户名称	时　间	计量点 ID	报警编号	报警名称
某企业大用户	2010/4/1 0:01	0319001000045110001	135	最大需量复零
某企业大用户	2010/4/2 18:44	0319001000045110001	152	电流不平衡
某企业大用户	2010/4/2 18:47	0319001000045110001	143	A 相电流过负荷
某企业大用户	2010/4/2 18:47	0319001000045110001	145	C 相电流过负荷
某企业大用户	2010/4/2 21:07	0319001000045110001	152	电流不平衡
某企业大用户	2010/4/2 21:22	0319001000045110001	145	C 相电流过负荷
某企业大用户	2010/4/2 21:25	0319001000045110001	143	A 相电流过负荷
某企业大用户	2010/4/3 5:45	0319001000045110001	145	C 相电流过负荷

* 由于各方面的原因，终端报警存在一定误报和漏报的情况

表 6-3 某企业大用户违约、窃电处理通知书

<table>
<tr><td rowspan="3">用户基本信息</td><td>用户名称</td><td colspan="2">某企业大用户</td><td>用户编号</td><td colspan="3">7210100429</td></tr>
<tr><td>用电地址</td><td colspan="2">******</td><td>用电类别</td><td>大工业</td><td>报装容量</td><td>1515</td></tr>
<tr><td>计量方式</td><td>高供高计</td><td>电流互感器变比</td><td>100/5</td><td>电压互感器变比</td><td colspan="2">10kV/100V</td></tr>
<tr><td>现场情况</td><td colspan="7">我局用电检查人员根据群众举报，于 2014 年 11 月 17 日到你户进行用电检查，发现你户（客户编号：7210100429）配电变压器（3 台容量为 400KVA 和 1 台容量为 315KVA）的高压计量柜的前门封印（SJL00014930）被人为破坏，计费电能表（NO：01026660；条形码 NO：SFF5104000864）的计量接线盒 C 相电压连接片被人为断开，计费电能表显示 C 相电流为 0，现场检测计费电能表 C 相同时失压、失流，导致少计电量。即时报当地公安机关并拍照取证，现场对你户作出停电处理。当时计费电能表抄见有功止码为 16 448.77</td></tr>
<tr><td>违约窃电行为</td><td colspan="7">故意使供电企业用电计量装置不准或失效</td></tr>
<tr><td>计算方法及依据</td><td colspan="7">确定依据：计量自动化系统记录（2014 年 11 月 12 日计费电能表存在失压失流记录，直至 2014 年 11 月 17 日止 C 相电压和电流数值均为 0）
结论：现确定你户窃电时间由 2014 年 11 月 12 日起至 2014 年 11 月 17 日止，共 6 天
根据现场计量装置检查情况，计费电能表 C 相失压失流，依据计量自动化系统召测数据分析，你户计费电能表（NO：01026660；条形码 NO: SFF5104000864）的 2014 年 11 月 12 日的功率因数：$COS(30°+\phi)=0.572$，即 $\phi=25.11°$，$COS\ \phi=0.905$。更正系数 =P 正确 / P 错误 $=UICOS\ \phi/[UICOS(\phi+30°)]=1.732\times0.905/0.572=2.74$，更正率 = 更正系数 −1=2.74−1=1.74。2014 年 11 月 12 日计费电能表记录有功止码为 16 431.45，查处现场计费电能表抄见有功止码为 16 448.77，电流互感器变比为 100/5，电压互感器变比为 10 000/100。根据《供电营业规则》第 102 条规定，窃电者应按所窃电量补交电费，并承担补交电费三倍的违约使用电费。具体计算方法如下：
（1）计费电能表已计收电量 =（16 448.77 − 16 431.45）× 100/5 × 10 000/100=34 640（KW/h）
（2）窃电电量 = 已计收电量 × 更正率 =34 640 × 1.74=60 274（KW/h）
（3）窃电电费 =602 74 × 0.670 9=40 437.82（元）
（4）城市建设附加费 =60 274 × 0.014=843.84（元）
（5）违约使用电费 =40 437.82 × 3=121 313.46（元）
（6）合计金额 =40 437.82+843.84+121 313.46=162 595.12（元）</td></tr>
<tr><td></td><td>合计电费：</td><td colspan="2">162 595.12 元</td><td>大写金额：</td><td colspan="3">拾陆万贰仟伍佰玖拾伍圆壹角贰分</td></tr>
</table>

本次数据挖掘建模目标如下：

- 归纳出窃漏电用户的关键特征，构建窃漏电用户的识别模型。
- 利用实时监测数据，调用窃漏电用户识别模型实现实时诊断。

6.2　分析方法与过程

窃漏电用户在电力计量自动化系统的监控大用户中只占小部分，同时某些大用户也不可能存在窃漏电行为，如银行、税务、学校、工商等非居民类别，故在数据预处理时有必要将这些类别的用户剔除。系统中的用电负荷不能直接体现出用户的窃漏电行为，终端报警存在很多误报和漏报的情况，故需要进行数据探索和预处理，总结窃漏电用户的行为规律，再从数据中提炼出描述窃漏电用户的特征指标，最后结合历史窃漏电用户的信息，整理出识别模型的专家样本数据集，再进一步构建分类模型，实现窃漏电用户的自动识别。

窃漏电用户的识别流程，如图 6-1 所示，其主要包括以下步骤：

- 从电力计量自动化系统、营销系统有选择性地抽取部分大用户的用电负荷、终端报警及违约窃电处罚信息等原始数据；
- 对样本数据进行探索分析，剔除不可能存在窃漏电行为行业的用户，即白名单用户，初步审视正常用户和窃漏电用户的用电特征；
- 对样本数据进行预处理，包括数据清洗、缺失值处理和数据变换；
- 构建专家样本集；
- 构建窃漏电用户的识别模型；
- 在线监测用户用电负荷及终端报警，调用模型实现实时诊断。

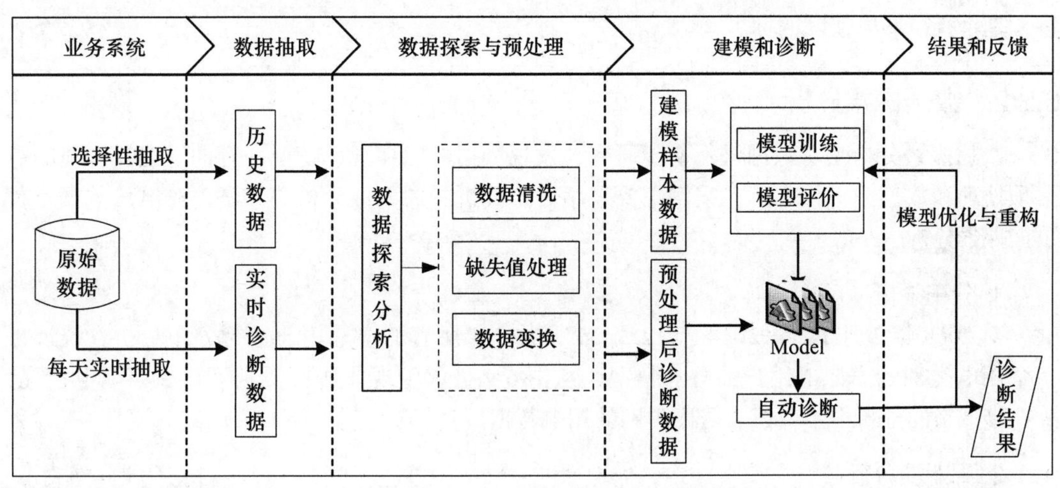

图 6-1　窃漏电用户的识别流程

6.2.1 数据抽取

与窃漏电相关的原始数据主要有用电负荷数据、终端报警数据、违约窃电处罚信息以及用户档案资料等，故进行窃漏电诊断建模时需从营销系统和计量自动化系统中抽取以下数据。

（1）从营销系统抽取的数据

- 用户基本信息：用户名称、用户编号、用电地址、用电类别、报装容量、计量方式、电流互感器变比、电压互感器变比；
- 违约、窃电处理记录；
- 计量方法及依据。

（2）从计量自动化系统采集的数据属性

- 实时负荷：时间点、计量点、总有功功率、A/B/C 相有功功率、A/B/C 相电流、A/B/C 相电压、A/B/C 相功率因数；
- 终端报警。

为了尽可能全面覆盖各种窃漏电方式，建模样本要包含不同用电类别的所有窃漏电用户及部分正常用户。窃漏电用户的窃漏电开始时间和结束时间是表征其窃漏电的关键时间节点，在这些时间节点上，用电负荷和终端报警等数据也会有一定的特征变化，故样本数据抽取时务必要包含关键时间节点前后一定范围的数据，并通过用户的负荷数据计算出当天的用电量，计算公式如下：

$$f_l = 0.25 \sum_{m_i \in l天} m_i \tag{6-1}$$

其中 f_l 为第 l 天的用电量，m_i 为第 l 天每隔 15 分钟的总有功功率，对其累加求和得到当天的用电量。

基于此，本案例抽取某市近 5 年来所有的窃漏电用户的有关数据和不同用电类别正常用电用户共 208 个用户的有关数据，时间为 2009 年 1 月 1 日—2014 年 12 月 31 日，同时包含每天是否有窃漏电情况的标志。

6.2.2 数据探索分析

数据探索分析是对数据进行初步研究，发现数据的内在规律特征，有助于选择合适的数据预处理和数据分析技术。本案例主要采用分布分析和周期性分析等方法，对电量数据进行数据探索分析。

1. 分布分析

对 2009 年 1 月 1 日—2014 年 12 月 31 日共 5 年所有的窃漏用户进行分布分析，统计出各个用电类别的窃漏电用户的分布情况，从图 6-2 可以发现非居民类别不存在窃漏电情况，故在接下来的分析中不考虑非居民类别的用电数据。

2. 周期性分析

随机抽取一个正常用电用户和一个窃漏电用户，采用周期性分析对其用电量进行探索。

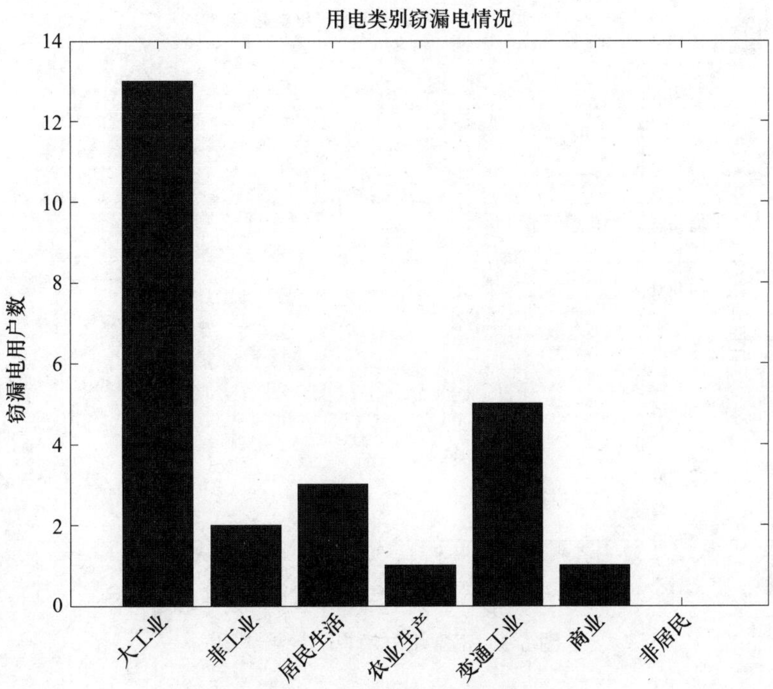

图 6-2　用电类别窃漏电情况图

（1）正常用电用户电量的探索分析

正常用电量特征表现如图 6-3 和表 6-4 所示。总体来看该用户用量比较平稳，没有太大的波动，这就是用户正常用电的电量指标特征。

表 6-4　正常用电电量数据

日　期	日电量 (kW)	日　期	日电量 (kW)
2014/9/1	5 840	2014/9/16	5 072
2014/9/2	5 704	2014/9/17	5 480
2014/9/3	5 754	2014/9/18	5 832
2014/9/4	5 431	2014/9/19	4 816
2014/9/5	5 322	2014/9/20	2 748
2014/9/6	2 392	2014/9/21	2 536
2014/9/7	3 225	2014/9/22	5 384
2014/9/8	5 296	2014/9/23	5 288
2014/9/9	5 488	2014/9/24	5 928
2014/9/10	5 713	2014/9/25	5 896
2014/9/11	5 542	2014/9/26	5 952
2014/9/12	5 928	2014/9/27	2 792
2014/9/13	2 848	2014/9/28	2 600
2014/9/14	3 048	2014/9/29	5 000
2014/9/15	5 216	2014/9/30	4 704

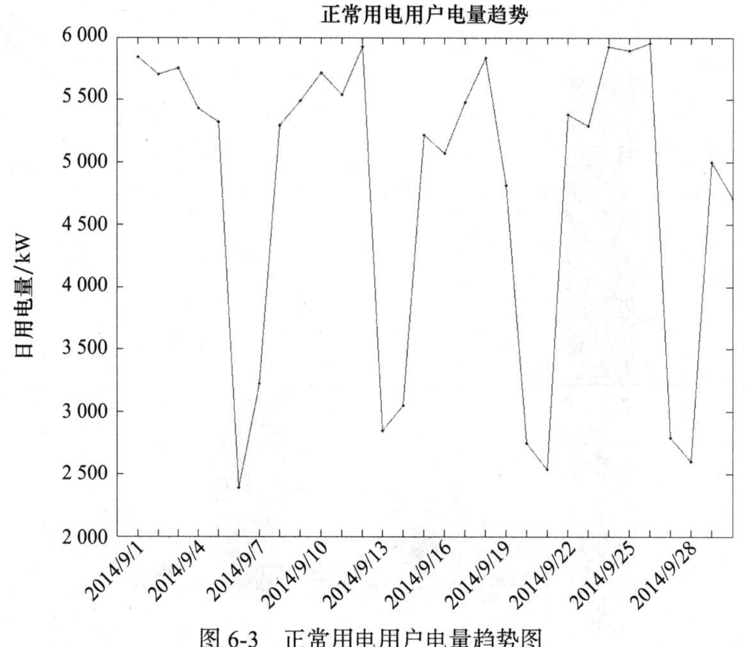

图 6-3　正常用电用户电量趋势图

（2）窃漏电用电电量的探索分析

窃漏电用电量特征表现如图 6-4 和表 6-5 所示。从中可以明显看出该用户用电量出现明显下降的趋势，这就是用户异常用电的电量指标特征。

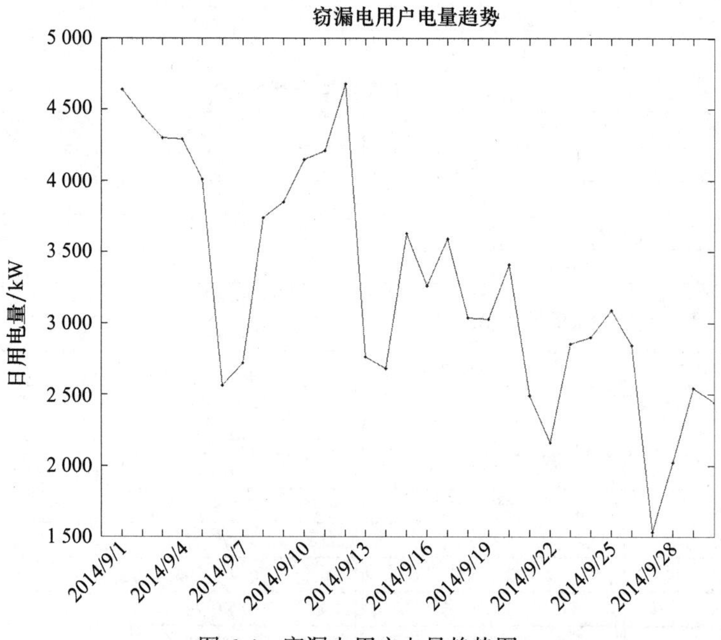

图 6-4　窃漏电用户电量趋势图

表 6-5　窃漏电用电电量数据

日　　期	日电量（kW）	日　　期	日电量（kW）
2014/9/1	4 640	2014/9/16	3 260
2014/9/2	4 450	2014/9/17	3 590
2014/9/3	4 300	2014/9/18	3 040
2014/9/4	4 290	2014/9/19	3 030
2014/9/5	4 010	2014/9/20	3 410
2014/9/6	2 560	2014/9/21	2 490
2014/9/7	2 720	2014/9/22	2 160
2014/9/8	3 740	2014/9/23	2 850
2014/9/9	3 850	2014/9/24	2 900
2014/9/10	4 150	2014/9/25	3 090
2014/9/11	4 210	2014/9/26	2 840
2014/9/12	4 680	2014/9/27	1 530
2014/9/13	2 760	2014/9/28	2 020
2014/9/14	2 680	2014/9/29	2 540
2014/9/15	3 630	2014/9/30	2 440

分析结论：从图 6-4 可看出正常用电到窃漏电过程是用电量持续下降的过程，该用户从 2014 年 9 月 1 开始用电量下降，并且持续下降，这就是用户开始窃漏电时所表现出来的重要特征。

6.2.3　数据预处理

本案例主要从数据清洗、缺失值处理、数据变换等方面对数据进行预处理。

1. 数据清洗

数据清洗的主要目的是从业务以及建模的相关需要方面进行考虑，筛选出需要的数据。由于原始数据中并不是所有的数据都需要进行分析，因此需要在数据处理时，可以将赘余的数据进行过滤。本案例主要进行以下操作：

- 通过数据的探索分析，发现在用电类别中，非居民用电类别不可能存在漏电、窃电的现象，需要将非居民用电类别的用电数据过滤掉。
- 结合本案例的业务，节假日用电量与工作日相比，会明显偏低。为了尽可能达到较好的数据效果，过滤节假日的用电数据。

2. 缺失值处理

在原始计量数据，特别是在用户电量抽取的过程中，发现存在缺失的现象。若将这些值抛弃掉，会严重影响供出电量的计算结果，最终导致日线损率数据误差很大。为了达到较好的建模效果，需要对缺失值进行处理。本案例采用拉格朗日插值法对缺失值进行插补。

选取数据中部分数据作为实例，如表 6-6 是三个用户一个月工作日的电量数据，对缺失值采用拉格朗日插值法进行插补。

表 6-6 三个用户一个月工作日的用电量数据

日期＼用电量	用户 A	用户 B	用户 C
2014/9/1	235.833 3	324.034 3	478.323 1
2014/9/2	236.270 8	325.637 9	515.456 4
2014/9/3	238.052 1	328.089 7	517.090 9
2014/9/4	235.906 3		514.89
2014/9/5	236.760 4	268.832 4	
2014/9/8		404.048	486.091 2
2014/9/9	237.416 7	391.265 2	516.233
2014/9/10	238.656 3	380.824 1	
2014/9/11	237.604 2	388.023	435.350 8
2014/9/12	238.031 3	206.434 9	487.675
2014/9/15	235.072 9		
2014/9/16	235.531 3	400.078 7	660.234 7
2014/9/17		411.206 9	621.234 6
2014/9/18	234.468 8	395.234 3	611.340 8
2014/9/19	235.5	344.822 1	643.086 3
2014/9/22	235.635 4	385.643 2	642.348 2
2014/9/23	234.552 1	401.623 4	
2014/9/24	236	409.648 9	602.934 7
2014/9/25	235.239 6	416.879 5	589.345 7
2014/9/26	235.489 6		556.345 2
2014/9/29	236.968 8		538.347

* 数据详见：示例程序 /data/missing_data.xls

拉格朗日插值法补值，具体方法如下。

首先从原始数据集中确定因变量和自变量，取出缺失值前后 5 个数据（前后数据不足 5 个的，将仅有的数据组成一组），根据取出来的 10 个数据组成一组，再采用拉格朗日多项式的插值公式：

$$L_n(x)=\sum_{i=0}^{n} l_i(x) y_i \tag{6-2}$$

$$l_i(x)=\prod_{\substack{j=0 \\ j\neq i}}^{n} \frac{x-x_j}{x_i-x_j} \tag{6-3}$$

其中 x 为缺失值所对应的下标序号；$L_n(x)$ 为缺失值的插值结果；x_i 为非缺失值 y_i 的下标序号。对全部缺失数据依次进行插补，直到不存在缺失值为止。数据插补代码，如代码清单 6-1 所示。

代码清单 6-1　拉格朗日插值代码

```
%% 拉格朗日插值算法
clear;
% 参数初始化
inputfile='../data/missing_data.xls';           % 输入数据路径，需要使用 Excel 格式;
outputfile='../tmp/missing_data_processed.xls'; % 输出数据路径，需要使用 Excel 格式

%% 拉格朗日插值
% 读入文件
data=xlsread(inputfile);
[rows,cols]=size(data);

% 按照每列进行插值处理
% 其中 ployinterp_column 为自定义函数，针对列向量进行插值
for j=1:cols
   data(:,j)=ployinterp_column(data(:,j));
end

%% 写入文件
xlswrite(outputfile,data);
```

* 代码详见：示例程序 /code/Lagrange_interpolation.m

根据代码清单 6-1 补全的数据，如表 6-7 所示，斜体加粗的数据表示补全的数据。

表 6-7　用户电量补全数据

日期 \ 用电量 /kW	用户 A	用户 B	用户 C
2014/9/4	235.906 3	**203.462 1**	514.89
2014/9/5	236.760 4	268.832 4	**465.269 7**
2014/9/8	**237.151 2**	404.048	486.091 2
2014/9/10	238.656 3	380.824 1	516.233
2014/9/15	235.072 9	**237.348 1**	**608.536 9**
2014/9/17	**235.315**	411.206 9	621.234 6
2014/9/23	234.552 1	401.623 4	**618.197 2**
2014/9/26	235.489 6	**420.748 6**	556.345 2
2014/9/29	236.968 8	**408.963 2**	538.347

3. 数据变换

通过电力计量系统采集的电量、负荷，虽然在一定程度上能反映用户窃漏电行为的某些规律，但要作为构建模型的专家样本，其特征不明显需要进行重新构造。基于数据变换，得到新的评价指标来表征窃漏电行为所具有的规律，其评价指标体系如图 6-5 所示。

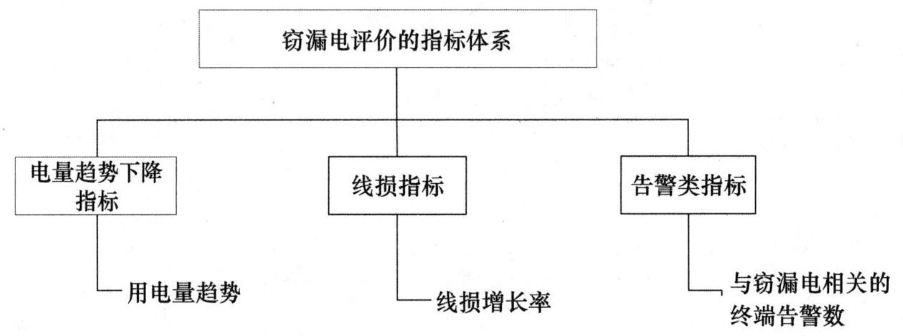

图 6-5 窃漏电评价的指标体系

窃漏电评价的指标如下。

（1）电量趋势下降指标

通过 6.2.2 节的周期性分析可以发现，正常用户的用电量较为平稳，窃漏电用户的用电量呈现下降的趋势，然后趋于平缓，针对此可考虑前后几天作为统计窗口期，考虑在此期间的下降趋势，利用电量进行直线拟合得到的斜率作为衡量，如果斜率随时间不断增大，那该用户的窃漏电可能性就很大，如图 6-6 所示，第一幅图展示了用户每天的用电量，其他图表示了随着时间的推移在各自统计窗口期以用电量进行直线拟合的斜率，可以看出斜率随着时间逐步增大。

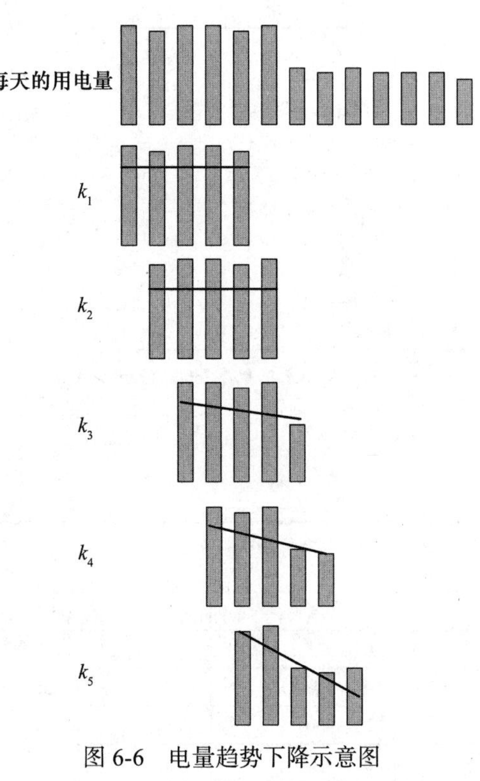

图 6-6 电量趋势下降示意图

对统计当天设定前后 5 天为统计窗口期，计算这 11 天内的用电量趋势下降情况，首先计算这 11 天中每天的用电量趋势，其中第 i 天的用电量趋势是考虑前后 5 天的用电量斜率，即

$$k_i=\frac{\sum_{l=i-5}^{i+5}(f_l-\overline{f})(l-\overline{l})}{\sum_{l=i-5}^{i+5}(l-\overline{l})^2} \tag{6-4}$$

其中 $\overline{f}=\frac{1}{11}\sum_{l=i-5}^{i+5}f_l$，$\overline{l}=\frac{1}{11}\sum_{l=i-5}^{i+5}l$，$k_i$ 为第 i 天的电量趋势，f_l 为第 l 天的用电量。

若电量趋势为不断下降的，则认为具有一定的窃电嫌疑，故计算这 11 天内，当天比前一天用电量趋势为递减的天数，即设有

$$D(i)=\begin{cases}1,k_i<k_{i-1}\\0,k_i\geqslant k_{i-1}\end{cases}\tag{6-5}$$

则这 11 天内的电量趋势下降指标为

$$T=\sum_{n=i-4}^{i+5}D(n)\tag{6-6}$$

（2）线损指标

线损率是用于衡量供电线路损失的比例，同时可结合线户拓扑关系，如图 6-7 所示，计算出用户所属线路在当天的线损率，一条线路上同时供给多个用户，若第 l 天的线路供电量为 s_l，线路上各个用户的总用电量为 $\sum_m f_l^{(m)}$，线路的线损率公式如下：

$$t_l=\frac{s_l-\sum_m f_l^{(m)}}{s_l}\times 100\%\tag{6-7}$$

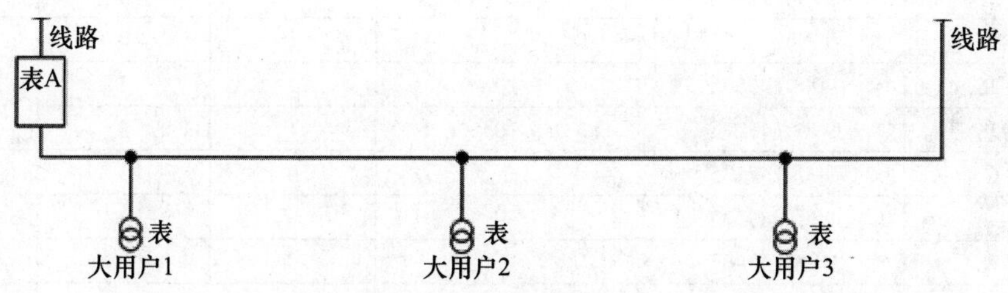

图 6-7　线路与大用户的拓扑关系示意图

线路的线损率可作为用户线损率的参考值，若用户发生窃漏电，则当天的线损率会上升，但由于用户每天的用电量存在波动，单纯以当天线损率上升了作为窃漏电特征则误差过大，所以考虑前后几天线损率的平均值，判断其增长率是否大于 1%，若线损率的增长率大于 1% 则具有窃漏电的可能性。

对统计当天设定前后 5 天为统计窗口期，首先分别计算统计当天与前 5 天之间的线损率平均值 V_i^1 和统计当天与后 5 天之间的线损率平均值 V_i^2，若 V_i^1 比 V_i^2 的增长率大于 1%，则认为具有一定的窃电嫌疑，故定义线损指标如下：

$$E(i)=\begin{cases}1,\dfrac{V_i^1-V_i^2}{V_i^2}>1\%\\0,\dfrac{V_i^1-V_i^2}{V_i^2}\leqslant 1\%\end{cases}\tag{6-8}$$

（3）告警类指标

与窃漏电相关的终端报警主要有电压缺相、电压断相、电流反极性等告警，以计算发生与窃漏电相关的终端报警的次数总和作为告警类的指标。

6.2.4　构建专家样本

对 2009 年 1 月 1 日—2014 年 12 月 31 日所有窃漏电用户及正常用户的电量、告警、线损数据和该用户在当天是否窃漏电的标志，按窃漏电评价指标进行处理并选取其中 291 个样本数据，得到专家样本库，如表 6-8 所示。

表 6-8 专家样本数据

时　间	用户编号	电量趋势下降指标	线损指标	告警类指标	是否窃漏电
2014-9-6	9900667154	4	1	1	1
2014-9-20	9900639431	4	0	4	1
2014-9-17	9900585516	2	1	1	1
2014-9-14	9900531154	9	0	0	0
2014-9-17	9900491050	3	1	0	0
2014-9-13	9900461501	2	0	0	0
2014-9-22	9900412593	5	0	2	1
2014-9-20	9900366180	3	1	3	1
2014-9-19	9900322960	3	0	0	0
2014-9-9	9900254673	4	1	0	0
2014-9-18	9900196505	10	1	2	1
2014-9-16	9900145248	10	1	3	1
2014-9-6	9900137535	2	0	3	0
2014-9-7	9900064537	4	0	2	0
2014-9-9	9110103867	3	0	0	0
2014-9-23	9010100689	0	0	3	0
2014-9-21	8910101840	9	0	3	1
2014-9-11	8910101209	0	0	2	0
2014-9-19	8910101132	8	1	4	1
2014-9-19	8910100309	2	0	4	0
2014-9-9	8810101463	3	0	1	0
2014-9-9	8710100857	7	0	0	0

* 数据详见：示例程序 /data/model.xls

6.2.5 构建模型

1. 构建窃漏电用户的识别模型

在专家样本准备完成后，需要划分测试样本和训练样本，随机选取 20% 作为测试样本，剩下的作为训练样本。窃漏电用户识别可通过构建分类预测模型来实现，比较常用的分类预测模型有 LM 神经网络和 CART 决策树，各种模型都有各自的优点，故采用这两种方法构建窃漏电用户识别，并从中选择最优的分类模型。构建 LM 神经网络和 CART 决策树模型时输入项包括电量趋势下降指标、线损类指标和告警类指标，输出项为窃漏电标志。

（1）数据划分

对专家样本随机选取 20% 作为测试样本，剩下的 80% 作为训练样本。其代码，如代码清单 6-2 所示。

代码清单 6-2　原始数据分为训练数据和测试数据

```
%% 把数据分为两部分：训练数据和测试数据
clear;
% 参数初始化
datafile = '../data/model.xls';                    % 数据文件
trainfile = '../tmp/train_model.xls' ;             % 训练数据文件
testfile = '../tmp/test_model.xls' ;               % 测试数据文件
proportion =0.8 ;                                  % 设置训练数据比例

%% 数据分割
[num,txt]= xlsread(datafile);
% split2train_test 为自定义函数，把 num 变量数据（按行分布）分为两部分
% 其中训练数据集占比 proportion
[train,test] = split2train_test(num,proportion);

%% 数据存储
xlswrite(trainfile,[txt;num2cell(train)]);         % 写入训练数据
xlswrite(testfile,[txt;num2cell(test)]);           % 写入测试数据
disp('数据分割完成！');
```

* 代码详见：示例程序 /code/split_data.m

（2）LM 神经网络模型

设定 LM 神经网络的输入节点数为 3、输出节点数为 2、隐层节点数为 10、显示间隔次数为 25、最大循环次数为 1000、目标误差为 0.0、初始 mu 为 0.001、mu 增长比率为 10，mu 减少比率为 0.1、mu 最大值为 10^{10}、最大校验失败次数为 6、最小误差梯度 1e-7。训练样本建模的混淆矩阵，如图 6-8 所示，分类准确率为 94.0%，正常用户被误判为窃漏电用户占正常用户的 3.4%，窃漏电用户被误判为正常用户占正常窃漏电用户的 2.6%。构建 LM 神经网络模型的代码，如代码清单 6-3 所示。

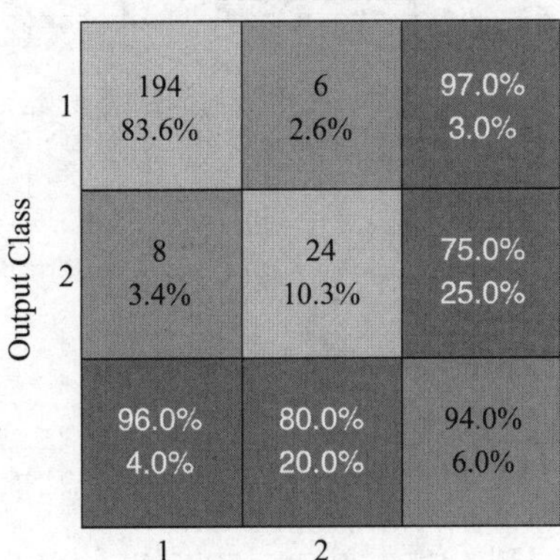

图 6-8　利用训练样本构建 LM 神经网络的混淆矩阵

代码清单 6-3　构建 LM 神经网络模型的代码

```
%% LM 神经网络模型构建
clear;
% 参数初始化
trainfile = '../data/train_model.xls';                    % 训练数据
netfile = '../tmp/net.mat';                               % 构建的神经网络模型存储路径
trainoutputfile = '../tmp/train_output_data.xls' ;        % 训练数据模型输出文件

%% 读取数据并转化
[data,txt] = xlsread(trainfile);
input=data(:,1:end-1);
```

```
targetoutput=data(:,end);
targetoutput = targetoutput+1;          % 所有数据都加 1，方便调用 ind2vec

% 输入数据变换
input=input';
targetoutput=targetoutput';
targetoutput=full(ind2vec(targetoutput));

%% 新建 LM 神经网络，并设置参数
net = patternnet(10,'trainlm');
net.trainParam.epochs=1000;
net.trainParam.show=25;
net.trainParam.showCommandLine=0;
net.trainParam.showWindow=0;
net.trainParam.goal=0;
net.trainParam.time=inf;
net.trainParam.min_grad=1e-6;
net.trainParam.max_fail=5;
net.performFcn='mse';

% 训练神经网络模型
net= train(net,input,targetoutput);

%% 使用训练好的神经网络测试原始数据
output = sim(net,input);

%% 画混淆矩阵图
plotconfusion(targetoutput,output);

%% 将数据写入文件
save(netfile,'net');

output = vec2ind(output);
output = output';
xlswrite(trainoutputfile,[txt,' 模型输出 ';num2cell([data,output-1])]);
disp('LM 神经网络模型构建完成！ ');
```

* 代码详见：示例程序 /code/construct_lm_model.m

（3）CART 决策树模型

利用训练样本构建 CART 决策树模型，得到混淆矩阵，如图 6-9 所示，分类准确率为 95.3%，正常用户被误判为窃漏电用户占正常用户的 1.3%，窃漏电用户被误判为正常用户占正常窃漏电用户的 3.4%。构建决策树模型的代码，如代码清单 6-4 所示。

代码清单 6-4　构建 CART 决策树模型的代码

```
%% 构建 CART 决策树模型

clear;
% 参数初始化
trainfile = '../data/train_model.xls';  % 训练数据
```

```
treefile = '../tmp/tree.mat'; % 构建的决策树模型存储路径
trainoutputfile = '../tmp/dt_train_output_data.xls' ; % 训练数据模型输出文件

%% 读取数据，并提取输入 / 输出
[data,txt]=xlsread(trainfile);
input=data(:,1:end-1);
targetoutput=data(:,end);

% 使用训练数据构建决策树
tree= fitctree(input,targetoutput);

%% 使用构建好的决策树模型对原始数据进行测试
output=predict(tree,input);

% 变换数据并画混淆矩阵图
output=output';
targetoutput=targetoutput';
output= full(ind2vec(output+1));
targetoutput = full(ind2vec(targetoutput+1));
plotconfusion(targetoutput,output);

%% 保存数据
save(treefile,'tree'); % 保存决策树模型

output = vec2ind(output);
output = output';
xlswrite(trainoutputfile,[txt,'模型输出';num2cell([data,output-1])]);
disp('CART 决策树模型构建完成! ');
```

*代码详见：示例程序 /code/construct_dt_model.m

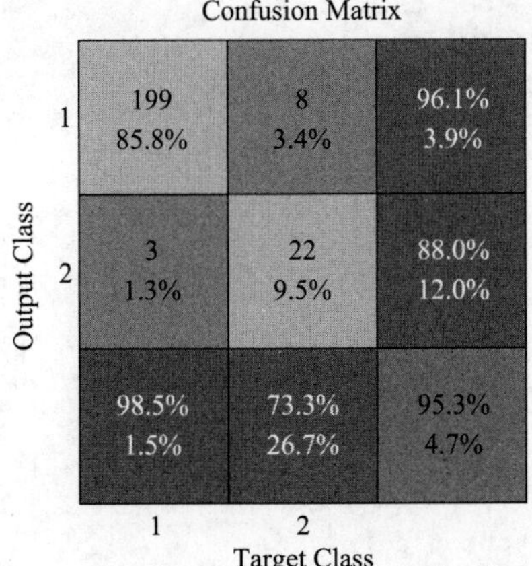

图 6-9 利用训练样本构建 CART 决策树的混淆矩阵

2. 模型评价

对于训练样本，LM 神经网络和 CART 决策树模型的分类准确率相差不大，均达到

94%。为了进一步评估模型分类的性能，故利用测试样本对两个模型进行评价，评价方法采用 ROC 曲线进行评估，一个优秀分类器所对应的 ROC 曲线应该是尽量靠近左上角。分别画出 LM 神经网络和 CART 决策树在测试样本下的 ROC 曲线，如图 6-10 和图 6-11 所示。LM 神经网络和 CART 决策树对测试数据集的测试代码，如代码清单 6-5 所示。

代码清单 6-5　LM 神经网络和 CART 决策树对测试数据集的测试代码

```
%% LM 神经网络和 CART 决策树模型测试
clear;
% 参数初始化
testfile = '../data/test_model.xls';                            % 训练数据
treefile = '../tmp/tree.mat';                                   % 决策树模型存储路径
netfile = '../tmp/net.mat';                                     % 神经网络模型存储路径
dttestoutputfile = '../tmp/dt_test_output_data.xls' ;           % 测试数据模型输出文件
lmtestoutputfile = '../tmp/lm_test_output_data.xls' ;           % 测试数据模型输出文件

[data,txt] = xlsread(testfile);
input = data(:,1:end-1);
target = data(:,end);

%% 使用构建好的决策树模型对原始数据进行测试
load(treefile);                                                 % 载入决策树模型
output_tree=predict(tree,input);

% 决策树输出数据变换以及画 ROC 曲线图
output_tree= full(ind2vec(output_tree'+1));
targetoutput = full(ind2vec(target'+1));
figure(1)
plotroc(targetoutput,output_tree);

%% 使用构建好的神经网络模型对原始数据进行测试
load(netfile);                                                  % 载入神经网络模型
output_lm = sim(net,input');

% 测试数据数据变换以及画 ROC 曲线图
figure(2)
plotroc(targetoutput,output_lm);

%% 写入数据
output_lm=vec2ind(output_lm);
output_lm = output_lm'-1;
output_tree=vec2ind(output_tree);
output_tree=output_tree'-1;
xlswrite(lmtestoutputfile,[txt,'模型输出';num2cell([data,output_lm])]);
xlswrite(dttestoutputfile,[txt,'模型输出';num2cell([data,output_tree])]);
disp('CART 决策树模型和 LM 神经网络模型测试完成！');
```

* 代码详见：示例程序 /code/test_lm_dt_model.m

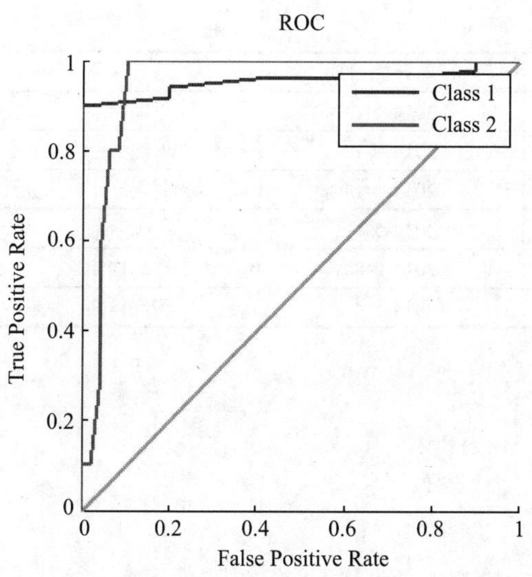

图 6-10　LM 神经网络在测试样本下的 ROC 曲线

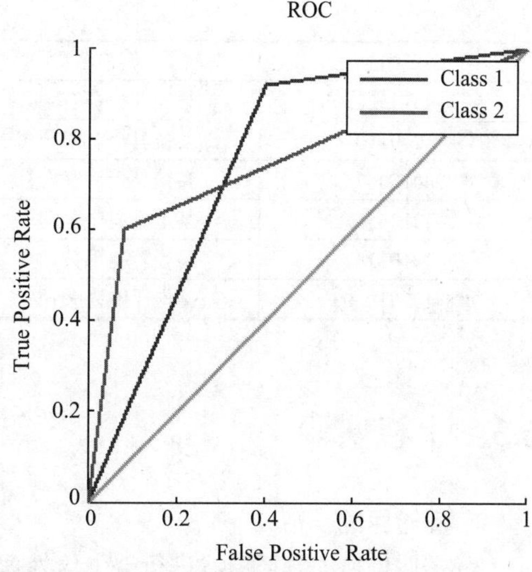

图 6-11　CART 决策树在测试样本下的 ROC 曲线

本案例中主要研究窃漏电用户的识别，所以只观测 LM 神经网络和 CART 决策树 ROC 曲线的 Class 2 折线，经过对比发现 LM 神经网络的 ROC 曲线比 CART 决策树的 ROC 曲线更加靠近左上角；LM 神经网络 ROC 曲线下的面积更大，说明 LM 神经网络模型的分类性能较好，能应用于窃漏电用户的识别。

3. 进行窃漏电诊断

在线监测用户用电负荷及终端报警数据，并经过 6.2.3 节的数据预处理，得到模型输入数据，利用构建好的窃漏电用户识别模型计算用户的窃漏电诊断结果，实现窃漏电用户实时诊断，并与实际稽查结果作对比，如表 6-9 所示，可以发现正确诊断出窃漏电用户有 10 个；错误地判断用户为窃漏电的用户有 1 个；诊断结果未发现窃漏电的用户有 4 个。整体来看窃漏电诊断的准确率是比较高的，下一步的工作是针对漏判的用户，研究其在窃漏电期间的用电行为，优化模型的特征，以提高识别的准确率。

表 6-9　窃漏电诊断结果与实际稽查结果对比

客户编号	客户名称	窃电开始日期	结　果
7110100608	某塑胶制品厂	2014-6-2	正确诊断
9900508537	某经济合作社	2014-8-20	正确诊断
9900531988	某模具有限公司	2014-8-21	正确诊断
8210101409	某科技有限公司	2014-8-10	正确诊断
8910100571	某股份经济合作社	2014-2-23	漏判
8210100795	某表壳加工厂	2014-6-1	正确诊断
9900287332	某电子有限公司	2014-5-15	漏判
6710100757	某镇某经济联合社	2014-2-21	漏判
9900378363	某装饰材料有限公司	2014-7-6	误判

（续）

客户编号	客户名称	窃电开始日期	结　果
9900145275	某实业投资有限公司	2014-11-3	正确诊断
8410101508	某玩具厂有限公司	2014-9-1	正确诊断
9900150075	某镇某经济联合社	2014-4-14	漏判
8010106555	某电子有限公司	2014-5-19	正确诊断
7410101282	某投资有限公司	2014-2-8	正确诊断
8410101060	某电子有限公司	2014-5-4	正确诊断

6.3 上机实验

1. 实验目的

- ❑ 掌握拉格朗日插值法进行缺失值处理。
- ❑ 掌握 LM 神经网络和 CART 决策树构建分类模型。

2. 实验内容

- ❑ 用户的用电数据存在缺失值，数据见“上机实验 /data/missing_data.xls”，利用拉格朗日插值算法补全数据。
- ❑ 对所有窃漏电用户及正常用户的电量、告警及线损数据和该用户在当天是否窃漏电的标志，按窃漏电评价指标进行处理并选取其中 291 个样本数据，得到专家样本，数据见“上机实验 /data/model.xls”，分别使用 LM 神经网络和 CART 决策树实现分类预测模型，利用混淆矩阵和 ROC 曲线对模型进行评价。

注意：数据 80% 作为训练样本，剩下的 20% 作为测试样本。

3. 实验方法与步骤

实验一

- ❑ 打开 MATLAB 软件，把“上机实验 /data/missing_data.xls”数据放入当前的工作目录。
- ❑ 使用 xlsread() 函数把数据读入当前的工作目录。
- ❑ 针对读入的数据每一列进行编程。编程主要参考第 4 章的拉格朗日插值算法，主要步骤如下：
- • 针对每列数据的每一个缺失值，逐个进行补数（这样可以在连续两个缺失值的情况下，使用前面一个已经补数的值来再次为后面的一个值补数）。
- • 针对一个缺失值，构造参考组。选取前面 5 个作为前参考组，后面 5 个为后参考组。如果前参考组或后参考组不足 5 个则按实际个数构造参考组。
- • 确认缺失值在参考组中的相对位置，然后使用拉格朗日插值进行缺失值的插值。
- • 根据插值后的值更新原始数据中相应位置的值。
- ❑ 编写并运行程序后，查看插值补数的值是否和给定的参考值一致。

实验二

- 把经过预处理的专家样本数据“上机实验 /data/model.xls”数据放入当前的工作目录，并使用 xlsread() 函数读入当前工作空间。
- 把工作空间的建模数据随机分为两部分：一部分用于训练；另一部分用于测试。
- 使用 fitctree() 函数以及训练数据构建 CART 决策树模型，使用 predict() 函数和构建的 CART 决策树模型分别对训练和测试数据进行分类，并与真实值进行对比，得到模型的正确率，同时使用 plotconfusion() 和 plotroc() 函数画混淆矩阵和 ROC 曲线图（这里需要注意 plotconfusion() 和 plotroc() 函数的输入需要使用 0、1 编码对样本标号进行编码）。
- 使用 patternnet() 函数以及训练数据构建 LM 神经网络模型，使用 sim() 函数和构建的神经网络模型分别对训练和测试数据进行分类，参考第三步得到模型正确率、混淆矩阵和 ROC 曲线图。
- 对比分析 CART 决策树模型和 LM 神经网络模型针对专家样本数据处理结果的好坏。

4. 思考与实验总结

- 在进行插值补数选取参考值时，为什么选择 10 个为一组？
- 将 MATLAB 自带的缺失值补数方法和拉格朗日插值补数方法进行对比。

6.4　拓展思考

目前企业偷漏税现象严重，并严重地影响国家的经济基础。为了维护国家的权力与利益，应该加大对企业偷漏税行为的防范工作。如何用数据挖掘的思想，智能地识别企业的偷漏税行为，并有力地打击企业偷漏税的违法行为，以维护国家的经济损失和社会秩序。

汽车销售行业，通常是指销售汽车整车的行业。汽车销售行业在税收上存在少开发票的金额、少计收入，上牌、按揭、保险等一条龙服务未入账反映，不及时确认保修索赔款等多种情况，导致政府损失大量的税收。汽车销售企业的部分经营指标能在一定程度上评估企业的偷漏税倾向，附件数据（见拓展思考 / 拓展思考样本数据 .xls）提供了汽车销售企业纳税人的各种属性和是否偷漏税标志，请结合汽车销售企业纳税人的各种属性，总结衡量纳税人的经营特征，建立偷漏税行为的识别模型，以识别偷漏税纳税人。

6.5　小结

本章结合窃漏电用户识别的案例，重点介绍了数据挖掘算法中 LM 神经网络和 CART 决策树算法在实际案例中的应用；研究窃漏电用户的行为特征，总结出窃漏电用户的特征指标；对比 LM 神经网络和 CART 决策树算法识别窃漏电用户的效果，从中选取最优模型进行窃漏电诊断，并详细地描述了数据挖掘的整个过程，对其相应的算法提供了 MATLAB 的上机实验内容。

Chapter 7 第 7 章

航空公司的客户价值分析

7.1 背景与挖掘目标

信息时代的来临使得企业营销焦点从产品中心转变为客户中心，客户关系管理成为企业的核心问题。客户关系管理的关键问题是客户分类，通过客户分类，区分无价值客户、高价值客户，企业针对不同价值的客户制定优化的个性化服务方案，采取不同营销策略，将有限的营销资源集中于高价值客户，实现企业利润最大化的目标。准确的客户分类结果是企业优化营销资源分配的重要依据，客户分类越来越成为客户关系管理中亟待解决的关键问题之一。

面对激烈的市场竞争，各个航空公司都推出了更优惠的营销方式来吸引更多的客户，国内某航空公司面临着常旅客流失、竞争力下降和航空资源未充分利用等经营危机。通过建立合理的客户价值评估模型，对客户进行分群，分析比较不同客户群的客户价值，并制定相应的营销策略，对不同的客户群提供个性化的客户服务是必须的和有效的。目前该航空公司已积累了大量的会员档案信息和其乘坐航班记录，经加工后得到如表 7-1 所示的数据信息。

根据表 7-2 所示的数据实现以下目标：

- ❑ 借助航空公司客户数据，对客户进行分类；
- ❑ 对不同的客户类别进行特征分析，比较不同类别客户的客户价值；
- ❑ 对不同价值的客户类别提供个性化服务，制定相应的营销策略。

表 7-1　航空信息属性表

	属性名称	属性说明
客户基本信息	MEMBER_NO	会员卡号
	FFP_DATE	入会时间
	FIRST_FLIGHT_DATE	第一次飞行日期
	GENDER	性别
	FFP_TIER	会员卡级别
	WORK_CITY	工作地城市
	WORK_PROVINCE	工作地所在省份
	WORK_COUNTRY	工作地所在国家
	AGE	年龄
乘机信息	FLIGHT_COUNT	观测窗口内的飞行次数
	LOAD_TIME	观测窗口的结束时间
	LAST_TO_END	最后一次乘机时间至观测窗口结束时长
	AVG_DISCOUNT	平均折扣率
	SUM_YR	观测窗口的票价收入
	SEG_KM_SUM	观测窗口的总飞行公里数
	LAST_FLIGHT_DATE	末次飞行日期
	AVG_INTERVAL	平均乘机时间间隔
	MAX_INTERVAL	最大乘机间隔
积分信息	EXCHANGE_COUNT	积分兑换次数
	EP_SUM	总精英积分
	PROMOPTIVE_SUM	促销积分
	PARTNER_SUM	合作伙伴积分
	POINTS_SUM	总累计积分
	POINT_NOTFLIGHT	非乘机的积分变动次数
	BP_SUM	总基本积分

* 观测窗口：以过去某个时间点为结束时间，某一时间长度作为宽度，得到历史时间范围内的一个时间段。

7.2　分析方法与过程

这个案例的目标是客户价值识别，即通过航空公司客户数据识别不同价值的客户。识别客户价值应用最广泛的模型是通过三个指标（最近消费时间间隔 (Recency)、消费频率 (Frequency)、消费金额 (Monetary)）来进行客户细分，识别出高价值的客户，简称 RFM 模型 [15]。

表 7-2 航空信息数据表

MEMBER_NO	FFP_DATE	FIRST_FLIGHT_DATE	GENDER	FFP_TIER	WORK_CITY	WORK_PROVINCE	WORK_COUNTRY	AGE	LOAD_TIME	FL_IGHT_COUNT	BP_SUM
289047040	2013/03/16	2013/04/28	男	6			US	56	2014/03/31	14	147 158
289053451	2012/06/26	2013/05/16	男	6	乌鲁木齐	新疆	CN	50	2014/03/31	65	112 582
289022508	2009/12/08	2010/02/05	男	5		北京	CN	34	2014/03/31	33	77 475
289004181	2009/12/10	2010/10/19	男	4	S.P.S	CORTES	HN	45	2014/03/31	6	76 027
289026513	2011/08/25	2011/08/25	男	6	乌鲁木齐	新疆	CN	47	2014/03/31	22	70 142
289027500	2012/09/26	2013/06/01	男	5	北京	北京	CN	36	2014/03/31	26	63 498
289058898	2010/12/27	2010/12/27	男	4	ARCADIA	CA	US	35	2014/03/31	5	62 810
289037374	2009/10/21	2009/10/21	男	4	广州	广东	CN	34	2014/03/31	4	60 484
289036013	2010/04/15	2013/06/02	女	6	广州	广东	CN	54	2014/03/31	25	59 357
289046087	2007/01/26	2013/04/24	男	6	.	天津	CN	47	2014/03/31	36	55 562
289062045	2006/12/26	2013/04/17	女	5	长春市	吉林省	CN	55	2014/03/31	49	54 255
289061968	2011/08/15	2011/08/20	男	6	沈阳	辽宁	CN	41	2014/03/31	51	53 926
289022276	2009/08/27	2013/04/18	男	5	深圳	广东	CN	41	2014/03/31	62	49 224
289056049	2013/03/18	2013/07/28	男	4	Simi Valley		US	54	2014/03/31	12	49 121
289000500	2013/03/12	2013/04/01	男	5	北京	北京	CN	41	2014/03/31	65	46 618
289037025	2007/02/01	2011/08/22	男	6	昆明	云南	CN	57	2014/03/31	28	45 531
289029053	2004/12/18	2005/05/06	男	4			CN	46	2014/03/31	6	41 872
289048589	2008/08/15	2008/08/15	男	5	NUMAZU		CN	60	2014/03/31	15	41 610
289005632	2011/08/09	2011/08/09	男	5	南阳县	河南	CN	47	2014/03/31	6	40 726
289041886	2011/11/23	2013/09/17	女	5	温州	浙江	CN	42	2014/03/31	7	40 589
289049670	2010/04/18	2010/04/18	男	5	广州	广东	CN	39	2014/03/31	35	39 973
289020872	2008/06/22	2013/06/30	男	6	.	北京	CN	47	2014/03/31	33	39 737
289021001	2008/03/09	2013/07/10	男	6			CN	47	2014/03/31	40	39 584
289041371	2011/10/15	2013/09/04	男	6	武汉	湖北	CN	56	2014/03/31	30	38 089
289062046	2007/10/19	2007/10/19	男	5	上海	上海	CN	39	2014/03/31	48	37 188
289037246	2007/08/30	2013/04/18	男	6	贵阳	贵州	CN	47	2014/03/31	40	36 471
289045852	2006/08/16	2006/11/08	男	4	ARCADIA	CA	US	69	2014/03/31	8	35 707

* 数据详见：示例程序 /data/air_data.csv

在 RFM 模型中，消费金额表示在一段时间内，客户购买该企业产品金额的总和。由于航空票价受到运输距离、舱位等级等多种因素的影响，同样消费金额的不同旅客对航空公司的价值是不同的，比如一位购买长航线、低等级舱位票的旅客与一位购买短航线、高等级舱位票的旅客相比，后者对于航空公司而言价值可能更高。因此这个指标并不适合于航空公司的客户价值分析 [15]。我们选择客户在一定时间内累积的飞行里程 (M) 和客户在一定时间内乘坐舱位所对应的折扣系数的平均值 (C) 两个指标代替消费金额。此外，考虑航空公司会员入会时间的长短在一定程度上能够影响客户价值，所以在模型中增加客户关系长度 (L)，以作为区分客户的另一指标。

本案例将客户关系长度 (L)、消费时间间隔 (R)、消费频率 (F)、飞行里程 (M) 和折扣系数的平均值 (C)，五个指标作为航空公司识别客户价值的指标，如表 7-3 所示，记为 LRFMC 模型。

表 7-3　LRFMC 模型中各指标的含义

模　　型	L	R	F	M	C
航空公司 LRFMC 模型	会员入会时间距观测窗口结束的月数	客户最近一次乘坐公司飞机距观测窗口结束的月数	客户在观测窗口内乘坐公司飞机的次数	客户在观测窗口内累计的飞行里程	客户在观测窗口内乘坐舱位所对应的折扣系数的平均值

针对航空公司 LRFMC 模型，如果采用传统 RFM 模型分析的属性分箱方法，如图 7-1 所示 [16]（它是依据属性的平均值进行划分的，其中大于平均值的表示为↑，小于平均值的表示为↓），虽然也能够识别出最有价值的客户，但是细分的客户群太多，提高了针对性营销的成本。因此，本案例采用聚类的方法识别客户价值。通过对航空公司客户价值的 LRFMC 五个指标进行 K-Means聚类，识别出最有价值的客户。

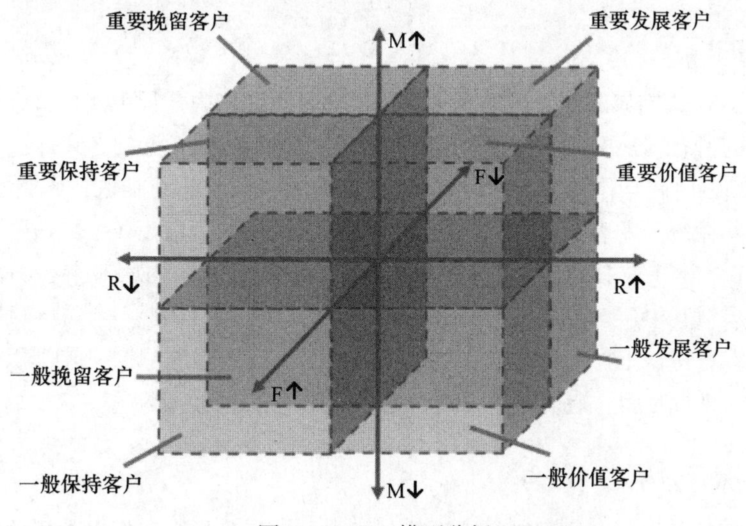

图 7-1　RFM 模型分析

本案例航空客户价值分析的总体流程，如图 7-2 所示。

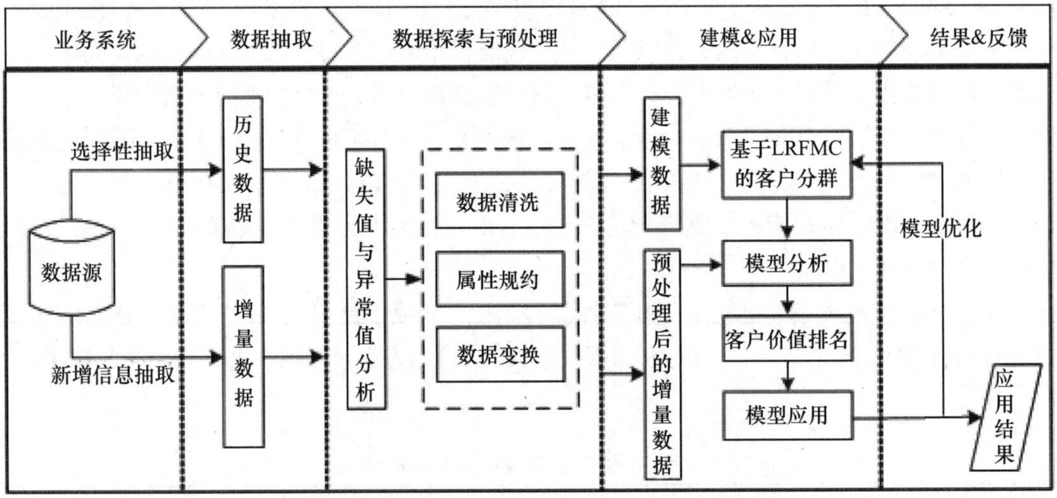

图 7-2 航空客运数据挖掘建模的总体流程

航空客运信息挖掘主要包括以下步骤：

- 从航空公司的数据源中进行选择性抽取与新增数据抽取分别形成历史数据和增量数据。
- 对第一步形成的两个数据集进行数据探索分析与预处理，包括数据缺失值与异常值的探索分析，以及数据的属性规约、清洗和变换。
- 利用第二步形成的已完成数据预处理的建模数据，基于旅客价值 LRFMC 模型进行客户分群，对各个客户群进行特征分析，识别出有价值的客户。
- 针对模型结果得到不同价值的客户，采用不同的营销手段，为其提供定制化的服务。

7.2.1 数据抽取

以 2014-03-31 为结束时间，选取宽度为两年的时间段作为分析观测窗口，抽取观测窗口内有乘机记录的所有客户的详细数据形成历史数据。对于后续新增的客户详细信息，以后续新增数据中最新的时间点作为结束时间，采用上述同样的方法进行抽取，形成增量数据。

从航空公司系统内的客户基本信息、乘机信息以及积分信息等详细数据中，根据末次飞行日期（LAST_FLIGHT_DATE），抽取 2012-04-01—2014-03-31 内所有乘客的详细数据，总共 62988 条记录。其中包含了如会员卡号、入会时间、性别、年龄、会员卡级别、工作地城市、工作地所在省份、工作地所在国家、观测窗口结束时间、观测窗口乘机积分、飞行公里数、飞行次数、飞行时间、乘机时间间隔、平均折扣率等 44 个属性。

7.2.2 数据探索分析

本案例的探索分析是对数据进行缺失值分析与异常值分析，分析出数据的规律以及异常值。通过对数据进行观察发现原始数据中存在票价为空值、票价最小值为 0、折扣率最小值为 0、总飞行公里数大于 0 的记录。票价为空值的数据可能是客户不存在乘机记录造成的，其他的数据可能是客户乘坐 0 折扣机票或者积分兑换造成的。

查找每列属性观测值中空值个数、最大值、最小值的 MATLAB 代码，如代码清单 7-1 所示。

代码清单 7-1　数据探索分析代码

```
%% 数据空缺值探索，如果是字符串则返回缺失值个数
%  如果是数值型返回缺失值个数以及最大、最小值
clear;
% 参数初始化
datafile= '../data/air_data.csv' ;                    % 航空原始数据，第一行为属性标签
logfile = '../tmp/log.txt';                           % 日志文件
resultfile = '../tmp/explore.xls';                    % 数据探索结果表

%% 读取数据
[num,txt] = xlsread(datafile);
[rows,cols] = size(num);
% 初始化 结果变量
results = cell(5,cols+1);
result = zeros(4,cols);
results(:,1)= {'属性';'空记录数';'缺失率';'最大值';'最小值'};
results(1,2:end)=txt(1,:);
% 记录日志
log_add(logfile,['文件' datafile '一共有' num2str(rows) ...
    '条记录']);

%% 遍历所有列，进行空缺判断
for i= 1: cols
    % 判断 txt 每列从第二行开始，是否都是空串
   empty_sum = sum(cellfun(@isempty,txt(2:end,i))); % 如果是空串，则 empty_sum==rows,
      即为数值型
    if empty_sum==rows                                % 该列为数值型
        min_ = min(num(:,i));                         % 最小值
        max_ = max(num(:,i));                         % 最大值
        nan_sum = sum(isnan(num(:,i)));
        nan_rate = nan_sum/rows;                      % 缺失率
        loginfo=['属性列' txt{1,i} '是数值型，其最大值为'...
              num2str(max_) '，最小值为' num2str(min_) ...
              '，缺失值个数为' num2str(nan_sum) '个，缺失率为' ...
              num2str(nan_rate)];
        log_add(logfile,loginfo);
        result(1,i)=nan_sum;
        result(2,i)=nan_rate;
        result(3,i)=max_;
        result(4,i)=min_;

    else                                              % 该列为字符串型，接着判断 txt
        [emptynum,emptyrate]= find_empty(txt(2:end,i));
        loginfo=['属性列' txt{1,i} '是字符串型，缺失值个数为' ...
```

```
                num2str(emptynum) '个，缺失率为' ...
                 num2str(emptyrate)];
              log_add(logfile,loginfo);
           result(1,i)=nan_sum;
           result(2,i)=nan_rate;
      end
 end

%% 写入数据探索结果
results(2:end,2:end)=num2cell(result);
xlswrite(resultfile,results');

disp('代码运行完成！');
```

*代码详见：示例程序 /code/data_explore.m

根据上面的代码得到的探索结果，如表 7-4 所示。

表 7-4 数据探索分析结果表

属性名称	SUM_YR_1	SUM_YR_2	…	SEG_KM_SUM	AVG_DISCOUNT
空值记录数	551	138	…	0	0
最大值	239 560	234 188	…	580 717	1.5
最小值	0	0	…	368	0

7.2.3 数据预处理

本案例主要采用数据规约、数据清洗与数据变换的预处理方法。

1. 数据清洗

通过数据探索分析，发现数据中存在缺失值，票价最小值为 0、折扣率最小值为 0、总飞行公里数大于 0 的记录。由于原始数据量大，这类数据所占比例较小，对该问题影响不大，因此对其进行丢弃处理，具体处理方法如下：

- ❑ 丢弃票价为空的记录。
- ❑ 丢弃票价为 0、平均折扣率不为 0、总飞行公里数大于 0 的记录。

使用 MATLAB 对满足清洗条件的数据进行丢弃，处理方法为满足清洗条件的一行数据全部丢弃，其代码如代码清单 7-2 所示。

代码清单 7-2 数据清洗代码

```
%% 数据清洗，过滤掉不符合规则的数据
clear;
% 参数初始化
datafile = '../data/air_data.csv';                  % 数据文件
cleanedfile = '../tmp/data_cleaned.csv';            % 数据清洗后保存的文件

%% 清洗空值和不符规则的数据
```

```
[num,txt]=xlsread(datafile);
[row,col]=size(txt);

% 数据整合
for i=1:col
    % 判断 txt 每列从第二行开始 ，是否都是空串
    empty_sum = sum(cellfun(@isempty,txt(2:end,i))); % 如果是空串，则 empty_sum==row-1,
        即为数值型
    if empty_sum == row-1
        txt(2:end,i)=num2cell(num(:,i));        % 把数值型转为 cell 类型，并整合
    end
%        if mod(i,500)==0
%            disp(['已整合数据' num2str(i) '条记录...']);
%        end
end
disp(['过滤前行数：' num2str(size(txt,1))]);

% 初始化变量
txt_copy=[];
rule1_sum =0;
rule2_sum =0;

% 数据过滤
for i=2:row                    % 从第二行数据行开始判断
                               % 判断每一行数据是否符合规则，其中 filter_data 为自定义函数，
                               % 如果数据符合要求则返回 1，否则返回 0
    [filterflag,rule1_sum,rule2_sum] = filter_data(txt(i,:),rule1_sum,rule2_sum);
    if filterflag ==0     % 不合要求，删除
        txt_copy=[txt_copy,i];    % 清除数据
    end
%      if mod(i,500)==0
%          disp(['已过滤数据' num2str(i) '条记录...']);
%      end
end
txt(txt_copy,:)=[];
disp(['过滤后行数：' num2str(size(txt,1)-1) '，规则 1 过滤记录数：' num2str(rule1_sum) ...
    '规则 2 过滤的记录数：' num2str(rule2_sum)]);

%% 写入过滤后的数据
xlswrite(cleanedfile,txt);  % 写入数据文件
```

* 代码详见：示例程序 /code/data_clean.m

2. 属性规约

原始数据中属性太多，根据航空公司客户价值 LRFMC 模型，选择与 LRFMC 指标相关的六个属性：FFP_DATE、LOAD_TIME、FLIGHT_COUNT、AVG_DISCOUNT、SEG_KM_SUM、LAST_TO_END，删除与其不相关、弱相关或冗余的属性。例如：会员卡号、性别、工作地城市、工作地所在省份、工作地所在国家、年龄等属性。经过属性选择后的数据集，

如表 7-6 所示。

表 7-5 属性选择后的数据集

LOAD_TIME	FFP_DATE	LAST_TO_END	FLIGHT_COUNT	SEG_KM_SUM	AVG_DISCOUNT
2014/3/31	2013/3/16	23	14	126 850	1.02
2014/3/31	2012/6/26	6	65	184 730	0.76
2014/3/31	2009/12/8	2	33	603 87	1.27
2014/3/31	2009/12/10	123	6	622 59	1.02
2014/3/31	2011/8/25	14	22	547 30	1.36
2014/3/31	2012/9/26	23	26	500 24	1.29
2014/3/31	2010/12/27	77	5	611 60	0.94
2014/3/31	2009/10/21	67	4	489 28	1.05
2014/3/31	2010/4/15	11	25	434 99	1.33
2014/3/31	2007/1/26	22	36	687 60	0.88
2014/3/31	2006/12/26	4	49	640 70	0.91
2014/3/31	2011/8/15	22	51	795 38	0.74
2014/3/31	2009/8/27	2	62	910 11	0.67
2014/3/31	2013/3/18	9	12	698 57	0.79
2014/3/31	2013/3/12	2	65	750 26	0.69
2014/3/31	2007/2/1	13	28	508 84	0.86
2014/3/31	2004/12/18	56	6	733 92	0.66
2014/3/31	2008/8/15	23	15	361 32	1.07
2014/3/31	2011/8/9	48	6	552 42	0.79
2014/3/31	2011/11/23	36	7	441 75	0.89

3. 数据变换

数据变换是将数据转换成“适当的”格式，以适应挖掘任务及算法的需要。本案例中主要采用的数据变换方式有属性构造和数据标准化。

由于原始数据中并没有直接给出 LRFMC 五个指标，需要通过原始数据提取这五个指标，具体的计算方式如下：

- L = LOAD_TIME−FFP_DATE

会员入会时间距观测窗口结束的月数 = 观测窗口的结束时间 − 会员入会时间 [单位：月]

- R = LAST_TO_END

客户最近一次乘坐公司飞机距观测窗口结束的月数 = 最后一次乘机时间至观察窗口末端时长 [单位：月]

- F = FLIGHT_COUNT

客户在观测窗口内乘坐公司飞机的次数 = 观测窗口的飞行次数（单位：次）

- M = SEG_KM_SUM

客户在观测时间内在公司累计的飞行里程 = 观测窗口总飞行公里数（单位：公里）

❑ C = AVG_DISCOUNT

客户在观测时间内乘坐舱位所对应的折扣系数的平均值 = 平均折扣率（单位：无）

以上五个指标的数据提取后，对每个指标数据分布情况进行分析，其数据的取值范围，如表 7-6 所示。从表中数据可以发现，五个指标的取值范围数据差异较大，为了消除数量及数据带来的影响，需要对数据进行标准化处理。

表 7-6　LRFMC 指标的取值范围

属性名称	L	R	F	M	C
最小值	12.23	0.03	2	368	0.14
最大值	114.63	24.37	213	580717	1.5

用标准差标准化处理的 MATLAB 代码，如代码清单 7-3 所示，datafile 为输入数据文件，zscoredata 为标准差标准化后的数据集。

代码清单 7-3　标准差标准化代码

```
%% 标准差标准化
clear;
% 参数初始化
datafile = '../data/zscoredata.xls';      % 需要进行标准化的数据文件;
zscoredfile = '../tmp/zscoreddata.xls'; % 标准差标准化后的数据存储路径文件;

%% 标准化处理
[data,txt]=xlsread(datafile);
zscoredata = zscore(data) ;                % 其中 zscore 函数为 MATLAB 内置的标准化函数

%% 数据写入
xlswrite(zscoredfile,[txt;num2cell(zscoredata)]);
```

* 代码详见：示例程序 /code/zscore_data.m

标准差标准化处理后，形成 ZL、ZR、ZF、ZM、ZC 五个属性的数据，如表 7-7 所示。

表 7-7　标准差标准化处理后的数据集

ZL	ZR	ZF	ZM	ZC
1.690	0.140	−0.636	0.069	−0.337
1.690	−0.322	0.852	0.844	−0.554
1.682	−0.488	−0.211	0.159	−1.095
1.534	−0.785	0.002	0.273	−1.149
0.890	−0.427	−0.636	−0.685	1.232
−0.233	−0.691	−0.636	−0.604	−0.391
−0.497	1.996	−0.707	−0.662	−1.311
−0.869	−0.268	−0.281	−0.262	3.396
−1.075	0.025	−0.423	−0.521	0.150
1.907	−0.884	2.979	2.130	0.366

（续）

ZL	ZR	ZF	ZM	ZC
0.478	−0.565	0.852	−0.068	−0.662
0.469	−0.939	0.073	0.104	−0.013
0.469	−0.185	−0.140	−0.220	−0.932
0.453	1.517	0.073	−0.301	3.288
0.369	0.747	−0.636	−0.626	−0.283
0.312	−0.896	0.498	0.954	−0.500
−0.026	−0.681	0.073	0.325	0.366
−0.051	2.723	−0.636	−0.749	0.799
−0.092	2.879	−0.707	−0.734	−0.662
−0.150	−0.521	1.278	1.392	1.124

* 数据详见：示例程序 /data/zscoreddata.xls

7.2.4 模型构建

客户价值分析模型构建主要由两个部分构成：第一个部分根据航空公司客户五个指标的数据，对客户作聚类分群；第二部分结合业务对每个客户群进行特征分析，分析其客户价值，并对每个客户群进行排名。

1. 客户聚类

采用 K-Means 聚类算法对客户数据进行客户分群，聚成五类（需要结合业务的理解与分析来确定客户的类别数量）。

利用 K-Means 聚类算法进行客户分群的 MATLAB 代码，如代码清单 7-4 所示，输入数据集为 inputfile，聚类类别数为 k=5，输出结果 type 为每个样本对应的类别号，centervec 为聚类中心向量。

代码清单 7-4　K-Means 聚类算法

```
%% K-Means 聚类算法
clear;
% 参数初始化
inputfile = '../tmp/zscoreddata.xls';    % 待聚类的数据文件
k=5;                                     % 需要进行的聚类类别数
logfile = '../tmp/log.txt';              % 日志文件

%% 读取数据并进行聚类分析
[num,txt]=xlsread(inputfile);            % 读取数据
% 调用 k-means 算法，进行聚类分析
% 其中，type 为每个样本对应的类别号，centervec 为聚类中心向量
[type,centervec] = kmeans(num,k);

%% 聚类中心写入日志文件
```

```
rows = size(centervec,1);
for i=1:rows
    loginfo= ['聚类号为 ' num2str(i) '的聚类中心向量为: ' ...
        num2str(centervec(i,:))];
    log_add(logfile,loginfo);
end
```

* 代码详见：示例程序 /code/kmeans_cluster.m

对数据进行聚类分群的结果，如表 7-8 所示。

表 7-8 客户聚类结果

聚类类别	聚类个数	聚类中心				
		ZL	ZR	ZF	ZM	ZC
客户群 1	5 337	0.483	−0.799	2.483	2.424	0.308
客户群 2	15 735	1.160	−0.377	−0.087	−0.095	−0.158
客户群 3	12 130	−0.314	1.686	−0.574	−0.537	−0.171
客户群 4	24 644	−0.701	−0.415	−0.161	−0.165	−0.255
客户群 5	4 198	0.057	−0.006	−0.227	−0.230	2.191

* 由于 K-Means 聚类是随机选择类标号，因此上机实验得到结果中的类标号可能与此不同

2. 客户价值分析

针对聚类结果进行特征分析，如图 7-3 所示，其中客户群 1 在 F、M 属性中最大，在 R 属性最小；客户群 2 在 L 属性中最大；客户群 3 在 R 属性中最大，在 F、M 属性中最小；客户群 4 在 L、C 属性中最小；客户群 5 在 C 属性中最大。结合业务分析，通过比较各个指标在群间的大小对某一个群的特征进行评价分析。如客户群 1 在 F、M 属性中最大，在 R 指标最小，因此可以说 F、M、R 在群 1 是优势特征；以此类推，F、M、R 在群 3 上是劣势特征。从而总结出每个群的优势和弱势特征，具体结果如表 7-10 所示。

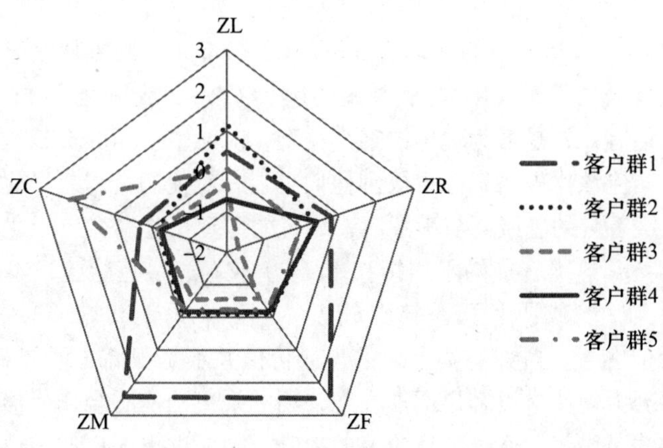

图 7-3 客户群的特征分析图

表 7-9 客户群的特征描述表

群类别	优势特征			弱势特征		
客户群 1	F	M	R			
客户群 2	L	**F**	**M**			
客户群 3				*F*	*M*	**R**
客户群 4				*L*		*C*
客户群 5	C			**R**	<u>F</u>	<u>M</u>

注：正常字体表示最大值、加粗字体表示次大值、斜体字体表示最小值、带下划线的字体表示次小值

由上述客户群特征分析的图表说明每个客户群的都有显著不同的表现特征，基于该特征描述，本案例定义五个等级的客户类别：重要保持客户、重要发展客户、重要挽留客户、一般客户与低价值客户。他们之间的区别，如图 7-4 所示，其中每种客户类别的特征如下。

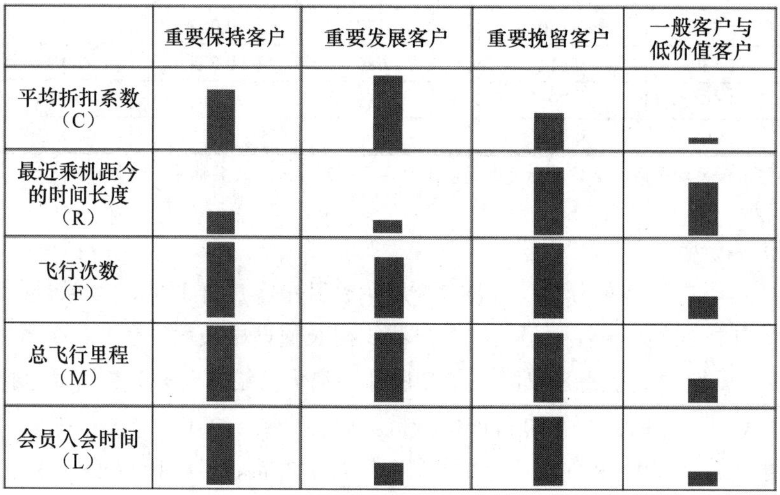

	重要保持客户	重要发展客户	重要挽留客户	一般客户与低价值客户
平均折扣系数（C）				
最近乘机距今的时间长度（R）				
飞行次数（F）				
总飞行里程（M）				
会员入会时间（L）				

图 7-4 客户类别的特征分析

- ❑ 重要保持客户：这类客户的平均折扣率（C）较高（一般所乘航班的舱位等级较高）、最近乘坐过本公司航班（R）少、乘坐的次数（F）多或里程（M）较长。他们是航空公司的高价值客户，是最为理想的客户类型，对航空公司的贡献最大，所占比例却较小。航空公司应该优先将资源投放到他们身上，对他们进行差异化管理和一对一的营销，提高这类客户的忠诚度与满意度，尽可能地延长这类客户的高水平消费。
- ❑ 重要发展客户：这类客户的平均折扣率（C）较高、最近乘坐过本公司航班（R）少，但乘坐次数（F）少或乘坐里程（M）较短。这类客户入会时长（L）短，他们是航空公司的潜在价值客户。虽然这类客户的当前价值并不是很高，但却有很大的发展潜力。航空公司要努力促使这类客户增加在本公司的乘机消费和合作伙伴处的消费，也就是增加客户的钱包份额。通过客户价值的提升，加强这类客户的满意度，提高他们转向竞争对手的转移成本，使他们逐渐成为公司的忠诚客户。

- 重要挽留客户：这类客户过去所乘航班的平均折扣率（C）高、乘坐次数（F）多或者里程（M）较长，但是较长时间已经没有乘坐本公司的航班（R）或是乘坐频率变低。该类客户价值变化的不确定性很大。由于这些客户衰退的原因各不相同，所以掌握客户的最新信息、维持与客户的互动就显得尤为重要了。航空公司应该根据这些客户的最近消费时间、消费次数的变化情况，推测客户消费的异动状况，并列出客户名单，对其进行重点联系，采取一定的营销手段，延长该类客户的生命周期。
- 一般客户或低价值客户：这类客户所乘航班的平均折扣率（C）很低，较长时间没有乘坐过本公司航班（R）少，乘坐的次数（F）少或里程（M）较少，入会时长（L）短。他们是航空公司的一般用户或低价值客户，可能是在航空公司机票打折促销时，才会乘坐该公司的航班。

其中，重要发展客户、重要保持客户、重要挽留客户，这三类重要客户分别可以归入客户生命周期管理的发展期、稳定期、衰退期三个阶段。

根据每种客户类型的特征，对各类客户群进行客户价值排名，其结果如表 7-10 所示。针对不同类型的客户群提供不同的产品和服务，提升重要发展客户的价值、稳定和延长重要保持客户的高水平消费、防范重要挽留客户的流失，并积极进行关系恢复。

表 7-10　客户群价值排名

客户群	排　名	排名含义
客户群 1	1	重要保持客户
客户群 5	2	重要发展客户
客户群 2	3	重要挽留客户
客户群 4	4	一般客户
客户群 3	5	低价值客户

本模型采用历史数据进行建模，随着时间的变化，分析数据的观测窗口也在变换。因此，对于新增客户详细信息，考虑业务的实际情况，该模型建议每一个月运行一次，对其新增客户的信息通过聚类中心进行判断，同时对本次新增客户的特征进行分析。如果增量数据的实际情况与判断结果差异大，需要业务部门重点关注，查看变化大的原因以及确认模型的稳定性。如果模型的稳定性变化大，需要重新对模型进行调整。目前对模型进行重新调整的时间没有统一标准，大部分情况都是根据经验来决定的。根据经验建议：每隔半年调整一次模型比较合适。

3. 模型应用

根据对各个客户群进行特征分析，采取下面的一些营销手段和策略，为航空公司的价值客户群的管理提供参考。

（1）会员的升级与保级

航空公司的会员可以分为白金卡会员、金卡会员、银卡会员、普通卡会员，其中非普通卡会员可以统称为航空公司的精英会员。虽然各个航空公司都有自己的特点和规定，但会员制的管理方法是大同小异的。成为精英会员一般都是要求在一定时间内（如一年）积累一定的飞行里程或航段，达到这种要求后就会在有效期内（通常为两年）成为精英会员，并享受相应的高级别服务。有效期快结束时，根据相关评价方法确定客户是否有资格继续作为精英会员，然后对该客户进行相应地升级或降级。

然而，由于许多客户并没有意识到或根本不了解会员升级或保级的时间与要求（相关的文件说明往往复杂且不易理解），经常在评价期过后才发现自己其实只差一点儿就可以实现升级或保级，却错过了机会，使之前的里程积累白白损失了。同时，这种认知还可能导致客户的不满，于是干脆放弃在该公司的消费。

因此，航空公司可以在对会员升级或保级进行评价的时间点之前，对那些接近但尚未达到要求的较高消费的客户进行适当地提醒甚至采取一些促销活动，刺激他们通过消费达到相应的标准。这样既可以获得收益，同时也提高了客户的满意度，增加了公司的精英会员。

（2）首次兑换

航空公司常旅客计划中最能够吸引客户的内容就是客户可以通过消费积累的里程来兑换免费机票或免费升舱等。各个航空公司都有一个首次兑换标准，也就是当客户的里程或航段积累到一定程度时才可以实现第一次兑换，这个标准会高于正常的里程兑换标准。但是很多公司的里程积累随着时间会进行一定的削减。例如，有的公司会在年末对该年积累的里程进行折半处理。这样会导致许多不了解情况的会员白白损失自己好不容易积累的里程，甚至总是难以实现首次兑换。同样，这也会引起客户的不满或流失。可以采取的措施是从数据库中提取出接近但尚未达到首次兑换标准的会员，对他们进行提醒或促销，使他们通过消费达到标准。一旦实现了首次兑换，客户在本公司进行再次消费兑换就比在其他公司进行兑换要容易许多，在一定程度上等于提高了客户转移的成本。另外，在一些特殊的时间点（如里程折半的时间点）之前可以给客户一些提醒，这样可以增加客户的满意度。

（3）交叉销售

通过发行联名卡等与非航空类企业的合作，使客户在其他企业的消费过程中获得本公司的积分，增强客户与公司的联系，提高他们的忠诚度。如可以查看重要客户在非航空类合作伙伴处的里程积累情况，找出他们习惯的里程积累方式（是否经常在合作伙伴处消费、更喜欢消费哪些类型的合作伙伴的产品），对他们进行相应的促销。

客户识别期和发展期可为建立客户关系打下基石，但是这两个时期带来的客户关系是短暂的、不稳定的。企业要获取长期的利润，必须具有稳定的、高质量的客户。保持客户对于企业是至关重要的，不仅因为争取一个新客户的成本远远高于维持老客户的成本，更重要的是客户流失会造成公司收益的直接损失。因此，在这一时期，航空公司应该努力维系客户关系水平，使之处于较高的水准，最大化在生命周期内公司与客户的互动价值，并使这样的高水平尽可能地延长。对于这一阶段的客户，主要应该通过提供优质的服务产品和提高服务水平来提高客户的满意度。通过对常旅客数据库的数据挖掘、进行客户细分，可以获得重要保持客户的名单。这类客户一般所乘航班的平均折扣率（C）较高，最近乘坐过本公司航班（R）

少，乘坐的频率（F）高或里程（M）也较长。他们是航空公司的价值客户，是最为理想的客户类型，对航空公司的贡献最大，所占比例却比较小。航空公司应该优先将资源投放到他们身上，对他们进行差异化管理和一对一的营销，提高这类客户的忠诚度与满意度，尽可能地延长这类客户的高水平消费。

7.3　上机实验

1. 实验目的

- 了解 K-Means 聚类算法在客户价值分析实例中的应用。
- 利用 MATLAB 实现数据 z-score（标准差）标准化以及模型的 K-Means 聚类过程。

2. 实验内容

依据航空公司客户价值分析的 LRFMC 模型提取客户信息的 LRFMC 指标。对其进行标准差标准化并保存后，采用 K-Means 算法完成客户的聚类，分析每类的客户特征，从而获得每类的客户价值。

- 利用 MATLAB 程序，读入 LRFMC 指标文件，分别计算各个指标的均值与其标准差，使用标准差标准化公式完成 LRFMC 指标的标准化，并将标准化后的数据进行保存。
- 编写 MATLAB 程序，完成客户的 K-Means 聚类，获得聚类中心与类标号。输出聚类中心的特征图，并统计每个类别的客户数。

3. 实验方法与步骤

实验一

对 L、R、F、M、C 五个指标进行 z-score（标准差）标准化。

- 打开 MATLAB，使用 xlsread() 函数将待标准差标准化的数据“上机实验 /data/zscoredata.xls”读入 MATLAB 中。
- 使用 mean() 与 std() 函数，获得 L、R、F、M、C 五个指标的平均值与标准差。
- 3）根据 z-score(标准差) 标准化公式 $z_{ij}=(x_{ij}-x_i)/s_i$，其中 z_{ij} 是标准化后的变量值；x_{ij} 是实际变量值；x_i 为变量的算术平均值；s_i 是变量的标准差并进行标准差标准化。

实验二

- 使用 xlsread() 函数将航空数据预处理后的数据读入 MATLAB 工作空间，截取最后 5 列数据作为 K-Means 算法的输入数据。
- 调用 kmeans() 函数对 1 中的数据进行聚类，得到聚类标号和聚类中心点。
- 根据聚类标号统计计算得到每个类别的客户数，同时根据聚类中心点向量画出客户聚类中心向量图并保存。

4. 思考与实验总结

- MATLAB 中有函数 zscore() 可以直接进行标准差标准化，但封装后过于简单，不利于学习，首次进行标准差标准化时请按以上步骤自行完成，以熟悉该算法。

- MATLAB 中 kmeans() 函数中的初始聚类中心可以使用什么算法得到？其默认的是什么算法？
- 使用不同的预处理对原始数据进行变换，再使用 K-Means 算法进行聚类，对比聚类结果，分析不同数据预处理对 K-Means 算法的影响。

7.4 拓展思考

本章主要针对客户价值进行分析，但对客户流失并没有提出具体的分析。由于在航空客户关系管理中客户流失的问题未被重视，故对航空公司造成了巨大的损失。客户流失对利润增长造成的负面影响非常大，仅次于公司规模、市场占有率、单位成本等因素的影响。客户与航空公司之间的关系越长久，给公司带来的利润就会越高。所以流失一个客户，比获得一个新客户对公司的损失更大。因为要获得新客户，需要在销售、市场、广告和人员工资上花费很多的费用，并且大多数新客户产生的利润还不如那些流失的老客户多。

因此，在国内航空市场竞争日益激烈的背景下，航空公司在客户流失方面应该引起足够的重视。如何改善流失问题，继而提高客户的满意度、忠诚度是航空公司维护自身市场并面对激烈竞争的一件大事，客户流失分析将成为帮助航空公司开展持续改进活动的指南。

客户流失分析可以针对目前老客户进行分类预测。针对航空公司客户信息数据，如表 7-2 所示，可以进行老客户以及客户类型的定义（其中将飞行次数大于 6 次的客户定义为老客户；已流失客户定义为：第二年飞行次数与第一年飞行次数比例小于 50% 的客户；准流失客户定义为：第二年飞行次数与第一年飞行次数比例在 50% ~ 90% 区间内的客户；未流失客户定义为：第二年飞行次数与第一年飞行次数比例大于 90% 的客户）。同时需要选取客户信息中的关键属性，如会员卡级别、客户类型（流失、准流失、未流失）、平均乘机时间间隔、平均折扣率、积分兑换次数、非乘机积分总和、单位里程票价、单位里程积分等。随机选取数据的 80% 作为分类的训练样本，剩余的 20% 作为测试样本。构建客户的流失模型，运用模型预测未来客户的类别归属（未流失、准流失或已流失）。

7.5 小结

本章结合航空公司客户价值分析的案例，重点介绍了数据挖掘算法中 K-Means 聚类算法在实际案例中的应用。针对客户价值识别传统的 RFM 模型的不足，采用 K-Means 算法进行分析，并详细地描述了数据挖掘的整个过程，对其相应的算法提供了 MATLAB 的上机实验。

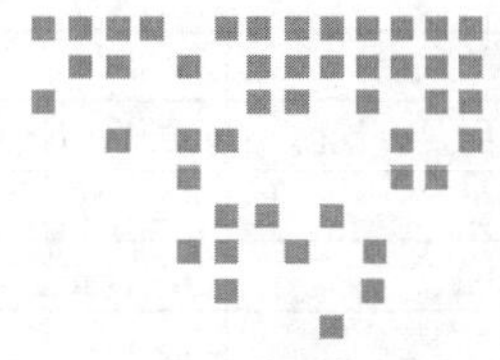

第 8 章 Chapter 8

中医证型关联规则挖掘

8.1 背景与挖掘目标

恶性肿瘤俗称癌症，目前已成为危害我国居民生命健康的主要杀手。应用中医药治疗恶性肿瘤已成为公认的综合治疗的方法之一，且中医药治疗乳腺癌有着广泛的适应证和独特的优势。从整体出发，调整机体气血、阴阳、脏腑功能的平衡，根据不同的临床症候进行辨证论治。确定“先症而治”的方向：即后续症候尚未出现之前，需要截断恶化病情的那些后续症候。发现中医症状间的关联关系和诸多症状间的规律性，并且依据规则分析病因、预测病情发展以及为未来临床诊治提供有效的借鉴。这样患者在治疗的过程中，医生可以有效地减少西医以及化疗治疗的毒副作用，为后续治疗打下基础，并且还能够帮助乳腺癌患者手术后体质的恢复、生存质量的改善，有利于提高患者的生存概率。

三阴乳腺癌患者的临床患病信息，如表 8-1 所示，由信息整理而成的原始数据，如表 8-2 所示，请根据这些数据实现以下目标：

- ❑ 借助三阴乳腺癌患者的病理信息，挖掘患者的症状与中医症型之间的关联关系；
- ❑ 为截断治疗提供依据，挖掘潜性病症因素。

表 8-1 原始属性表

序号	属性名称	属性描述
1	实际年龄	A1：≤ 30 岁；A2：31 ~ 40 岁；A3：41 ~ 50 岁；A4：51 ~ 60 岁；A5：61 ~ 70 岁；A6：≥ 71 岁
2	发病年龄	a1：≤ 30 岁；a2：31 ~ 40 岁；a3：41 ~ 50 岁；a4：51 ~ 60 岁；a5：61 ~ 70 岁；a6：≥ 71 岁
3	初潮年龄	C1：≤ 12 岁；C2：13 ~ 15 岁；C3：≥ 16 岁

（续）

序　号	属性名称	属性描述
4	既往月经是否规律	D1：月经规律；D2：月经先期；D3：月经后期；D4：月经先后不定期
5	是否痛经	Y：是；N：否
6	是否绝经	Y：是；N：否
……	……	……
64	肝气郁结症得分	总分 40 分
65	热毒瘀结症得分	总分 44 分
66	冲任失调症得分	总分 41 分
67	气血两虚症得分	总分 43 分
68	脾胃虚弱症得分	总分 43 分
69	肝肾阴虚症得分	总分 38 分
70	TNM 分期	H1：I；H2：II；H3：III；H4：IV
71	确诊后几年发现转移	1. 无转移：BU0；2. 小于等于三年：BU1；3. 大于三年小于等于五年：BU2；4. 大于五年：BU3
72	转移部位	R1：骨；R2：肺；R3：脑；R4：肝；R5：其他；R0：无转移
73	病程阶段	S1：围手术期；S2：围化疗期；S3：围放疗期；S4：巩固期

8.2 分析方法与过程

由于患者在围手术期、围化疗期、围放疗期和内分泌治疗期等各个病程阶段，基本都会出现特定的临床症状，故而可以运用中医截断疗法对其进行治疗，在辨病的基础上围绕各个病程的特殊症候先诊后治。截断扭转的主要观点是强调早期治疗，力图快速控制病情，截断病情邪变深入，扭转与阻止疾病的恶化[17]。

目前，医学上患者的临床病理信息大部分都存在纸张上，其包含了患者的基本信息、具体患病信息等，很少会将患者的患病信息存放于系统中，因此进行数据分析时会面临数据缺乏的情况。针对这种状况，本章采用问卷调查的方式收集数据。运用数据挖掘技术对收集的数据进行数据探索与预处理，形成建模数据。采用关联规则算法，挖掘各中医证素与乳腺癌 TNM 分期之间的关系。探索不同分期阶段的三阴乳腺癌患者的中医证素分布规律，以及截断病变发展、先期干预的治疗思路，以指导三阴乳腺癌的中医临床治疗。

本次数据挖掘建模的总体流程，如图 8-1 所示。

中医证型关联规则挖掘主要包括以下步骤：

- ❑ 以问卷调查的方式对数据进行收集，并将问卷信息整理成原始数据；
- ❑ 对原始数据集进行数据预处理，包括数据清洗、属性规约、数据变换；
- ❑ 利用第二步形成的建模数据，采用关联规则算法，调整模型输入参数，获取各中医证素与乳腺癌 TNM 分期之间的关系；
- ❑ 结合实际业务，对模型结果进行分析，且将模型结果应用于实际业务中，最后输出关联规则的结果。

表 8-2　原始数据表

患者编号	实际年龄	发病年龄	初潮年龄	既往月经是否规律	是否痛经	是否绝经	是否有更年期症状	婚　否	育几胎	产几胎	流几胎	生育年龄	是否哺乳	哺乳时间	乳汁量	肿块部位	肿块是否疼痛
20140002	A2	a2	B2	C1	N	Y	Y	Y	3	2	1	D3	Y	E3	F1	G1	N
20140003	A5	a5	B2	C1	Y	Y	Y	Y	2	1	1	D3	Y	E3	F1	G1	N
20140007	A4	a4	B2	C1	Y	Y	Y	Y	1	1	0	D2	Y	E3	F1	G1	N
20140010	A5	a5	B2	C1	Y	Y	Y	Y	2	1	1	D2	Y	E3	F1	G1	N
20140020	A1	a1	B2	C1	N	N	N	Y	2	1	1	D1	Y	E2	F1	G3	Y
20140027	A2	a2	B3	C1	N	N	N	Y	2	1	1	D1	Y	E1	F1	G2	N
20140028	A3	a3	B3	C2	Y	Y	Y	Y	5	2	3	D1	Y	E3	F1	G2	Y
20140004	A3	a3	B2	C1	N	Y	N	Y	1	1	0	D3	N	NULL	F2	G1	N
20140009	A3	a3	B2	C1	Y	Y	Y	Y	1	1	0	D2	N	NULL	F2	G3	N
20140012	A2	a2	B1	C4	N	Y	Y	Y	1	1	0	D2	Y	E1	F2	G4	N
20140016	A5	a4	B2	C3	Y	Y	Y	Y	3	2	1	D2	Y	E3	F2	G5	N
20140017	A3	a3	B2	C1	Y	Y	N	Y	1	1	0	D2	N	NULL	F2	G1	Y
20140019	A1	a1	B2	C4	Y	N	N	Y	2	1	1	D1	Y	E1	F2	G3	N
20140023	A2	a2	B2	C1	Y	N	N	Y	3	2	1	D1	Y	E3	F2	G1	Y
20140025	A2	a2	B3	C1	N	Y	Y	Y	3	1	2	D1	Y	E2	F2	G5	N
20140026	A3	a3	B2	C1	N	Y	Y	Y	2	1	1	D1	n	NULL	F2	G3	N
20140005	A4	a4	B2	C1	N	Y	Y	Y	1	1	0	D3	Y	E3	F3	G1	N
20140006	A4	a4	B3	C1	N	Y	N	Y	2	1	1	D2	Y	E3	F3	G5	N
20140008	A5	a5	B2	C1	N	Y	Y	Y	3	1	2	D2	Y	E2	F3	G3	Y
20140011	A5	a4	B2	C1	N	Y	Y	Y	2	2	0	D2	Y	E3	F3	G1	N

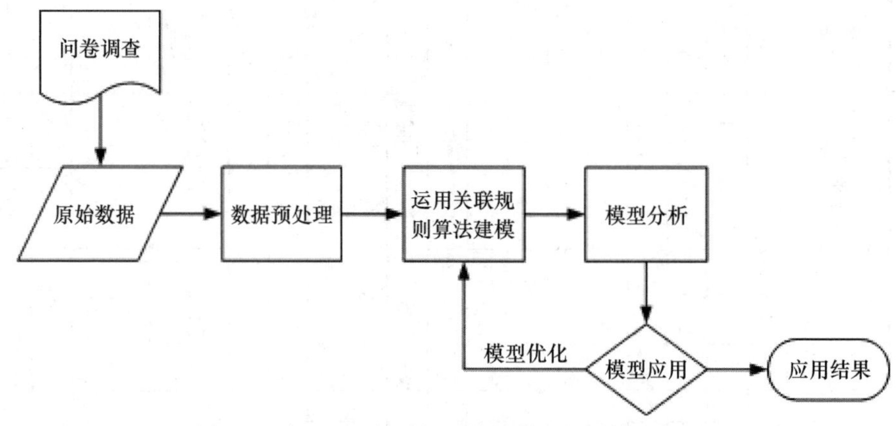

图 8-1 中医证型关联规则挖掘模型的总体流程图

8.2.1 数据获取

本案例采用调查问卷的形式对数据进行搜集，数据获取的具体过程如下：

- 拟定调查问卷表并形成原始指标表；
- 定义纳入标准与排除标准；
- 将收集的问卷表整理成原始数据。

首先根据中华中医药学会制定的相关指南与标准，从乳腺癌六种分型的症状如表 8-3 所示，提取相应证素拟定调查问卷表，如表 8-4 所示，并制定三阴乳腺癌中医证素诊断量表，如表 8-5 所示，从调查问卷中提炼信息形成原始属性表，然后依据标准定义表，如表 8-6 所示，将有效的问卷整理成原始数据，如表 8-2 所示。且问卷调查需要满足以下两个条件：

- 问卷信息采集者均要求有中医诊断学基础，能准确识别病人的舌苔脉象，用通俗的语言解释医学术语，并确保患者的信息填写准确。
- 问卷调查对象必须是三阴乳腺癌患者。

本章的调查对象是某省中医院以及肿瘤医院等各大医院各病程阶段 1253 位三阴乳腺癌患者。

表 8-3 乳腺癌证型

证　型	主要症状
肝气郁结症	乳房肿块、时觉胀痛、情绪忧郁或急躁，心烦易怒，苔薄白或薄黄、脉弦滑
热毒瘀结症	乳房肿块、增大迅速、疼痛、间或红肿、甚则溃烂、恶臭，或发热，心烦口干，便秘、小便短赤、舌暗红，有瘀斑，苔黄腻，脉弦数
冲任失调症	乳房肿块，月经前胀痛明显或月经不调，腰腿酸软，烦劳体倦，五心烦热，口干咽燥，舌淡，苔少，脉细无力
气血两虚症	乳房肿块，与胸壁粘连，推之不动，头晕目眩，气短乏力，面色苍白，消瘦纳呆，舌淡，脉沉细无力
脾胃虚弱症	纳呆或腹胀，便溏或便秘，舌淡，苔白腻，脉细弱
肝肾阴虚症	头晕目眩，腰膝酸软，目涩梦多，咽干口燥，大便干结，月经紊乱或停经，舌红，苔少脉细数

表 8-4　三阴乳腺癌中医证素调查问卷

我们很希望了解一些有关您及您的健康状况的信息。请独立回答以下所有的问题，并圈出对您最合适的答案。答案无“正确”与“错误”之分。您提供的信息，我们将绝对保密。

[基本信息]

编号			填表日期	年　月　日		
姓名		性别		年龄	确诊为乳腺癌的年龄	
婚姻状况		□已婚　□未婚　□离异　□丧偶				
文化程度		□小学　□初中　□高中　□中专　□大学及以上　□其他				
职业		□工人　□农民　□知识分子　□干部　□个体经商户　□无职业				
工作单位 / 家庭住址						
联系方式				病人种类	□门诊 □住院	
月经史	初潮 岁；月经（□规律□不规律）；持续 天；间隔 天					
月经史	痛经	□有　□无	末次月经时间			
月经史	闭经	□是　□否【若是，则：闭经于 岁；闭经症状（□有 □无）】				
婚育史	婚否	□未婚　□已婚【若已婚，则：结婚年龄为 岁】				
婚育史	生育状况	□未生育　□已生育【若已生育，则育 胎，生产 胎，流产 胎；首胎生于 岁，末胎生于 岁】				
哺乳史	是否哺乳	□是　□否【若是，则哺乳 个孩子；最长哺乳 年 月，最短哺乳 年月】				
哺乳史	乳汁量	□少　□一般　□多	哺乳部位	□双侧　□左侧　□右侧		
乳腺肿块	部位	□外上　□内上　□外下　□内下　□乳头后				
乳腺肿块	发生时间及经过					
乳腺疼痛	有无疼痛	□有　□无	性质	□刺痛　□胀痛　□隐痛　□灼痛		
乳腺疼痛	与月经来潮的关系	□有　□无				
乳头溢液		□有　□无	性质	□水样 □乳汁样 □血样 □脓性 □浆液性		
皮肤水肿		□有　□无	腋下肿块	□有　□无		
乳头乳晕糜烂		□有　□无	其他症状			
曾经治疗	新辅助治疗	化疗：方案（剂量）　已进行　周期 内分泌治疗：方案（剂量）　使用时间				
曾经治疗	术前放疗	部位：□乳房 □内乳区 □锁骨区　剂量：　次数：				
曾经治疗	辅助治疗	化疗：方案（剂量）　已进行　周期 内分泌治疗：方案（剂量）　使用时间				
曾经治疗	中医药治疗	治疗时间： 效果：				

[术后病理及免疫组化资料]

原发肿瘤直径	区域淋巴结状态	TNM 分期	组织学类型	组织学分级

P-Gp	GST π	TOPO Ⅱ	Ki-67	VEGF 表达	P53 表达

[病程阶段分期]

围手术期	围化疗期	围放疗期	巩固期

表 8-5 三阴乳腺癌中医证素诊断量表

Ⅰ. 肝气瘀结症					
定义	肝失疏泄，气机郁滞，所表现的情志抑郁、胁胀、胁痛等症候				
必备证素	肝，气滞	或兼证素		心神（脑）、胆、胞宫	
常见症候及计量值					
3 分		2 分		1 分	
抑郁或忧虑 / 喜叹气	□	情志有关	□	排便不爽	□
胁胀	□	烦躁 / 急躁易怒	□	嗳气	□
乳房胀	□	胸闷	□	咽部有异物感	□
乳房痛	□	腹胀 / 脘痞胀	□	口苦	□
胁痛 / 右上腹痛	□	胀痛或窜痛	□		
		大便时溏时结	□		
		痛经	□		
		月经错乱	□		
		乳房结块	□		
		肝大 / 胆囊肿大 / 脾大	□		
		脉弦	□		
小计（A）	×3 分 = 分	小计（B）	×2 分 = 分	小计（C）	×1 分 = 分
总分 41 分		总得分（A+B+C）			分

表 8-6 标准定义表

标准	详细信息
纳入标准	❑ 病理诊断为乳腺癌 ❑ 病历完整，能提供既往接受检查、治疗等相关信息，包括发病年龄、月经状态、原发肿瘤大小、区域淋巴结状态、组织学类型、组织学分级、P53 表达、VEGF 表达等，作为临床病理及肿瘤生物学的特征指标 ❑ 没有精神类疾病，能自主回答问卷的调查者
排除标准	❑ 本研究中临床、病理、肿瘤生物学指标不齐全者 ❑ 存在第二肿瘤（非乳腺癌转移） ❑ 精神病患者或不能自主回答问卷的调查者 ❑ 不愿意参加本次调查者或中途退出本次调查者 ❑ 填写的资料无法根据诊疗标准进行分析者

8.2.2 数据预处理

本案例中数据预处理过程包括数据清洗、属性选择和数据变换。数据来源于问卷调查，因此数据预处理开始阶段，需要把纸质的问卷形成原始数据集。针对原始数据集，经过数据预处理形成建模数据集。

1. 数据清洗

在收回的问卷中，存在无效的问卷，为了便于模型分析，需要对其进行处理。经过问卷有效性条件见表 8-6 的筛选后，数据量变化情况，如图 8-2 所示，并将有效问卷整理成原始数据，共 930 条记录。

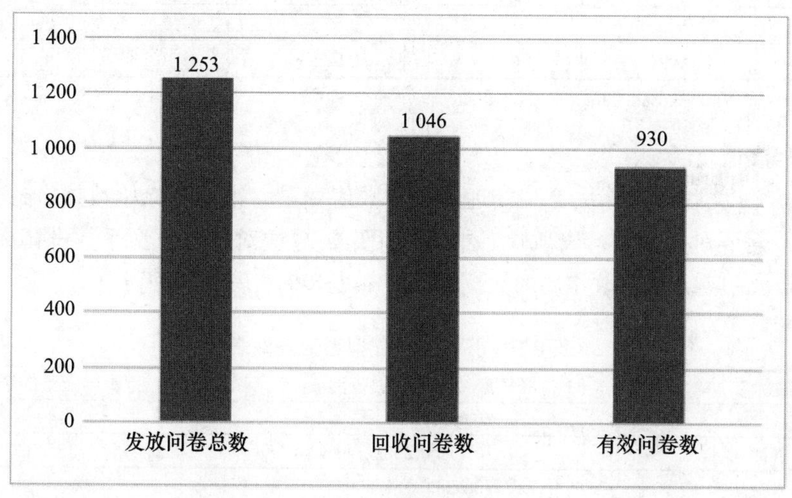

图 8-2　样本数据采集情况

2. 属性规约

本案例收集的数据共有 73 个属性，为了更有效地对其进行挖掘，将其中冗余属性与挖掘任务不相关的属性剔除。因此选取其中六种证型的得分、TNM 分期的属性值构成数据集，如表 8-7 所示。

表 8-7　属性被选择后的数据集

患者编号	肝气瘀结症得分	热毒瘀结症得分	冲任失调症得分	气血两虚症得分	脾胃虚弱症得分	肝肾阴虚症得分	TNM 分期
20140001	7	30	7	23	18	17	H4
20140179	12	34	12	16	19	5	H4
…	…	…	…	…	…	…	…
20140930	4	4	12	12	7	15	H4

3. 数据变换

本节的数据变换主要采用属性构造和数据离散化两种方法对数据进行处理。首先通过属性构造，获得证型系数。然后通过聚类算法对数据进行离散化处理后形成建模数据。

（1）属性构造

为了更好地反映出中医证素分布的特征，采用证型系数代替具体的单证型的证素得分，证型相关系数计算公式为证型系数 = 该证型得分 / 该证型总分。

针对各种证型得分进行属性构造后的数据集，如表 8-8 所示。

表 8-8 属性构造后的数据集

肝气瘀结证型系数	热毒瘀结证型系数	冲任失调证型系数	气血两虚证型系数	脾胃虚弱证型系数	肝肾阴虚证型系数
0.175	0.682	0.171	0.535	0.419	0.447
0.3	0.773	0.293	0.372	0.442	0.132
…	…	…	…	…	…
0.1	0.091	0.293	0.279	0.163	0.395

* 数据详见：示例程序 /data/data.xls

（2）数据离散化

由于 Apriori 关联规则算法无法处理连续型数值变量，为了将原始数据格式转换为适合建模的格式，需要对数据进行离散化。本节采用聚类算法对各个证型系数进行离散化处理，将每个属性聚成四类，其离散化后的数据格式，如表 8-9 ~ 表 8-14 所示。

表 8-9 肝气瘀结证型系数离散表

范围标志	肝气瘀结证型系数范围	范围内元素的个数
A1	(0,0.179]	244
A2	(0.179,0.258]	355
A3	(0.258,0.35]	278
A4	(0.35,0.504]	53

表 8-10 热毒瘀结证型系数离散表

范围标志	热毒瘀结证型系数范围	范围内元素的个数
B1	[0, 0.15]	325
B2	(0.15, 0.296]	396
B3	(0.296, 0.485]	180
B4	(0.485, 0.78]	29

表 8-11 冲任失调证型系数离散表

范围标志	冲任失调证型系数范围	范围内元素的个数
C1	(0,0.201]	296
C2	(0.201,0.288]	393
C3	(0.288,0.415]	206
C4	(0.415,0.61]	35

表 8-12 气血两虚证型系数离散表

范围标志	气血两虚证型系数范围	范围内元素的个数
D1	(0,0.172]	283
D2	(0.172,0.251]	375
D3	(0.251,0.357]	228
D4	(0.357,0.552]	44

表 8-13 脾胃虚弱证型系数离散表

范围标志	脾胃虚弱证型系数范围	范围内元素的个数
E1	(0,0.154]	285
E2	(0.154,0.256]	307
E3	(0.256,0.375]	244
E4	(0.375,0.526]	94

表 8-14 肝肾阴虚证型系数离散表

范围标志	肝肾阴虚证型系数范围	范围内元素的个数
F1	(0,0.178]	200
F2	(0.178,0.261]	237
F3	(0.261,0.353]	265
F4	(0.353,0.607]	228

数据离散化的代码，如代码清单 8-1 所示。

代码清单 8-1 数据离散化代码

```
%% 数据离散化
clear;
% 参数初始化
datafile = '../data/data.xls';                       % 数据文件
processedfile='../tmp/data_processed.xls';                % 数据处理后文件
type=4;                                                   % 数据离散化的分组个数
index=8;                                                  %  TNM 分期数据所在列
typelabel={'A','B','C','D','E','F'};                      % 数据离散化后的标识前缀
rng('default');                                           % 固定随机化种子

%% 读取数据
[num,txt] = xlsread(datafile);

[rows,cols] = size(num);                                  % 列数
disdata= cell(rows,cols+1);                               % 初始化

%% 聚类离散化
for i=1:cols
    [IDX,C] = kmeans(num(:,1),type,'start','cluster'); % 对单个属性列进行聚类
    [B,I] =sort(C);                                       % 对聚类中心进行排序

    for j=1:size(I,1)
        disdata(IDX==I(j),i)=cellstr([typelabel{1,i} num2str(j)]);
    end
end
disdata(:,cols+1)=txt(2:end,index);

%% 写入数据
xlswrite(processedfile,[txt(1,1:size(typelabel,2)),txt{1,index};disdata]);
disp(' 数据离散化完成！ ');
```

* 代码详见：示例程序 /code/discretization.m

原始数据集经过数据预处理后形成的建模数据，如表 8-15 所示。

表 8-15 建模数据集

肝气瘀结证型系数	热毒瘀结证型系数	冲任失调证型系数	气血两虚证型系数	脾胃虚弱证型系数	肝肾阴虚证型系数	TNM 分期
A1	B4	C1	D4	E4	F4	H4
A3	B4	C3	D4	E4	F1	H4
…	…	…	…	…	…	…
A1	B1	C3	D3	E2	F4	H4

8.2.3 模型构建

本案例的目标是探索乳腺癌患者 TNM 分期与中医证型系数之间的关系，因此采用关联规则算法，挖掘其的关联关系。

关联规则算法主要用于寻找数据集中项之间的关联关系。它揭示了数据项间的未知关系，基于样本的统计规律，进行关联规则挖掘。根据所挖掘的关联关系，可以从一个属性的信息来推断另一个属性的信息。当置信度达到某一阈值时，就可以认为该规则成立。

1. 中医证型关联规则模型

本次中医证型关联规则建模的流程，如图 8-3 所示。

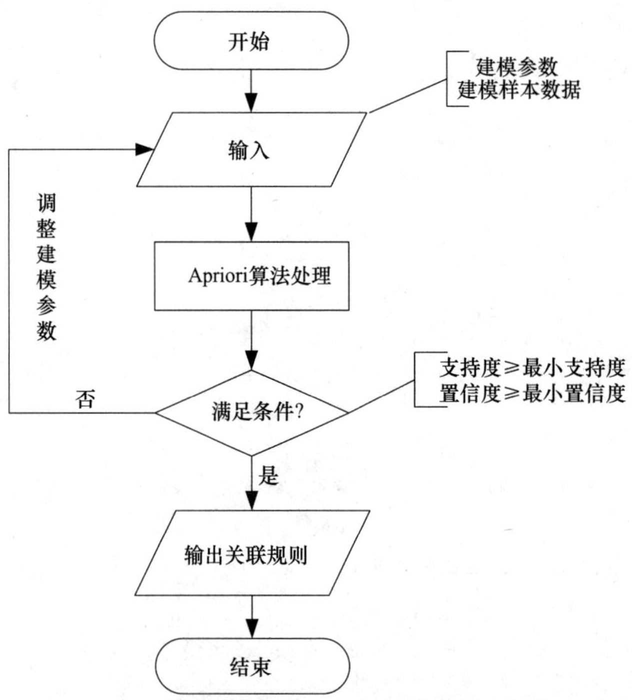

图 8-3 中医证型关联规则建模的流程图

由图 8-3 可知，模型主要由输入、算法处理、输出部分组成。输入部分包括建模样本数据的输入、建模参数的输入。算法处理部分是 Apriori 关联规则算法；输出部分为关联规则的结果。

模型具体实现步骤如下：首先设置建模参数最小支持度、最小置信度，输入建模样本数据；然后采用 Apriori 关联规则算法对建模的样本数据进行分析，以模型参数设置的最小支持度、最小置信度以及分析目标作为条件，如果所有的规则都不满足条件，则需要重新调整模型参数，否则输出关联规则的结果。

目前如何设置最小支持度与最小置信度，并没有统一的标准。大部分都是根据业务经验设置初始值，然后经过多次调整，获取与业务相符的关联规则结果。本章经过多次调整并结合实际业务分析，选取模型的输入参数：最小支持度为 6%、最小置信度为 75%。其关联规则代码，如代码清单 8-2 所示。

代码清单 8-2　Apriori 关联规则代码

```
%% Apriori 关联规则算法
clear;
% 参数初始化
inputfile = '../data/apriori.txt';          % 输入事务集文件
outputfile='../tmp/as.txt';                 % 输出转换后 0、1 矩阵文件
minSup = 0.06;                              % 最小支持度
minConf = 0.75;                             % 最小置信度
nRules = 1000;                              % 输出最大规则数
sortFlag = 1;                               % 按照支持度排序
rulefile = '../tmp/rules.txt';              % 规则输出文件

%% 调用转换程序，把数据转换为 0、1 矩阵，自定义函数
[transactions,code] = trans2matrix(inputfile,outputfile,',');

%% 调用 Apriori 关联规则算法，自定义函数
[Rules,FreqItemsets] = findRules(transactions, minSup, minConf, nRules, sortFlag,
    code, rulefile);
disp('Apriori 算法调用完成！');
```

* 代码详见：示例程序 /code/apriori_rules.m

2. 模型分析

用中医证型关联规则模型对建模数据进行挖掘，根据设定的最小支持度和置信度，得出中医证型系数与 TNM 分期 X → Y 的关联规则，模型结果如表 8-16 所示。

其中 X 表示各个证型系数范围标志组合而成的规则；Y 表示 TNM 分期为 H4 期；A3 表示肝气瘀结证型系数处于 (0.258, 0.35] 范围内的数值；B2 表示热毒瘀结证型系数处于 (0.15, 0.296] 范围内的数值；C3 表示冲任失调证型系数处于 (0.288, 0.415] 范围内的数值；F4 表示肝肾阴虚证型系数处于 (0.353, 0.607] 范围内的数值。

表 8-16 中医证型关联规则模型的结果

X			X→Y	
规则编号	范围标志 1	范围标志 2	支持度 /%	置信度 /%
1	A3	F4	7.85	87.96
2	C3	F4	7.53	87.5
3	B2	F4	6.24	79.45

分析表 8-16 可以得到以下结论：

- A3、F4 → H4 支持度最大可达到 7.85%，置信度最大可达到 87.96%，说明肝气瘀结证型系数处于 (0.258, 0.35] 和肝肾阴虚证型系数处于 (0.353, 0.607] 范围内，TNM 分期诊断为 H4 期的可能性为 87.96%，而这种情况发生的可能性为 7.85%。
- C3、F4 → H4 支持度可达 7.53%，置信度可达 87.5%，说明冲任失调证型系数处于 (0.201, 0.288] 和肝肾阴虚证型系数处于 (0.353, 0.607] 范围内，TNM 分期诊断为 H4 期的可能性为 87.5%，而这种情况发生的可能性为 7.53%。
- B2、F4 → H4 支持度可达 6.24%，置信度可达 79.45%，说明热毒瘀结证型系数处于 (0.15, 0.296] 和肝肾阴虚证型系数处于 (0.353, 0.607] 范围内，TNM 分期诊断为 H4 期的可能性为 79.45%，而这种情况发生的可能性为 6.24%。

综合以上分析，TNM 分期为 H4 期的三阴乳腺癌患者的证型主要为肝肾阴虚证、热毒瘀结证、肝气瘀结证和冲任失调，H4 期患者肝肾阴虚证和肝气瘀结证的临床表现较为突出，其置信度最大达到 87.96%。

对于模型结果，从医学角度进行分析：生理上，肝藏血，肾藏精，精血同源，肝肾同源，如《张氏医通》所言："气不耗，归精于肾而为精；精不泄，归精于肝而化清血。"病理上，肝肾病变常相互影响，肾阴不足无以养肝阴，肝阳化火则燔灼肾阴。Ⅳ期三阴乳腺癌患者多病程迁延，癌毒久瘀，不论是化疗还是放疗，均会耗伤气血津液，故见肝肾阴虚之证。由于肝肾阴液是冲任二脉的物质基础，肝肾阴虚则精血不足，故冲任失调。且古今医家皆认为乳腺癌的形成与"肝气不舒瘀积而成"有关系，心理学中抑郁内向的 C 型人格特征也被认为是肿瘤发生的高危因素之一，所以Ⅳ期三阴乳腺癌患者多有肝气瘀结症的表现。

3. 模型应用

该模型的结果表明 TNM 分期为Ⅳ期的三阴乳腺癌患者证型主要为肝肾阴虚症、热毒瘀结症、肝气瘀结症和冲任失调症。其中Ⅳ期患者肝肾阴虚症和肝气瘀结症的临床表现较为突出，其置信度最高达到 87.96%，且肝肾阴虚症临床表现都存在。故当Ⅳ期患者出现肝肾阴虚症之表现时，应当选取滋补肝肾、清热解毒类抗癌中药，以滋养肝肾为补，清热解毒为攻，攻补兼施，截断热毒瘀结症的出现，为患者接受进一步的治疗争取机会。由于患者多有肝气瘀结症的表现，在进行治疗时必须本着身心一体、综合治疗的精神，重视心理调适。一方面要在药方中注重疏肝解郁，另一方面需要及时疏导患者抑郁、焦虑的不良情绪，以帮助患者建立合理的认知，树立继续治疗延长生存期的勇气。

8.3 上机实验

1. 实验目的

- 掌握 MATLAB 实现 Apriori 关联算法的过程。
- 了解 Apriori 关联算法的输入 / 输出的数据形式，且需要注意对输出数据进行相应的筛选。

2. 实验内容

- 用 MATLAB 打开案例的事务集，每一行为一个事务集。调用附件中的关联算法函数，输入算法的最小支持度与置信度，获得中医证型系数与患者 TNM 分期的关联关系规则，并将规则进行保存。
- 依据分析的目标，编写过滤函数代码，从输出结果中筛选与分析目标相关的规则，并按照特定的格式进行保存。

3. 实验方法与步骤

- 打开 MATLAB，使用 fopen() 函数将关联分析的数据“示例程序 /data/apriori.txt”读到 MATLAB 中，其中每个事务集为一行，每行事务集的分隔符默认为字符‘，’。如“A2、B1、C3、D3、E1、F1、H1”这样的一行数据为一个事务集。
- 设定关联规则的支持度、置信度，将“示例程序 /data/apriori.txt”文档扫描一遍，对事物集中的各个符号进行编码，编码方式为一个映射（如“苹果”对应编码 1；“梨”对应编码 2 的形式），将该映射后的数据存储到文本文件中。
- 将读入的“示例程序 /data/apriori.txt”文档中的事务集转换为 0、1 矩阵，每一行事务集为 0、1 矩阵的一行，以方便规则的寻找与记录。
- 根据支持度找出频繁集，直至找到最大频繁集后停止。
- 根据置信度得到大于等于置信度的规则，即为 Apriori 算法所求的关联规则。
- 针对 Apriori 算法输出的规则，编写过滤函数。因为该实验中探究的是表 8-15 中 6 个证型系数与患者 TNM 分期的规则，所以只留下关联规则中后项有 H 的规则。输出为“ Rule (Support, Confidence) A3, F4 → H4 (7.8495%, 87.9518%)”格式，得到的相应结果展示见表 8-16。

4. 思考与实验总结

- MATLAB 没有自带的关联规则函数，本书编写了相应的关联规则函数，可作为工具函数在需要时使用。
- Apriori 算法的关键两步为找频繁集与根据置信度筛选规则，明白这两个过程后，才能清晰地编写相应的程序，读者可按照自己的思路编写与优化关联规则程序。
- 本案例采用聚类的方法进行数据离散化，读者可以自己上机实验其他的离散化方法如等距、等频、决策树、基于卡方检验等，试比较各种方法的优、缺点。

8.4 拓展思考

本章案例的原始数据中各属性的说明如表 8-17 所示，采用 Apriori 关联规则算法，分析中医证型系数与病程阶段、转移部位和确诊后几年发现转移三个指标的关联分析。

表 8-17 关联规则模型输入变量

序 号	变量名称	变量描述 / 取值范围
1	肝气瘀结证型系数	0 ~ 1
2	热毒瘀结证型系数	0 ~ 1
3	冲任失调证型系数	0 ~ 1
4	气血两虚证型系数	0 ~ 1
5	脾胃虚弱证型系数	0 ~ 1
6	肝肾阴虚证型系数	0 ~ 1
7	病程阶段	S1：围手术期；S2：围化疗期； S3：围放疗期；S4：巩固期
8	转移部位	R1：骨；R2：肺；R3：脑； R4：肝；R5：其他；R0：无转移
9	确诊后几年发现转移	J0：未转移；J1：小于等于 3 年 J2：3 年以上，小于等于 5 年；J3：5 年以上

8.5 小结

本章结合中医证型关联规则的案例，重点介绍了数据挖掘算法中 Apriori 关联算法在实际案例中的应用，并详细地描述了数据获取、数据离散化以及模型构建的过程，最后对其相应的算法及过程提供了 MATLAB 的上机实验内容。

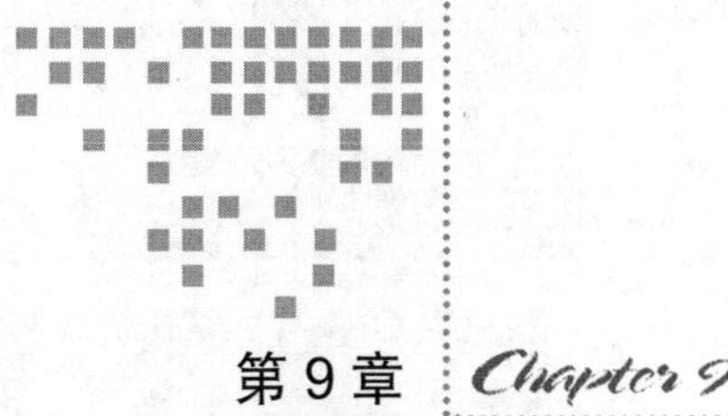

第 9 章 Chapter 9

基于水色图像的水质评价

9.1 背景与挖掘目标

从事渔业生产有经验的从业者可通过观察水色变化调控水质，以维持养殖水体生态系统中浮游植物、微生物类、浮游动物等合理的动态平衡。由于这些多是通过经验和肉眼观察进行判断的，存在主观性引起的观察性偏倚，使观察结果的可比性、可重复性降低，不易推广应用。目前，数字图像处理技术为计算机监控技术在水产养殖业的应用提供了更大的空间。在水质在线监测方面，数字图像处理技术是基于计算机视觉，以专家经验为基础，对池塘水色进行优劣分级，以达到对池塘水色的准确快速判别。

某地区的多个罗非鱼池塘水样的数据，包含水产专家按水色判断水质分类的数据，以及用数码相机按照标准进行水色采集的数据，如表 9-1 和图 9-1 所示，每个水质图片命名规则为"类别 – 编号 .jpg"，如"1_1.jpg"说明当前图片属于第 1 类的样本。请根据这些数据，利用图像处理技术，通过水色图像实现水质的自动评价。

表 9-1 水色分类

水色	浅绿色（清水或浊水）	灰蓝色	黄褐色	茶褐色 （姜黄、茶褐、红褐、褐中带绿等）	绿色（黄绿、油绿、蓝绿、墨绿、绿中带褐等）
水质类别	1	2	3	4	5

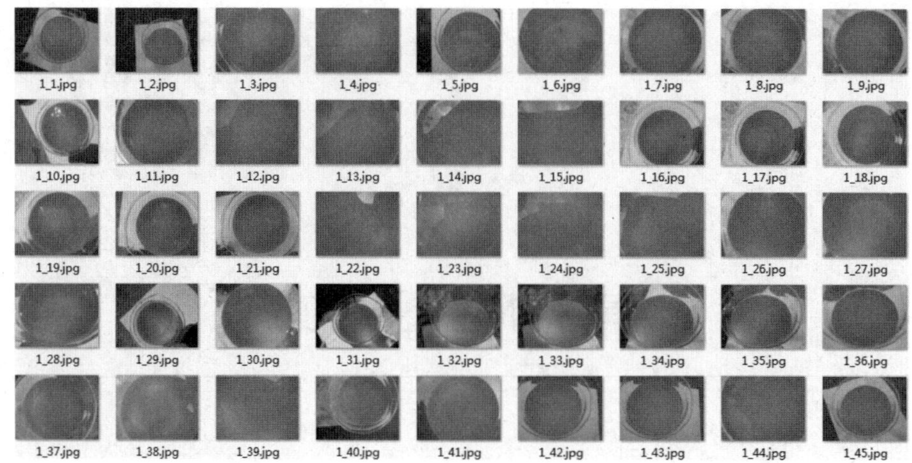

图 9-1 标准条件下拍摄的水样图像

* 数据详见：上机实验 /data/images/

9.2 分析方法与过程

通过拍摄水样，采集得到水样图像，而图像数据的维度过大，不容易分析，需要从中提取水样图像的特征，提取反映图像本质的一些关键指标，以达到自动进行图像识别或分类的目的。显然，图像特征提取是图像识别或分类的关键步骤，图像特征提取的效果是如何直接影响图像识别和分类的好坏呢？

图像特征主要包括有颜色特征、纹理特征、形状特征、空间关系特征等。与几何特征相比，颜色特征更为稳健，对于物体的大小和方向均不敏感，表现出较强的鲁棒性。本案例中由于水色图像是均匀的，故主要关注其颜色特征。颜色特征是一种全局特征，描述了图像或图像区域所对应的景物的表面性质。一般颜色特征是基于像素点的特征，所有属于图像或图像区域的像素都有其各自的贡献。在利用图像的颜色信息进行图像处理、识别、分类的研究中，在实现方法上已有大量的研究成果，主要采用颜色处理常用的直方图法和颜色矩方法等。

颜色直方图是最基本的颜色特征表示方法，它反映的是图像中颜色的组成分布，即出现了哪些颜色以及各种颜色出现的概率。其优点在于它能简单地描述一幅图像中颜色的全局分布，即不同色彩在整幅图像中所占的比例，特别适用于描述那些难以自动分割的图像和不需要考虑物体空间位置的图像；其缺点在于它无法描述图像中颜色的局部分布及每种色彩所处的空间位置，即无法描述图像中的某一具体的对象或物体。

基于颜色矩 [18] 提取图像特征的数学基础在于图像中任何的颜色分布均可以用它的矩来表示。根据概率论的理论，随机变量的概率分布可以由其各阶矩唯一的表示和描述。一副图像的色彩分布也可认为是一种概率分布，那么图像可以由其各阶矩来描述。颜色矩包含各个颜色通道的一阶距、二阶矩和三阶矩，对于一幅具有 RGB 颜色空间的图像，具有 R、G 和 B

三个颜色通道，则有 9 个分量。

颜色直方图产生的特征维数一般大于颜色矩的特征维数，为了避免过多变量影响后续的分类效果，在本案例中选择采用颜色矩来提取水样图像的特征，即建立水样图像与反映该图像特征的数据信息关系，同时由有经验的专家对水样图像根据经验进行分类，建立水样数据信息与水质类别的专家样本库，进而构建分类模型，得到水样图像与水质类别的映射关系，并经过不断地调整系数以优化模型，最后利用建立好的分类模型，用户就能方便地通过水样图像，自动判别出该水样的水质类别了。图 9-2 所示为基于水色图像特征提取的水质评价流程，其主要包括以下步骤：

- 从采集到的原始水样图像中进行选择性抽取与实时抽取形成建模数据和增量数据；
- 对第一步形成的两个数据集进行数据预处理，包括图像切割和颜色矩特征提取；
- 利用第二步形成的已完成数据预处理的建模数据，由有经验的专家对水样图像根据经验进行分类，并构建专家样本；
- 利用第三步的专家样本构建分类模型；
- 利用第四步构建好的分类模型进行水质评价。

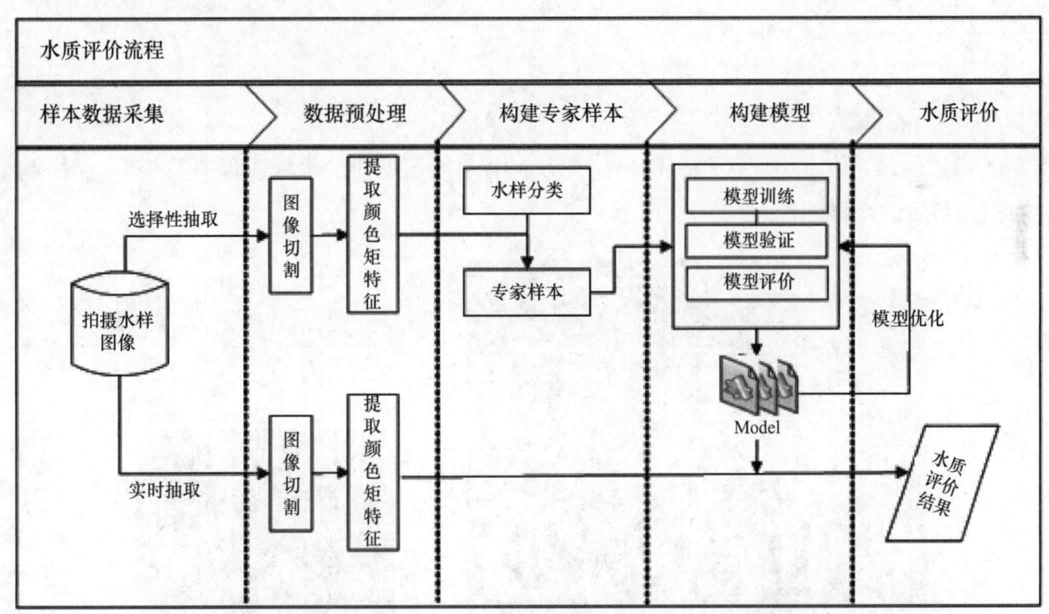

图 9-2　基于水色图像特征提取的水质评价流程

9.2.1　数据预处理

1. 图像切割

采集到的水样图像包含盛水容器，容器的颜色与水体颜色差异较大，同时水体位于图像中央，为了提取水色的特征，需要提取水样图像中央部分具有代表意义的图像，具体实施方式是提取水样图像中央 101×101 像素的图像。设原始图像 I 的大小是 $M'N$，则截取宽从第 $fix\left(\frac{M}{2}\right)-50$ 个像素点到第 $fix\left(\frac{M}{2}\right)+50$ 个像素点，长从第 $fix\left(\frac{N}{2}\right)-50$ 个像素点到第 $fix\left(\frac{N}{2}\right)+50$ 个像素点的子图像。图像切割的主要 MATLAB 代码如代码清单 9-1 所示。

代码清单 9-1　图像切割代码

```
%% 单个图像切割
clear;
% 参数初始化
sourcefile='../data/1_1.jpg';    % 原始的图像路径名称
destfile='../tmp/1_1.jpg';       % 切割后的图像路径名称

%% 读取图像并截取
image_i= imread(sourcefile);
[width,length,z]=size(image_i);
subimage= image_i(fix(width/2)-50:fix(width/2) + 50,fix(length/2)-50:fix(length/2) + 50,:);

%% 保存切割后的数据
imwrite(subimage,destfile);
disp([sourcefile ' 图片截取完成! ']);
```

* 代码详见：示例程序 /code/picture_slicer.m

运行代码清单 9-1 中的代码，即可把图 9-3 中左侧切割前的水样图像进行切割，并保存为右侧切割后的水样图像。

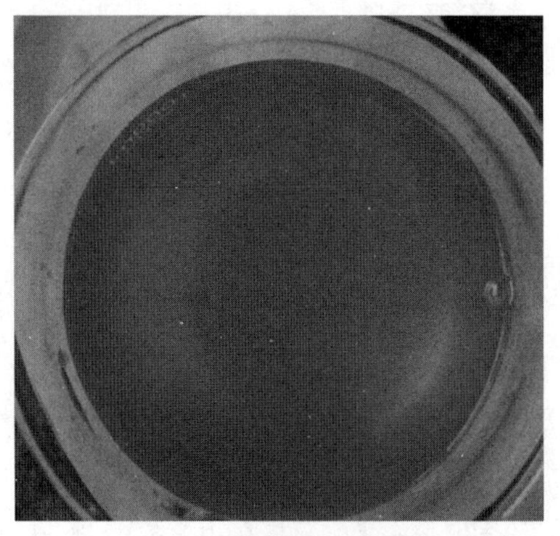

图 9-3　切割前的水样图像（左）和切割后的水样图像（右）

2. 特征提取

在本案例中选择采用颜色矩来提取水样图像的特征，下面给出各阶颜色矩的计算公式：

（1）一阶颜色矩

一阶颜色矩采用一阶原点矩，反映了图像的整体明暗程度。

$$E_i = \frac{1}{N}\sum_{j=1}^{N} p_{ij} \tag{9-1}$$

其中 E_i 是在第 i 个颜色通道的一阶颜色矩，对于 RGB 颜色空间的图像，i=1,2,3，p_{ij} 是第 j 个像素的第 i 个颜色通道的颜色值。

（2）二阶颜色矩

二阶颜色矩采用的是二阶中心距的平方根，反映了图像颜色的分布范围。

$$s_i = \sqrt{\frac{1}{N}\sum_{j=1}^{N}(p_{ij} - E_i)^2} \tag{9-2}$$

其中 s_i 是在第 i 个颜色通道的二阶颜色矩，E_i 是在第 i 个颜色通道的一阶颜色矩。

（3）三阶颜色矩

三阶颜色矩采用的是三阶中心距的立方根，反映了图像颜色分布的对称性。

$$s_i = \sqrt[3]{\frac{1}{N}\sum_{j=1}^{N}(p_{ij} - E_i)^3} \tag{9-3}$$

其中 s_i 是在第 i 个颜色通道的三阶颜色矩，E_i 是在第 i 个颜色通道的一阶颜色矩。

对切割后的图像提取其颜色矩，以作为图像的颜色特征。颜色矩提取代码，如代码清单 9-2 所示。

代码清单 9-2 颜色矩提取代码

```
%% 颜色矩提取代码
clear;
% 参数初始化
filename='../data/1_1_processed.jpg';                   % 图像切割后图片路径的名称
outputfile = '../tmp/moment.xls';                        % 颜色矩提取文件

%% 计算阶矩
results = zeros(1,9 + 2);
subimage=imread(filename);                               % 读取图像数据
subimage=im2double(subimage);                            % 数据转换
firstmoment= mean(mean(subimage));                       % 一阶矩
for m=1:3                                                % 针对 RGB 三通道分别计算
    results(1,2 + m)=firstmoment(1,1,m);
    differencemoment= subimage(:,:,m)-firstmoment(1,1,m);
    secondmoment= sqrt(sum(differencemoment(:).*differencemoment(:))/101/101); % 二阶矩
    results(1,5 + m)=secondmoment;
    thirdmoment= nthroot(sum(differencemoment(:).*differencemoment(:).
        *differencemoment(:))/101/101,3);                % 三阶矩
    results(1,8 + m)=thirdmoment;
end

% 提取类别和序号
index_ = strfind(filename,'/');
```

```
index_dot = strfind(filename,'_');

filename = filename(index_(1,end) + 1:index_dot(1,end)-1);
index__= strfind(filename,'_');
type = filename(1:index__-1);
id = filename(index__ + 1:end);
results(1,1)=str2double(type);
results(1,2)=str2double(id);

%% 各阶矩写入文件
result_title={'类别' '序号' 'R通道一阶矩' 'G通道一阶矩' 'B通道一阶矩' 'R通道二阶矩' ...
    ''G通道二阶矩' 'B通道二阶矩' 'R通道三阶矩' 'G通道三阶矩' 'B通道三阶矩'};
result=[result_title;num2cell(results)];
xlswrite(outputfile,result);
disp('图像阶矩文件生成');
```

* 代码详见：示例程序 /code/color_moment_extract.m

使用代码清单 9-2 的代码进行颜色矩的提取，并且提取每个文件名中的类别和序号，同时针对所有的图片都进行同样的操作，即可得到如表 9-2 所示的数据。

表 9-2 水色图像特征与相应的水色类别的部分数据

水质类别	序号	R 通道一阶矩	G 通道一阶矩	B 通道一阶矩	R 通道二阶矩	G 通道二阶矩	B 通道二阶矩	R 通道三阶矩	G 通道三阶矩	B 通道三阶矩
1	1	0.582 823	0.543 774	0.252 829	0.014 192	0.016 144	0.041 075	−0.012 64	−0.016 09	−0.041 54
2	1	0.495 169	0.539 358	0.416 124	0.011 314	0.009 811	0.014 751	0.015 367	0.016 01	0.019 748
3	1	0.510 911	0.489 695	0.186 255	0.012 417	0.010 816	0.011 644	−0.007 47	−0.007 68	−0.005 09
4	1	0.420 351	0.436 173	0.167 221	0.011 22	0.007 195	0.010 565	−0.006 28	0.003 173	−0.007 29
5	1	0.211 567	0.335 537	0.111 969	0.012 056	0.013 296	0.008 38	0.007 305	0.007 503	0.003 65
1	2	0.563 773	0.534 851	0.271 672	0.009 723	0.007 856	0.011 873	−0.005 13	0.003 032	−0.005 47
2	2	0.465 186	0.508 643	0.361 016	0.013 753	0.012 709	0.019 557	0.022 785	0.022 329	0.031 616
3	2	0.533 052	0.506 734	0.185 972	0.011 104	0.007 902	0.012 65	0.004 797	−0.002 9	0.004 214
4	2	0.398 801	0.425 56	0.191 341	0.014 424	0.010 462	0.015 47	0.009 207	0.006 471	0.006 764
5	2	0.298 194	0.427 725	0.097 936	0.014 778	0.012 456	0.008 322	0.008 51	0.006 117	0.003 47
1	3	0.630 328	0.594 269	0.298 577	0.007 731	0.005 877	0.010 148	0.003 447	−0.003 45	−0.006 53
2	3	0.491 916	0.546 367	0.425 871	0.010 344	0.008 293	0.012 26	0.009 285	0.009 663	0.011 549
3	3	0.559 437	0.522 702	0.194 201	0.012 478	0.007 927	0.012 183	0.004 477	−0.003 41	−0.005 29
4	3	0.402 068	0.431 443	0.177 364	0.010 554	0.007 287	0.010 748	0.006 261	−0.003 41	0.006 419
5	3	0.408 963	0.486 953	0.178 113	0.012 662	0.009 752	0.014 497	−0.006 72	0.002 168	0.009 992
1	4	0.638 606	0.619 26	0.319 711	0.008 125	0.006 045	0.009 746	−0.004 87	0.003 083	−0.004 5

* 数据详见：示例程序 /data/moment.xls

9.2.2 构建模型

1. 模型输入

对特征提取后的样本进行抽样，抽取 80% 作为训练样本，剩下的 20% 作为测试样本，用于水质评价检验。其数据抽样代码，如代码清单9-3所示。

代码清单 9-3　数据抽样代码

```
%% 把数据分为两部分：训练数据、测试数据
clear;
% 参数初始化
datafile = '../data/moment.xls';                    % 数据文件
trainfile = '../tmp/train_moment.xls' ;             % 训练数据文件
testfile = '../tmp/test_moment.xls' ;               % 测试数据文件
proportion =0.8 ;                                   % 设置训练数据比例

%% 数据分割
[num,txt]= xlsread(datafile);
% split2train_test 为自定义函数，把num变量数据（按行分布）分为两部分
% 其中训练数据集占比proportion
[train,test] = split2train_test(num,proportion);

%% 数据存储
xlswrite(trainfile,[txt;num2cell(train)]);        % 写入训练数据
xlswrite(testfile,[txt;num2cell(test)]);          % 写入测试数据
disp('数据分割完成！');
```

*代码详见：示例程序/code/split_data.m

本案例采用LM神经网络作为水质评价的分类模型，该模型的输入包括两部分：一部分是训练样本的输入，另一部分是建模参数的输入。各参数说明，如表9-3和表9-4所示。

表 9-3　预测模型输入变量

序　号	变量名称	变量描述	取值范围
1	R通道一阶矩	水样图像在R颜色通道的一阶矩	0 ~ 1
2	G通道一阶矩	水样图像在G颜色通道的一阶矩	0 ~ 1
3	B通道一阶矩	水样图像在B颜色通道的一阶矩	0 ~ 1
4	R通道二阶矩	水样图像在R颜色通道的二阶矩	0 ~ 1
5	G通道二阶矩	水样图像在G颜色通道的二阶矩	0 ~ 1
6	B通道二阶矩	水样图像在B颜色通道的二阶矩	0 ~ 1
7	R通道三阶矩	水样图像在R颜色通道的三阶矩	−1 ~ 1
8	G通道三阶矩	水样图像在G颜色通道的三阶矩	−1 ~ 1
9	B通道三阶矩	水样图像在B颜色通道的三阶矩	−1 ~ 1
10	水质类别	不同类别能表示水中浮游植物的种类和多少	1 ~ 5

表 9-4　LM神经网络建模参数

序　号	参数名称	参数描述
1	显示间隔次数	两次显示时间的间隔
2	最大循环次数	模型训练时最大循环（迭代）次数，当训练时循环次数达到此参数时，网络训练将会终止

（续）

序 号	参数名称	参数描述
3	目标误差	网络的训练目标误差
4	学习动量	权重更新量与上次权重更新量之间的关系，$\Delta\omega_{ji}(n)=\eta\delta_j x_{ji}+\alpha\Delta\omega_{ji}(n-1)$，其中 η 为学习速率，α 为学习动量
5	学习速率	Marquart 调整参数，即网络权重更新的加权因子。学习速率设得太小，网络收敛速度慢，而且可能会收敛于局部最小点；学习速率设得太大的话，可能会导致网络运行不稳定
6	学习速率增加比率	mu 的上升因子
7	学习速率减少比率	mu 的下降因子
8	最大误差比率	mu 的最大值
9	隐层节点数	隐层节点个数
10	输入层至隐含层传递函数	输入层至隐含层传递函数，通常为双曲正切 S 型函数
11	隐含层至输出层传递函数	隐含层至输出层传递函数，通常为线性函数

构建 LM 神经网络的模型代码，如代码清单 9-4 所示。

代码清单 9-4 构建 LM 神经网络的模型代码

```
%% LM 神经网络的模型构建
clear;
% 参数初始化
trainfile = '../data/train_moment.xls';                    % 训练数据
netfile = '../tmp/net.mat';                                % 构建的神经网络模型存储路径
trainoutputfile = '../tmp/train_output_data.xls' ;         % 训练数据模型输出文件

%% 读取数据并转化
[data,txt] = xlsread(trainfile);
input=data(:,3:end);
targetoutput=data(:,1);
% 输入数据变换
input=input';
targetoutput=targetoutput';
targetoutput=full(ind2vec(targetoutput));

%% 新建 LM 神经网络，并设置参数
net = patternnet(10,'trainlm');
net.trainParam.epochs=1000;
net.trainParam.show=25;
net.trainParam.showCommandLine=0;
net.trainParam.showWindow=0;
net.trainParam.goal=0;
net.trainParam.time=inf;
net.trainParam.min_grad=1e-6;
net.trainParam.max_fail=5;
net.performFcn='mse';

% 训练神经网络模型
```

```
net= train(net,input,targetoutput);

%% 使用训练好的神经网络测试原始数据
output = sim(net,input);

%% 画混淆矩阵图
plotconfusion(targetoutput,output);

%% 将数据写入文件
save(netfile,'net');                                    % 保存神经网络模型

output = vec2ind(output);
output = output';
xlswrite(trainoutputfile,[txt,' 模型输出 ';num2cell([data,output])]);
disp('LM 神经网络模型构建完成！ ');
```

*代码详见：示例程序 /code/construct_lm_model.m

2. 结果及分析

当 LM 神经网络的输入节点数为 9、输出节点数为 5、隐层节点数为 10，显示间隔次数为 25、最大循环次数为 1000、目标误差为 0.0、初始 mu 为 0.001、mu 增长比率为 10、mu 减少比率为 0.1、mu 最大值为 1e10、最大校验失败次数为 6、最小误差梯度为 1e-7。训练样本建模的混淆矩阵，如图 9-4 所示，分类准确率为 95.7%，分类效果较好，可应用该模型进行水质评价。

9.2.3　水质评价

取所有测试样本为输入样本，代入已构建好的 LM 神经网络模型，得到输出结果，即预测的水质类型。水质评价的混淆矩阵，如图 9-5 所示，分类准确率为 88.1%，说明水质评价模型对于新增的水色图像的分类效果较好，但模型把原属于第 5 类的水色图像均误判为其他类别了，然后测试样本中属于第 5 类的水色图像只有两个，可能是由于数据量少导致原属于第 5 类的水色图像均被误判，下一步的工作可采集新数据验证模型，若分类效果好则可将该模型应用于水质自动评价系统，以实现对水质的评价。LM 神经网络模型的测试代码，如代码清单 9-5 所示。

代码清单 9-5　LM 神经网络模型的测试代码

```
%% LM 神经网络模型测试
clear;
% 参数初始化
testfile = '../data/test_moment.xls';                   % 训练数据
netfile = '../tmp/net.mat';                             % 神经网络模型存储路径
testoutputfile = '../tmp/test_output_data.xls' ;        % 测试数据模型输出文件

%% 数据读取
[data,txt] = xlsread(testfile);
```

```
input=data(:,3:end);
target=data(:,1);

%% 使用构建好的神经网络模型对原始数据进行测试
load(netfile);                                              % 载入神经网络模型
output_lm = sim(net,input');

% 测试数据数据变换以及画混淆矩阵图
targetoutput = full(ind2vec(target'));
plotconfusion(targetoutput,output_lm);

%% 写入数据
output_lm=vec2ind(output_lm);
output_lm = output_lm';
xlswrite(testoutputfile,[txt,'模型输出';num2cell([data,output_lm])]);

disp('LM 神经网络模型测试完成！');
```

*代码详见：示例程序 /code/test_lm_model.m

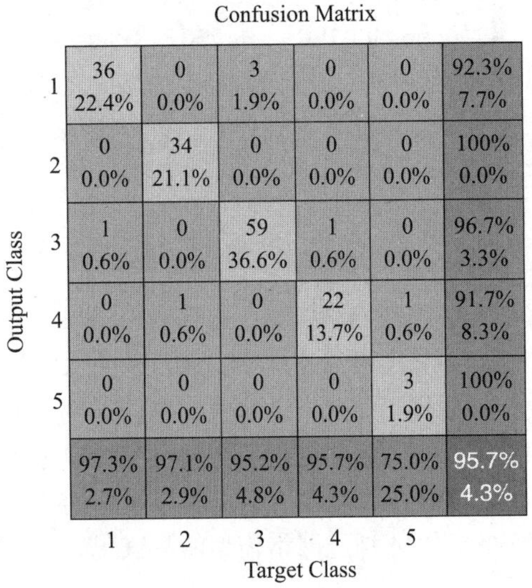

Confusion Matrix

Output Class \ Target Class	1	2	3	4	5	
1	36 22.4%	0 0.0%	3 1.9%	0 0.0%	0 0.0%	92.3% 7.7%
2	0 0.0%	34 21.1%	0 0.0%	0 0.0%	0 0.0%	100% 0.0%
3	1 0.6%	0 0.0%	59 36.6%	1 0.6%	0 0.0%	96.7% 3.3%
4	0 0.0%	1 0.6%	0 0.0%	22 13.7%	1 0.6%	91.7% 8.3%
5	0 0.0%	0 0.0%	0 0.0%	0 0.0%	3 1.9%	100% 0.0%
	97.3% 2.7%	97.1% 2.9%	95.2% 4.8%	95.7% 4.3%	75.0% 25.0%	95.7% 4.3%

图 9-4　模型混淆矩阵

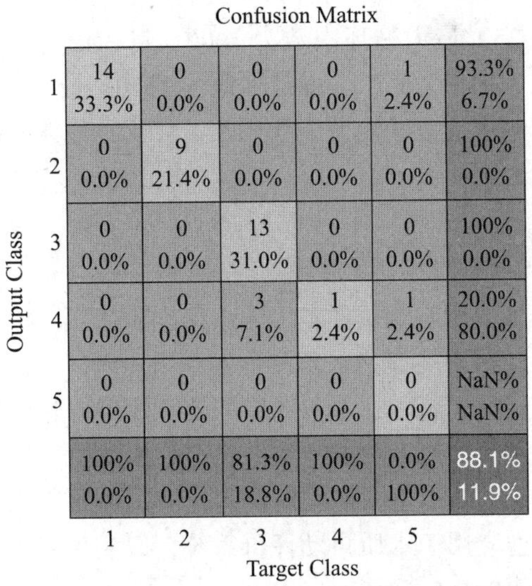

Confusion Matrix

Output Class \ Target Class	1	2	3	4	5	
1	14 33.3%	0 0.0%	0 0.0%	0 0.0%	1 2.4%	93.3% 6.7%
2	0 0.0%	9 21.4%	0 0.0%	0 0.0%	0 0.0%	100% 0.0%
3	0 0.0%	0 0.0%	13 31.0%	0 0.0%	0 0.0%	100% 0.0%
4	0 0.0%	0 0.0%	3 7.1%	1 2.4%	1 2.4%	20.0% 80.0%
5	0 0.0%	0 0.0%	0 0.0%	0 0.0%	0 0.0%	NaN% NaN%
	100% 0.0%	100% 0.0%	81.3% 18.8%	100% 0.0%	0.0% 100%	88.1% 11.9%

图 9-5　水质评价的混淆矩阵

9.3　上机实验

1. 实验目的

- ❑ 掌握基本图像预处理方法，包括图像切割处理和颜色矩提取的方法。
- ❑ 加深对 LM 神经网络原理的理解及使用。

2. 实验内容

- 实验数据是图像文件，见“上机实验 /data/images/”，水质图片是以“类别 – 编号 .jpg”命名，需要提取图片所属的水质类别，并截取图像中央的方块。再对截取后的图像提取颜色矩特征，包括一阶矩、二阶矩、三阶矩，同时由于图像具有 R、G 和 B 三个颜色通道，则处理得到的颜色矩特征具有 9 个分量。
- 结合水质类别和颜色矩的特征构成专家样本数据，以水质类别作为目标输出，构建 LM 神经网络模型，并利用混淆矩阵和 ROC 曲线评价该模型的优劣。

注意：80% 的数据作为训练样本，剩下的 20% 数据作为测试样本。

3. 实验方法与步骤

1）处理原始水质图片名，提取样本类别：打开原始水质图片文件夹，把所有的水质图片复制到当前工作目录。每个水质图片命名规则为“类别 – 编号 .jpg”，如“1_1.jpg”，说明当前图片属于第 1 类的样本，所以首先要针对每个图片的文件名进行处理，以提取样本类别。

2）水质图片截取：使用 imread() 函数读取每个图片到三维变量中，接着截取三维变量每个维度中间的 101 × 101 个像素点，使用 imwrite() 函数进行保存。

3）计算并生成颜色矩特征的数据：针对步骤 2 中的每个维度 101 × 101 个像素点根据颜色矩公式分别计算一阶矩、二阶矩、三阶矩，利用第一步中截取的样本类别，输出每个样本数据，即颜色矩特征数据，包括：样本类别、样本类别编号、R 通道一阶矩、G 通道一阶矩、B 通道一阶矩、R 通道二阶矩、G 通道二阶矩、B 通道二阶矩、R 通道三阶矩、G 通道三阶矩、B 通道三阶矩，提取后的样本数据一般如表 9-2 所示。

4）生成 LM 神经网络训练数据和测试数据：针对步骤 3 得到的颜色矩的特征数据，按照一定的比例随机生成训练数据和测试数据。这里需要注意，神经网络的标签数据使用的是特殊编码，之前生成的标签类别数据不能直接使用，需要经过编码。比如第 1 类，需编码为 [1,0,0,0,0]；第 5 类需编码为 [0,0,0,0,1]。

5）训练 LM 神经网络并画出混淆矩阵和 ROC 图：把步骤 4 生成的训练数据作为输入数据，使用 patternnet 新建 LM 神经网络，并设置相关参数。使用 train 进行神经网络构建，得到构建的结果，并作混淆矩阵和 ROC 图。

6）测试 LM 神经网络并画出混淆矩阵和 ROC 图：利用步骤 4 生成的测试数据对第 5 步得到的 LM 神经网络进行测试，输出正确率以及相应的混淆矩阵和 ROC 图。

4. 思考与实验总结

1）针对专家数据如何按比例随机生成训练数据和测试数据？

2）LM 神经网络的参数有哪些可以设置，如何针对数据特征进行参数的择优选择？

9.4 拓展思考

我国环境质量评价工作是20世纪70年代后才逐步发展起来的。发展至今，在评价指标体系及评价理论探索等方面均有较大的进展。但目前在我国环境评价的实际工作中，所采用的方法通常是一些比较传统的评价方法，往往是从单个污染因子的角度对其进行简单评价。然而对某区域的环境质量如水质、大气质量等的综合评价一般涉及较多的评价因素，且各因素与区域环境整体质量关系密切，因而采用单项污染指数评价法无法客观准确地反映各污染因子之间相互作用对环境质量的影响。

基于上述原因，要客观评价一个区域的环境质量状况，需要综合考虑各种因素之间以及影响因素与环境质量之间错综复杂的关系，采用传统的方法存在着一定的局限性和不合理性。因此，从学术研究的角度对环境评价的技术方法及其理论进行探讨，寻求能更全面、客观、准确地反映环境质量的新的理论方法具有重要的现实意义。

有人根据空气中SO_2、NO、NO_2、NOx、PM10和PM2.5值的含量，建立分类预测模型，实现对空气质量进行评价。在某地实际监测的部分原始样本数据经预处理后，如表9-5所示(完整数据见：/拓展思考/拓展思考样本数据.xls)。请采用C4.5决策树进行模型构建，并评价该模型的效果。

表9-5 建模样本数据

SO_2	NO	NO_2	NOx	PM10	PM2.5	空气等级
0.031	0	0.046	0.047	0.085	0.058	Ⅰ
0.022	0	0.053	0.053	0.07	0.048	Ⅱ
0.017	0	0.029	0.029	0.057	0.04	Ⅰ
0.026	0	0.026	0.026	0.049	0.034	Ⅰ
0.018	0	0.027	0.027	0.051	0.035	Ⅰ
0.019	0	0.052	0.053	0.06	0.04	Ⅱ
0.022	0	0.059	0.06	0.064	0.042	Ⅱ
0.023	0.01	0.085	0.099	0.07	0.044	Ⅱ
0.022	0.012	0.066	0.084	0.073	0.042	Ⅱ
0.017	0.007	0.037	0.048	0.069	0.04	Ⅰ

* 数据详见：拓展思考/拓展思考样本数据.xls

9.5 小结

本章结合基于水色图像进行水质评价的案例，重点介绍了图像处理算法中的颜色矩的提取，以及数据挖掘算法中LM神经网络算法在实际案例中的应用。利用水色图像颜色矩的特征，采用LM神经网络算法进行水质评价，并详细地描述了数据挖掘的整个过程，也对其相应的算法提供了MATLAB的上机实验内容。

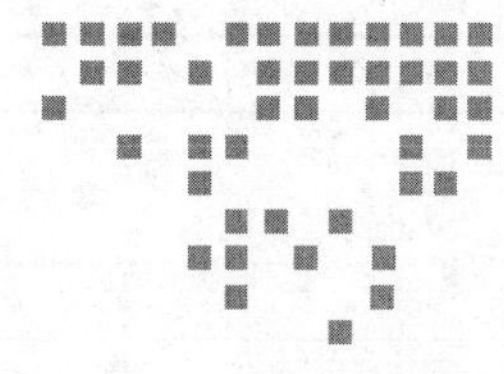

第 10 章 Chapter 10

基于关联规则的网站智能推荐服务

10.1 背景与挖掘目标

全国大学生数据挖掘竞赛网站（www.tipdm.org）是一个致力于为高校师生提供各类数据挖掘资源、资讯和开展竞赛活动的综合性网站，高校师生可通过网站获取所需的竞赛通知、教学资源、项目需求、培训课程等信息。另一方面，作为该网站的技术支持方（TipDM 公司）也希望能通过该网站及时知道访问者目前最关心什么、关注什么，以便公司对新推出的产品和服务快速作出调整和响应。

用户进入该网站主页查找资源一般是按不同类别的栏目进入的，再从细分栏目下找到目标资源，但用户感兴趣的资源可能是跨类别的，用户自行寻找则相对困难，此时需要网站提供推荐功能，推荐用户可能感兴趣的页面，以便于用户快速找到所关注的资源；同时访问网站的用户很多，但不同用户群体感兴趣的内容不一样，适合推荐的服务也不一样，有的用户对数据挖掘领域不是太熟悉，对相关的技术也不熟悉，此时就需要提供相应的培训资源；有的用户是寻求企业级的数据挖掘服务，希望找到数据挖掘在企业中的应用，此时就需要提供相应的企业应用服务资源。对于网站而言，可结合用户访问网站的行为，挖掘出不同的用户群体，推荐匹配的服务，以提高用户的留存率。

表 10-1 所示为注册用户信息表，记录了网站用户的注册信息，包括用户 ID、用户名、注册邮箱和注册日期等信息。表 10-3 给出了用户访问数据，同时记录了用户 ID、访问 IP、访问时间、访问页面、关键词、一级标签、二级标签、来源网站、来源网页、sessionID 等。其中关键词为访问页面的标题；一级标签为访问页面所属的主栏目；二级标签为访问页面所属主栏目的子栏目。页面标签的内容，如表 10-2 所示。

表 10-1 注册用户信息表

用户 ID	用户名	注册邮箱	注册日期
200006	Statistics	***558@qq.com	1/21/2015 13:44:19
200007	yangmixi	***719@qq.com	1/26/2015 22:06:29
200008	bojone	***one@spaces.ac.cn	1/27/2015 09:07:26
200009	lichang	***954@qq.com	1/27/2015 11:02:00
200010	BoostWu	***twg@163.com	1/27/2015 15:16:45
200011	py_531_1	***ice@tipdm.org	1/27/2015 15:21:01
200012	tangbo00	***650@qq.com	1/28/2015 16:13:12
200013	SRYZB2424	***777@qq.com	1/29/2015 15:49:53
200014	fainy 荧	***832@qq.com	1/29/2015 17:59:08
200015	chloe0521	***422@qq.com	1/31/2015 11:59:50
200016	dave_nj	***_nj@163.com	2/2/2015 22:00:27
200017	teeko	***206@qq.com	2/17/2015 11:37:00
200018	kanaso	***592@qq.com	2/28/2015 09:46:07
200019	abner	***969@qq.com	2/28/2015 18:54:26
200020	waveletz	***586@qq.com	3/1/2015 14:39:19
200021	风逝老大	***785@qq.com	3/1/2015 16:20:13

表 10-2 页面标签的内容

一级标签	二级标签	描 述
竞赛组织		组委会、竞赛章程及技术支持等信息
赛题与评奖		竞赛试题及获奖名单的信息
优秀作品		历届竞赛的优秀作品信息
新闻与通知	公告与通知	竞赛、颁奖及活动开展等通知
	新闻与动态	大数据挖掘相关新闻与动态
教育资源	教学资源	教学视频等各类教学资源信息
	培训信息	最近大数据挖掘培训信息
	历年赛题	历届数据挖掘竞赛试题
	建模工具	常用数据挖掘建模工具及学习资料
	案例教程	TipDM 提供的数据挖掘案例教程
项目与招聘	项目需求	企业面向社会发布的数据挖掘建模项目需求
	招贤纳士	企业面向社会发布的数据挖掘人才招聘需求
成功案例	创新科技	产学研、重大专项、科技攻关等科技项目范例
	企业应用	企业大数据挖掘应用范例

如何利用用户的访问数据，挖掘出页面之间的联系，从而对用户进行推荐呢？TipDM 公司目前希望在培训业务上得到推广，然而如何结合业务需要与用户的访问行为特征，进行相应的推荐呢？

本次数据挖掘建模目标如下：

- 根据用户访问数据，挖掘用户的访问行为习惯，识别出用户在访问某些页面资源时可能感兴趣的其他资源，并进行智能推荐。
- 根据用户的历史访问数据，总结用户的访问网页类别特征，将用户划分为不同群体，并向其推荐不同的服务。

10.2　分析方法与过程

关联分析能寻找数据集中大量数据的相关联系，常用的两种技术如下。

- 关联规则分析：发现一个事物与其他事物间的相互关联性或相互依赖性，可用于像分析客户在餐馆点了剁椒鱼头的同时又点小炒黄牛肉的可能性。
- 序列模式分析：将重点放在分析数据之间的前后因果关系上。例如，参加过数据挖掘竞赛的用户会在三个月内参加数据挖掘培训的可能性。

用户访问一次网站会浏览不同的页面，这些浏览页面的日志均会记录在用户的访问日志中，用户每次访问网站的目的可能会不一样，有必要在用户访问日志中区分出每次浏览的页面路径，以一次访问的所有页面作为一次关联规则分析的记录，以所有记录作为关联规则分析的数据集，挖掘出其中的强关联规则，当用户访问某些页面时，根据规则推荐用户很可能继续浏览的页面。

用户访问网站中不同类别的网页的次数反映了用户的倾向，网站网页以一级标签和二级标签进行标识，统计用户访问不同标签网页的次数，以此作为用户聚类的指标。考虑到 tipdm.org 网站建设的目的是有效组织数据挖掘竞赛活动、提供培训咨询服务和企业数据挖掘应用研发合作，聚类的指标可针对这三方面进行设计，将用户划分为不同的群体后，可针对相应的群体推荐不同的业务。

图 10-1 所示为基于关联规则的网站智能推荐服务流程，主要包括以下步骤：

1）从数据库中选择性抽取用户的访问数据，用于关联规则建模和聚类建模，实时抽取推荐样本数据，用于后续关联规则推荐；

2）对用户访问数据进行预处理，将相同的 sessionID 划分为一次访问，将一次访问的所有访问页面归为一次访问事件，处理成关联规则建模样本数据；基于用户访问数据提取访问网页类别特征，处理成聚类分析建模样本数据；

3）利用关联规则样本数据构建关联规则模型，输出页面间的关联规则结果；利用聚类分析样本数据构建聚类模型，对用户进行划分。

4）利用 3）得到的关联规则结果结合实时样本数据进行页面推荐，根据 3）的聚类结果向不同的用户群推荐不同的服务内容。

表 10-3 用户

用户 ID	sessionID	访问 IP	访问时间	访问页面
200083	5bcec0a6-5a39-489a-8cab-8edadf96bbb2	113.96.8.218	1/29/2015 17:47:09	http://www.tipdm.org/
200085	cf810661-a08f-4592-b5fb-7b08ac55143c	223.73.196.99	1/29/2015 17:47:13	http://www.tipdm.org/wjxq/516.jhtml
200085	cf810661-a08f-4592-b5fb-7b08ac55143c	223.73.196.99	1/29/2015 17:53:48	http://www.tipdm.org/news/530.jhtml
200085	cf810661-a08f-4592-b5fb-7b08ac55143c	223.73.196.99	1/29/2015 17:55:48	http://www.tipdm.org/information/454.jhtml
200001	c60237cd-fb82-492c-8f43-9b16f5bf5f07	103.3.98.175	1/29/2015 21:46:22	http://www.tipdm.org/ts/579.jhtml
200001	c60237cd-fb82-492c-8f43-9b16f5bf5f07	103.3.98.175	1/29/2015 21:50:02	http://www.tipdm.org/ts/535.jhtml
200001	c60237cd-fb82-492c-8f43-9b16f5bf5f07	103.3.98.175	1/29/2015 22:04:05	http://www.tipdm.org/sj/560.jhtml
200001	c60237cd-fb82-492c-8f43-9b16f5bf5f07	103.3.98.175	1/29/2015 22:14:23	http://www.tipdm.org/jmgj/index_2.jhtml
200085	fe0ccf04-f7ac-4824-aa2f-6a524d4b787b	183.61.160.211	1/29/2015 22:14:06	http://www.tipdm.org/jmgj/index.jhtml
200085	fe0ccf04-f7ac-4824-aa2f-6a524d4b787b	183.61.160.211	1/29/2015 22:14:28	http://www.tipdm.org/jmgj/568.jhtml
200085	fe0ccf04-f7ac-4824-aa2f-6a524d4b787b	183.61.160.211	1/29/2015 22:14:55	http://www.tipdm.org/information/447.jhtml
200021	ba5f034a-3572-4405-8107-6bbec7c17886	223.73.64.205	1/29/2015 22:24:35	http://www.tipdm.org/sj/index.jhtml
200093	90ed3aa6-2f03-40ed-a590-e612c50feffb	113.96.8.166	1/29/2015 22:31:02	http://www.tipdm.org/sj/index.jhtml
200097	8d8516be-aa06-4c03-8774-c00354f00f78	223.73.65.182	1/29/2015 22:30:05	http://www.tipdm.org/ts/index.jhtml
200097	8d8516be-aa06-4c03-8774-c00354f00f78	223.73.65.182	1/29/2015 22:32:22	http://www.tipdm.org/qk/index.jhtml
200097	8d8516be-aa06-4c03-8774-c00354f00f78	223.73.65.182	1/29/2015 22:34:08	http://www.tipdm.org/xtxm/index.jhtml
200097	8d8516be-aa06-4c03-8774-c00354f00f78	223.73.65.182	1/29/2015 22:34:18	http://www.tipdm.org/kjxm/index.jhtml
200089	6fabd534-d6da-457a-8d36-062262bda952	36.250.89.84	1/29/2015 22:34:13	http://www.tipdm.org/ts/579.jhtml
200094	e271c447-8bf7-4035-a702-1c7053e93dd2	222.129.31.105	1/29/2015 22:33:50	http://www.tipdm.org/information/index.jhtml
200084	390e8ab3-abbd-4f69-b7f2-ce960bc923d3	14.218.181.92	1/29/2015 22:37:07	http://www.tipdm.org/qk/index.jhtml
200084	390e8ab3-abbd-4f69-b7f2-ce960bc923d3	14.218.181.92	1/29/2015 22:37:12	http://www.tipdm.org/qk/564.jhtml
200084	390e8ab3-abbd-4f69-b7f2-ce960bc923d3	14.218.181.92	1/29/2015 22:41:02	http://www.tipdm.org/sj/577.jhtml
200073	98e44481-0bef-44ad-9b54-609d0a234da0	14.21.171.104	1/29/2015 22:40:51	http://www.tipdm.org/sj/567.jhtml
200073	98e44481-0bef-44ad-9b54-609d0a234da0	14.21.171.104	1/29/2015 22:44:18	http://www.tipdm.org/sj/index.jhtml
200058	ce44efd9-5766-43c6-8e6b-66adaf8f9954	113.44.40.57	1/29/2015 22:50:22	http://www.tipdm.org/sj/561.jhtml

* 数据详见：示例程序 /data/raw_data.xls

访问数据

关键词	一级标签	二级标签	来源网站	来源网页
	主页		http://www.tipdm.org	http://www.tipdm.org/login.jspx?returnUrl=/
非侵入式用电监测和负荷识别研究	项目与招聘	项目需求	http://www.tipdm.org	http://www.tipdm.org/?locale=zh_CN
2014 年最吃香工作技能：统计分析和数据挖掘位列第一	新闻与通知	新闻与动态	http://www.tipdm.org	http://www.tipdm.org/comment.jspx?contentId=516
改进 K- 均值聚类——网络入侵检测	教育资源	案例教程	http://www.baidu.com	http://www.baidu.com/link?url=qI4I9G0gw6YCTRyxKCPA0f3HeVIzH3wA5kmQNP6_3vK&ie=utf-8&f=8&tn=baiduhome_pg&wd=%E6%95%B0%E6%8D%AE%E6%8C%96%E6%8E%98%E7%AB%9E%E8%B5%9B
神经网络实用教程及配套视频	教育资源	教学资源	http://www.tipdm.org	http://www.tipdm.org
数据挖掘：实用案例分析	教育资源	教学资源	http://www.tipdm.org	http://www.tipdm.org
CDA 数据分析师培训深圳开班	教育资源	培训信息	http://www.tipdm.org	http://www.tipdm.org
	教育资源	建模工具	http://www.tipdm.org	http://www.tipdm.org/jmgj/index.jhtml
	教育资源	建模工具	http://www.tipdm.org	http://www.tipdm.org/zytj/index.jhtml
IBM SPSS Modeler 数据挖掘建模工具	教育资源	建模工具	http://www.tipdm.org	http://www.tipdm.org/jmgj/index_2.jhtml
RBF 神经网络时序预测——外汇储备进行预测	教育资源	案例教程	http://www.tipdm.org	http://www.tipdm.org/jmgj/568.jhtml
	教育资源	培训信息	http://www.tipdm.org	http://www.tipdm.org/zytj/index.jhtml
	教育资源	培训信息	http://www.tipdm.org	http://www.tipdm.org/zytj/index.jhtml
	教育资源	教学资源	http://www.tipdm.org	http://www.tipdm.org/zytj/index.jhtml
	教育资源	历年赛题	http://www.tipdm.org	http://www.tipdm.org/zytj/index.jhtml
	项目与招聘		http://www.tipdm.org	http://www.tipdm.org/zytj/index.jhtml
	成功案例	创新科技	http://www.tipdm.org	http://www.tipdm.org/cgal/index.jhtml
神经网络实用教程及配套视频	教育资源	教学资源	http://www.tipdm.org	http://www.tipdm.org/xtxm/index.jhtml
	教育资源	案例教程	http://www.tipdm.org	http://www.tipdm.org/zytj/index.jhtml
	教育资源	历年赛题	http://www.tipdm.org	http://www.tipdm.org/zytj/index.jhtml
第二届泰迪华南杯数据挖掘竞赛赛题	教育资源	历年赛题	http://www.tipdm.org	http://www.tipdm.org/qk/index.jhtml
海量数据挖掘技术及工程实践培训广州开课	教育资源	培训信息	http://www.tipdm.org	http://www.tipdm.org/sj/index.jhtml
海量数据挖掘技术及工程实践培训佛山开课	教育资源	培训信息	http://www.tipdm.org	http://www.tipdm.org/sj/index.jhtml
	教育资源	培训信息	http://www.tipdm.org	http://www.tipdm.org/zytj/index.jhtml
大数据挖掘技术及工程实践培训深圳开课	教育资源	培训信息	http://www.tipdm.org	http://www.tipdm.org/sj/index.jhtml

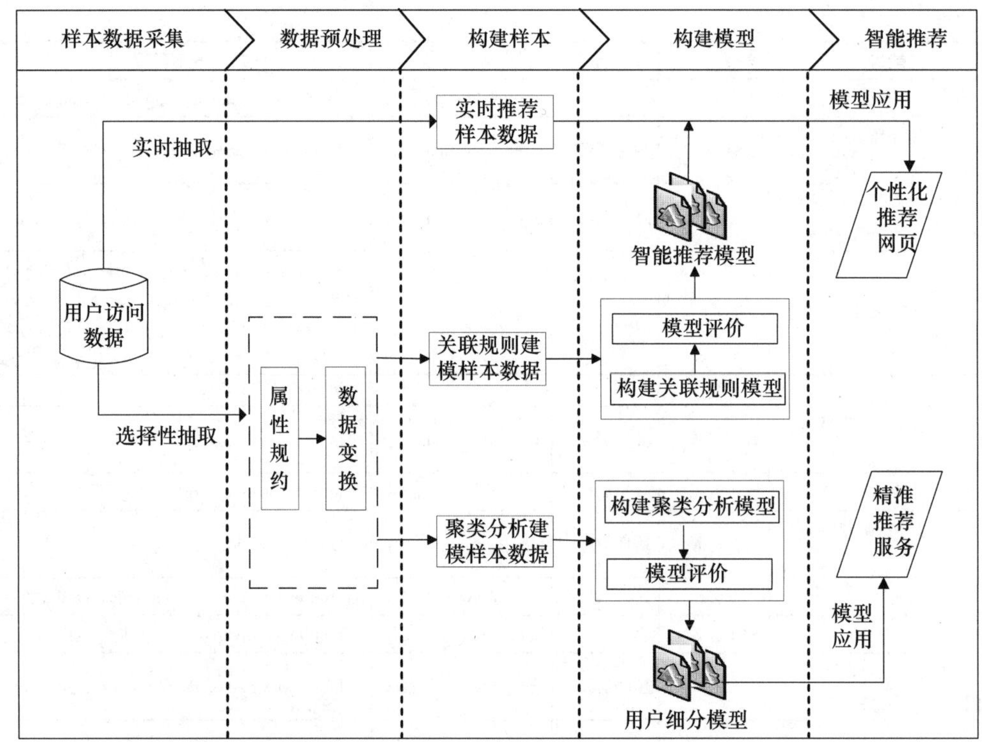

图 10-1　基于关联规则的网站智能推荐服务流程

10.2.1　数据抽取

根据实际研究的需要，本案例选取最近半年的时间段作为观测窗口，抽取窗口内用户的所有详细记录形成所需的数据样本集。数据包括用户 ID、访问 IP、访问时间、访问页面、关键词、一级标签、二级标签、来源网站、来源网页、sessionID 等，参见表 10-3。

10.2.2　数据预处理

1. 属性规约

为了减少数据挖掘花费的时间，提高数据挖掘算法的效果，本案例删除了与建模不相关的属性。本案例研究的是用户的访问页面推荐，针对的是单次访问事件的所有页面，其与访问 IP、访问时间、关键词、来源网站和来源网页无关，故规约掉这些属性。

用户 ID 唯一标识用户，访问页面是分析的对象，sessionID 能唯一标识用户的单次访问，而一级标签和二级标签能用来统计每个用户访问不同类别网页的次数，所以这些属性需要保留。属性规约后的数据，如表 10-4 所示。

表 10-4　属性规约后的数据

用户 ID	sessionID	访问页面	一级标签	二级标签
200083	5bcec0a6-5a39-489a-8cab-8edadf96bbb2	http://www.tipdm.org/	主页	
200085	cf810661-a08f-4592-b5fb-7b08ac55143c	http://www.tipdm.org/wjxq/516.jhtml	项目与招聘	项目需求
200085	cf810661-a08f-4592-b5fb-7b08ac55143c	http://www.tipdm.org/news/530.jhtml	新闻与通知	新闻与动态
200085	cf810661-a08f-4592-b5fb-7b08ac55143c	http://www.tipdm.org/information/454.jhtml	教育资源	案例教程
200001	c60237cd-fb82-492c-8f43-9b16f5bf5f07	http://www.tipdm.org/ts/579.jhtml	教育资源	教学资源
200001	c60237cd-fb82-492c-8f43-9b16f5bf5f07	http://www.tipdm.org/ts/535.jhtml	教育资源	教学资源
200001	c60237cd-fb82-492c-8f43-9b16f5bf5f07	http://www.tipdm.org/sj/560.jhtml	教育资源	培训信息
200001	c60237cd-fb82-492c-8f43-9b16f5bf5f07	http://www.tipdm.org/jmgj/index_2.jhtml	教育资源	建模工具
200085	fe0ccf04-f7ac-4824-aa2f-6a524d4b787b	http://www.tipdm.org/jmgj/index.jhtml	教育资源	建模工具
200085	fe0ccf04-f7ac-4824-aa2f-6a524d4b787b	http://www.tipdm.org/jmgj/568.jhtml	教育资源	建模工具
200085	fe0ccf04-f7ac-4824-aa2f-6a524d4b787b	http://www.tipdm.org/information/447.jhtml	教育资源	案例教程
200021	ba5f034a-3572-4405-8107-6bbec7c17886	http://www.tipdm.org/sj/index.jhtml	教育资源	培训信息
200093	90ed3aa6-2f03-40ed-a590-e612c50feffb	http://www.tipdm.org/sj/index.jhtml	教育资源	培训信息
200097	8d8516be-aa06-4c03-8774-c00354f00f78	http://www.tipdm.org/ts/index.jhtml	教育资源	教学资源
200097	8d8516be-aa06-4c03-8774-c00354f00f78	http://www.tipdm.org/qk/index.jhtml	教育资源	历年赛题
200097	8d8516be-aa06-4c03-8774-c00354f00f78	http://www.tipdm.org/xtxm/index.jhtml	项目与招聘	
200097	8d8516be-aa06-4c03-8774-c00354f00f78	http://www.tipdm.org/kjxm/index.jhtml	成功案例	创新科技
200089	6fabd534-d6da-457a-8d36-062262bda952	http://www.tipdm.org/ts/579.jhtml	教育资源	教学资源
200094	e271c447-8bf7-4035-a702-1c7053e93dd2	http://www.tipdm.org/information/index.jhtml	教育资源	案例教程
200084	390e8ab3-abbd-4f69-b7f2-ce960bc923d3	http://www.tipdm.org/qk/index.jhtml	教育资源	历年赛题
200084	390e8ab3-abbd-4f69-b7f2-ce960bc923d3	http://www.tipdm.org/qk/564.jhtml	教育资源	历年赛题
200084	390e8ab3-abbd-4f69-b7f2-ce960bc923d3	http://www.tipdm.org/sj/577.jhtml	教育资源	培训信息

2. 数据变换

（1）单次访问事件划分

用户访问网站，系统将会自动生成一个 sessionID 标识用户访问，用户在关闭浏览器前所访问过的网站记录均关联同一个 sessionID 标识。用户重新开启浏览器访问网站或者长时间不对访问页面操作，则原来的 sessionID 失效，系统会以新的 sessionID 标识用户的访问。所以将相同的 sessionID 划分为一次访问，将一次访问的所有访问页面归为一次记录，即将表 10-5 处理成表 10-6 所示的数据形式。其处理的 MATLAB 代码，如代码清单 10-1 所示。

表 10-5 访问页面数据

访问事件序号	sessionID	访问页面
1	5bcec0a6-5a39-489a-8cab-8edadf96bbb2	http://www.tipdm.org/
2	cf810661-a08f-4592-b5fb-7b08ac55143c	http://www.tipdm.org/wjxq/516.jhtml
2	cf810661-a08f-4592-b5fb-7b08ac55143c	http://www.tipdm.org/news/530.jhtml
2	cf810661-a08f-4592-b5fb-7b08ac55143c	http://www.tipdm.org/information/454.jhtml
3	c60237cd-fb82-492c-8f43-9b16f5bf5f07	http://www.tipdm.org/ts/579.jhtml
3	c60237cd-fb82-492c-8f43-9b16f5bf5f07	http://www.tipdm.org/ts/535.jhtml
3	c60237cd-fb82-492c-8f43-9b16f5bf5f07	http://www.tipdm.org/sj/560.jhtml
3	c60237cd-fb82-492c-8f43-9b16f5bf5f07	http://www.tipdm.org/jmgj/index_2.jhtml
4	fe0ccf04-f7ac-4824-aa2f-6a524d4b787b	http://www.tipdm.org/jmgj/index.jhtml
4	fe0ccf04-f7ac-4824-aa2f-6a524d4b787b	http://www.tipdm.org/jmgj/568.jhtml
4	fe0ccf04-f7ac-4824-aa2f-6a524d4b787b	http://www.tipdm.org/information/447.jhtml
5	ba5f034a-3572-4405-8107-6bbec7c17886	http://www.tipdm.org/sj/index.jhtml
6	90ed3aa6-2f03-40ed-a590-e612c50feffb	http://www.tipdm.org/sj/index.jhtml
7	8d8516be-aa06-4c03-8774-c00354f00f78	http://www.tipdm.org/ts/index.jhtml
7	8d8516be-aa06-4c03-8774-c00354f00f78	http://www.tipdm.org/qk/index.jhtml
7	8d8516be-aa06-4c03-8774-c00354f00f78	http://www.tipdm.org/xtxm/index.jhtml
7	8d8516be-aa06-4c03-8774-c00354f00f78	http://www.tipdm.org/kjxm/index.jhtml
8	6fabd534-d6da-457a-8d36-062262bda952	http://www.tipdm.org/ts/579.jhtml
9	e271c447-8bf7-4035-a702-1c7053e93dd2	http://www.tipdm.org/information/index.jhtml
10	390e8ab3-abbd-4f69-b7f2-ce960bc923d3	http://www.tipdm.org/qk/index.jhtml
10	390e8ab3-abbd-4f69-b7f2-ce960bc923d3	http://www.tipdm.org/qk/564.jhtml
10	390e8ab3-abbd-4f69-b7f2-ce960bc923d3	http://www.tipdm.org/sj/577.jhtml

表 10-6　记录数据

访问事件序号	访问页面
1	http://www.tipdm.org/
2	http://www.tipdm.org/wjxq/516.jhtml,http://www.tipdm.org/news/530.jhtml, http://www.tipdm.org/information/454.jhtml
3	http://www.tipdm.org/ts/579.jhtml,http://www.tipdm.org/ts/535.jhtml, http://www.tipdm.org/sj/560.jhtml,http://www.tipdm.org/jmgj/index_2.jhtml
4	http://www.tipdm.org/jmgj/index.jhtml,http://www.tipdm.org/jmgj/568.jhtml, http://www.tipdm.org/information/447.jhtml
5	http://www.tipdm.org/sj/index.jhtml
6	http://www.tipdm.org/sj/index.jhtml
7	http://www.tipdm.org/ts/index.jhtml,http://www.tipdm.org/qk/index.jhtml, http://www.tipdm.org/xtxm/index.jhtml,http://www.tipdm.org/kjxm/index.jhtml
8	http://www.tipdm.org/ts/579.jhtml
9	http://www.tipdm.org/information/index.jhtml
10	http://www.tipdm.org/qk/index.jhtml,http://www.tipdm.org/qk/564.jhtml, http://www.tipdm.org/sj/577.jhtml

代码清单 10-1　聚合同一 sessionID 访问数据代码

```
%% 提取访问数据，把同一个 ID 的数据进行聚合
clear;
% 参数初始化
inputfile = '../data/visit_data.xls';                  % sessionID 访问数据
outputfile = '../tmp/visit_data.txt';                  % 聚合后的数据文件
separator = ',';                                       % 聚合后的访问数据的分隔符

%% 读取数据
[num,txt] = xlsread(inputfile);
txt = txt(2:end,2);

%% 检查文件是否存在，存在则删除
if exist(outputfile,'file')==2                         % 避免多次运行的影响
      disp([' 文件 ' outputfile ' 存在，正在被删除 ...']);
     delete(outputfile);
end

%% 构造输出
rows = size(num,1);
fid = fopen(outputfile, 'w');
firstid= num(1,1);
fprintf(fid,'%s\t%s',num2str(firstid),txt{1,1});
for i=2:rows
      secondid =num(i,1);
      if firstid ~ =secondid                           % 需要换行
```

```
            fprintf(fid,'%s\n%s\t','',num2str(secondid));
        else                                                    % 需要添加 separator,
            fprintf(fid,'%s',separator);
        end
        % 写入数据，并重新赋值 id
        fprintf(fid,'%s',txt{i,1});
        firstid = secondid;
end
fclose(fid);

%% 打印结果
disp(['数据已经按照 sessionID 进行聚合，聚合后的数据存储在“' outputfile '”文件中！']);
```

* 代码详见：示例程序 code/extract_visit_data.m

（2）属性构造

用户访问网站的浏览行为能体现用户的偏好和兴趣，结合网站需要推荐运营的服务，从所有的访问中提取访问网页类别的特征，并以此特征对用户群进行划分，识别出重点推荐的客户群体。在本案例中，www.tipdm.org 网站建设的目的是有效组织数据挖掘竞赛活动、提供培训咨询服务和企业数据挖掘应用研发合作，分别统计所有用户访问网页的类别特征，并将其作为聚类属性。与数据挖掘培训相关的二级标签有案例教程、教学资源和培训信息三个；与企业数据挖掘应用研发合作相关的二级标签有创新科技和企业应用两个；与数据挖掘竞赛相关的一级标签为“赛题与评奖”和“挖掘竞赛”两个。故构造三个聚类属性：数据挖掘培训网页数、企业应用网页数和数据挖掘竞赛网页数；数据挖掘培训网页数属性为用户访问二级标签案例教程、教学资源和培训信息的网页数；企业应用网页数属性为用户访问二级标签创新科技和企业应用的网页数；数据挖掘竞赛网页数属性为用户访问一级赛题与评奖和挖掘竞赛的网页数。对用户的访问数据，按用户访问网页类别的特征进行计算，得到各用户的样本数据，如表 10-7 所示。

表 10-7 样本数据

用户 ID	数据挖掘培训网页数	数据挖掘竞赛网页数	企业应用网页数
200001	7	0	2
200002	5	0	1
200006	1	1	0
200007	0	0	1
200009	6	1	0
200010	2	1	0
200011	4	0	0
200013	1	0	0
200016	7	2	0

（续）

用户 ID	数据挖掘培训网页数	数据挖掘竞赛网页数	企业应用网页数
200019	9	3	0
200021	2	0	1
200023	1	0	0
200024	1	0	0
200025	5	0	1
200027	1	0	1
200028	1	1	1
200029	0	0	4
200031	4	1	0

* 数据详见：示例程序 /data/cluster_data.xls

但由于各属性之间的差异较大，为了消除数量级数据带来的影响，在进行聚类前，需要标准化的处理。由于本节分析的是每个用户访问不同类型页面的差异，因此将每个用户访问不同类型页面的记录规约至 0~1 内，即为每种页面访问的比例，其公式为 $p_i = \frac{x_i}{\sum_{i=1}^{n} x_i}$。标准化后的样本数据如表 10-8 所示。

表 10-8 标准化后的样本数据

用户 ID	标准化后数据挖掘培训网页数	标准化后数据挖掘竞赛网页数	标准化后企业应用网页数
200001	0.973 664 845	−0.587 450 457	0.735 340 009
200002	0.423 754 467	−0.587 450 457	0.090 969 898
200006	−0.676 066 287	0.547 397 017	−0.553 400 213
200007	−0.951 021 476	−0.587 450 457	0.090 969 898
200009	0.698 709 656	0.547 397 017	−0.553 400 213
200010	−0.401 111 099	0.547 397 017	−0.553 400 213
200011	0.148 799 279	−0.587 450 457	−0.553 400 213
200013	−0.676 066 287	−0.587 450 457	−0.553 400 213
200015	−0.951 021 476	−0.587 450 457	−0.553 400 213
200016	0.973 664 845	1.682 244 49	−0.553 400 213
200019	1.523 575 222	2.817 091 963	−0.553 400 213
200021	−0.401 111 099	−0.587 450 457	0.090 969 898
200023	−0.676 066 287	−0.587 450 457	−0.553 400 213
200024	−0.676 066 287	−0.587 450 457	−0.553 400 213
200025	0.423 754 467	−0.587 450 457	0.090 969 898
200027	−0.676 066 287	−0.587 450 457	0.090 969 898
200028	−0.676 066 287	0.547 397 017	0.090 969 898

（续）

用户 ID	标准化后数据挖掘培训网页数	标准化后数据挖掘竞赛网页数	标准化后企业应用网页数
200029	−0.951 021 476	−0.587 450 457	2.024 080 232
200030	−0.951 021 476	−0.587 450 457	−0.553 400 213
200031	0.148 799 279	0.547 397 017	−0.553 400 213

10.2.3 构建模型

1. 关联规则模型

（1）构建关联规则模型

访问数据经过预处理后，形成关联规则建模数据，见表 10-6。采用 Apriori 关联规则算法对建模的样本数据进行分析，需要设置最小支持度、最小置信度。经过多次调整并结合实际应用分析，选取模型的输入参数为：最小支持度 1%、最小置信度 70%。其程序实现如代码清单 10-2 所示。

代码清单 10-2　Apriori 关联规则算法

```
%% 网站智能推荐 Apriori 关联规则挖掘
clear;
% 参数初始化
inputfile = '../data/visit_data.xls';
preprocessedfile = '../tmp/visit_data.txt';
outputfile='../tmp/as.txt';                    % 输出转换后 0、1 矩阵文件
minSup = 0.01;                                 % 最小支持度
minConf = 0.70;                                % 最小置信度
nRules = 1000;                                 % 输出最大规则数
sortFlag = 1;                                  % 按照支持度排序
rulefile = '../tmp/rules.txt';                 % 规则输出文件
separator = ',';                               % 分隔符

%% 数据预处理，根据 sessionID 对访问数据进行聚合
preprocess_apriori(inputfile,preprocessedfile,separator);

%% 数据编码
[transactions,code] = trans2matrix(preprocessedfile,outputfile,separator);

%% 调用 Apriori 关联规则算法
[Rules,FreqItemsets] = findRules(transactions, minSup, minConf, nRules, sortFlag, code, rulefile);
disp('Apriori 关联规则算法测试完成！ ');
```

* 代码详见：示例程序 /code/test_apriori.m

（2）模型分析

关联规则模型的输出结果，如表 10-9 所示。

表 10-9　关联规则模型的输出结果

序号	前　项	前项页面关键词	后　项	后项页面关键词	支持度	置信度
1	http://www.tipdm.org/ts/535.jhtml	数据挖掘：实用案例分析	http://www.tipdm.org/sj/560.jhtml	CDA 数据分析师培训深圳开班	2.63%	73.91%
2	http://www.tipdm.org/sj/560.jhtml	CDA 数据分析师培训深圳开班	http://www.tipdm.org/ts/579.jhtml	神经网络实用教程及配套视频	1.85%	70.59%
	http://www.tipdm.org/ts/535.jhtml	数据挖掘：实用案例分析				
3	http://www.tipdm.org/sj/560.jhtml	CDA 数据分析师培训深圳开班	http://www.tipdm.org/ts/535.jhtml	数据挖掘：实用案例分析	1.85%	80.76%
	http://www.tipdm.org/ts/579.jhtml	神经网络实用教程及配套视频				
4	http://www.tipdm.org/ts/535.jhtml	数据挖掘：实用案例分析	http://www.tipdm.org/sj/560.jhtml	CDA 数据分析师培训深圳开班	1.85%	92.31%
	http://www.tipdm.org/ts/579.jhtml	神经网络实用教程及配套视频				
5	http://www.tipdm.org/sj/560.jhtml	CDA 数据分析师培训深圳开班	http://www.tipdm.org/ts/578.jhtml	MATLAB 数据分析与挖掘实战	1.85%	80.76%
	http://www.tipdm.org/ts/579.jhtml	神经网络实用教程及配套视频				
6	http://www.tipdm.org/ts/578.jhtml	MATLAB 数据分析与挖掘实战	http://www.tipdm.org/sj/560.jhtml	CDA 数据分析师培训深圳开班	1.85%	96.21%
	http://www.tipdm.org/ts/579.jhtml	神经网络实用教程及配套视频				
7	http://www.tipdm.org/ts/535.jhtml	数据挖掘：实用案例分析	http://www.tipdm.org/sj/560.jhtml	CDA 数据分析师培训深圳开班	1.70%	98.58%
	http://www.tipdm.org/ts/578.jhtml	MATLAB 数据分析与挖掘实战				
8	http://www.tipdm.org/ts/535.jhtml	数据挖掘：实用案例分析	http://www.tipdm.org/ts/579.jhtml	神经网络实用教程及配套视频	1.39%	81.82%
	http://www.tipdm.org/ts/578.jhtml	MATLAB 数据分析与挖掘实战				
9	http://www.tipdm.org/ts/578.jhtml	MATLAB 数据分析与挖掘实战	http://www.tipdm.org/ts/535.jhtml	数据挖掘：实用案例分析	1.39%	75.57%
	http://www.tipdm.org/ts/579.jhtml	神经网络实用教程及配套视频				

下面对关联规则输出结果进行解释：

对于序号 1 的规则，模型输出的支持度为 2.63%，说明用户同时访问 “http://www.tipdm.org/ts/535.jhtml”（数据挖掘：实用案例分析）和 “http://www.tipdm.org/sj/560.jhtml”（CDA 数据分析师培训深圳开班）的可能性为 2.63%；置信度为 73.91%，说明用户访问 “http://www.tipdm.org/ts/535.jhtml”（数据挖掘：实用案例分析）的前提下，再访问 “http://www.tipdm.org/sj/560.jhtml”（CDA 数据分析师培训深圳开班）的可能性是 73.91%。

对于序号 2 的规则，模型输出的支持度为 1.85%，说明用户同时访问 “http://www.tipdm.org/sj/560.jhtml”（CDA 数据分析师培训深圳开班）、“http://www.tipdm.org/ts/535.jhtml”（数据挖掘：实用案例分析）和 “http://www.tipdm.org/ts/579.jhtml”（神经网络实用教程及配套视频）的可能性为 1.85%；置信度为 70.59%，说明用户在访问 “http://www.tipdm.org/sj/560.jhtml”（CDA 数据分析师培训深圳开班）和 “http://www.tipdm.org/ts/535.jhtml”（数据挖掘：实用案例分析）的前提下，再访问 “http://www.tipdm.org/ts/579.jhtml”（神经网络实用教程及配套视频）的可能性是 70.59%。

（3）模型应用

根据关联规则输出的规则，结合企业业务需求筛选出合适的规则，写入数据库，当用户访问某些页面时，满足规则中的前项，则根据规则智能推荐后项关联的页面。例如，根据序号 1 的规则：若用户访问了 “http://www.tipdm.org/ts/535.jhtml”（数据挖掘：实用案例分析）页面，则推荐用户访问 “http://www.tipdm.org/sj/560.jhtml”（CDA 数据分析师培训深圳开班）页面，推荐的页面列在网站左边 “看了又看” 栏目下，如图 10-2 所示。

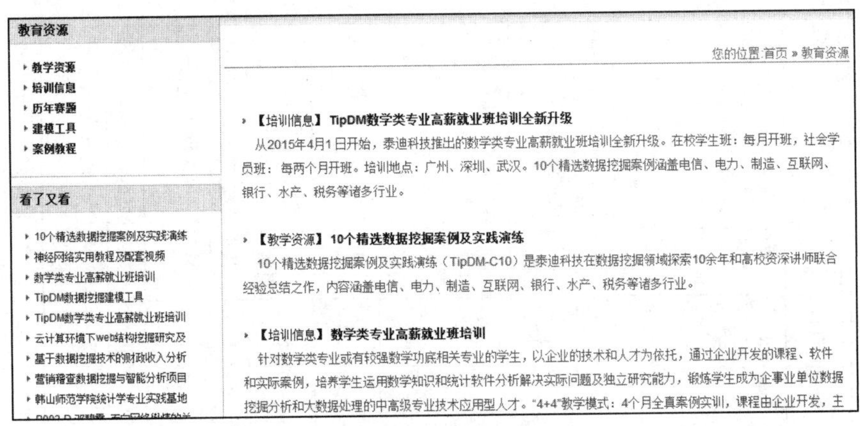

图 10-2　模型应用

2. 聚类分析模型

（1）用户聚类分析

采用 K-Means 聚类算法对用户数据进行分析，将其聚成 3 类（需要结合业务的理解与分析来确定用户的类别数量）。

针对标准差标准化后的样本数据，使用 K-Means 算法进行聚类。得到聚类中心以及各样本所在的聚类号后，针对每个属性，并根据原始的样本数据构建概率密度图。其 MATLAB 代码如代码清单 10-3 所示。

代码清单 10-3　用户数据聚类分析代码

```
%% 用户数据聚类分析
clear;
% 参数初始化
inputfile = '../data/cluster_data.xls';
data_type = '../tmp/cluster_data_type.xls';
picoutput_prefix = '../tmp/pd_';          % 概率密度图的文件名前缀
k=3;                                      % 聚类个数

%% 读取数据
[num,txt,raw] = xlsread(inputfile);
data = num(:,2:end);
data_ = zscore(data);                     % 数据标准化

%% K-Means 聚类
[idx,center] = kmeans(data_,k);

%% 构建数据
all_data = [data,idx];

%% 打印结果，并保存概率密度图和原始数据类别数据
for i=1:k
    data_i = all_data(all_data(:,end)==i,:);
    rows = size(data_i,1);
    disp(['客户群' num2str(i) ', 用户数: ' num2str(rows) ', 聚类中心: ' num2str(center(i,:))]);
    % 画概率密度图，自定义函数
    cust_ksdensity(data_i(:,1:end-1),i,picoutput_prefix,txt(1,2:end));
end
xlswrite(data_type,[raw,['所属类别';num2cell(idx)]]);
disp('用户聚类分析完成！');
```

*代码详见：示例程序 /code/test_kmeans.m

对数据进行聚类分析的结果如表 10-10 所示，各用户群的概率密度图，如图 10-3 ~ 图 10-5 所示。

表 10-10　聚类分析的结果

聚类类别	聚类个数	聚类中心		
		标准化后数据挖掘培训网页数	标准化后数据挖掘竞赛网页数	标准化后企业应用网页数
用户群 1	53	0.8650943	0.08016247	0.05474319
用户群 2	4	0.0000000	0.91666667	0.08333333
用户群 3	17	0.2767631	0.09226998	0.63096691

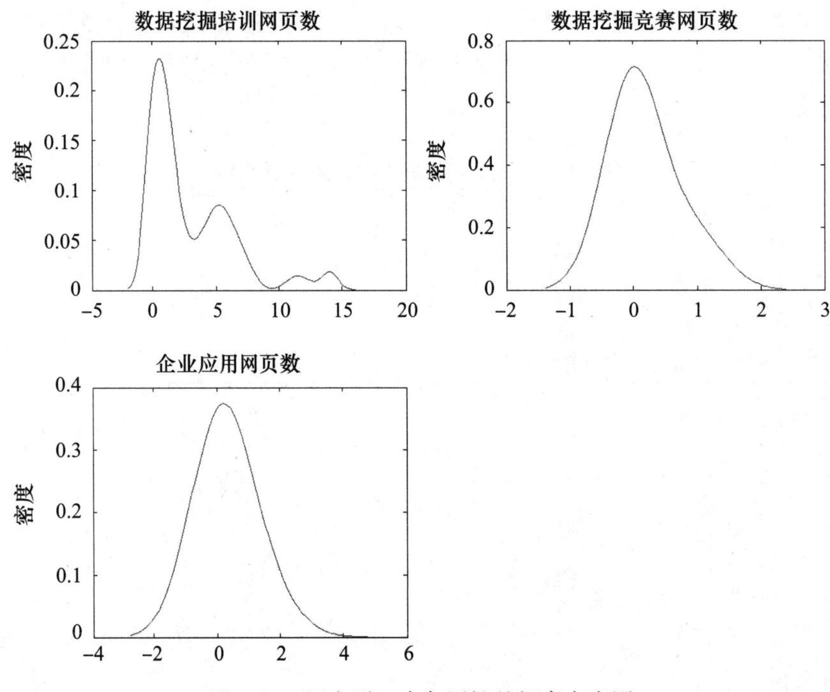

图 10-3 用户群 1 中各属性的概率密度图

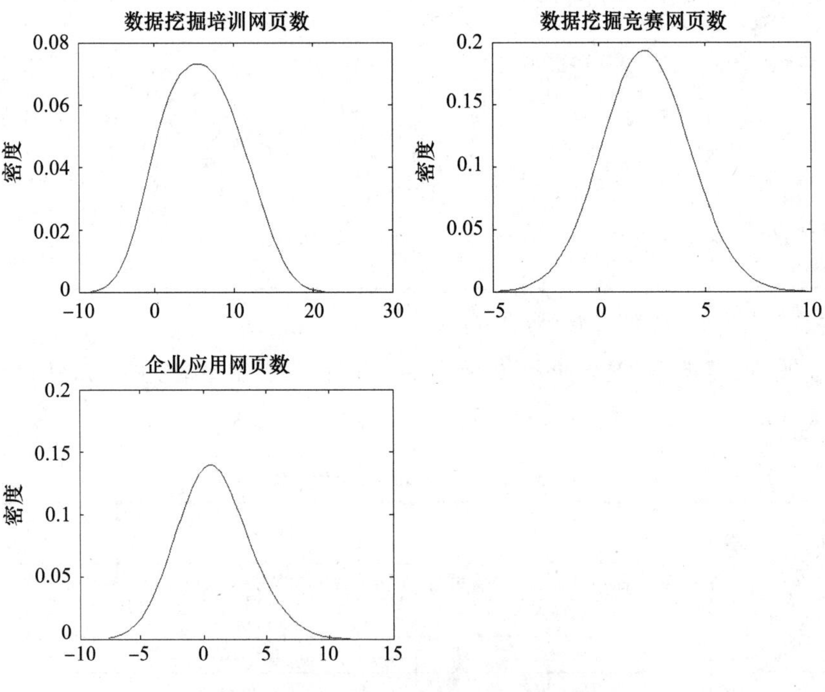

图 10-4 用户群 2 中各属性的概率密度图

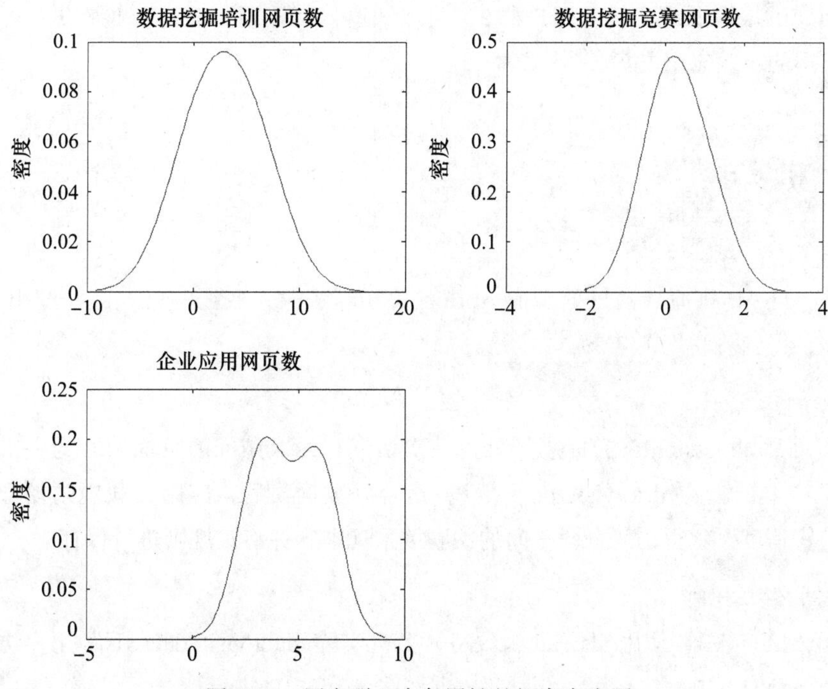

图 10-5　用户群 3 中各属性的概率密度图

（2）用户价值分析

由表 10-10 的聚类分析结果可知，用户群 1 在各属性中网页数均较少；用户群 2 在数据挖掘培训网页数属性和数据挖掘竞赛网页数属性中最多；用户群 3 在企业应用网页数属性中最多。

由图 10-3 可知，用户群 1 访问的数据挖掘培训网页数在 0 ～ 15 次之间，数据挖掘竞赛网页数在 0 ～ 2 次之间，企业应用网页数在 0 ～ 4 次之间。

由图 10-4 可知，用户群 2 访问的数据挖掘培训网页数在 0 ～ 20 次之间，数据挖掘竞赛网页数在 0 ～ 8 次之间，企业应用网页数在 0 ～ 10 次之间。

由图 10-5 可知，用户群 3 访问的数据挖掘培训网页数在 0 ～ 15 次之间，数据挖掘竞赛网页数在 0 ～ 3 次之间，企业应用网页数在 0 ～ 10 次之间。

综上所述，用户群 1 对网站的访问相对较少，是有待发展的用户群；用户群 2 对数据挖掘培训和竞赛网页的访问量较大，是数据挖掘技术的爱好者；用户群 3 对数据挖掘的企业应用比较关注，是企业用户。

（3）模型应用

根据各用户群的特征，可采取相应的营销手段和策略：对于用户群 1，知道该用户群对数据挖掘兴趣不大，可以向其推荐一些数据挖掘案例，培养其对数据挖掘的兴趣；对于用户群 2，从其对数据挖掘培训和竞赛网页的访问量可以知道，其对数据挖掘相当感兴趣，可以向其推荐相应的培训课程；对于用户群 3，可以知道，其该用户群是企业用户，可以向他们推荐数据挖掘的企业应用方案。

10.3 上机实验

1. 实验目的

掌握 MATLAB 将原始数据处理成 Apriori 关联算法输入数据的格式，并调用 Apriori 关联算法模型，得到关联规则结果。

2. 实验内容

访问页面，以 sessionID 为标志划分每一次访问，每次访问的页面归并为一次记录，输入数据集见“上机实验 /data/visit_data.xls”，聚合好数据集后，应用关联规则模型，输入最小支持度与置信度，获得访问页面之间的关联关系规则，并将该规则进行保存。

3. 实验方法与步骤

- 打开 MATLAB，使用 xlsread 函数将“上机实验 /data/visit_data.xls”用户访问数据读取到 MATLAB 工作空间，并对此数据按照 sessionID 进行聚合。
- 访问数据聚合的具体步骤为：依次遍历每行数据，判断前后两次的 sessionID 是否有变化（注意 sessionID 是按照顺序排列的），如果有变化则说明需要加入换行符；否则，只需把访问的 URL 加入到当前行数据即可，最后把这些数据输出到“上机实验 /tmp/visit_data.txt”文件中。
- 把按照 sessionID 聚合后的用户访问数据“上机实验 /tmp/visit_data.txt”读入到 MATLAB 中，其中每个事务集为一行，每行事务集的分隔符默认为字符“,”。如“ http://www.tipdm.org/wjxq/516.jhtml,http://www.tipdm.org/news/530.jhtml,http://www.tipdm.org/”即代表一个事务集，其中有三个事务。
- 对事务集进行编码。将“上机实验 /data/visit_data.txt”文档扫描一遍，对事物集中的各个 URL 进行编码，编码方式为一个映射（如“ http://www.tipdm.org/wjxq/516.jhtml”对应编码 1 等），根据映射对“ visit_data.txt”进行编码，即如果该事务集包含某个事务，那么对应的位置就设置为 1，否则设置为 0。
- 设置最小置信度和支持度，调用编写好的 Apriori 算法接口，得到最后的关联规则。

4. 思考与实验总结

- 针对原始用户访问数据对 sessionID 进行访问数据的聚合还有其他方法吗？
- Apriori 关联规则算法的参数应该如何选择？

10.4　拓展思考

随着互联网和信息的迅猛发展，数据已经渗透到当今每一个行业和业务职能领域。2014 年上半年网络当事人通过网络渠道寻找法律服务排名前四位的分别为：法律咨询、找法律知识、找律师、撰写法律文书；其分别占比为 72.9%、57.3%、19.8%、8.1%。这说明越来越多的人通过网络找律师和咨询法律问题，用户通过互联网获取法律服务的需求在不断地增大。据网络当事人增长幅度测算，预计到 2015 年，网络上的法律需求者将达到 9249 万人，呈现出巨大的市场开发潜力。

找法网（www.findlaw.cn）是目前国内最大的法律咨询平台，2003 年上线，十多年来利用法律网络服务和巨大的服务器集群实时采集了大量的公众访问及咨询数据（日均访问点击率超过 5000 万人次）。由于法律服务涉及地域、时间、分类等因素，涉及当事人、司法机构，以及律师从受教育水平和得到法律知识的途径的差异性等因素（即法律事务具有区域性和专业性的特点）要让有法律援助的公众快速找到合适的律师以及要让律师找到自己的服务对象往往很困难。为了给律师提供更好的网络营销效果，也方便公众更好地找到适合自己的律师来处理法律事务，除了利用传统的分析方法，即分析用户访问量、访问路径、停留时间、转化率、热点图等，能否借助数据挖掘技术来进行公众和律师之间的快速匹配？请利用找法网日志数据集（完整数据见：拓展思考 / 找法网日志数据集 .rar）完成以下内容。

- 通过分析用户事件行为对用户进行细分，以便给用户推荐相关的法律知识内容和律师服务；
- 基于用户的关注和咨询信息，分析一段时间内的地域热点事件；
- 根据用户的浏览路径进行法律服务网站结构优化。

10.5　小结

本章结合基于关联规则的网站智能推荐服务的案例，重点介绍了关联规则在网站推荐方面的应用。利用用户访问数据提取用户每次访问所经过的页面记录，采用关联规则模型得到强关联规则以用于智能推荐，同时利用用户访问网页类别的特征进行聚类，识别出网站的高价值用户并进行推荐服务，本章也对相应的算法提供了 MATLAB 上机实验内容。

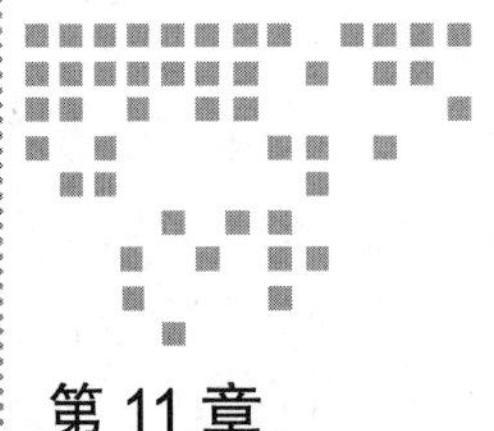

Chapter 11 第 11 章

应用系统负载分析与磁盘容量预测

11.1 背景与挖掘目标

某大型企业为了信息化发展的需要，建立了办公自动化系统、人力资源管理系统、财务管理系统、企业信息门户系统等几大企业级的应用系统。因应用系统在日常运行时，会对底层软硬件造成负荷。根据图 11-1 所示，显著影响应用系统性能的因素包括：服务器、数据库、中间件、存储设备。任何一种资源负载过大，都可能会引起应用系统性能下降甚至瘫痪。因此需要关注服务器、数据库、中间件、存储设备的运行状态，及时了解当前应用系统的负载情况，以便提前预防，从而确保系统安全稳定地运行。

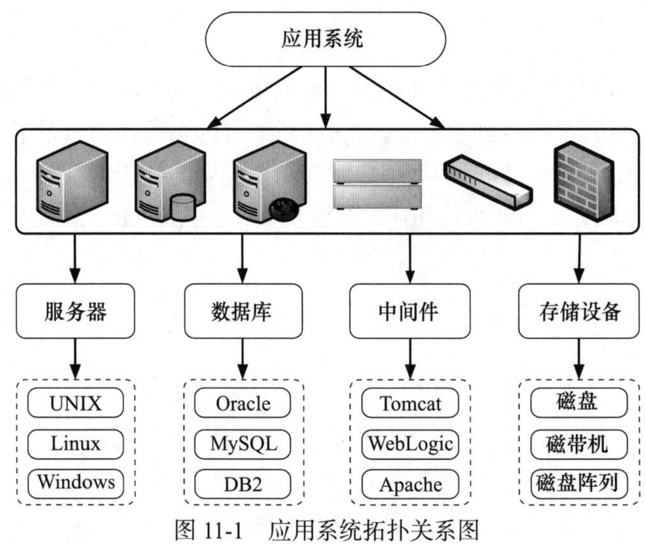

图 11-1 应用系统拓扑关系图

应用系统的负载率可以通过一段时间内对软、硬件性能的运行状况进行综合评分而获得。通过系统的当前负载率与历史平均负载率进行比较，获得负载率的当前趋势。通过负载率以及负载趋势可对系统进行负载分析，如图 11-2 所示。当出现应用系统的负载高或者负载趋势大的现象，代表该应用系统目前处于高危工作环境中。如果系统管理员不及时进行相应的处理，系统很容易出现故障，从而导致用户无法访问系统，严重影响企业的利益。本章重点分析存储设备中磁盘容量预测，通过对磁盘容量进行预测，可预测磁盘未来的负载情况。避免应用系统出现存储容量耗尽的情况，从而导致应用系统负载率过高，最终引发系统故障。

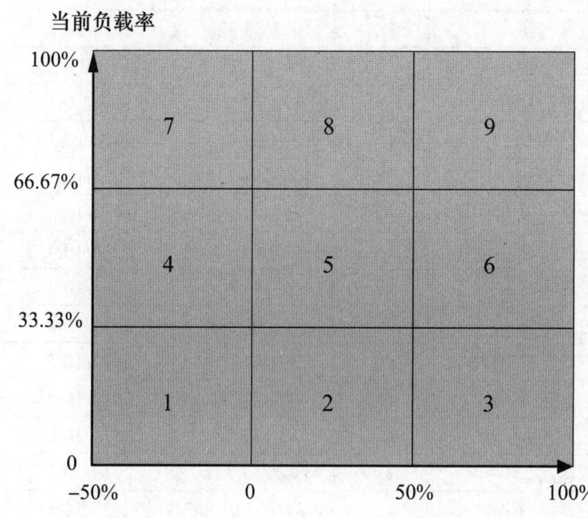

说明：

区域9：
当前负载率高，并且有持续升高的趋势，
处于该区域的应用系统需要重点关注。

区域3、6：
当前负载率低，且有增长的趋势，该区域内的
应用系统需要关注。

区域7、8：
当前负载率高，且有增长或降低的趋势，
该区域的应用系统需要关注。

区域1、2、4、5：
当前负载低，增长趋势低。
该区域的应用系统可暂时不予关注。

图 11-2　应用系统负载分析

目前监控采集的性能数据主要包含 CPU 的使用信息、内存使用信息、磁盘使用信息等，性能表的说明，如表 11-1 所示。通过分析磁盘容量的相关数据（见表 11-2），预测应用系统服务器磁盘空间是否满足系统健康运行的要求。请根据这些数据实现以下目标：

表 11-1　性能说明表

属性名称	属性说明	属性名称	属性说明
SYS_NAME	资产所在的系统名称	ENTITY	具体的属性
NAME	资产名称	VALUE	采集到的值
TARGET_ID	属性的标识号 183 表示磁盘容量的大小 184 表示磁盘已使用的大小	COLLECTTIME	采集的时间
DESCRIPTION	针对属性标识的说明		

- ❑ 针对历史磁盘数据，采用时间序列分析方法，预测应用系统服务器磁盘已使用的空间大小。
- ❑ 根据用户需求设置不同的预警等级，将预测值与容量值进行比较，对其结果进行预警判断，为系统管理员提供定制化的预警提示。

表 11-2 磁盘原始数据集

SYS_NAME	NAME	TARGET_ID	DESCRIPTION	ENTITY	VALUE	COLLECTTIME
财务管理系统	CWXT_DB	184	磁盘已使用大小	C:\	34 270 787.33	2014/10/1
财务管理系统	CWXT_DB	184	磁盘已使用大小	D:\	80 262 592.65	2014/10/1
财务管理系统	CWXT_DB	183	磁盘容量	C:\	52 323 324	2014/10/1
财务管理系统	CWXT_DB	183	磁盘容量	D:\	157 283 328	2014/10/1
财务管理系统	CWXT_DB	184	磁盘已使用大小	C:\	34 328 899.02	2014/10/2
财务管理系统	CWXT_DB	184	磁盘已使用大小	D:\	83 200 151.65	2014/10/2
财务管理系统	CWXT_DB	183	磁盘容量	C:\	52 323 324	2014/10/2
财务管理系统	CWXT_DB	183	磁盘容量	D:\	157 283 328	2014/10/2
财务管理系统	CWXT_DB	184	磁盘已使用大小	C:\	34 327 553.5	2014/10/3
财务管理系统	CWXT_DB	184	磁盘已使用大小	D:\	83 208 320	2014/10/3
财务管理系统	CWXT_DB	183	磁盘容量	C:\	52 323 324	2014/10/3
财务管理系统	CWXT_DB	183	磁盘容量	D:\	157 283 328	2014/10/3
财务管理系统	CWXT_DB	184	磁盘已使用大小	C:\	34 288 672.21	2014/10/4
财务管理系统	CWXT_DB	184	磁盘已使用大小	D:\	83 099 271.65	2014/10/4
财务管理系统	CWXT_DB	183	磁盘容量	C:\	52 323 324	2014/10/4
财务管理系统	CWXT_DB	183	磁盘容量	D:\	157 283 328	2014/10/4
财务管理系统	CWXT_DB	184	磁盘已使用大小	C:\	34 190 978.41	2014/10/5
财务管理系统	CWXT_DB	184	磁盘已使用大小	D:\	82 765 171.65	2014/10/5
财务管理系统	CWXT_DB	183	磁盘容量	C:\	52 323 324	2014/10/5
财务管理系统	CWXT_DB	183	磁盘容量	D:\	157 283 328	2014/10/5
财务管理系统	CWXT_DB	184	磁盘已使用大小	C:\	34 187 614.43	2014/10/6
财务管理系统	CWXT_DB	184	磁盘已使用大小	D:\	82 522 895	2014/10/6
财务管理系统	CWXT_DB	183	磁盘容量	C:\	52 323 324	2014/10/6
财务管理系统	CWXT_DB	183	磁盘容量	D:\	157 283 328	2014/10/6

* 数据详见：示例程序 /data/discdata.xls

11.2 分析方法与过程

应用系统出现故障通常不是突然瘫痪造成的（除非对服务器直接断电），而是一个渐变的过程 [19]。例如系统长时间运行，数据会持续写入存储，存储空间逐渐变少，最终磁盘被写满而导致系统出现故障。因此可知，在不考虑人为因素的影响时，存储空间随时间变化存在很强的关联性，且历史数据对未来的发展存在一定的影响，故本案例可采用时间序列分析法对磁盘已使用的空间进行预测分析。

采用时间序列分析法分析磁盘性能数据，预测未来的磁盘使用空间的情况。其挖掘建模的总体流程，如图 11-3 所示。

应用系统容量预测建模过程主要包含以下步骤：

- 从数据源中有选择性地抽取历史数据和每天定时抽取数据；

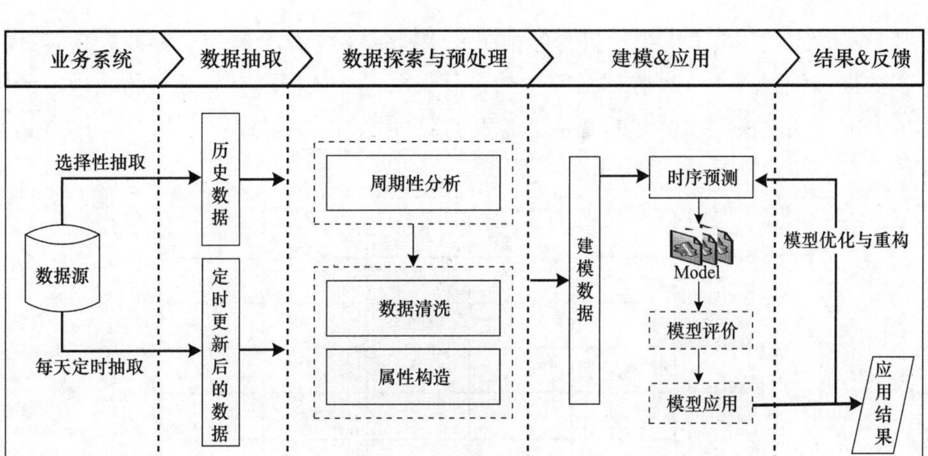

图 11-3　建模流程图

- 对抽取的数据进行周期性分析以及数据清洗、数据变换等操作后，形成建模数据；
- 采用时间序列分析法对建模数据进行模型的构建，利用模型预测服务器磁盘已使用的情况；
- 应用模型预测服务器磁盘将要使用的情况，通过预测到的磁盘使用大小与磁盘容量大小按照定制化的标准进行判断，将结果反馈给系统管理员，提示系统管理员需要注意磁盘的使用情况。

11.2.1　数据抽取

磁盘使用情况的数据都存放在性能数据中，而监控采集的性能数据中存在大量的其他属性数据。为了抽取出磁盘数据，以属性的标识号（TARGET_ID）与采集指标的时间（COLLECTTIME）为条件，对性能数据进行抽取。抽取 2014-10-01—2014-11-16 财务管理系统中某一台数据库服务器磁盘的相关数据。

11.2.2　数据探索分析

由于本例是采用时序分析法进行建模，为了建模的需要，需要探索数据的平稳性。通过时序图可以初步发现数据的平稳性。针对服务器磁盘已使用的大小，以天为单位，进行周期性分析，其时序图如图 11-4 ~图 11-5 所示。

由图 11-4 和图 11-5 可知，磁盘的使用情况都不具备周期性，其表现出缓慢性增长，呈现趋势性。因此，可以初步确认数据是非平稳的。

11.2.3　数据预处理

1. 数据清洗

在实际的业务中，监控系统会每天定时对磁盘的信息进行收集，但是磁盘容量属性一般情况下都是一个定值（不考虑中途扩容的情况），因此磁盘原始数据中会存在磁盘容量的重复数据。在数据清洗过程中，剔除磁盘容量的重复数据，并且将所有服务器的磁盘容量作为一个固定值，便于实现模型预警时的需要，如表 11-3 所示。

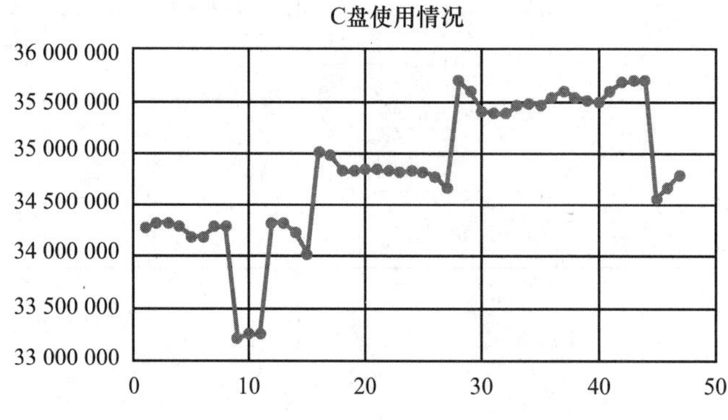

图 11-4　C 盘已使用空间的时序图

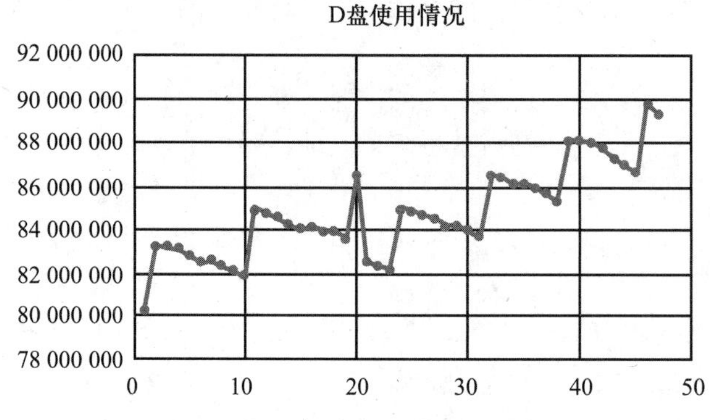

图 11-5　D 盘已使用空间的时序图

表 11-3　磁盘容量表

SYS_NAME	NAME	TARGET_ID	DESCRIPTION	ENTITY	VALUE
财务管理系统	CWXT_DB	183	磁盘容量	C:\	52 323 324
财务管理系统	CWXT_DB	183	磁盘容量	D:\	157 283 328

2. 属性构造

经过数据清洗后的磁盘原始数据，如表 11-4 所示，其中磁盘相关属性以记录的形式存在于数据中，其单位为 KB。因为每台服务器的磁盘信息可以通过表中 NAME、TARGET_ID、ENTITY 三个属性进行区分，且每台服务器的上述三个属性值是不变的，所以可以将此三个属性的值进行合并，构造新的属性后如表 11-5 所示（本质上是进行行列互换操作）。

表 11-4　原始性能表

SYS_NAME	NAME	TARGET_ID	DESCRIPTION	ENTITY	VALUE	COLLECTTIME
财务管理系统	CWXT_DB	184	磁盘已使用大小	C:\	34 270 787.33	2014/10/1
财务管理系统	CWXT_DB	184	磁盘已使用大小	D:\	80 262 592.65	2014/10/1

表 11-5　属性变换后的性能表

SYS_NAME	CWXT_DB:184:C:\	CWXT_DB:184:D:\	COLLECTTIME
财务管理系统	34 270 787.33	80 262 592.65	2014/10/1

属性变换的 MATLAB 代码，如代码清单 11-1 所示。

代码清单 11-1　属性变换的 MATLAB 代码

```
%% 属性变换
clear;
% 参数初始化
discfile = '../data/discdata.xls';                              % 磁盘原始数据
transformeddata = '../tmp/discdata.xls';                        % 变换后的数据
targetid = 184;

%% 读取数据
[num,txt] = xlsread(discfile);
txt(2:end,3)= num2cell(num(:,1));
txt(2:end,6)=num2cell(num(:,4));

%% 初始化相关变量
unidate = datestr(unique(datenum(txt(2:end,end))),26);          % 唯一时间
unidisc = unique(txt(2:end,5));                                 % 唯一磁盘
rows = size(unidate,1);
cols = size(unidisc,1);
result = cell (rows + 1,2 + cols);
% 给磁盘字符串加前缀
unidiscstr = cell(1,cols);
for i =1:cols
    unidiscstr{1,i} = [txt{2,2} '|' txt{2,3} '|' num2str(targetid)...
        '|' unidisc{i,1}];
end
result(1,1:2)={txt{1,1},txt{1,end}};             % SYS_NAME,COLLECTTIME,disc ...
result(1,3:end)=unidiscstr;

%% 数据整合
txt = txt(2:end,:);
txt = txt(cell2mat(txt(:,3))==targetid,:);
rows = size(unidate,1);
for i= 1:rows
    smalltxt = txt(datenum(txt(:,end))==datenum(unidate(i,:)),:);
    result(i + 1,1:2)={smalltxt{1,1},smalltxt{1,end}};
    result(i + 1,3:end)= smalltxt(:,6)';
```

```
end

%% 数据写入
xlswrite(transformeddata,result);
disp('属性变换完成！ ');
```

* 代码详见：示例程序 /code/attribute_transform.m

11.2.4 构建模型

为了方便对模型进行评价，将经过数据预处理后的建模数据划分两部分：一部分为建模样本数据；另一部分为模型验证数据。选取建模数据的最后 5 条记录作为验证数据，其他数据作为建模样本数据。

1. 容量预测模型

本节容量预测模型的建模流程如图 11-6 所示。

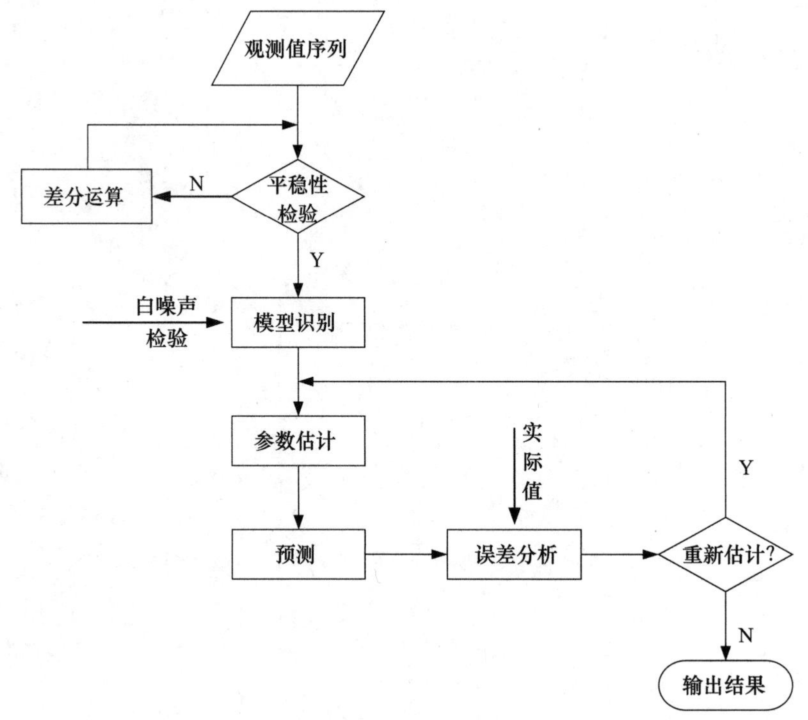

图 11-6 容量预测建模图

首先需要对观测值序列进行平稳性检验，如果其不平稳，需对其进行差分处理直到差分后的数据平稳。当数据平稳后，需要对其进行白噪声检验。如果没有通过白噪声检验，就进行模型识别，识别其模型属于 AR、MA 和 ARMA 中的哪一种模型，并且通过 BIC 信息准则对模型进行定阶，确定 ARIMA 模型的 p、q 参数。模型识别后需进行模型检验，检测模型残差序列是否为白噪声序列。如果模型没有通过检测，需要对其进行重新识别。对已通过检验的模型采用极大似然估计方法进行模型参数估计。最后应用模型进行预测，将实际值与预测值进行误差分析。如果误差比较小（误差阈值需通过业务分析进行设定），表明模型拟合效果较好，则模型可以结束。反之需要重新估计参数。

在模型构建的过程中需要用到以下方法。

平稳性检验：为了确定原始数据序列中没有随机趋势或确定趋势，需要对数据进行平稳性检验，否则将会产生“伪回归”的现象。本章采用单位根检验（ADF）的方法或者时序图的方法进行平稳性检验，其检验的结果参见表 11-6，时序图的描制方法见 11.2.2 节。

表 11-6　平稳性的检验结果

数据序列名称	平稳性	对应的 p 值	n 阶差分后平稳
D 盘使用大小	非平稳	0.892 1	1

平稳性检验，如代码清单 11-2 所示。

代码清单 11-2　平稳性检验代码

```
%% 平稳性检验
clear;
% 参数初始化
discfile = '../data/discdata_processed.xls';
predictnum =5 ;                          % 不检测最后 5 个数据
index = 3;                               % D 盘数据所在列的下标

%% 读取数据
[num,txt] = xlsread(discfile);
data = num(1:end-5,index);               % 取前 5 个数据

2%% 平稳性检测
[h,pvalue ]= adftest(data);
diffnum = 0;                             % 差分的次数
while h ~ =1
     data = diff(data);
    h =  adftest(data);
    diffnum=diffnum + 1;
end

%% 打印结果
disp(['平稳性检测 p 值为：' num2str(pvalue) ',' ...
    num2str(diffnum) '次差分后序列归于平稳']);
disp('平稳性检测完成！');
```

* 代码详见：示例程序 /code/stationarity_test.m

白噪声检验：为了验证序列中有用的信息是否已被提取完毕，需要对序列进行白噪声检验。如果序列检验为白噪声序列，就说明序列中有用的信息已经被提取完毕了，剩下的全是随机扰动，无法进行预测和使用。本节采用 LB 统计量的方法对差分后的平稳序列进行白噪声检验，其结果如表 11-7 所示。

表 11-7 白噪声检验结果

数据序列名称	是否为白噪声	对应的 p 值
D 盘	非白噪声	2.1768×10^{-7}

白噪声检验，如代码清单 11-3 所示。

代码清单 11-3 白噪声检验代码

```
%% 白噪声检验
clear;
% 参数初始化
discfile = '../data/discdata_processed.xls';
predictnum =5 ;                        % 不检测最后 5 个数据
index = 3;                             % D 盘数据所在列下标

%% 读取数据
[num,txt] = xlsread(discfile);
data = num(1:end-5,index);             % 取前 5 个数据
data = diff(data)                      % 由上述 1 阶差分后平稳，对差分平稳后的数据进行白噪声检测
%% 白噪声检测
[h,pvalue ]= lbqtest(data);

%% 打印结果
disp([' 白噪声检测 p 值为: ' num2str(pvalue)]);
if h==1
     disp(' 该时间序列为非白噪声序列 ');
else
     disp(' 该时间序列为白噪声序列 ');
end
disp(' 白噪声检测完成! ');
```

* 代码详见：示例程序 /code/whitenoise_test.m

模型识别：采用极大似然比的方法进行模型的参数估计，估计各参数的值。然后针对各个不同的模型，采用 BIC 信息准则对模型进行定阶，确定 p、q 参数，从而选择出最优模型。根据此方法选择的模型，其结果如表 11-8 所示。模型识别代码，如代码清单 11-4 所示。

表 11-8 模型识别结果

数据序列	模型类型	最小 BIC 值
D 盘使用大小	ARIMA(0,1,1)	1 300.46

代码清单 11-4 模型识别代码

```
%% 确定最佳 p、d、q 值
clear;

% 参数初始化
```

```
discfile = '../data/discdata_processed.xls';
predictnum =5 ;                        % 不检测最后 5 个数据
index = 3;                             % D 盘数据所在列下标
D= 1 ;                                 % 差分的阶次

%% 读取数据
[num,txt] = xlsread(discfile);
xdata = num(1:end-5,index);            % 取前 5 个数据
% 确定 p、q 的最高阶次
length_=length(xdata);
pmin=0;
pmax=round(length_/10);                % 一般阶数不超过 length/10
qmin=0;
qmax=round(length_/10);                % 一般阶数不超过 length/10

%% p、q 定阶
LOGL = zeros(pmax + 1,qmax + 1);  %初始化
PQ = zeros(pmax + 1,qmax + 1);

for p = pmin:pmax
     for q = qmin:qmax
          mod = arima(p,D,q);
          [fit, ~ ,logL] = estimate(mod,xdata,'print',false);
          LOGL(p + 1,q + 1) = logL;
          PQ(p + 1,q + 1) = p + q;
     end
end
% 计算 BIC 的值
LOGL = reshape(LOGL,(qmax + 1)*(pmax + 1),1);
PQ = reshape(PQ,(qmax + 1)*(pmax + 1),1);
[ ~ ,bic] = aicbic(LOGL,PQ + 1,length_);
bic=reshape(bic,pmax + 1,qmax + 1);

%% 打印结果
% 寻找最小 BIC 值的下标
[bic_min,bic_index]=min(bic);
[bic_min,bic_index_]=min(bic_min);
index = [bic_index(bic_index_)-1,bic_index_-1];
disp(['p 值为: ' num2str(index(1,1)) ',q 值为: ' num2str(index(1,2)),...
     ' 最小 BIC 值为 :' num2str(bic_min)]);
disp('p、q 定阶完成! ');
```

* 代码详见：示例程序 /code/find_optimal_pq.m

模型检验：模型确定后，检验其残差序列是否为白噪声。如果不是白噪声，说明残差中还存在有用的信息，需要修改模型或者进一步提取。本案例由于初始模型没有通过检验，所以进一步修改 p、q 参数，重复用模型识别的方法确认模型，直到模型通过检验才停止。通过模型检验的模型结果，如表 11-9 所示。模型检验代码，如代码清单 11-5 所示。

代码清单 11-5 模型检验代码

```
%% 模型检验
clear;
% 参数初始化
p=0;
D=1;
q=1;
filename = '../data/discdata_processed.xls';
index = 3;                                   % D 盘数据所在列下标
lagnum =12 ;                                 % 残差延迟个数

%% 读取数据
[num,txt] = xlsread(filename);
data = num(1:end-5,index);                   % 取前 5 个数据
T = size(data,1);

%% 原始数据模拟
% 构建模型
mod = arima(p,D,q);
[EstMdl,param,logL] = estimate(mod,data,'print',false);
% 计算残差
res = infer(EstMdl,data);
stdRes = res/sqrt(EstMdl.Variance);      % 标准化残差
% 白噪声检验
[h,pValue] = lbqtest(stdRes,'lags',1:lagnum);
% 计算不符合白噪声检验的个数
hsum = sum(h);

%% 打印结果
if hsum ~ =0
      disp(['模型 arima(' num2str(p) ',' num2str(D) ',' ...
           num2str(q) ')' '不符合白噪声检验!']);
else
      disp(['模型 arima(' num2str(p) ',' num2str(D) ',' ...
           num2str(q) ')' '符合白噪声检验!']);
end
disp('模型检验完成! ');
```

* 代码详见：示例程序 /code/arima_model_check.m

表 11-9 符合残差白噪声检验的模型结果

数据序列	模型类型	最小 BIC 值
D 盘使用大小	ARIMA(0,1,2)	1 301.45

模型预测：应用通过检验的模型进行预测，获取未来 5 天的预测值。为了方便比较，将单位换算成 GB，其结果如表 11-10 所示。

表 11-10　模型预测结果

未来天数	预测值 /GB	实际值 /GB
1	83.796 71	83.207 45
2	83.993 99	82.956 45
3	84.168 23	82.662 81
4	84.342 48	85.608 1
5	84.516 72	85.237 05

2. 模型评价

为了评价时序预测模型效果的好坏，本节采用三个衡量模型预测精度的统计量指标：平均绝对误差、均方根误差、平均绝对百分误差。这三个指标从不同侧面反映了算法的预测精度 [20]。

选择建模数据的后 5 条记录作为实际值，将预测值与实际值进行误差分析，模型的各统计量评价指标值，如表 11-11 所示。

表 11-11　模型统计量指标评价表

平均绝对误差	均方根误差	平均绝对百分误差
1.023 6	1.162 1	1.220 7

模型评价 MATLAB 代码，如代码清单 11-6 所示。

代码清单 11-6　模型评价代码

```
%% 计算预测误差
clear;
% 参数初始化
file = '../data/predictdata.xls';

%% 读取数据
[num,txt] = xlsread(file);

%% 计算误差
abs_ =abs(num(:,2)-num(:,3));
% mae
mae_=mean(abs_);
% rmse
rmse_ = mean(power(abs_,2));
% mape
mape_ = mean(abs_./num(:,3));

%% 打印结果
disp(['平均绝对误差为：' num2str(mae_) '，均方根误差为：' num2str(rmse_) ...',
    平均绝对百分误差为：' num2str(mape_)]);
disp('误差计算完成！ ');
```

*代码详见：示例程序 /code/cal_errors.m

结合实际业务进行分析，将误差阈值设定为1.5。表11-11中实际值与预测值之间的误差全都小于误差阈值。因此，模型的预测效果在实际业务可接受的范围内，可以采用此模型进行预测。

3. 模型应用

上述模型构建完成后，就可以对模型进行应用，实现对应用系统容量的预测，其模型应用过程如下：

- 从系统中每日定时抽取服务器磁盘数据。
- 对定时抽取的数据进行数据清洗、数据变换的预处理操作。
- 将预处理后的定时数据存放到模型的初始数据中，获得模型的输入数据，调用模型对服务器磁盘已使用空间进行预测，预测后5天的磁盘已使用空间的大小。
- 将预测值与磁盘的总容量进行比较，获得预测的磁盘使用率。如果某一天预测的使用率达到业务设置的预警级别，就会以预警的方式提醒系统管理员。

模型应用的预警流程图，如图11-7所示。

其中预警等级的设定需要结合实际应用，根据业务的应用一般设置的阈值，如表11-12所示，也可以根据管理员要求进行相应的调整，调整使用率的阈值即可。如果预测值达到预警等级以上，则可以发布预警信息，其示例如表11-13所示，提示管理员注意，需要清理磁盘或者准备扩容，以保证应用系统的健康运行。

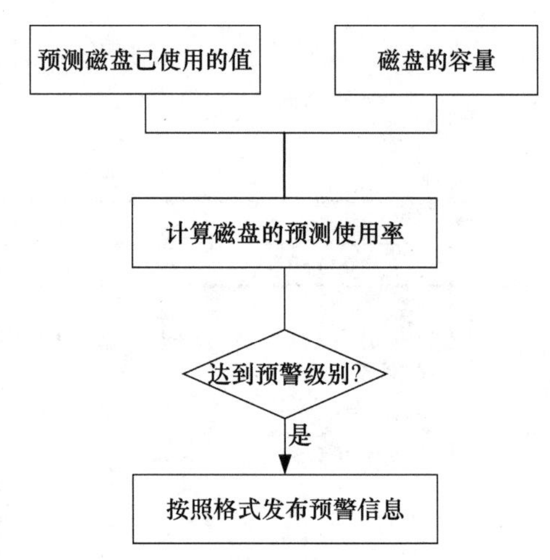

图11-7 模型应用的预警流程图

表11-12 阈值设置表

预测已使用的空间率	预警等级
85%	Ⅰ
90%	Ⅱ
95%	Ⅲ

表11-13 预警信息格式

属性名称	预警时间	信息	预警等级
D:	2014-11-12	该服务器磁盘D盘使用率预计2014-11-12将达到85%以上	Ⅰ

因为该模型采用历史数据进行建模，随着时间的变化，每天会定时将新增数据加入初始建模数据中。正常情况下，模型需要重新调整。但考虑到建模的复杂性高，且磁盘的已使用

大小每天的变化量相对很小，对于整个模型的预测影响较小。因此，结合实际业务的情况，模型每半个月应进行一次调整。

11.3　上机实验

1. 实验目的

- 了解时间序列算法的用法以及利用时间序列算法构建预测模型的流程。
- 掌握 MATLAB 实现时间序列算法的检验和预测的过程，以及模型的误差分析。

2. 实验内容

通过服务器的历史磁盘数据，根据时间序列的算法模型的流程，预测未来磁盘的使用情况。为了方便对模型进行误差分析，将服务器的磁盘数据划分模型输入数据与模型验证数据。采用时间序列算法对模型输入数据进行模型拟合、检验与预测。依据误差公式，计算预测值与验证数据之间的误差，分析其是否在业务接受的范围内。

- 采用 MATLAB 读取数据文件，按照划分规则将数据划分为两个部分，并将其进行保存。
- 调用 MATLAB 内置函数，编写代码实现本例模型构建的流程。对模型输入数据进行平稳性检验和差分，记录差分阶数。采用 BIC 准则确定模型的参数，依据各个参数构建时序模型，并对模型进行相关的检验。
- 采用通过检验的模型进行预测，比较预测值与验证数据的大小，计算其误差。利用误差公式，编写 MATLAB 代码，并分析误差是否处于业务接受的范围内。

3. 实验方法与步骤

- 打开 MATLAB，使用 xlsread 函数将数据文件读入 MATLAB 工作空间中，选择要进行时序预测的磁盘数据，截取最后 5 条数据为验证数据，其他数据为模型输入数据。
- 确定 ARIMA 模型的 D 参数，即差分阶数。使用 adftest 函数确定输入数据是否平稳化，如果不平稳，则使用 diff 函数进行差分，记录差分的阶数；否则 D 值为 0，并直接进行下一步。
- 确定 ARIMA 模型的 p、q 参数。p、q 参数的取值范围为 [0,N/10]，选择不同的 p、q 值，计算输入数据的 BIC 值。BIC 值取最小值时的 p、q 值即为所求。
- 使用 arima 函数以及前面得到的 p、D、q 构建 ARIMA 模型，使用 estimate 函数确定模型的其他参数，使用 lbqtest 函数计算模型残差白噪声。检验其是否通过白噪声检验，如果不通过则返回第 3 步去掉上一步的 p、q 组合，重新进行计算；如果通过则进行下一步。
- 使用 forecast 函数进行时序预测，并把实际值和预测值进行对比，计算其误差。

4. 思考与实验总结

- 用其他方法进行平稳性检验，如游程检验、自相关系数分析等。

❑ 采用其他方法进行模型定阶，确定 p 与 q 的参数值。

11.4 拓展思考

监控不仅能够获取软硬件的性能数据，同时也能检测到软硬件的日志事件，并通过告警的方式提示用户。在监控的告警表中存在很多类别的告警，其中：

❑ 服务器类的告警包含 CPU 告警、内存告警、磁盘告警；

❑ 数据库类的告警包含日志告警、表空间告警；

❑ 网络类型的告警包含 PING 告警、TELNET 告警，以及应用系统类别的告警。一旦应用系统发生故障，则会影响整个公司的利润。因此管理员在维护系统的过程中，特别要关注应用系统类别的告警。但是在监控收集性能以及事件的过程中，有时会存在信息收集有误的情况，因此各类型告警会出现误告（注：应用系统发生误告时系统实际处于正常阶段）。

根据每天的各种类型的历史告警数，基于相关性进行检验，判断哪些类型的告警与应用系统真正故障有关，其原始数据如表 11-14 所示。通过相关类型的告警，预测明后两天的告警数。针对历史的告警数与应用系统的关系，判断系统未来是否发生故障。首先通过时序算法预测未来相关类型的告警数，然后采用分类预测算法对预测值进行判断，判断系统未来是否发生故障（针对原始数据可以选择一部分数据进行时序预测）。

表 11-14 系统告警原始数据

日期	CPU 告警	内存告警	磁盘告警	日志类告警	表空间告警	PING 告警	telnet 告警	故障类别
2013/01/01	4	1	0	0	0	2	4	0
2013/01/02	0	2	0	0	0	0	0	0
2013/01/03	1	0	0	0	0	0	2	0
2013/01/04	0	0	0	0	0	1	2	1
2013/01/05	1	0	0	2	0	4	0	1
2013/01/06	1	1	0	0	0	3	4	0
2013/01/07	1	0	0	0	0	0	0	0
2013/01/08	1	2	0	0	0	0	2	0
2013/01/09	0	0	0	0	0	1	0	0
2013/01/10	3	0	0	2	0	4	0	1
2013/01/11	0	1	0	0	0	3	4	0
2013/01/12	3	1	0	0	0	0	0	0
2013/01/13	0	0	0	0	0	0	2	0
2013/01/14	5	1	0	0	0	1	0	0
2013/01/15	0	0	0	0	0	4	0	0
2013/01/16	1	0	0	1	0	2	4	1

（续）

日期	CPU 告警	内存告警	磁盘告警	日志类告警	表空间告警	PING 告警	telnet 告警	故障类别
2013/01/17	0	2	0	0	0	0	0	0
2013/01/18	2	2	0	0	0	0	2	0
2013/01/19	0	0	0	0	0	0	0	0
2013/01/20	0	1	0	0	0	4	0	0
2013/01/21	0	0	0	0	0	3	3	0
2013/01/22	1	0	0	0	0	0	0	0
2013/01/23	0	0	0	0	0	0	2	0
2013/01/24	0	3	0	0	0	0	0	0

* 数据详见：拓展思考 / 拓展思考样本数据 .xls

11.5　小结

本章结合应用系统磁盘容易预测的案例，重点介绍了数据挖掘算法中时间序列分析法在实际案例中的应用，并详细描述了系统磁盘容量预测数据挖掘，以及时间序列分析建模的整个过程。同时针对其相应的算法以及整个数据挖掘流程提供了 MATLAB 上机实验的内容。

Chapter 12 第 12 章

面向网络舆情的关联度分析

12.1 背景与挖掘目标

网络舆情是指在互联网上流行的对社会问题不同看法的网络舆论，是社会舆论的一种表现形式，是通过互联网传播的公众对现实生活中某些热点、焦点问题所持的有较强影响力、倾向性的言论和观点。

近年来，网络舆情对政治经济、生活秩序和社会稳定的影响与日俱增，一些重大的网络舆情事件使人们开始认识到网络对社会监督起到的巨大作用。同时，网络舆情突发事件如果处理不当，极有可能诱发民众的不良情绪，引发群众的违规和过激行为，进而对社会稳定形成严重威胁。因此需要研究网络舆情与分析对象之间的关联性，寻找出与给定舆情资源联系最紧密的分析对象。

从社区网站上采集到网络舆情信息和分析对象信息表，图 12-1 所示为舆情资源，HTML 文档为网页的正文内容；TXT 文档为其相应的标题。表 12-1 所示为分析对象信息表，表中数据已做处理。请利用这些数据，实现以下目标：

- ❑ 建立分析对象与舆情资源之间关联度的计算规则；
- ❑ 计算分析对象与整个舆情资源

名称	修改日期	类型	大小
jn_10831429.html	2013/10/15 8:52	HTML 文档	5 KB
jn_10831429.txt	2013/10/15 8:52	文本文档	1 KB
jn_10831430.html	2013/10/15 8:52	HTML 文档	1 KB
jn_10831430.txt	2013/10/15 8:52	文本文档	1 KB
jn_10831431.html	2013/10/15 8:52	HTML 文档	1 KB
jn_10831431.txt	2013/10/15 8:52	文本文档	1 KB
jn_10831432.html	2013/10/15 8:52	HTML 文档	1 KB
jn_10831432.txt	2013/10/15 8:52	文本文档	1 KB
jn_10831433.html	2013/10/15 8:52	HTML 文档	1 KB
jn_10831433.txt	2013/10/15 8:52	文本文档	1 KB
jn_10831434.html	2013/10/15 8:52	HTML 文档	1 KB
jn_10831434.txt	2013/10/15 8:52	文本文档	1 KB
jn_10831435.html	2013/10/15 8:52	HTML 文档	2 KB
jn_10831435.txt	2013/10/15 8:52	文本文档	1 KB
jn_10831436.html	2013/10/15 8:52	HTML 文档	2 KB
jn_10831436.txt	2013/10/15 8:52	文本文档	1 KB
jn_10831437.html	2013/10/15 8:52	HTML 文档	2 KB
jn_10831437.txt	2013/10/15 8:52	文本文档	1 KB

图 12-1 舆情资源

之间的关联度，并对分析对象关联的舆情资源按关联度进行排序，如图 12-2 所示。

表 12-1　分析对象信息表

Id	姓名	性别	住址	国别	身份证号	电话号码	出生日期	QQ 号码
1	王林	男	江西萍乡	中国	360321196109183330	13338941845	1961-09-18	345552
2	高连岳	男	大连理工	中国	210213198512034662	15846576767	1985-12-03	3567457
4	王力宏	男	广西玉林	中国	450922199008194334	18674635914	1990-08-19	63472457
5	郑玉龙	男	广西玉林	中国	450922198501078990	15320230485	1985-01-07	383475421
7	丁羽心	女	山西沁水县	中国	440113197803028412	13640786439	2013-12-02	76295638
8	胡万林	男	四川	中国	440113197803028412	13640786438	2013-12-02	76295638
9	周茂名	男	海南文昌	中国	412393199012147650	13348762495	1990-12-14	76297621
10	周世涛	男	海南文昌	中国	412953199012147650	13348762495	1990-12-14	76297621
11	李天	男	北京市海淀区	中国	210422196107197904	13348762496	1964-04-01	76295622
12	李江	男	北京市海淀区	中国	370285198509212000	13348762497	1939-03-10	76295623
13	陈志祥	男	江西省抚州市	中国	440115198510085699	13348762498	1988-10-10	76295624
14	黄明	男	江西省抚州市	中国	440116198910094000	13640786426	1988-10-11	76295625
15	黄浩	男	江西省抚州市	中国	440114199105117595	13640786427	1988-10-12	76295626
16	余晓明	男	江西省抚州市	中国	440113197803028412	13322838884	1988-10-13	268033328
17	张望	男	北京市	中国	44018419821219673X	13640786429	1988-10-14	76295628
18	方小明	男	广州市	中国	440183197602106276	13640786430	1988-10-15	76295629
19	张秋白	男	深圳市	中国	44018319790608271X	13640786431	1988-10-16	76295630

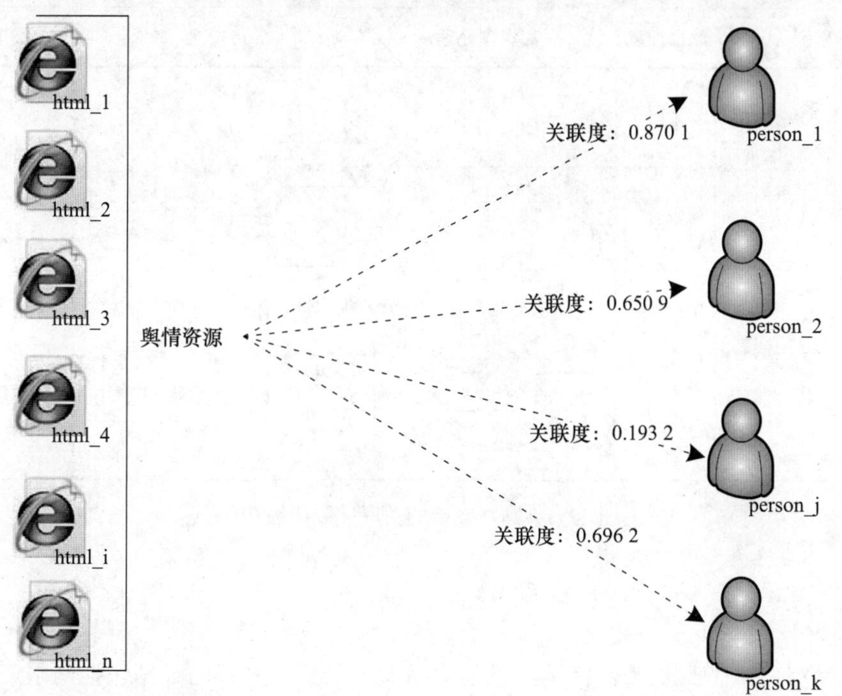

图 12-2　舆情资源与分析对象关联度示意图

12.2 分析方法与过程

本例采集的网络舆情资源和分析对象信息，需要计算所有分析对象与舆情资源的关联度。网络舆情资源包含了 HTML 文档和相应的标题，文档内容和标题对舆情资源贡献的作用不一样，在衡量它们作用时应分别设置权重。分析对象信息包含多个属性，不同属性对于标志个人贡献的作用不一样，因此也需要设置不一样的权重。分析对象信息与网络舆情资源的相关程度可借鉴文本挖掘中的 $tf \times idf$ 法，计算分析对象信息的各个属性与网络舆情资源每个文档的关联程度，再进行加权求和得到分析对象与整个舆情资源之间的关联度，并排序得到与其最相关的分析对象。

本例面向网络舆情的关联度分析流程，如图 12-3 所示，其主要包括以下步骤：

- ❑ 利用网络爬虫工具从某社区网站采集网络舆情信息，并从数据库中提取分析对象信息；
- ❑ 对分析对象信息进行预处理，包括数据集成和数据规约；
- ❑ 利用层次分析法对分析对象属性设置权重，对网络舆情资源进行分词，并结合分析对象的属性值进行关键词词频统计，再计算关键词在文档中的权重，最终计算出分析对象与舆情资源之间的关联度；
- ❑ 对每个分析对象的关联排序，得到与舆情资源最相关的分析对象。

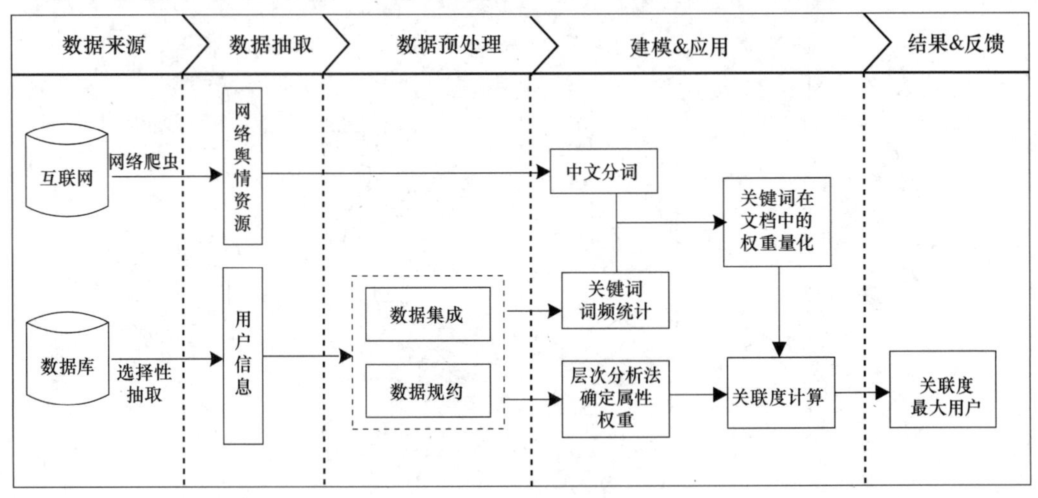

图 12-3 网络舆情的关联度分析流程图

12.2.1 数据抽取

利用网络爬虫工具从某社区网站采集网络舆情信息，采集的数据包括网络舆情信息的 HTML 文档及其相应的标题，标题以 TXT 格式保存。同时在某社区网站的注册者信息数据库中提取了其中 27 名分析对象的详细信息，得到分析对象信息表，数据见表 12-1，表中数据已进行过处理。

12.2.2　数据预处理

1. 数据集成

分析对象信息表中的 Id7 和 Id27 代表同一个分析对象；Id8 和 Id26 代表同一个分析对象，这些冗余信息会影响关联度分析的结果，因此需要人工删除两行信息。观察发现 Id7 和 Id8 中存在大量的噪声数据，如：Id7 和 Id8 具有相同的身份证号、出生日期、QQ 号码、E-mail 和 MSN，可以看出这两行数据不能很好地代表这两个分析对象。而 Id26 和 Id27 中缺少“照片”信息，因此，将 Id7 和 Id8 的“照片”信息添加到 Id26 和 Id27 的“照片”信息中，并删除 Id7 和 Id8 所在的两行。

2. 数据规约

在分析对象信息表中，所有分析对象的国别属性值均为“中国”，因此，这个属性对于给定的分析对象与舆情资源的关联度分析不起作用，可将其删除。

12.2.3　构建模型

1. 为分析对象各属性设置不同的权重

由于分析对象的姓名、住址、身份证号、电话号码、QQ 号码、E-mail、MSN 等属性与分析对象存在着不同程度的关联，舆情资源集合中这些信息的出现模式，也间接地反映了资源与分析对象的关联。因此在进行舆情资源与分析对象之间的关联度分析之前，需要设置不同的权重来表征分析对象各属性的关联程度。本案例采用层次分析法确定分析对象中各属性的权重，具体实施步骤如下。

（1）建立层次结构模型

本例只需确定分析对象各个属性对于分析对象的权重，因此，将各个分析对象的姓名、住址、身份证号、电话号码、QQ 号码、E-mail、MSN 等属性作为准则层，分别为 $C_1,C_2,\cdots,C_{11}$，将分析对象作为目标层 O。

（2）构造成对比较矩阵

构造成对比较阵 A，将分析对象各个属性进行两两对比，对比采用相对尺度，来表征各准则 $C_1,C_2,\cdots,C_{11}$ 对目标 O 的重要性。其中 a_{ij} 表示 C_i 对 C_j 的相对重要程度，即：

$$C_i{:}\,C_j \Rightarrow a_{ij}$$

$$A=(a_{ij})_{n\times n}, a_{ij}>0, a_{ij}=\frac{1}{a_{ji}} \tag{12-1}$$

其中，比较尺度为 Saaty 等人提出 1 ~ 9 尺度——a_{ij} 取值 1,2,⋯,9 及其互为倒数

$1,\frac{1}{2},\frac{1}{3},\cdots,\frac{1}{9}$，便于定性到定量的转化，如表 12-2 所示。

表 12-2 1 ~ 9 比较尺度

尺度 a_{ij}	1	2	3	4	5	6	7	8	9
$C_i:C_j$ 的重要性	相同		稍强		强		明显强		绝对强

（3）计算权向量

采用权重算术平均法确定各影响因素的权重，其步骤如下。

❑ 计算各个有效判断矩阵的权重。

这可归结为计算判断矩阵的最大特征根及其特征向量的问题。计算方法包括和法、方根法、幂法。当精度要求不高时，和法、方根法可以满足其实际应用要求；当精度要求较高时可用幂法。下面采用方根法，计算判断矩阵每一行元素的乘积 M_i，计算公式如下：

$$M_i=\sum_{j=1}^{n}C_{ij}(i=1,2,\cdots,n) \tag{12-2}$$

❑ 计算 M_i 的 n 次方根 $\overline{W_i}$，计算公式如下：

$$\overline{W_i}=\sqrt[n]{M_i} \tag{12-3}$$

❑ 对向量正规化：

$$W_i=\frac{\overline{W_i}}{\sum_{j=1}^{n}\overline{W_j}} \tag{12-4}$$

即为所求的特征向量，也就是相应的权重系数。

❑ 一致性检验。

计算出每个有效判断矩阵的权重后，对这些有效判断矩阵的权重取算术平均值，即得到各影响因素的权重。一致性检验：如果 A 是完全一致的成对比较矩阵，应该有 $a_{i,j}a_{j,k}=a_{i,k}$。但实际上在构造成对比较矩阵时要求满足上述众多等式是不可能的。因此退而要求成对比较矩阵有一定的一致性，即可以允许成对比较矩阵存在一定程度的不一致性。检验成对比较矩阵 A 一致性的步骤如下：

- 计算衡量一个成对比较矩阵 A（$n>1$ 阶方阵）不一致程度的指标 CI：

$$CI=\frac{\lambda_{\max}-n}{n-1} \tag{12-5}$$

其中 $\lambda_{\max}$ 是矩阵 A 的最大特征值。

- 从有关资料查出检验成对比较矩阵 A 一致性的标准 RI:RI 称为平均随机性指标，它只与矩阵阶数有关。RI 的值如表 12-3 所示。

表 12-3 k 阶判断矩阵的 RI 值

k	1	2	3	4	5	6	7	8	9	10	11
RI	0	0	0.58	0.90	1.12	1.24	1.32	1.41	1.45	1.49	1.51

- 按下面公式计算成对比较矩阵 A 的随机一致性比率 CR：

$$CR = \frac{CI}{RI} \tag{12-6}$$

判断方法如下：当 $CR<0.1$ 时，判定成对比较矩阵 A 具有满意的一致性，或其不一致程度是可以接受的；否则就调整成对比较矩阵 A，直到达到满意的一致性为止。

根据表 12-3 的信息以及先验知识判断，构造成对比较矩阵，计算出权重以及一致性的检验结果，如表 12-4 所示。其 MATLAB 代码，如代码清单 12-1 所示。

代码清单 12-1　计算权重及一致性检验率代码

```
%% 计算权值和一致性检验率
clear;
% 参数初始化
inputfile ='../data/paired_comparision.xlsx';
Ri=[0  0  0.58  0.90  1.12  1.24  1.32  1.41  1.45  1.49  1.51];  % Ri 参考矩阵
outputfile = '../tmp/paired-comparision.xlsx';                    % 输出文件

%% 读取数据
[num,txt]=xlsread(inputfile,1);
[rows,cols]=size(num);

%% 计算权值和随机一致性比率
% 计算行向量内积
prodvalue=prod(num,2);
% 开 rows 次方
rootvalue=power(prodvalue,1/rows);
sumrootvalue=sum(rootvalue);
wi =rootvalue/sumrootvalue;                                       % 权值
% 计算一致性比率
% 计算特征值
[ ~ ,y]=eig(num);
% 求出最大特征值
Jmax=max(max(y));
Ci=(Jmax-rows)/(rows-1);
consistencyrate=Ci/Ri(rows);

%% 数据写入
txt(2:end,2:end) = num2cell(num);
txt(1,cols + 2:cols + 3) = {'权重','CR'};
txt(2:end,cols + 2) = num2cell(wi);
txt{2,cols + 3}= consistencyrate;
xlswrite(outputfile,txt);
disp('随机一致性比率计算完成！ ');
```

* 代码详见：示例程序 /code/cal_weight_consistency_rate.m

表 12-4 层析分析法计算权重

	姓名	性别	住址	身份证号	电话号码	出生日期	QQ 号码	E-mail	MSN	附加关键词	照片	权重	*CR*
姓名	1	7	4	1	1	6	1	1	1	2	2	0.137 755 066	
性别	1/7	1	1/2	1/7	1/2	1	1/7	1/7	1/7	1/4	1/4	0.021 564 55	
住址	1/4	2	1	1/4	1/2	2	1/4	1/4	1/4	1/2	1/2	0.038 110 44	
身份证号	1	7	4	1	2	1/3	1	1	1	2	2	0.112 812 77	
电话号码	1	2	2	1/2	1	6	1	1	1	2	2	0.108 371 26	
出生日期	1/6	1	1/2	3	1/6	1	1/6	1/6	1/6	1/3	1/3	0.028 683 22	0.085 8
QQ 号码	1	7	4	1	1	6	1		1	2	2	0.137 755 07	
E-mail	1	7	4	1	1	6	1	1	1	2	2	0.137 755 07	
MSN	1	7	4	1	1	6	1	1	1	2	2	0.137 755 07	
附加关键词	1/2	4	2	1/2	1/2	3	1/2	1/2	1/2	1	1	0.069 718 75	
照片	1/2	4	2	1/2	1/2	3	1/2	1/2	1/2	1	1	0.069 718 75	

* 数据详见：示例程序 /data/paired_comparision.xls

由表 12-4 可知：权向量为：

$$W = (0.137755066, 0.02156455, 0.03811044, 0.11281277, 0.10837126, 0.02868322, 0.13775507, 0.13775507, 0.13775507, 0.06971875, 0.06971875)^T$$

一致性比率为 $CR=0.0858 < 0.1$，通过一致性检验。权向量 W 代表分析对象的姓名、住址、身份证号、电话号码、QQ 号码、E-mail、MSN 等属性对于分析对象的权重。

2. 中文分词

（1）基于 ICTCLAS 的中文分词

本案例采用中国科学院计算机所软件室编写的中文分词工具 ICTCLAS，对 HTML 文档和 TXT 文档进行中文分词。ICTCLAS 的分词速度快、精度高，具有新词识别、支持分析对象词典等功能，基本上解决了中文分词的难题。ICTCLAS 中文分词工具还具有词性标注的功能。词性标注方法包括北大一级标注和二级标注。其中，一级只标注名词、动词等；二级可以标注出更为具体的情况，如具有名词功能的形容词、动词或专有名词，等等。为了提高挖掘查准率，本案例采用了二级标注。为了进一步进行词频统计，分词结束后将词性标注去掉。

（2）对分词后的舆情资源的预处理

❑ 无效 HTML 文档过滤。

由于 HTML 文档是用网络爬虫工具爬取的，可能会爬取出无效的网页，如无法访问的页面。在给定的舆情资源中，存在大量的无效 HTML 文档，其内容为“404<html>”，通过 Java 编程将其过滤。此外，还有一些 HTML 文档的内容只包含数字，没有正文内容，但是分析对象信息中出现了很多数值类型的属性如身份证号、电话号码等，不排除这些 HTML 文档包含某些分析对象信息的可能性，我们没有将这类文档进行过滤。

❑ HTML 文档噪声清洗。

由于舆情资源中的正文通常都是由成段的文字来描述的，中间通常不会有大量的超链接。中文分词软件也会自动对一些常见的符号如“，”“。”“、”等进行处理。但仍然存在一些符号，中文分词软件并未识别。为了防止大量噪声符号影响对词频统计的结果，可利用 Java 编程，去除空格、“|”“\n\r”“&\r\n”“raquo\r\n”“[\\pp\\p{Punct}]\r\n”等符号。此外，考虑到文档中可能出现分析对象的英文信息如 E-mail、MSN 以及数值信息，如身份证号、电话号码等，因此并没有将文档中的数值信息和英文信息当作噪声信息过滤掉。

舆情资源中某一篇 HTML 文档的内容如图 12-4 所示。

郁闷，一大早遭楼下邻居投诉_小猪慢慢长_亲子_西祠胡同
http://www.xici.net/d194601173.htm 2 66 2013-10-14 09:21:05郁闷，一大早遭楼下邻居投诉小牛的妈妈2009发表于：2013-10-14 09:15早上送娃上幼儿园，碰到楼下邻居，以前都是和和气气、笑脸相迎，今天一脸严肃，并且很生气地问：“你家儿子晚上是不是很晚才睡啊？晚上11点多还听到脚步声，这样是不行的。。。。。。”我立马回应道歉，也回过头教训小子，可是依旧好多牢骚，唉，自己做的不对只能忍气吞声了。可是，各种软硬兼施，各种教训打骂，小子在幼儿园中午睡两个半小时，晚上10点上床怎么也睡不着，还说：“妈妈，我闭着眼睛也睡不着，真的睡不着，好难受啊”几次下来，我也没辙了，但是我们绝对没有在家来回走，可能小子上厕所时，飞快地奔过去再飞快地奔过来，动静大了点儿。你们上幼儿园的娃都是几点睡啊？ 小牛加加发表于：2013-10-14 09:210 第2楼家里有小孩，动静肯定大，太晚了影响别人是不好，尽量注意喽，换软底鞋吧。

图 12-4　舆情资源中某一篇文档的内容

采用 ICTCLAS 分词软件对该文档的内容进行中文分词并去噪，结果如图 12-5 所示。

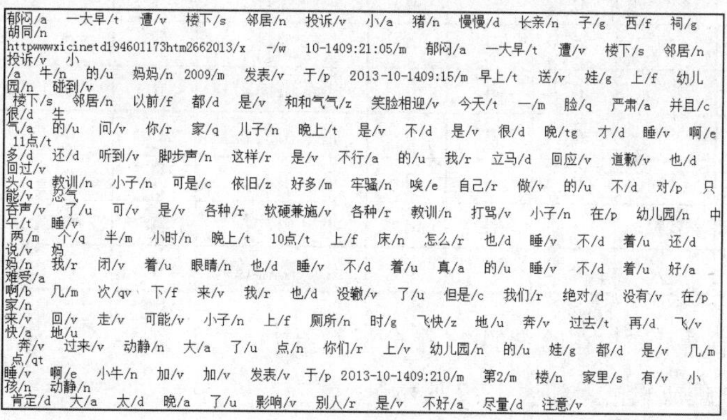
郁闷/a　一大早/t　遭/v　楼下/s　邻居/n　投诉/v　小/a　猪/n　慢慢/d　长亲/n　子/g　西/f　祠/g　胡同/n
httpwwwxicinetd194601173htm2662013/x　-/w　10-1409:21:05/m　郁闷/a　一大早/t　遭/v　楼下/s　邻居/n　投诉/v　小/a　牛/n　的/u　妈妈/n　2009/m　发表/v　于/p　2013-10-1409:15/m　早上/t　送/v　娃/g　上/f　幼儿园/n　碰到/v　楼下/s　邻居/n　以前/f　都/d　是/v　和和气气/z　笑脸相迎/v　今天/t　一/m　脸/q　严肃/a　并且/c　很/d　生气/a　的/u　问/v　你/r　家/q　儿子/n　晚上/t　是/v　不/d　是/v　很/d　晚/tg　才/d　睡/v　啊/e　11点/t　多/d　还/d　听到/v　脚步声/n　这样/r　是/v　不行/a　的/u　我/r　立马/d　回应/v　道歉/v　也/d　回过/v　头/q　教训/n　小子/n　可是/c　依旧/z　好多/m　牢骚/n　唉/e　自己/r　做/v　的/u　不/d　对/p　只能/v　忍气吞声/v　了/u　可/v　是/v　各种/r　软硬兼施/v　各种/r　教训/n　打骂/v　小子/n　在/p　幼儿园/n　中午/t　睡/v　两/m　个/q　半/m　小时/n　晚上/t　10点/t　上/f　床/n　怎么/r　也/d　睡/v　不/d　着/u　还/d　说/v　妈妈/n　我/r　闭/v　着/u　眼睛/n　也/d　睡/v　不/d　着/u　真/a　的/u　睡/v　不/d　着/u　好/a　难受/a　啊/b　几/m　次/qv　下/f　来/v　我/r　也/d　没辙/v　了/u　但是/c　我们/r　绝对/d　没有/v　在/p　家/n　来/v　回/v　走/v　可能/v　小子/n　上/f　厕所/n　时/g　飞快/z　地/u　奔/v　过去/t　再/d　飞/v　快/a　地/u　奔/v　过来/v　动静/n　大/a　了/u　点/n　你们/r　上/v　幼儿园/n　的/u　娃/g　都/d　是/v　几/m　点/qt　睡/v　啊/e　小牛/n　加/v　加/v　发表/v　于/p　2013-10-1409:210/m　第2/m　楼/n　家里/s　有/v　小孩/n　动静/n　肯定/d　大/a　太/d　晚/a　了/u　影响/v　别人/r　是/v　不好/a　尽量/d　注意/v

图 12-5　分词结果

3. 关键词词频统计

为了找出与舆情资源有关的分析对象，需要将分析对象的姓名、性别、住址、身份证号、电话号码、出生日期、QQ 号码、E-mail、MSN、附加关键字、照片等信息定义为关键字，并进行词频统计。

遍历这些文档，从第一个分析对象开始，如果发现文档中出现了该分析对象的任何一个属性值，就记录下该文档的文档名称，并依次记录下该分析对象的所有属性在此文档中出现的频率，汇总成为一个表格，如表 12-5 所示。

表 12-5 文档词频统计的结果

文件名称	Id	姓 名	频 数	性 别	频 数	住 址	频 数	身份证号	频 数
*jn*_10833726	1	王林	0	男	0	江西萍乡	0	360321196109183330	0
*jn*_10834540	1	王林	0	男	3	江西萍乡	0	360321196109183330	0
*jn*_10835078	1	王林	0	男	0	江西萍乡	0	360321196109183330	0
*jn*_10835056	4	王力宏	0	男	2	广西玉林	1	450922199008194334	0
*jn*_10831545	5	郑玉龙	0	男	0	广西玉林	0	450922198501078990	0
*jn*_10831893	5	郑玉龙	0	男	0	广西玉林	0	450922198501078990	0
*jn*_10832900	5	郑玉龙	0	男	0	广西玉林	0	450922198501078990	0
*jn*_10833435	5	郑玉龙	0	男	0	广西玉林	0	450922198501078990	0

采用同样的方法，对 TXT 文档集中的每个文档进行关键词的词频统计，结果如表 12-6 所示。

表 12-6 文档词频统计的结果

文件名称	Id	姓 名	频 数	性 别	频 数	住 址	频 数	身份证号	频 数
*jn*_10837787	5	郑玉龙	0	男	0	广西玉林	0	450922198501078990	0
*jn*_10838168	5	郑玉龙	0	男	0	广西玉林	0	450922198501078990	0
*jn*_10838169	5	郑玉龙	0	男	0	广西玉林	0	450922198501078990	0
*jn*_10832365	11	李天	0	男	0	北京市海淀区	0	210422196107197904	0
*jn*_10833917	11	李天	0	男	0	北京市海淀区	0	210422196107197904	0
*jn*_10834018	11	李天	0	男	0	北京市海淀区	0	210422196107197904	0
*jn*_10834046	11	李天	1	男	0	北京市海淀区	0	210422196107197904	0
*jn*_10834334	11	李天	0	男	0	北京市海淀区	0	210422196107197904	0

由词频统计结果可知，在给定的 24 个分析对象中，总共有 18 个分析对象出现在舆情资源中。将其信息整理成表格，如表 12-7 所示。

由于舆情资源中，TXT 文档的内容是相应编号的 HTML 文档的标题，标题一般是反映一篇文档主题的句子，如果标题中出现了分析对象的相关信息，说明该文档与分析对象的关联度比较大。因此在进行接下来的文本挖掘之前，为标题中的关键词赋予了相对文档正文中关键词更大的权重，两者比例为 3 ： 1。即当文档中的标题出现了分析对象的某一属性值时，在计算它们的词频时会乘权值 3，以突出它的重要程度。统计各文档中的关键词词频的加权结果，如表 12-8 所示。

表 12-7　与舆情资源有关联的分析对象及其信息表

Id	姓名	性别	住址	身份证号	电话号码	出生日期	QQ 号码	E-mail	MSN	附加关键字	照片
1	王林	男	江西萍乡人	360321196109183330	13338941845	1961-09-18	345552	*tiantianshang@163.com*	*asd@live.com*	贩毒	
3	王力宏	男	广西玉林	450922199008194334	18674635914	1990-08-19	63472457	*wyp@126.com*		金曲奖	
4	郑玉龙	男	广西玉林	450922198501078990	15320230485	1985-01-07	383475421	*yud@163.com*	*zhengyulong@live.com*	郑玉龙，小子，假小子	*phones/2013 1107144709. jpg*
9	李天	男	北京市海淀区	210422196107197904	13348762496	1964-04-01	76295622	*litianyi@163.com*	*litianyi@msn.com*	李天一	
10	李江	男	北京市海淀区	370285198509212000	13348762497	1939-03-10	76295623	*lishuangjiang@163.com*	*lishuangjiang@msn.com*	李双江	
12	黄明	男	江西省抚州市	440116198910094000	13640786426	1988-10-11	76295625	*huangming@163.com*	*huangming@msn..com*	黄明	
14	余晓明	男	江西省抚州市	440113197803028412	13322838884	1988-10-13	268033328	*yuxiaoming@163.com*	*yuxiaoming@msn..com*	18924889850，汽车出售	
15	张望	男	北京市	44018419821219673X	13640786429	1988-10-14	76295628	*zhanshang@163.com*	*zhanshang@msn..com*	张三	
16	方小明	男	广州市	440183197602106276	13640786430	1988-10-15	76295629	*fxm@163.com*	*fxm@msn.com*	方小明	
17	张秋白	男	深圳市	44018319790608271X	13640786431	1988-10-16	76295630	*ls@163.com*	*lisi@msn.com*	李四	
18	王五	男	江门市	440105198509036000	13640786432	1988-10-17	76295631	*wangwu@163.com*	*wangwu@msn..com*	王五	
19	李世民	男	海珠市	440114198611218000	13640786433	1988-10-18	76295632	*maliu@163.com*	*maliu@msn..com*	马六	
20	钟建国	男	北京市	440111198505274000	13640786434	1988-10-19	76295633	*zjg@163.com*	*zjg@msn..com*	钟建国	
21	李龙	男	广州市	44011419851001515X	13640786435	1988-10-20	76295634	*lilong@163.com*	*lilong@msn..com*	李龙	
22	陈龙	男	深圳市	440113199311063000	13640786436	1988-10-21	76295635	*chenlong@163.com*	*chenlong@msn..com*	陈龙	
23	马小龙	男	江门市	440116198109195000	13640786437	1988-10-22	76295636	*maxiaolong@163.com*	*maxiaolong@msn..com*	马小龙	
24	胡万林	男	四川	440113197803028412	13640786438	1949-12-12	76295637	*huwanlin@163.com*	*huwanlin@msn..com*	胡万林	photos/2013 1204163705. jpg

表 12-8 标题正文加权词频表

文件名称	Id	姓名	加权频数	性别	加权频数	住址	加权频数	身份证号	加权频数
*jn*_10834822	17	张望	0	男	0	北京市	1	44018419821219673X	0
*jn*_10835091	17	张望	0	男	4	北京市	1	44018419821219673X	0
*jn*_10835378	17	张望	0	男	4	北京市	1	44018419821219673X	0
*jn*_10835494	17	张望	0	男	4	北京市	1	44018419821219673X	0
*jn*_10835805	17	张望	0	男	0	北京市	8	44018419821219673X	0
*jn*_10835870	17	张望	0	男	0	北京市	1	44018419821219673X	0
*jn*_10835979	17	张望	0	男	0	北京市	0	44018419821219673X	0
*jn*_10836089	17	张望	0	男	4	北京市	1	44018419821219673X	0

4. 关键词在文档中权重的量化

本案例中，为了防止文本特征选择所有与分析对象有关的信息均被过滤掉，直接将分析对象的各个属性作为文本特征并用 $tf\times idf$ 法求得其在各文档中的权重。其计算公式为：

$$w_{i,j}=tf_{i,j}\times idf_{i,j} \tag{12-7}$$

$w_{i,j}$ 表示第 j 个词在第 i 个文本中的权重；$tf_{i,j}$ 表示第 j 个词在第 i 个文本中出现的频率，频率越大，说明该词语对文本的贡献越大；$idf_{i,j}$ 表示词语在整个文本集中的分布情况，即包含该词语的文档个数越少，则 idf 越大，说明该词语具有较强的类别区分能力。其计算公式为：

$$idf_{i,j}=\log\frac{N}{m_{i,j}} \tag{12-8}$$

其中，$m_{i,j}$ 表示包含该词语的文本个数；N 表示文本总个数。

通过遍历文档，统计出各个分析对象属性在文档中的加权词频。但表中存在大量的重复文档，原因是同一个文档，在扫描过程中，如果出现了不同分析对象的属性值，会被分别记录在表中的不同行。因此，在进行下一步分析之前，首先需要对词频表进行预处理，转化成没有重复文档的形式。

观察加权词频表，其中出生日期、E-mail、MSN、照片的频数所在的列全为 0，说明任何一个分析对象的这些属性都没有出现在舆情资源集合中。为了节约算法空间，这些属性无须统计。因此，将上述的词频统计表格转化为文档名称 – 姓名、文档名称 – 地址、……、文档名称 – 附加关键词等 7 个交叉计数矩阵。其中，文档名称 – 姓名的交叉计数矩阵，如表 12-9 所示。

表 12-9 文档名称 – 姓名的交叉计数矩阵

文件名称	丁羽心	余晓明	张望	张秋白	方小明	李世民	李天	李江	李龙	王五	王力宏	王林	胡万林	郑玉龙	钟建国	陈龙	马小龙	黄明
*jn*_10831435	0	1	0	0	0	0	0	0	0	0	0	0	0	0	0	0	0	0
*jn*_10831436	0	1	0	0	0	0	0	0	0	0	0	0	0	0	0	0	0	0

（续）

文件名称	丁羽心	余晓明	张望	张秋白	方小明	李世民	李天	李江	李龙	王五	王力宏	王林	胡万林	郑玉龙	钟建国	陈龙	马小龙	黄明
*jn*_10831437	0	1	0	0	0	0	0	0	0	0	0	0	0	0	0	0	0	0
*jn*_10831438	0	1	0	0	0	0	0	0	0	0	0	0	0	0	0	0	0	0
*jn*_10831442	0	0	0	0	1	0	0	0	1	0	0	0	0	0	0	0	0	0
*jn*_10831474	0	0	1	0	0	0	0	0	0	0	0	0	0	0	1	0	0	0
*jn*_10831479	0	0	1	0	0	0	0	0	0	0	0	0	0	0	1	0	0	0
*jn*_10831533	0	1	0	0	0	0	0	0	0	0	0	0	0	0	0	0	0	0
*jn*_10831545	0	0	0	0	0	0	0	0	0	0	0	0	0	1	0	0	0	0

* 数据详见：上机实验 /data/name_2.xls

由表 12-9 可知，交叉计数矩阵中的元素并无实际意义。这样做的目的是将上一个步骤中得到的词频表转化为文档与各属性一一对应的矩阵，以便进一步进行分析。采用 $tf \times idf$ 法，获得上述的 11 个矩阵 $W_1 \sim W_{11}$（其中 W_6、W_8、W_9、W_{11} 均为零矩阵），每个矩阵分别表示所有分析对象的同一属性在各个文档中的权重值。其中，

$$W_{k_{i,j}}(k=1,2,\cdots,11; i=1,2,\cdots,361; j=1,2,\cdots,18)$$

表示第 j 个分析对象的第 k 个属性值在第 i 个文档中的权重。如：$W_{1_{1,1}}$ 表示分析对象 Id_1 的第一个属性即姓名“王林”在第一个文档中所占的权重。

从结果中可以得到一些重要的信息：每一个矩阵都是 361 × 18，说明在给定的资源集合中，总共有 361 个 HTML 文档是包含了分析对象信息的；在给定的 24 个分析对象中，有 18 个分析对象是与此舆情资源有关联的。其中，与舆情资源相关的 18 个分析对象的附加关键字在部分文档中的权重，如表 12-10 所示。

5. 文档分类及关联度分析

本次挖掘的主要目标是得到每个分析对象与整个舆情资源的关联度。这里的关联度可理解为：从舆情资源集合中，分别挖掘出与每一个分析对象匹配的文档篇数。相当于将每一个与舆情资源有关的分析对象分别作为一个类别，将所有舆情文档进行分类，根据其在整个舆情资源集合中所占的比重来代表每一个分析对象与资源集合的关联度，并进行关联度排序。

将每个分析对象的 Id 号作为其类别编号，然后依次读入舆情资源集合中与分析对象相关联的 361 个文档。每读入一个文档，就计算其归属于每个分析对象类别的得分，如果最高得分高于我们设定的阈值，则将其归属于该分析对象所在的类；否则，就归为“其他”类别。最后，将每个类别中包含的文档篇数与整个舆情资源集合中所有文档篇数的比值作为各分析对象与舆情资源的关联度，并进行降序排列。

表 12-10　与舆情资源相关的 18 个分析对象的附加关键字在部分文档中的权重

文件名称	贩毒	金曲奖	郑玉龙，小子，假小子	李天一	李双江	黄明	18924889850，汽车出售	张三	方小明	李四	王五	马六	钟建国	李龙	陈龙	马小龙	胡万林
*jn*_10831435	0	0	0	0	0	0	0.009 847 366	0	0	0	0	0	0	0	0	0	0
*jn*_10831436	0	0	0	0	0	0	0.010 023 887	0	0	0	0	0	0	0	0	0	0
*jn*_10831437	0	0	0	0	0	0	0.002 475 073	0	0	0	0	0	0	0	0	0	0
*jn*_10831438	0	0	0	0	0	0	0.035 423 783	0	0	0	0	0	0	0	0	0	0
*jn*_10831442	0	0	0	0	0	0	0	0	0	0	0	0	0	0	0	0	0
*jn*_10831474	0	0	0	0	0	0	0	0	0	0	0	0	0	0	0	0	0
*jn*_10831479	0	0	0	0	0	0	0	0	0	0	0	0	0	0	0	0	0
*jn*_10831533	0	0	0	0	0	0	0.017 873 644	0	0	0	0	0	0	0	0	0	0
*jn*_10831545	0	0	0.010 462 407	0	0	0	0	0	0	0	0	0	0	0	0	0	0
*jn*_10831673	0	0	0	0	0.041 866 794	0	0	0	0	0	0	0	0	0	0	0	0
*jn*_10831761	0	0	0	0	0	0	0	0	0	0	0	0	0	0	0	0	0
*jn*_10831765	0	0	0	0	0	0	0	0	0	0	0	0	0	0	0	0	0
*jn*_10831794	0	0	0	0	0	0	0	0	0	0	0	0	0	0	0	0	0
*jn*_10831893	0	0	0.000 536 299	0	0	0	0	0	0	0	0	0	0	0	0	0	0
*jn*_10831929	0	0	0	0	0	0	0	0	0	0	0	0	0	0	0	0	0
*jn*_10832102	0	0	0	0	0	0	0	0	0	0	0	0	0	0	0	0	0
*jn*_10832332	0	0	0	0	0	0	0	0	0	0	0	0	0	0	0	0	0

在文档所属分析对象类别的得分公式中，我们主要考虑以下因素：

- 文档中关键词所占的权重，这里的权重是根据词频与词的重要程度相结合得到的，即用前面所提到的 $tf \times idf$ 法计算而得。
- 每一个关键属性对于分析对象的权重。由于分析对象的姓名、住址、身份证号、电话号码、QQ 号码、E-mail、MSN 等属性与分析对象存在着不同程度的关联，舆情资源集合中这些信息的出现模式，也间接地反映了资源与分析对象的关联。若一篇文档中出现了某一个分析对象的某些属性，我们可以将其作为该文档的文本特征分别计算它们在该文档中的权重，在此基础上，赋予每个属性一个权值，这样得到的加权用以量化该文档与分析对象之间的关联。

综合以上两点，将得分公式设为：

$$Score(x_i, Id_j) = \sum_{k=1}^{11} w_k \times W_{k_{i,j}} \quad I_{x_i}\{k\}(i = 1,2,\cdots,361; j = 1,2,\cdots,18; k = 1,2,\cdots,11) \qquad (12\text{-}9)$$

其中：x_i 表示第 i 篇文档；Id_j 表示第 j 个分析对象；w_k 表示根据层次分析法得到的各属性对于分析对象的权重；$W_{k_{i,j}}$ 表示第 j 个分析对象的第 k 个属性值在第 i 个文档中的权重；$I\{k\}$ 是示性函数，其含义为：当文档 x_i 中出现 Id_j 的第 k 个属性时，则 $I_{x_i}\{k\}$ 取 1，否则 $I_{x_i}\{k\}$ 取 0。具体分析流程，如图 12-6 所示。

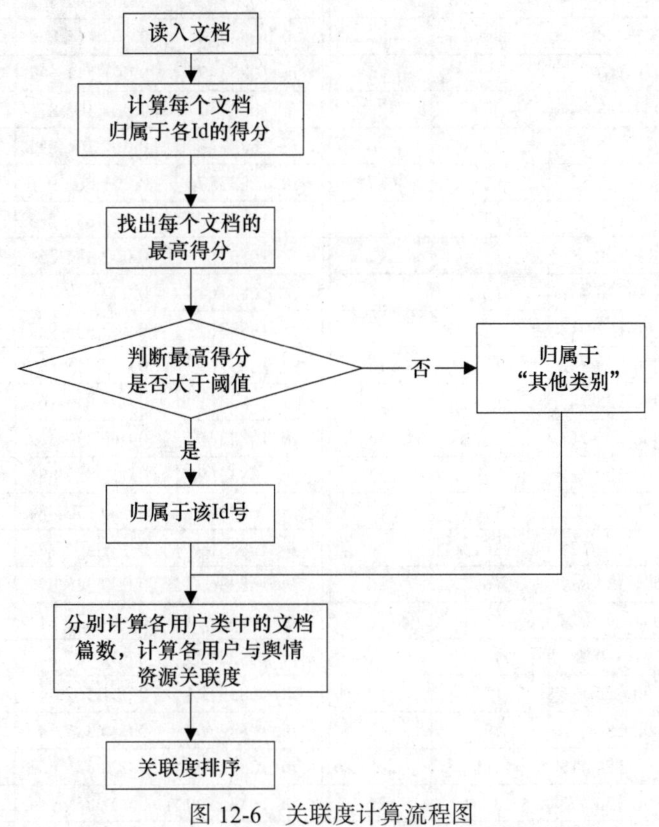

图 12-6　关联度计算流程图

将阈值设置为 1×10^{-4} 按上述计算流程，前 80 个文档最高得分、最高得分所属 Id 号以及文档最终分类结果，如表 12-11 所示。

表 12-11 前 80 篇文档分类结果

文档编号	Max score	最大值所在 Id 类号	文档最终所属类	文档编号	Max score	最大值所在 Id 类号	文档最终所属类
*jn*_10831435	0.001 347 565	16	16	*jn*_10833260	0.001 134 219	16	16
*jn*_10831436	0.001 371 721	16	16	*jn*_10833311	0.000 313 583	17	17
*jn*_10831437	0.000 338 702	16	16	*jn*_10833367	0.000 814 418	21	21
*jn*_10831438	0.004 386 029	16	16	*jn*_10833405	0.003 095 157	16	16
*jn*_10831442	0.000 159 028	18	18	*jn*_10833412	0.000 892 735	18	18
*jn*_10831474	0.002 468 463	17	17	*jn*_10833413	0.002 627 963	16	16
*jn*_10831479	0.000 206 81	17	17	*jn*_10833414	0.002 813 794	16	16
*jn*_10831533	0.003 179 955	16	16	*jn*_10833415	0.002 796 828	16	16
*jn*_10831545	7.29E-04	5	0	*jn*_10833416	0.003 447 575	16	16
*jn*_10831673	0.002 918 901	12	12	*jn*_10833417	0.003 413 776	16	16
*jn*_10831761	9.03E-05	19	19	*jn*_10833422	0.002 926 093	16	16
*jn*_10831765	3.37E-05	17	0	*jn*_10833423	0.003 364 301	16	16
*jn*_10831794	3.39E-05	17	17	*jn*_10833428	0.002 142 801	16	16
*jn*_10831893	3.74E-05	5	5	*jn*_10833435	0.003 465 759	5	5
*jn*_10831929	4.32E-04	17	0	*jn*_10833475	0.001 711 467	17	17
*jn*_10832102	0.002 433 844	26	26	*jn*_10833477	0.004 105 875	26	26
*jn*_10832332	0.000 295 335	26	26	*jn*_10833489	0.004 136 851	16	16
*jn*_10832470	0.004 639 52	17	17	*jn*_10833576	0.001 062 976	26	26
*jn*_10832543	0.000 176 077	17	17	*jn*_10833603	0.003 035 788	16	16
*jn*_10832621	8.80E-05	17	17	*jn*_10833612	0.002 487 266	16	16
*jn*_10832797	0.000 318 432	16	16	*jn*_10833613	0.002 938 44	16	16
*jn*_10832799	0.000 162 618	17	17	*jn*_10833617	0.002 336 947	16	16
*jn*_10832855	0.000 233 382	17	17	*jn*_10833618	0.002 678 501	16	16
*jn*_10832887	0.000 325 787	17	17	*jn*_10833619	0.003 014 763	16	16
*jn*_10832900	0.000 725 711	5	5	*jn*_10833665	0.011 779 312	16	16
*jn*_10832959	0.000 509 365	17	17	*jn*_10833690	0.002 588 886	16	16
*jn*_10833018	7.41E-05	17	17	*jn*_10833691	0.000 972 488	16	16
*jn*_10833027	0.000 344 725	26	26	*jn*_10833692	0.001 804 172	16	16
*jn*_10833101	0.001 357 844	16	16	*jn*_10833697	0.000 318 876	18	18
*jn*_10833102	0.001 294 023	16	16	*jn*_10833717	0.000 625 61	19	19
*jn*_10833113	0.001 630 784	11	11	*jn*_10833725	0.001 707 048	19	19
*jn*_10833115	0.000 613 185	17	17	*jn*_10833726	0.001 502 405	1	1
*jn*_10833142	0.000 266 676	17	17	*jn*_10833766	0.000 327 14	26	26
*jn*_10833199	0.002 354 418	26	26	*jn*_10833769	0.000 639 668	17	17
*jn*_10833201	0.000 970 373	26	26	*jn*_10833799	0.002 854 14	16	16

（续）

文档编号	Max score	最大值所在 Id 类号	文档最终所属类	文档编号	Max score	最大值所在 Id 类号	文档最终所属类
*jn*_10833240	0.000 471 294	12	12	*jn*_10833806	0.002 163 719	16	16
*jn*_10833248	0.001 430 846	16	16	*jn*_10833807	0.002 344 816	16	16
*jn*_10833249	0.001 330 687	16	16	*jn*_10833812	0.005 303 79	16	16
*jn*_10833250	0.001 160 684	16	16	*jn*_10833818	0.001 799 51	16	16
*jn*_10833257	0.001 160 684	16	16	*jn*_10833260	0.001 134 219	16	16

其中，文档最终所属 Id 类号为 0，说明文档的最高得分低于阈值，将其判别为“其他”类别。

根据文档分类表，计算出各 Id 所包含的文档个数，除以 HTML 文档总数，由此计算出各分析对象与舆情资源的关联度，并进行关联度排序。其结果如表 12-12 所示；其 MATLAB 代码，如代码清单 12-2 所示。

代码清单 12-2　关联度计算代码

```
%% 计算关联度
clear;
% 参数初始化
scorefile = '../data/score.xls' ;
userinfo= '../data/user_information.xls' ;
correlationfile = '../tmp/correlation.xls';
filesnum = 7818 ;                          % 文件数

%% 读取数据
[score,score_txt] = xlsread(scorefile);
[user,user_txt] = xlsread(userinfo);
[rows,cols] = size(score);
[user_rows,user_cols] = size(user);
%% 计算关联度
% 对文档进行分类
score_trans= zeros(rows,1);
for i=1:rows
    if score(i,19)>10^(-4);                % 阈值设为10^-4
         score_trans(i,1)=score(i,20);
    else
         score_trans(i,1)=0;
    end
end
% 计算每个分析对象相关联的文档篇数
sum_user = zeros(user_rows,1);
for i=1:user_rows
    k=0;
    for j=1:rows
         if score_trans(j,1)==user(i,1)
              k=k + 1;
```

```
            end
        end
        sum_user(i,1)=k;
end
% 计算各分析对象与舆情资源的关联度
d=sum_user/filesnum;
corr=[user(:,1) sum_user d];
corr=sortrows(corr,-3);                          % 排序

%% 数据写入
xlswrite(correlationfile,[{'ID','包含文档数','关联度'};num2cell(corr)]);
disp('关联度计算完成！');
```

* 代码详见：示例程序 /code/cal_correlation.m

表 12-12　分析对象与舆情资源的关联度及排序结果

序　号	Id	包含文档篇数	关联度	序　号	Id	包含文档篇数	关联度
1	16	156	0.019 953 952	10	27	4	0.000 511 64
2	17	45	0.005 755 948	11	14	3	0.000 383 73
3	18	43	0.005 500 128	12	1	2	0.000 255 82
4	26	37	0.004 732 668	13	20	2	0.000 255 82
5	5	16	0.002 046 559	14	25	1	0.000 127 91
6	19	15	0.001 918 649	15	4	0	0
7	11	12	0.001 534 919	16	22	0	0
8	12	7	0.000 895 37	17	23	0	0
9	21	6	0.000 767 46	18	24	0	0

结果显示，分析对象与舆情资源的关联度大小顺序为：

Id16>Id17>Id18>Id26>Id5>Id19>Id11>Id12>Id21>Id27>Id14>Id1>Id20>Id25>Id4=Id22=Id23=Id24。

可以发现关联度最大的分析对象为 Id16。

12.3　上机实验

1. 实验目的

- ❑ 掌握层次分析法确定分析对象各属性权重的分析步骤。
- ❑ 掌握利用 $tf\times idf$ 法计算各属性在各文档中的权重。

2. 实验内容

- ❑ 分析对象信息包含多个属性，不同属性对于标志个人的时候贡献的作用不一样，因此需要设置不一样的权重，所以考虑采用层次分析法确定分析对象各属性的权重，取分析对象各个属性之间的比值构成成对比较矩阵，矩阵见“上机实验 /data/paired_ comparision.xls”，并需要检验成对比较矩阵的一致性。

- 衡量分析对象信息的属性在舆情资源权重的时候，考虑 *tf*× *idf* 法，利用统计好的文档与各属性的交叉计数矩阵，计算出各属性在各文档中的权重，交叉计数矩阵见“上机实验 /data/”。

3. 实验方法与步骤

实验一

- 设置分析对象数据的成对比较矩阵，存入 EXCEL 数据文件中。
- 使用 xlsread() 函数读入数据文件中的数值类型数据到 MATLAB 工作空间。
- 使用 eig() 函数计算矩阵的特征值，并求出最大特征值。
- 用最大特征值减去 11 后再除以 10 得到不一致程度指标 *Ci*，查看资料得到 11 阶矩阵一致性检验标准为 1.51，那么使用 *Ci* 值除以 1.51 即可得到一致性检验比率。

实验二

- 把总词频数据文件、单个属性在文档中出现次数文件、分析对象信息文件读入 MATLAB 工作空间中。
- 确定当前属性在分析对象信息文件中的列下标 index（下标从 1 开始），计算每个分析对象在第 index 个属性在各文档中出现的频率 *p*，使用单个属性在文档中出现次数除以总词频中相应的数值。
- 计算每个分析对象在第 index 个属性上的逆文档频率 *idf*。
- 使用第二步中求得的频率 *p* 乘以第三步中求得的逆文档频率 *idf* 即可得到每个分析对象第 index 个属性的权重。
- 使用 xlswrite() 函数结合分析对象信息把各个属性对应的权重存入 EXCEL 表格。

4. 思考与实验总结

- 设置分析对象数据的成对比较矩阵是随机设置的吗？需要参考什么标准？
- 查阅相关资料，分析 *tf*× *idf* 算法的不足，并思考其优化算法。

12.4　拓展思考

随着互联网的广泛应用，在许多网络站点中出现了越来越多针对商品或者服务的客户评论，如：淘宝、京东、亚马逊等电子商务平台上的客户评价。这些客户评价中所包含的重要信息，对商家有着重要的价值。如何通过数据挖掘算法，从某网络站点中找出针对某一产品的评论。在此基础上对这些大量的评论进行分析，挖掘出这些产品的主要特点，并进一步发现客户对这些特征的意见和态度。

可以淘宝网站上某一件产品为对象，通过网络爬虫工具获取客户评论等资源。利用本案例采用的方法以及其他文本挖掘技术，尝试利用客户评论对该产品进行分析。

随着互联网与移动互联网的快速发展，截至 2014 年 6 月，我国的网民规模达 6.32 亿，互联网普及率为 46.9%，2015 年中国网民的渗透率将接近 50%。2014 年天猫双十一的交易额达 571 亿，网上购物将成为人民生活的一部分。网民在电商平台上浏览和购物，产生了海量的数据，如何利用好这些碎片化、非结构化的数据，将直接影响到企业产品在电商平台上的发展，也是大数据在实际企业经营中的应用。对于用户在电商平台上留下的评论数据，运用文本分析方法，了解用户的需求、抱怨、购买原因以及产品的优缺点，对于改善家电设备产品及用户体验有着重要的意义。

据观研天下行业分析：近年来我国家电设备销量增长迅速。以电热水器为例，2011 年电热水器市场销量比 2010 年增长 2.29%，销售额增长 5.23%；2013 年电热水器零售量达到 2842 万台，零售额达到 459 亿元；2014 年热水器整体规模向上，但增速较 2013 年有所回落，零售量达到 2985 万台，零售额达到 504 亿元。附件（完整数据见：拓展思考 / 电热水器评论数据 .rar）提供了电热水器的评论数据，请根据该评论数据完成以下分析需求：

- ❑ 分析用户对于电热水器产品的个性化需求；
- ❑ 分析现有电商生产的电热水器的产品劣势（用户抱怨点）及产品优势（用户赞点）；
- ❑ 分析各品牌的产品间的差异，进行差异化卖点的提炼；
- ❑ 分析用户购买的原因；
- ❑ 对用户的购买行为进行分析挖掘（搜索关键字、购买时关注点、购买步骤、使用评价）。

12.5 小结

本章结合面向网络舆情的关联度分析的案例，重点介绍了数据挖掘中的层次分析法、文本挖掘中分词算法和 $tf\times idf$ 法在实际案例中的应用。利用层次分析法确定用户各个属性的权重，再结合舆情资源计算出各关键词的权重，最后进行加权求和得到用户与整个舆情资源之间的关联度，并排序得到最相关的用户。该案例详细地描述了数据挖掘的整个过程，也对其相应的算法提供了 MATLAB 上机实验的内容。

第 13 章 Chapter 13

家用电器用户行为分析及事件识别

13.1 背景与挖掘目标

居民在使用家用电器的过程中，会因地区气候、区域不同、用户年龄、性别的差异，形成不同的使用习惯。家电企业若能深入了解其产品在不同用户群的使用习惯，开发新功能，就能开拓新市场。

要了解用户使用家用电器的习惯，必须采集用户使用电器的相关数据，下面则以热水器为例子，分析用户的使用行为。在热水器用户行为分析的过程中，用水事件识别是最为关键的环节。比如，国内某热水器生产厂商新研发的一种高端智能热水器，在状态发生改变或者有水流状态时，会采集各监控指标数据。该厂商欲根据其采集的用户的用水数据，分析用户的用水行为特征，热水器采集到用户用水数据，如表 13-1 所示。由于用户不仅仅使用热水器来洗浴，而且包括了洗手、洗脸、刷牙、洗菜、做饭等用水行为，所以热水器采集到的数据来自各种不同的用水事件。本案例基于热水器采集的时间序列数据，将顺序排列的离散的用水时间节点根据水流量和停顿时间间隔划分为不同大小的时间区间，每个区间是一个可理解的一次完整的用水事件，并以热水器一次完整的用水事件作为一个基本事件，将时间序列数据划分为独立的用水事件并识别出其中属于洗浴的事件。基于以上工作，该厂商可从热水器智能操作和节能运行等多方面对产品进行优化。

热水器厂商根据洗浴事件的识别模型，对不同地区用户的用水进行识别，根据识别结果比较不同客户群的客户使用习惯、加深对客户的理解等。从而，厂商可以对不同的客户群提供最适合的个性化产品、改进新产品的智能化的研发和制定相应的营销策略。

请根据提供的数据实现以下目标：

- ❑ 根据热水器采集到的数据，划分一次完整的用水事件。
- ❑ 在划分好的一次完整的用水事件中，识别出洗浴事件。

表 13-1 热水器用户的用水数据

热水器编号	发生时间	开关机状态	加热中	保温中	有无水流	实际温度	热水量	水流量	节能模式	加热剩余时间	当前设置温度
R_00001	20141019160855	开	开	关	无	47℃	25%	0	关	4 分钟	50℃
R_00001	20141019160954	开	开	关	无	47℃	25%	0	关	2 分钟	50℃
R_00001	20141019161040	开	开	关	无	48℃	25%	0	关	2 分钟	50℃
R_00001	20141019161042	开	开	关	无	48℃	25%	0	关	1 分钟	50℃
R_00001	20141019161106	开	开	关	无	49℃	25%	0	关	1 分钟	50℃
R_00001	20141019161147	开	开	关	无	49℃	25%	0	关	0 分钟	50℃
R_00001	20141019161149	开	关	开	无	50℃	100%	0	关	0 分钟	50℃
R_00001	20141019172319	开	关	开	无	50℃	50%	0	关	0 分钟	50℃
R_00001	20141019172321	关	关	关	有	50℃	50%	62	关	0 分钟	50℃
R_00001	20141019172323	关	关	关	有	50℃	50%	63	关	0 分钟	50℃
R_00001	20141019172325	关	关	关	有	50℃	50%	61	关	0 分钟	50℃
R_00001	20141019172331	关	关	关	有	50℃	50%	62	关	0 分钟	50℃
R_00001	20141019172333	关	关	关	有	50℃	50%	63	关	0 分钟	50℃
R_00001	20141019172337	关	关	关	有	50℃	50%	62	关	0 分钟	50℃
R_00001	20141019172341	关	关	关	有	50℃	50%	63	关	0 分钟	50℃
R_00001	20141019172456	关	关	关	无	50℃	50%	0	关	0 分钟	50℃
R_00001	20141019172458	关	关	关	有	50℃	50%	46	关	0 分钟	50℃
R_00001	20141019172500	关	关	关	有	50℃	50%	50	关	0 分钟	50℃
R_00001	20141019172505	关	关	关	有	50℃	50%	51	关	0 分钟	50℃
R_00001	20141019172506	关	关	关	有	50℃	50%	50	关	0 分钟	50℃
R_00001	20141019172512	关	关	关	有	50℃	50%	51	关	0 分钟	50℃

* 数据详见：示例程序 /data/original_data.xls

13.2 分析方法与过程

本次数据挖掘建模的总体流程，如图 13-1 所示。

热水器用户用水事件划分与识别主要包括以下步骤：

- 对热水器用户的历史用水数据进行选择性抽取，构建专家样本。
- 对第一步形成的数据集进行数据探索分析与预处理，包括探索用水事件的时间间隔的分布、规约冗余属性、识别用水数据的缺失值，并对缺失值作处理，根据建模的需要进行属性构造等。根据以上处理，对用水样本数据建立用水事件时间间隔识别模型和划分一次完整的用水事件模型，再在一次完整用水事件划分结果的基础上，剔除短暂用水事件以缩小识别范围等。
- 在第二步得到的建模样本数据的基础上，建立洗浴事件识别模型，对洗浴事件识别模型进行模型分析评价。
- 对第三步形成的模型结果应用并对洗浴事件的划分进行优化。

❑ 调用洗浴事件识别模型，对实时监控的热水器流水数据进行洗浴事件的自动识别。

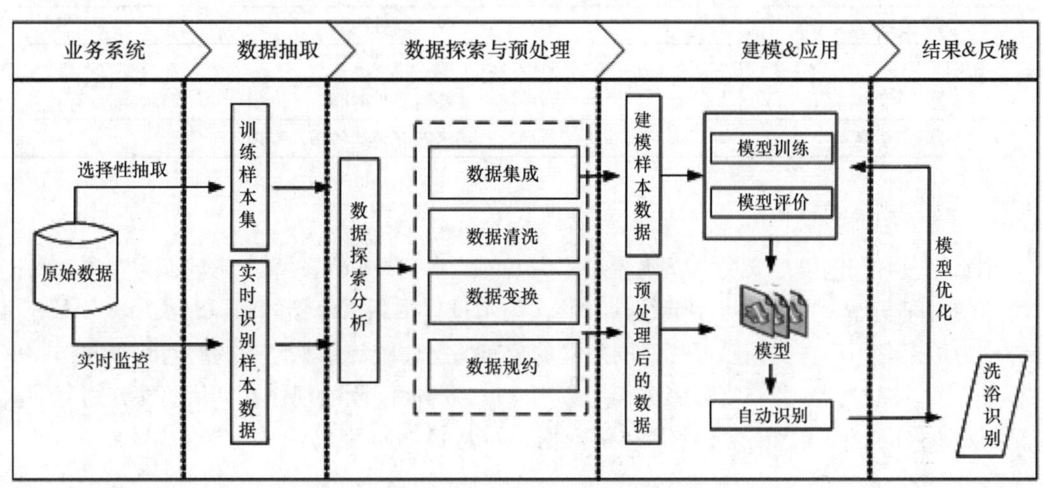

图 13-1　热水器用户用水识别建模的总体流程

13.2.1　数据抽取

在热水器的使用过程中，热水器的状态会经常发生改变，比如开机和关机、由加热转到保温、由无水流到有水流、水温由 50℃变为 49℃等。而智能热水器在状态发生改变或者水流量非零时，每两秒会采集一条状态数据。由于数据的采集频率较高，并且数据来自大量用户，数据总量非常大。本案例对原始数据采用无放回随机抽样法抽取 200 家热水器用户从 2014 年 1 月 1 日—2014 年 12 月 31 日的用水记录作为原始建模数据。

热水器采集的用水数据包含以下 12 个属性：热水器编码、发生时间、开关机状态、加热中、保温中、有无水流、实际温度、热水量、水流量、节能模式、加热剩余时间、当前设置温度。这 12 个属性的说明，如表 13-2 所示，具体的数据见表 13-1。

表 13-2　热水器 12 个属性说明

属性名称	属性说明
热水器编码	热水器出厂编号
发生时间	记录热水器处于某状态的时刻
开关机状态	热水器是否开机
加热中	热水器处于对水进行加热的状态
保温中	热水器处于对水进行保温的状态
有无水流	热水水流量大于等于 10L/min 为有水，否则为无水
实际温度	热水器中热水的实际温度
热水量	热水器热水的含量
水流量	热水器热水的水流速度，单位为 L/min

（续）

属性名称	属性说明
节能模式	热水器的一种节能工作模式
加热剩余时间	加热到设定温度还需多长时间
当前设置温度	热水器加热时热水能够到达的最高温度

13.2.2 数据探索分析

用水停顿时间间隔定义为一条水流量不为 0 的流水记录同下一条水流量不为 0 的流水记录之间的时间间隔。根据现场实验统计，两次用水过程中用水停顿的间隔时长一般不长于 4 分钟。为了探究用户真实用水停顿时间间隔的分布情况，统计用水停顿的时间间隔并作频率分布直方图。通过频率分布直方图分析用户用水停顿时间间隔的规律性，从而探究划分一次完整用水事件的时间间隔阈值，其具体的数据，如表 13-3 所示。

表 13-3 用水停顿时间间隔频数分布表

间隔时长 / 分钟	0 ~ 0.1	0.1 ~ 0.2	0.2 ~ 0.3	0.3 ~ 0.5	0.5 ~ 1	1 ~ 2	2 ~ 3	3 ~ 4	4 ~ 5
停顿频率	78.71%	9.55%	2.52%	1.49%	1.46%	1.29%	0.74%	0.48%	0.26%
间隔时长 / 分钟	5 ~ 6	6 ~ 7	7 ~ 8	8 ~ 9	9 ~ 10	10 ~ 11	11 ~ 12	12 ~ 13	13 以上
停顿频率	0.27%	0.19%	0.17%	0.12%	0.09%	0.09%	0.10%	0.11%	2.36%

分析表 13-3 可知，停顿时间间隔为 0 ~ 0.3 分钟的频率很高，根据日常用水经验可以判断其为一次用水时间中的停顿；停顿时间间隔为 6 ~ 13 分钟的频率较低，分析其为两次用水事件之间的停顿间隔。两次用水事件的停顿时间间隔分布在 3 ~ 7 分钟。根据现场实验统计用水停顿的时间间隔近似。

13.2.3 数据预处理

本案例的数据集的特点是数据量包含上万个用户而且每个用户每天的用水数据多达数万条、存在缺失值、与分析主题无关的属性或未直接反应用水事件的属性等。在数据预处理阶段，针对这些情况相应的应用了缺失值处理、数据规约和属性构造等来解决这些问题。

1. 数据规约

由于热水器采集的用水数据属性较多，本案例对建模数据作以下数据规约。

- 属性规约：因为要对热水器用户的洗浴行为的一般规律进行挖掘分析，所以“热水器编号”可以去除；因热水器采集的数据中，“有无水流”可以通过“水流量”反映出来、“节能模式”数据都只为“关”，对建模无作用，可以去除。最终用来建模的属性指标，如表 13-4 所示。
- 数值规约：当热水器“开关机状态”为“关”且水流量为 0 时，说明热水器不处于工作状态，此数据记录可以规约掉。

表 13-4　属性规约后部分数据列表

发生时间	开关机状态	加热中	保温中	实际温度	热水量	水流量	加热剩余时间	当前设置温度
20141019161042	开	开	关	48℃	25%	0	1 分钟	50℃
20141019161106	开	开	关	49℃	25%	0	1 分钟	50℃
20141019161147	开	开	关	49℃	25%	0	0 分钟	50℃
20141019161149	开	关	开	50℃	100%	0	0 分钟	50℃
20141019172319	开	关	开	50℃	50%	0	0 分钟	50℃
20141019172321	关	关	关	50℃	50%	62	0 分钟	50℃
20141019172323	关	关	关	50℃	50%	63	0 分钟	50℃

* 数据详见：示例程序 /data/water_heater.xls

2. 数据变换

由于本案例的挖掘目标是对热水器用户的洗浴事件进行识别，这就需要从原始数据中识别出哪些状态的记录是一个完整的用水事件（包括洗脸、洗手、刷牙、洗头、洗菜、洗浴等），从而再识别出用水事件中的洗浴事件；一次完整的用水事件是根据水流量和停顿时间间隔的阈值来划分的，所以本案例还建立了阈值寻优模型；为了提高在大量的一次完整用水事件中寻找洗浴事件的效率，本案例建立了筛选规则剔除可以明显判定不是洗浴的事件，得到建模的数据样本集。数据变换流程，如图 13-2 所示。

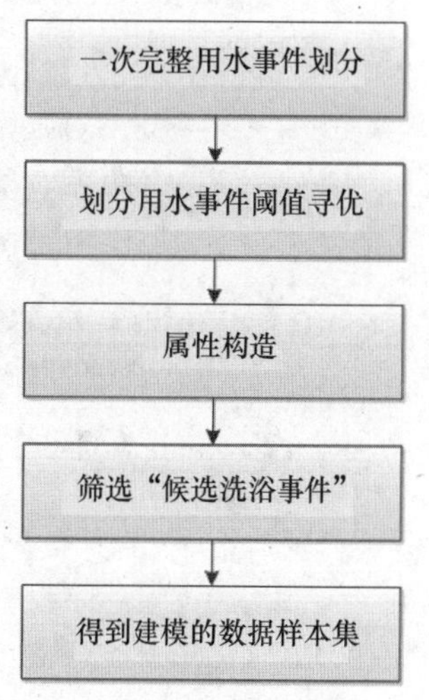

图 13-2　数据变换流程图

（1）一次完整用水事件的划分模型

用户的用水数据存储在数据库中，记录了各种各样的用水事件，包括洗浴、洗手、刷牙、洗脸、洗衣、洗菜等，而且一次用水事件由数条甚至数千条的状态记录组成。所以本案例首先需要在大量的状态记录中划分出那些连续的数据是一次完整的用水事件。

用水状态记录中，水流量不为 0 表明用户正在使用热水；而水流量为 0 时用户用热水发生停顿或者用热水结束。水流量为 0 的状态记录的时间间隔如果超过一个阈值 T，则从该段水流量为 0 的状态记录向前找到最后一条水流量不为 0 的用水记录作为上一次用水事件的结束；向后找到水流量不为 0 的状态记录作为下一个用水事件的开始。划分模型的符号说明，如表 13-5 所示。

表 13-5　一次完整用水事件模型构建符号说明表

名　称	符　号
状态记录 i	$\mathrm{R}_i \quad i \in \{1,2,\cdots,n\}$
时间间隔阈值	T
R_{i+1} 与 R_i 之间的时间间隔	$gap_i \quad i \in \{1,2,\cdots,n\}$

一次完整用水事件的划分步骤如下：

- 读取数据记录，识别到第一条水流量不为 0 的数据记录记为 R_1，按顺序识别接下来的一条水流量不为 0 的数据记录为 R_2。
- 若 $gap_i > T$，则 R_{i+1} 与 R_i 及之间的数据记录不能划分到同一次用水事件。同时将 R_{i+1} 记录作为新的读取数据记录的开始，返回第一步；若 $gap_i < T$，则将 R_{i+1} 与 R_i 之间的数据记录划分到同一次用水事件，并将接下来的水流量不为 0 的状态记录为 R_{i+1}。
- 重复执行第二步直到数据记录读取完毕，结束事件划分。

使用 MATLAB 对用户的用水数据进行一次完整用水事件的划分，阈值 T 暂时假设为 4 分钟，详细代码，如代码清单 13-1 所示。

代码清单 13-1　划分一次用水事件的代码

```
%% 用水事件划分
clear;
% 初始化参数
threshold=4;                              % 阈值为分钟
inputfile='../data/water_heater.xls';    % inputfile:输入数据路径，需要使用 Excel 格式;
outputfile='../tmp/dividsequence.xls';   % outputfile:输出数据路径，需要使用 Excel 格式;

%% 读取数据
[ ~ , ~ , data]=xlsread(inputfile);
m=size(data,1);                           % 得到读取表格的数据维数
dividsequence=zeros(0,3);
   % 'dividsequence'第一列记录序号，第二列记录事件的起始数据编号，第三列记录结束数据编号
flag=0;                                   % 标记是否找到用水的事件
i=2;                                      % 从第二行数据开始
eventnum=0;                               % eventnum 记录用水事件的个数
threshold=threshold*60;                   % 阈值转换为秒

%% 划分用水事件
disp('划分用水事件中……');
while(i<=m)                % 扫描一遍数据表，得到用水事件的序号、起始编号、终止数据编号
    if(data{i,7} ~ =0)     % 当水流量不为 0 时
        flag=1;
        start=i;           % 记录起始编号
        i=i + 1;
        temp1=start;       % temp1 记录前一次用水不为 0 的数据
        while(1)           % 找停顿次数，事件开始后，可能有停顿
            if(i==m)
                endsequence=m;
                break;
            end            % 如果已经到达数据终点，则最后一条数据的前一条为结束
            while(data{i,7}==0)
                if(i==m)
                    endsequence=m-1;
                    break;
                end        % 如果已经到达数据终点，则最后一条数据的前一条为结束
                i=i + 1;
            end            % while 结束后，找到了下一条水流量不为 0 的数据
```

```
            temp2=i;    % temp2 记录了下一条不为 0 的数据
            d1=datenum(data{temp1,1},'yyyymmddHHMMSS');
                        % 时间用函数 datenum() 来处理
            d2=datenum(data{temp2,1},'yyyymmddHHMMSS');
            dis=(d2-d1)*86400;            % 得到的 dis 是以天为单位的，换算成秒 s
            if(dis>=threshold||i==m)
                endsequence=temp1;    % 大于阈值，则该次事件的结束编号为 temp1
                break;
            else
                temp1=temp2;          % 小于阈值
            end
            if(i<=m-1)
                i=i + 1;
            end                       % 防止溢出
        end
    end
    if(flag==1)             % 如果标志为 1，表示是有一次用水事件的，则记录这次用水事件的信息
        eventnum=eventnum + 1;
        dividsequence=[dividsequence; eventnum start endsequence];
        flag=0;
        i=endsequence;                % 下次扫描时 i 从 endsequence 开始
    end
    i=i + 1;                          % 对应第 24 行的 while
end
disp('划分用水事件完成！');
%% 将划分得到的结果写到 excel 中
if  exist(outputfile,'file')  % 如果已存在该文档，则将文档清空（以防多次跑出的结果写入时重叠）
    delete(outputfile);
end
output={'事件序号','事件起始编号','事件终止编号'};
xlswrite(outputfile,output);
xlswrite(outputfile,dividsequence,1,'A2');
disp('划分结果写入到 excel 中完成！');
```

*代码详见：示例程序 /code/divide_event.m

对用户的用水数据进行划分，划分结果，如表 13-6 所示。在下文的用水事件阈值寻优模型中，进行阈值寻优时，要多次用到以上程序，将以上程序封装为 divide_event_for_optimization() 函数，以供调用。

表 13-6　用水数据划分结果

事件序号	事件起始编号	事件终止编号
1	4	4
2	58	58
3	383	386
…	…	…
168	18 467	18 472

（2）用水事件阈值寻优模型

考虑到不同地区的人们用热水器的习惯不同，以及不同季节的时候使用热水器时停顿的时长也可能不同，固定的停顿时长阈值对于某些特殊情况的处理是不理想的，存在把一个事件划分为两个事件或者把两个事件合为一个事件的情况。所以考虑到在不同的时间段内要更新阈值，本案例建立了阈值寻优模型来更新寻找最优的阈值，这样可以解决因时间变化和地域不同导致阈值存在差异的问题。

对某热水器用户的数据进行了不同阈值划分，得到了相应的事件个数，阈值变化与划分得到事件个数，如表 13-7 所示，阈值与划分事件个数的关系，如图 13-3 所示。

表 13-7 某热水器用户的家庭某时间段不同用水时间间隔阈值事件划分个数

阈值 / 分钟	1	1.25	1.5	1.75	2	2.25	2.5	2.75	3	3.25	3.5
事件个数	231	226	217	206	200	196	193	190	185	180	177
阈值 / 分钟	3.75	4	4.25	4.5	4.75	5	5.25	5.5	5.75	6	6.25
事件个数	173	171	171	170	170	170	168	163	163	162	160
阈值 / 分钟	6.5	6.75	7	7.25	7.5	7.75	8	8.25	8.5	8.75	9
事件个数	158	157	157	157	154	153	152	152	151	149	148

图 13-3 为阈值与划分事件个数的散点图，图中在某段阈值范围内，下降趋势明显，说明在该段阈值范围内，用户的停顿习惯比较集中。如果趋势比较平缓，则说明用户的停顿热水的习惯趋于稳定，所以取该段时间的开始作为阈值，既不会将短的用水事件合并，又不会将长的用水事件拆开。在图 13-3 中，用户停顿热水的习惯在方框的位置趋于稳定，说明热水器用户用水的停顿习惯用方框开始的时间点作为划分阈值会有一个好的效果。

曲线在图 13-3 中方框趋于稳定时，其方框开始的点的斜率趋于一个较小的值。为了用程序来识别这一特征，将这一特征提取为规则。根据图 13-4 说明如何识别图 13-3 方框中的起始时间。

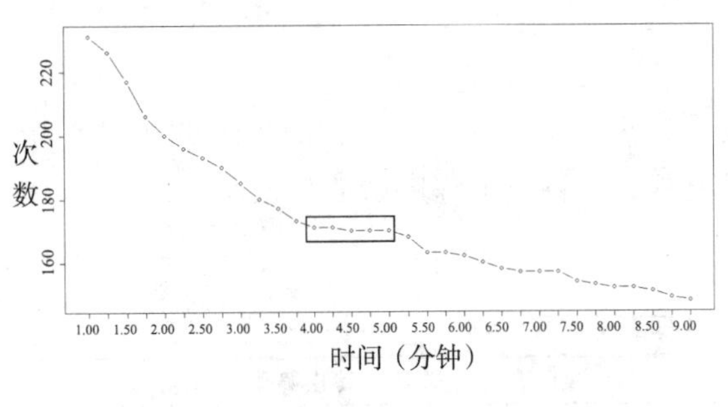

图 13-3 阈值与划分事件个数的关系

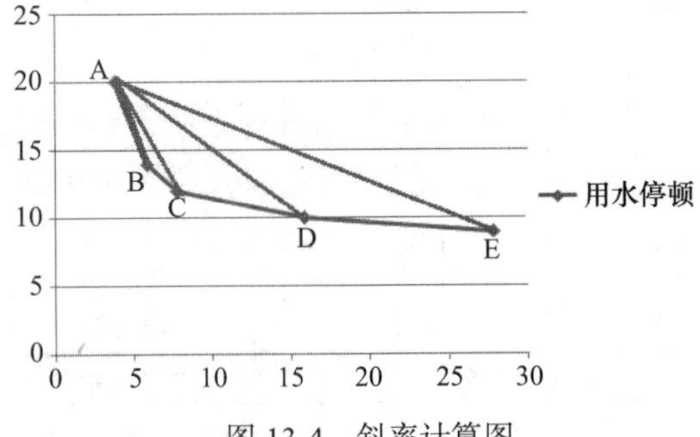

图 13-4 斜率计算图

每个阈值对应一个点，给每个阈值计算得到一个斜率指标。如图 13-4 所示，A 点是要计算斜率指标的点，则计算 *A* 点的斜率指标。为了直观的展示，用下面的符号来进行说明，如表 13-8 所示。

表 13-8　阈值寻优模型符号说明

符　　号	说　　明	符　　号	说　　明
k_{Ai}	A 与 i 点的斜率的绝对值 $i \in \{B,C,D,E\}$	K	五个点的斜率之和的平均值
k	任意两点 $(x_1,y_1),(x_2,y_2)$ 的斜率的绝对值	(x_i,y_i)	i 点的坐标 $i \in \{A,B,C,D,E\}$

$$k = \left| \frac{y_1 - y_2}{x_1 - x_2} \right| \tag{13-1}$$

根据式（13-1），计算出 k_{AB}、k_{AC}、k_{AD}、k_{AE} 四个斜率，于是可以计算出四个斜率之和的平均值 K 为：

$$K = (k_{AB} + k_{AC} + k_{AD} + k_{AE})/4 \tag{13-2}$$

将 K 作为 A 点的斜率指标，特别指出横坐标上的最后四个点没有斜率指标，因为找不出在它以后的 4 个更长的阈值。但这不影响对最优阈值的寻找，因为可以提高阈值的上限，以使最后的 4 个阈值不是考虑范围内的阈值。

于是，阈值优化的结果如下：

当存在一个阈值的斜率指标 $K < 1$ 时，则取阈值最小的点 A（可能存在多个阈值的斜率指标小于 1）的横坐标 x_A 作为用水事件划分的阈值，其中 $K < 1$ 中的 1 是经过实际数据验证的一个专家阈值。

当不存在 $K < 1$ 时，则找所有阈值中斜率指标最小的阈值；如果该阈值的斜率指标小于 5，则取该阈值作为用水事件划分的阈值；如果该阈值的斜率指标不小于 5，则阈值取默认值的阈值 4 分钟。其中斜率指标小于 5 中的 5 是经过实际数据验证的一个专家阈值。

使用 MATLAB 对用户的用水数据划分阈值进行寻优，寻优区间在 2 ~ 8 分钟，详细代码，如代码清单 13-2 所示。

代码清单 13-2　阈值寻优代码

```
%% 阈值寻优
clear;
inputfile='../data/water_heater.xls';    % inputfile：输入数据路径，需要使用 Excel 格式

%% 读入数据
[ ~ , ~ , data]=xlsread(inputfile);

%% 根据不同的阈值，得到用水划分结果
threshold_best=0;
disp('划分用水事件中……');
h = 2:0.25:8;                            % 在区间 2 ~ 8 分钟内找一个最优阈值
cols = size(h,2);
t = zeros(cols,3);
for i=1:cols
    dividsequence=divide_event_for_optimization(h(1,i),data);
    n=size(dividsequence,1);             % 事件个数
    t(i,1)=h(1,i);
    t(i,2)=n;
```

```
end

%% 当都得出 2 ~ 8 分钟，不同阈值的事件个数后，开始找最优的阈值
disp('阈值寻优中……');
threshold_n=size(t,1);                    % threshold_n 记录探寻的阈值个数
for i=1:threshold_n-4
    t(i,3)=(abs((t(i + 1,2)-t(i,2))/0.25) + abs((t(i + 2,2)-t(i,2))/0.5)...
          + abs((t(i + 3,2)-t(i,2))/0.75) + abs((t(i + 4,2)-t(i,2))/1))/4;
    % t(i,3) 用来记录每个阈值对应的平均斜率
    if(t(i,3)<=1)
          threshold_best=t(i,1);
          break;
    end                                   % 找到最靠前的最优的值
end
if(threshold_best==0)             % 如果没找到最优的阈值，则给它默认值 4 分钟或者取最小的
    [threshold_best,threshold_index]=min(t(1:threshold_n-4,3));
    if(threshold_best>=5)
          threshold_best=4;
          disp('here...');
    else
          threshold_best=t(threshold_index,1);
    end
end

%% 打印结果
disp(['最优阈值为：' num2str(threshold_best) '分钟']);
```

* 代码详见：示例程序 /code/threshold_optimization.m

根据读入的数据文件，进行阈值寻优，得到该段时间用水事件划分最优阈值为 4 分钟。

（3）属性构造

本案例研究的是用水行为，可构造四类指标：时长指标、频率指标、用水量化指标以及用水波动指标。四类属性指标的构建表，如表 13-9 所示。

表 13-9 四类属性指标的构建表

指标名称	含 义
时长指标	用水开始时间、用水结束时间、总用水时长、停顿时长、总停顿时长、用水时长、平均停顿时长、用水时长 / 总用水时长
频率指标	停顿次数
用水量化指标	总用水量、平均水流量
用水波动指标	水流量波动、停顿时长波动

对一次用水事件中，抽取主要的用水数据，具体内容如表 13-10 所示。

表 13-10 一次用水事件中的用水数据表

发生时间	开关机状态	加热中	保温中	实际温度	热水量	水流量	加热剩余时间	当前设置温度
20141021200010	开	关	开	50℃	100%	0	0 分钟	50℃
20141021200012	开	关	开	50℃	50%	80	0 分钟	50℃

（续）

发生时间	开关机状态	加热中	保温中	实际温度	热水量	水流量	加热剩余时间	当前设置温度
20141021200120	开	关	开	49℃	50%	70	0 分钟	50℃
20141021200330	开	开	关	46℃	50%	78	5 分钟	50℃
20141021200350	开	开	关	46℃	50%	70	4 分钟	50℃
20141021200352	开	开	关	46℃	50%	0	4 分钟	50℃
20141021200720	开	关	开	50℃	100%	0	0 分钟	50℃
20141021200820	开	关	开	50℃	100%	0	0 分钟	50℃
20141021200822	开	关	开	50℃	100%	78	0 分钟	50℃
20141021201010	开	开	关	45℃	25%	90	5 分钟	50℃
20141021201116	开	开	关	46℃	25%	80	4 分钟	50℃
20141021201118	开	开	关	46℃	25%	0	4 分钟	50℃
20141021201200	开	关	开	50℃	100%	80	0 分钟	50℃

根据用水数据，得到用水事件的属性构造说明图，如图 13-5 所示。

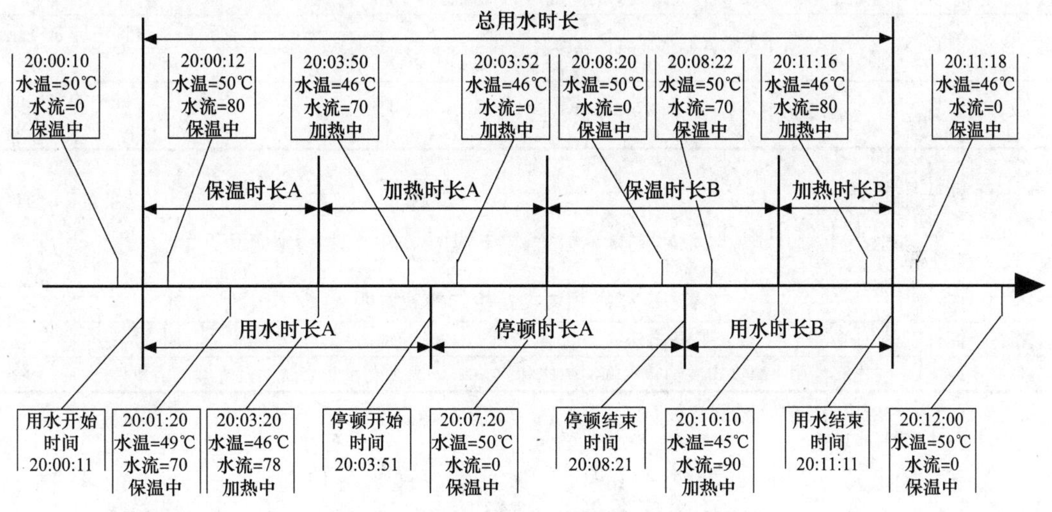

图 13-5　一次用水事件及其相关属性说明

下面将四类指标的构建方法做详细说明。

❑ 时长类指标

由图 13-5 及表 13-10 可知，在 20:00:10 时热水器记录到的数据还没有用水，而在 20:00:12 时热水器记录的有用水行为。所以用水开始时间在 20:00:10 ～ 20:00:12 之间，考虑到网络不稳定导致网络数据传输延时数分钟或数小时之久等因素，取平均值会导致很大的偏差，综合分析构建“用水开始时间”为起始数据的时间减去“发送阈值”的一半，发送阈值是指热水器传输数据频率的大小；同理构造用水结束时间、停顿开始时间、停顿结束时间等。图 13-5 中“用水时长 A”是“用水开始时间”到“停顿开始时间”的间隔时长，构建一次用水事件中“用水时长”为各段用水时长之和；同理构造总用水时长、停顿时长等。详细信息如表 13-11 所示。

表 13-11　主要时长类指标的构建说明

指　　标	构建方法	说　　明
用水开始时间	用水开始时间 = 起始数据的时间 − 发送阈值 /2	热水事件开始发生的时间
用水结束时间	用水结束时间 = 结束数据的时间 + 发送阈值 /2	热水事件结束发生的时间
用水时长	一次完整的用水事件中，对水流量不为 0 的数据进行计算为：用水时长 = 每条用水数据时长的和 =（和下条数据的间隔时间 /2 + 和上条数据的间隔时间 /2）的和	一次用水过程中有热水流出的时长
总用水时长	从划分出的用水事件，起始数据的时间到终止数据的时间间隔 + 发送阈值	记录整个用水阶段的时长
用水时长 / 总用水时长	用水时长与总用水时长的比值	判断用水时长占总用水时长的比重
停顿时长	一次完整的用水事件中，对水流量为 0 的数据进行计算：停顿时长 = 每条用水停顿数据时长的和 =（和下条数据的间隔时间 /2 + 和上条数据的间隔时间 /2）的和	标记一次完整用水事件中的每次用水停顿的时长
总停顿时长	一次完整用水事件中的所有停顿时长之和	标记一次完整用水事件中的总停顿时长
平均停顿时长	一次完整用水事件中的所有停顿时长的平均值	标记一次完整用水事件中的停顿的平均时长

❑ 频率类指标

统计一次用水事件中各种用水操作的频率，详细信息如表 13-12 所示。

表 13-12　频数类指标的构建说明

指　　标	构建方法	说　　明
停顿次数	一次完整用水事件中关掉热水的次数之和	帮助识别洗浴及连续洗浴事件

❑ 用水量化指标

总用水量定义为：在水流量不为 0 时，一次用水事件如表 13-10 中每条状态记录的水流量与下一条状态记录的时间间隔的乘积；平均水流量定义为总用水量与用水时长的商。详细信息如表 13-13 所示。

表 13-13　用水量化指标的构建说明

指　　标	构建方法	说　　明
总用水量	总用水量 = 每条有水流数据的用水量 = 持续时间 × 水流大小	一次用水过程中使用的总的水量，单位为 L
平均水流量	平均水流量 = 总用水量 / 有水流时间	一次用水过程中，开花洒时平均水流量的大小（为热水），单位为 L/min

❑ 用水波动指标

“水流量波动”指标定义为当前水流的值与平均水流量差的平方乘以持续时间的总和除

以总的有水流量的时间。同理构造温度波动、热水量波动、停顿时长波动等指标。详细信息如表 13-14 所示。

表 13-14 用水波动指标的构建说明

指 标	构建方法	说 明
水流量波动	水流量波动 = ∑［（单次水流的值 − 平均水流量）^{2} × 持续时间］/ 总的有水流量的时间	一次用水过程中，开花洒时水流量的波动大小
停顿时长波动	停顿时长波动 = ∑［（单次停顿时长 − 平均停顿时长）^{2}］× 持续时间）/ 总停顿时长	一次用水过程中，用水停顿时长的波动情况

（4）筛选得“候选洗浴事件”

洗浴事件的识别是建立在一次用水事件识别基础上的，也就是从已经划分好的一次用水事件中识别出哪些一次用水事件是洗浴事件。

首先，用三个比较宽松的条件筛选掉那些非常短暂的用水事件，剩余的洗浴事件称为“候选洗浴事件”。这三个条件是“或”的关系，也就是说，只要一次完整的用水事件满足任意一个条件，就被判定为短暂用水事件，即会被筛选掉。三个筛选条件如下：

- 一次用水事件中总用水量（纯热水）小于 y 升。
- 用水时长小于 100 秒。
- 总用水时长小于 120 秒。

下面对 y 的合理取值进行探究。洗澡的水温一般为 37 ~ 41℃。因为花洒喷头出水的温度变化在 37 ~ 41℃，所以热水器设定温度越高，热水器水的实际温度越高，热水器热水的使用量就越少。

经过实验分析，热水器设定温度为 50℃时，一次普通的洗浴时长为 15 分钟，总用水时长 10 分钟左右，热水的使用量为 10 ~ 15L。

为不影响特殊的短暂的洗浴事件，以及考虑到夏天用的热水较少，放宽范围假定热水器在设定温度为 50℃时，一次洗浴的总热水使用量为 5L，同时取洗浴温度的均值为 39℃。来计算热水器不同设定温度下的热水使用量阈值。

热水使用量模型变量符号说明，如表 13-15 所示。

表 13-15 标准热水量换算模型符号说明

说 明	符 号	说 明	符 号
洗浴用水温度	T（39℃）	设定温度	X（℃）
自来水水温	C（℃）	设定温度为 X 时的用水量	Y（L）
自来水注入量	M（L）	50 摄氏度时的用水量	V（5L）

假定每次洗浴习惯变化不大且热水器热水水温恒定，则每次洗浴使用热水的热量应该趋近于一个定值。如果热水器设定温度 X 调高使热水器水温变高，则一次洗浴使用的热水量就

减少；相反，则使用的热水量就增多。

假设两次洗浴事件热水和冷水混合后的花洒出水水温度恒定为 T℃，总用水量不变且为 $(M+V)$ L，根据热量守恒建立方程组见式（13-3）。

$$\begin{cases}(50-T)V+(C-T)M=0 & (1)\\(X-T)Y+(C-T)(M+V-Y)=0 & (2)\end{cases} \tag{13-3}$$

其中式（1）是 50℃的热水 V L 与 M L C℃自来水混合得到（$M+V$）L T℃的洗浴用水的热守恒公式。式（2）是 X℃的热水 Y L 与 $(M+V-Y)$L C℃自来水混合得到 $(M+V)$L T℃的洗浴用水的热守恒公式。从而得出 Y、X、C、V 之间的关系如下：

$$Y=\frac{(50-C)V}{X-C} \tag{13-4}$$

其中，V 是热水器的水恒为 50℃洗浴时的最低用水量。根据公式（13-4）可以计算用水事件在不同实际用水温度下的标准热水使用量。其中，自来水每月平均温度取平均室温。

3. 数据清洗

本案例中存在用水数据状态记录缺失的情况，需要对缺失的数据状态记录进行添加。在热水器工作态改变或处于用水阶段时，热水器每 2 秒（发送阈值）传输一条状态记录，而划分一次完整的用水事件时，需要一个开始用水的状态记录和结束用水的状态记录。但是在划分一次完整的用水事件时，发现数据中存在没有结束用水的状态记录情况，该类缺失值问题，如表 13-16 所示。热水器状态发生改变，第 5 条状态记录和第 7 条状态记录的时间间隔应该为 2 秒，而表中两条记录间隔为 1 小时 27 分 28 秒。

表 13-16 状态记录中的缺失值

序号	发生时间	开关机状态	加热中	保温中	实际温度	热水量	水流量	加热剩余时间	当前设置温度
1	20141019094636	关	关	关	29℃	0%	0	0 分钟	50℃
2	20141019094638	关	关	关	29℃	0%	16	0 分钟	50℃
3	20141019094640	关	关	关	29℃	0%	13	0 分钟	50℃
4	20141019094658	关	关	关	29℃	0%	0	0 分钟	50℃
5	20141019094715	关	关	关	29℃	0%	20	0 分钟	50℃
7	20141019111443	关	关	关	29℃	0%	0	0 分钟	50℃

这可能是由于存在网络故障等原因导致状态记录时间间隔为几十分钟甚至几小时的情况，该类问题若用均值去填充会造成用水时间也为几十分钟甚至是几小时的误差。对于上述特殊情况，本案例数据进行的处理为：在存在用水状态记录缺失的情况下，填充一条状态记录使水流量为 0，发生时间加 2 秒，其余属性状态不变。即在表 13-16 的第 5 条状态记录和第 7 条状态记录之间加一条记录，即第 6 条状态记录，如表 13-17 所示。

表 13-17　状态记录中缺失值的处理

序号	发生时间	开关机状态	加热中	保温中	实际温度	热水量	水流量	加热剩余时间	当前设置温度
1	20141019094636	关	关	关	29℃	0%	0	0 分钟	50℃
2	20141019094638	关	关	关	29℃	0%	16	0 分钟	50℃
3	20141019094640	关	关	关	29℃	0%	13	0 分钟	50℃
4	20141019094658	关	关	关	29℃	0%	0	0 分钟	50℃
5	20141019094715	关	关	关	29℃	0%	20	0 分钟	50℃
6	**20141019094717**	**关**	**关**	**关**	**29℃**	**0%**	**0**	**0 分钟**	**50℃**
7	20141019111443	关	关	关	29℃	0%	0	0 分钟	50℃

13.2.4　模型构建

经过数据预处理后，得到的部分建模样本数据，如表 13-18 所示。

根据建模样本数据和用户记录的包含用水的用途、用水开始时间、用水结束时间等属性的用水日志，建立 BP 神经网络模型识别洗浴事件。由于洗浴事件与普通用水事件在特征上存在不同，而且这些不同的特征在属性上被体现出来。于是，根据用户提供的用水日志，将其中洗浴事件的数据状态记录作为训练样本训练 BP 神经网络，然后根据训练好的网络来检验新采集到的数据，具体过程如图 13-6 所示。

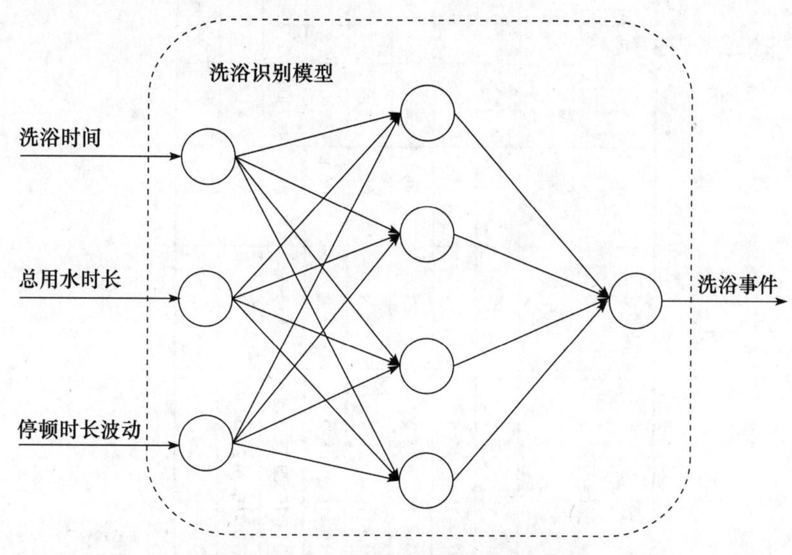

图 13-6　BP 神经模型识别洗浴事件

在训练神经网络的时候，选取了“候选洗浴事件”的 11 个属性作为网络的输入，分别为：洗浴时间点、总用水时长、总停顿时长、平均停顿时长、停顿次数、用水时长、用水时长 / 总用水时长、总用水量、平均水流量、水流量波动、停顿时长波动。训练 BP 网络时给定的输出（教师信号）为 1 与 −1，其中 1 代表该次事件为洗浴事件；−1 表示该次事件不是洗浴事件。其中是否为洗浴事件的确定，根据用户提供的用水记录日志得到。

表 13-18　部分建模样本数据示例列表

热水事件	起始数据编号	终止数据编号	开始时间	是否为洗浴（1 表示是，−1 表示否）	总用水时长	总停顿时长	平均停顿时长	停顿次数	用水时长	用水 / 总时长	总用水量	平均水流量	水流量波动	停顿时长波动
1	218	344	2014-10-19 08:51:30'	−1	592	304	51	6	288	0.5	13.0	2.7	0.9	650.1
2	569	965	2014-10-19 15:55:23'	1	1 008	46	46	1	962	1.0	50.6	3.2	0.2	0
3	1 077	1 128	2014-10-19 18:21:40'	−1	468	269	54	5	199	0.4	7.1	2.1	0.4	531.4
4	1 973	2 236	2014-10-20 16:42:41'	1	661	23	23	1	638	1.0	32.2	3.0	0.3	0
5	2 320	2 435	2014-10-20 18:05:28'	1	550	165	33	5	385	0.7	13.5	2.1	0.4	180.4
6	2 438	2 606	2014-10-20 18:25:24'	1	649	201	201	1	448	0.7	22.6	3.0	0.6	0
7	2 693	2 810	2014-10-20 20:00:42'	1	298	8	2	4	290	1.0	15.1	3.1	1.1	0
8	2 835	3 033	2014-10-20 20:15:13'	−1	624	5	5	1	619	1.0	41.0	4.0	0.2	0

在训练 BP 神经网络时，对神经网络的参数进行了寻优，发现含两个隐层的神经网络训练效果较好，其中两个隐层的隐节点数分别为 17、10 时训练的效果较好。

使用 MATLAB 来训练 BP 神经网络，训练样本为根据用户记录的日志标记好的用水事件，详细代码如代码清单 13-3 所示。

代码清单 13-3　训练 BP 神经网络的代码

```
%% 训练BP神经网络
clc;clear;
inputfile='../data/train_neural_network_data.xls';      % 训练数据
[num, ~ , ~ ]=xlsread(inputfile); % 读入训练数据(由日志标记事件是否为洗浴)
ywind=[6:16];                      % 记录被选择用来作为输入的属性
nlayer=[11,17,10,1];               % 11个输入，两个隐层，分别为17、10个节点，一个输出
passfun={'tansig','tansig','tansig','tansig','tansig'};% 设置传递函数
trainfun='trainlm';
warning off ;
inputdata=num(:,ywind)';
outputdata=num(:,5)';                                   % 记录教师信号所在的列
net=newff(minmax(inputdata),nlayer,passfun,trainfun);  % 创建BP神经网络
warning on;
net.trainParam.epochs=500;
net.trainParam.goal=1e-5;
net.trainParam.lr=0.05;
% net.trainParam.showWindow=0;                          % 不显示训练GUI
disp('训练BP神经网络中…')
[net,tr]=train(net,inputdata,outputdata);      % 注意tr有所需的训练信息，此处为一个输出

%% 保存训练好的BP神经网络
save('../tmp/net.mat','net');                  % 将训练好的神经网络保存到net.mat中
disp('将训练好的BP神经网络模型存入到net.mat中！')
```

* 代码详见：示例程序 /code/train_neural_network.m

根据样本，得到训练好的 BP 神经网络后，就可以用来识别对应用户家的洗浴事件，其中待检测的样本的 11 个属性作为输入，输出层输出一个值在 [-1，1] 的区间内，如果该值小于 0，则该事件不是洗浴事件，如果该值大于 0，则该事件是洗浴事件。

13.2.5　模型检验

某热水器用户记录了两周的热水器用水日志，将前一周的数据作为训练数据，后一周的数据作为测试数据。使用 MATLAB 来训练 BP 神经网络，代码见代码清单 13-3，训练好 BP 神经网络模型后，用 MATLAB 读入后一周的数据，使用代码清单 13-4 的代码来测试训练好的 BP 神经网络模型。

代码清单 13-4　BP 神经网络的测试代码

```
%% BP神经网络模型测试
clear;
```

```
% 参数初始化
netfile = '../tmp/net.mat';                                          % 神经网络模型存储路径
testdatafile = '../data/test_neural_network_data.xls' ; % 待验证数据存储路径
testoutputfile = '../tmp/test_output_data.xls' ;          % 测试数据模型输出文件
data=xlsread(testdatafile);                                          % 读入验证数据
index=5;                                                             % 教师信号所在列
targetoutput=data(:,index)

%% 神经网络仿真
ywind=6:16;                                                          % 神经网络输入列
testdata=data(:,ywind)';                                             % 变换成神经网络输入形式
load(netfile);                                                       % 载入训练好的神经网络模型
output=sim(net,testdata);                                            % 仿真得到输出结果
% 检验仿真结果
n=length(output);
error=0
for i=1:n                                              % 对每个神经网络得到输出进行判断
     if(output(i)<=0)                                  % 小于等于 0，则识别为非洗浴
         output(i)=-1;
     else
         output(i)=1;                                  % 大于 0，则识别为洗浴
     end
     if(output(i) ~ =targetoutput(i)) error=error + 1; end   % 检验是否和日志记录的一样
end
disp(['该待检测样本的正确率为：' num2str(1-error/n)]);

%% 写入数据
output=output';
temp=num2cell(output);
xlswrite(testoutputfile,['模型输出';temp]);
disp('BP 神经网络模型测试完成！ ');
```

* 代码详见：示例程序 /code/test_neural_network.m

根据该热水器用户提供的用水日志判断事件是否为洗浴与 BP 神经网络模型识别结果的比较，如表 13-19 所示，总共 21 条检测数据，准确识别了 19 条数据，模型对洗浴事件的识别准确率为 90.5%。

表 13-19 用户日志判断结果与模型输出判断结果的比较

热水事件	起始数据编号	终止数据编号	开始时间	根据日志判断是否为洗浴（1 表示是，-1 表示否）	神经网络判断是否为洗浴
1	73	336	2015-01-05 9:42:41	1	1
2	420	535	2015-01-05 18:05:28	1	1
3	538	706	2015-01-05 18:25:24	1	1
4	793	910	2015-01-05 20:00:42	1	1
5	935	1 133	2015-01-05 20:15:13	1	1
6	1 172	1 274	2015-01-05 20:42:41	1	1

（续）

热水事件	起始数据编号	终止数据编号	开始时间	根据日志判断是否为洗浴（1 表示是，−1 表示否）	神经网络判断是否为洗浴
7	1 641	1 770	2015-01-06 08:08:26	−1	−1
8	2 105	2 280	2015-01-06 11:31:13	1	1
9	2 290	2 506	2015-01-06 17:08:35	1	1
10	2 562	2 708	2015-01-06 17:43:48	1	1
11	3 141	3 284	2015-01-07 10:01:57	**-1**	**1**
12	3 524	3 655	2015-01-07 13:32:43	**-1**	**1**
13	3 659	3 863	2015-01-07 17:48:22	1	1
14	3 937	4 125	2015-01-07 18:26:49	1	1
15	4 145	4 373	2015-01-07 18:46:07	1	1
16	4 411	4 538	2015-01-07 19:18:08	1	1
17	5 700	5 894	2015-01-08 7:08:43	−1	−1
18	5 913	6 178	2015-01-08 13:23:42	1	1
19	6 238	6 443	2015-01-08 18:06:47	1	1
20	6 629	6 696	2015-01-08 20:18:58	1	1
21	6 713	6 879	2015-01-08 20:32:16	1	1

由于训练数据为一周数据，训练样本过少，可能会造成模型训练不准确，但长期让用户记录用水日志存在一定的操作难度，这里模型检验时用了两周的用户用水日志。

13.3　上机实验

1. 实验目的

- 使用 MATLAB 对数据进行预处理，掌握使用 MATLAB 进行数据预处理的方法。
- 掌握数据转换，属性提取过程。

2. 实验内容

- 对采集到的热水器用户数据以 4 分钟为阈值进行用水事件划分。
- 对划分得到的用水事件提取用水事件时长、一次用水事件中开关机切换次数、一次用水事件的总用水量、平均水流量等 4 个属性。

3. 实验方法与步骤

实验一

- 打开 MATLAB，使用 xlsread() 函数将“上机实验 /data/water_heater.xls”数据读入到 MATLAB 中，water_heater.xls 文件中的数据形式如表 13-4 所示，数据为热水器用户一个月左右的用水数据，数据量为 2 万行左右。

- ❑ 使用 xlsread() 读入数据时，由于“上机实验 /data/water_heater.xls”数据中既有数值又有字符串，则将“上机实验 /data/water_heater.xls”读入到一个元胞数组中，以方便操作。使用 size() 函数得到读入的表格的数据维数等基本所需的信息。
- ❑ 遍历元胞数组，得到用水事件的序号、事件起始数据编号、事件终止数据编号，其中用水事件的序号为一个连续编号（1,2,3 等）。根据水流量的值是否为 0，确定用户是否在用热水。再根据各条数据的发生时间，如果停顿时间超过阈值 4 分钟，则认为是两次用水事件。该算法的具体步骤可参考 13.2.3 节的数据变换中一次完整用水事件的划分模型，也可根据自己的理解进行编写。
- ❑ 使用 xlswrite() 函数将得到用水事件序号、事件起始数据编号、事件终止数据编号等，划分结果保存到 EXCEL 文件中。

实验二

- ❑ 打开 MATLAB，使用 xlsread() 函数将“上机实验 /data/water_heater.xls”数据读到 MATLAB 中，并将实验一中得到的划分结果读到 MATLAB 中。
- ❑ 数据转换，属性提取。用水事件时长，根据事件终止数据时间点减去事件起始数据时间点得到。再得到一次用水事件中开关机的切换次数、一次用水事件的总用水量、平均水流量等属性。这些属性的提取方法见表 13-11 ~表 13-19。
- ❑ 用 xlswrite() 函数将每个用水事件的基本信息与提取得到的属性保存到 EXCEL 文件中。

4. 思考与实验总结

- ❑ 在划分用水事件中采用的阈值为 4 分钟，而案例中有阈值寻优的模型，可用阈值寻优模型对每家热水器用户每个时间段寻找最优的阈值。
- ❑ 每家用户一个月左右的数据有 2 万行，怎么优化该算法与模型，使划分事件速度较快且划分结果较好？

13.4 拓展思考

根据模型划分的结果，发现有时候会将两次（或多次）洗浴划分为一次洗浴，因为在实际情况中，存在着一个人洗完澡后，另一个人马上又洗澡的情况，这中间过渡期间的停顿间隔小于阈值。针对两次（或多次）洗浴事件被合并为一次洗浴事件的情况，需要进行优化，对连续洗浴事件作识别，以提高模型识别精确度。

本案例给出的连续洗浴识别法为：对每次用水事件，建立一个连续洗浴判别指标。连续洗浴判别指标初始值为 0，每当有一个属性超过设定的阈值，就给该指标加上相应的值，最后判别连续洗浴指标是否超过给定的阈值，如果超过给定的阈值，认为该次用水事件为连续洗浴事件。

选取 5 个前面章节取得的属性，作为判别连续洗浴事件的特征属性，5 个属性分别为：总用水时长、停顿次数、用水时长 / 总用水时长、总用水量、停顿时长波动。详细的说明如下：

- 总用水时长的阈值为 900 秒，如果超过 900 秒，就认为可能是连续洗浴，对于每超出的一秒，在该事件的连续洗浴判别指标上加上 0.005，详情见表 13-20。
- 停顿次数的阈值为 10 次，如果超过 10 次，就认为可能是连续洗浴，对于每超出的一次，在该事件的连续洗浴判别指标上加上 0.5，详情见表 13-20。
- 用水时长 / 总用水时长的阈值为 0.5，如果小于 0.5，就认为可能是连续洗浴，对于每少 0.1 秒，在该事件的连续洗浴判别指标上加上 0.2，详情见表 13-20。
- 总用水量的阈值为 30L/ 次，如果超过 30L，就认为可能是连续洗浴，对于每超出的 1L，在该事件的连续洗浴判别指标上加上 0.2，详情见表 13-20。
- 停顿时长波动的阈值为 1000，如果超过 1000，就认为可能是连续洗浴，对于每超出一个单位，在该事件的连续洗浴判别指标上加上 0.002，详情见表 13-20。

表 13-20　连续洗浴事件划分模型符号说明

属性名称	符　号	阈　值	单　位	权　重
停顿次数	P	7	每超 1 次	0.5
总用水量	A	30	每超 1 升	0.2
用水时长 / 总用水时长	D	0.5	每少 1	2
总用水时长	T	900	每超 1 秒	0.005
停顿时长波动	W	1 000	每超 1	0.002

根据以上信息建立优化模型，其中 S 是连续洗浴判别指标，其计算公式见式（13-5）~ 式（13-10）所示。

$$P=\begin{cases}0.5\times(p-10) & p>10\\ 0 & p\in[0,10]\end{cases} \tag{13-5}$$

$$A=\begin{cases}0.2\times(a-30) & a>30\\ 0 & a\in[0,30]\end{cases} \tag{13-6}$$

$$D=\begin{cases}0.2\times(0.5-d) & d<0.5\\ 0 & d\in[0.5,1]\end{cases} \tag{13-7}$$

$$T=\begin{cases}0.005\times(t-900) & t>900\\ 0 & t\in[0,900]\end{cases} \tag{13-8}$$

$$W=\begin{cases}0.002\times(t-1000) & w>1000\\ 0 & w\in[0,1000]\end{cases} \tag{13-9}$$

$$S=P+A+D+T+W \tag{13-10}$$

所以，连续洗浴事件的划分模型如下：

- 当用水事件的连续洗浴判别指标 $S>5$ 时，确定为连续洗浴事件或一次洗浴事件加一次短暂用水事件，取中间停顿时间最长的停顿，划分为两次事件。
- 如果 S 不大于 5，确定为一次洗浴事件。

13.5 小结

本案例以基于实时监控的智能热水器的用户使用数据，重点介绍了数据挖掘中数据预处理的数据清洗、数据规约、数据变换等方法，以及数据预处理在实际案例中的应用，建立了热水器洗浴事件识别的神经网络模型，并针对数据变换部分提供了 MATLAB 上机实验的内容。

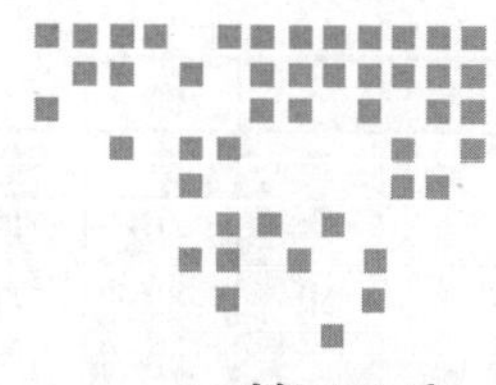

第 14 章 Chapter 14

基于基站定位数据的商圈分析

14.1 背景与挖掘目标

随着当今个人手机终端的普及，出行群体中手机拥有率和使用率已达到相当高的比例，手机移动网络也基本实现了城乡空间区域的全覆盖。根据手机信号在真实地理空间上的覆盖情况，将手机用户时间序列的手机定位数据，映射至现实的地理空间位置，即可完整、客观地还原出手机用户的现实活动轨迹，从而挖掘得到人口空间分布与活动联系特征信息。移动通信网络的信号覆盖从逻辑上被设计成由若干六边形的基站小区相互邻接而构成的蜂窝网络面状服务区，如图 14-1 所示，手机终端总是与其中某一个基站小区保持联系，移动通信网络的控制中心会定期或不定期地、主动或被动地记录每个手机终端时间序列的基站小区编号信息。

商圈是现代市场中企业市场活动的空间，最初是站在商品和服务提供者的产地角度提出来的，后来逐渐扩展到商圈同时也是商品和服务享用者的区域。商圈划分的目的之一是为了研究潜在顾客的分布以制定适宜的商业对策。

从某通信运营商提供的特定接口解析得到用户的定位数据，如表 14-1 所示，定位数据各属性如表 14-2 所示。定位数据是以基站小区进行标志，利用基站小区的覆盖范围作为商圈区域的划分，那如何对用户的历史定位数据进行科学的分析，归纳出商圈的人流特征和规律，识别出不同类别的商圈，选择合适的区域进行运营商的促销活动呢？

表 14-1　某市某区域的定位数据示例

年	月	日	时	分	秒	毫秒	网络类型	LOC 编号	基站编号	EMASI 号	信令类型
2014	1	1	0	53	46	96	2	962947809921085	36902	55555	333789CA
2014	1	1	0	31	48	38	2	281335167708768	36908	55555	333333CA

（续）

年	月	日	时	分	秒	毫秒	网络类型	LOC 编号	基站编号	EMASI 号	信令类型
2014	1	1	0	17	25	46	3	187655709192839	36911	55558	333477CA
2014	1	1	0	5	40	83	3	232648776184248	36908	55561	333381CA
2014	1	1	0	50	29	4	2	611763545227777	36906	55563	333405CA
2014	1	1	0	1	40	31	2	44710067012246	36909	55563	333717CA
2014	1	1	0	27	32	17	2	975579082112825	36912	55563	333981CA
2014	1	1	0	52	35	83	2	820798260690697	36906	55564	333861CA
2014	1	1	0	11	2	21	3	380420663155326	36910	55564	334149CA
2014	1	1	0	43	38	95	2	897743952380637	36903	55565	334053CA
2014	1	1	0	40	30	87	3	7775693027472	36910	55565	333453CA
2014	1	1	0	1	30	68	3	113404095624425	36911	55565	334125CA
2014	1	1	0	39	20	24	3	393808837659011	36905	55566	334077CA

图 14-1　某市移动基站分布图

表 14-2 定位数据属性列表

序号	属性编码	属性名称	数据类型	备注
1	year	年	int	—
2	month	月	int	—
3	day	日	int	—
4	hour	时	int	—
5	minute	分	int	—
6	second	秒	int	—
7	millisecond	毫秒	int	—
8	generation	网络类型	int	2 代表 2G；3 代表 3G；4 代表 4G
9	loc	LOC 编号	string	15 位字符串
10	cell_id	基站编号	string	基站 ID，15 位字符串
11	emasi	EMASI 号	string	需要关联用户表取用户号码（用户号码需要关联用户表得到用户 ID）
12	type	信令类型	string	小于 15 个字符

本次数据挖掘建模的目标如下：

- ❑ 对用户的历史定位数据，采用数据挖掘技术，对基站进行分群；
- ❑ 对不同的商圈分群进行特征分析，比较不同商圈类别的价值，选择合适的区域进行运营商的促销活动。

14.2 分析方法与过程

手机用户在使用短信业务、通话业务、开关机、正常位置更新、周期位置更新和切入呼叫的时候均产生定位数据，定位数据记录手机用户所处基站的编号、时间和唯一标志用户的 EMASI 号等。历史定位数据描绘了用户的活动模式，一个基站覆盖的区域可等价于商圈，通过归纳经过基站覆盖范围的人口特征，识别出不同类别的基站范围，即可等同地识别出不同类别的商圈。衡量区域的人口特征可从人流量和人均停留时间的角度进行分析，所以在归纳基站特征时可针对这两个特点进行提取。

由图 14-2 知，基于移动基站定位数据的商圈分析主要包括以下步骤：

- ❑ 从移动通信运营商提供的特定接口上解析、处理、并滤除用户属性后得到用户的定位数据；
- ❑ 以单个用户为例，进行数据探索分析，研究在不同基站的停留时间，并进一步进行预处理，包括数据规约和数据变换；
- ❑ 利用第二步形成的已完成数据预处理的建模数据，基于基站覆盖范围区域的人流特征进行商圈聚类，对各个商圈分群进行特征分析，选择合适的区域进行运营商的促销活动。

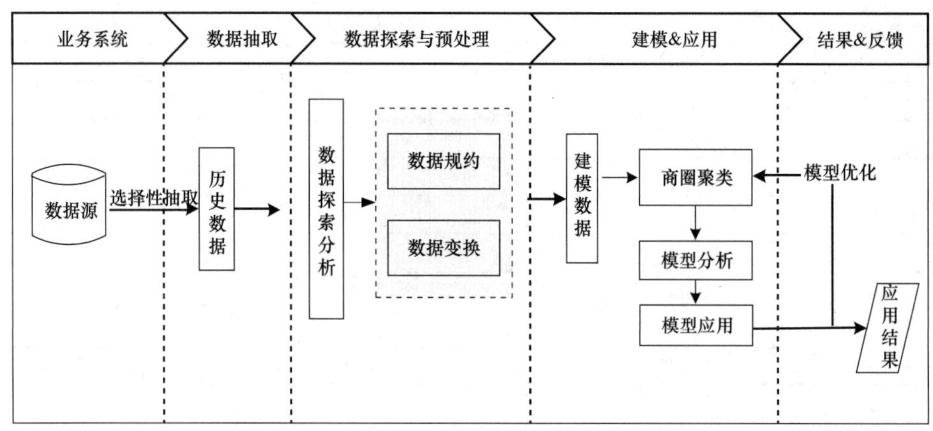

图 14-2　基于基站定位数据的商圈分析流程

14.2.1　数据抽取

从移动通信运营商提供的特定接口上解析、处理、并滤除用户属性后得到位置数据，以 2014-1-1 为开始时间，2014-6-30 为结束时间作为分析的观测窗口，抽取观测窗口内某市某区域的定位数据形成建模数据，部分数据见表 14-1。

14.2.2　数据探索分析

为了便于观察数据，先提取 EMASI 号为 55555 的用户在 2014 年 1 月 1 日的定位数据，如表 14-3 所示，可以发现用户在 2014 年 1 月 1 日 00:31:48 处于 36908 基站的范围，下一个记录是用户在 2014 年 1 月 1 日 00:53:46 处于 36902 基站的范围，这表明了用户从 00:31:48 到 00:53:46 都是处于 36908 基站，共停留了 21 分 58 秒，并且在 00:53:46 进入了 36902 基站的范围。再下一条记录是用户在 2014 年 1 月 1 日 01:26:11 处于 36902 基站的范围，这可能是由于用户在进行通话或者其他产生定位数据记录的业务，此时的基站编号未发生改变，用户依旧处于 36902 基站的范围，若要计算用户在 36902 基站范围停留的时间，则需要继续判断下一条记录，可以发现用户在 2014 年 1 月 1 日 02:13:46 处于 36907 基站的范围，故用户从 00:53:46 到 02:13:46 都是处于 36902 基站，共停留了 80 分。停留示意图如图 14-3 所示。

表 14-3　EMASI 号为 55555 的用户在 2014 年 1 月 1 日的位置数据

年	月	日	时	分	秒	毫秒	网络类型	LOC 编号	基站编号	EMASI 号	信令类型
2014	1	1	0	31	48	38	2	281335167708768	36908	55555	333333CA
2014	1	1	0	53	46	96	2	962947809921085	36902	55555	333789CA
2014	1	1	1	26	11	23	2	262095068434776	36902	55555	333334CA
2014	1	1	2	13	46	28	2	712890120478723	36907	55555	333551CA
2014	1	1	7	57	18	92	2	85044254500058	36902	55555	333796CA

（续）

年	月	日	时	分	秒	毫秒	网络类型	LOC 编号	基站编号	EMASI 号	信令类型
2014	1	1	8	20	32	93	2	995208321887481	36903	55555	334109CA
2014	1	1	9	43	31	45	2	555114267094822	36908	55555	333798CA
2014	1	1	12	20	47	35	2	482996504023472	36907	55555	333393CA
2014	1	1	14	40	4	26	2	329606106134793	36903	55555	333587CA
2014	1	1	14	50	32	82	2	645164951070747	36908	55555	333731CA
2014	1	1	15	19	2	17	2	830855298094409	36902	55555	334068CA
2014	1	1	18	26	43	88	2	323108074844193	36912	55555	334023CA
2014	1	1	19	0	21	82	2	553245971859183	36909	55555	333952CA
2014	1	1	19	50	7	90	2	987606797101505	36906	55555	334096CA
2014	1	1	22	35	0	4	2	756416566337609	36908	55555	333427CA
2014	1	1	23	28	7	98	2	919108833174494	36904	55555	333500CA

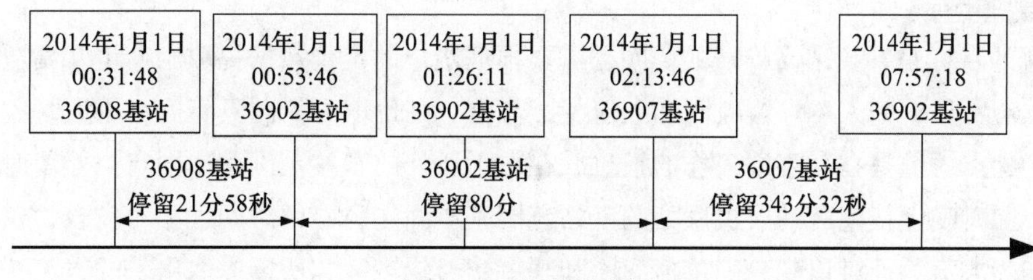

图 14-3　停留示意图

14.2.3　数据预处理

1. 数据规约

原始数据的属性较多，但网络类型、LOC 编号和信令类型这三个属性对于挖掘目标没有用处，故剔除这三个冗余的属性。而衡量用户的停留时间，并不需要精确到毫秒级，故可把毫秒这一属性删除。

同时在计算用户的停留时间时，只计算两条记录的时间差，为了减少数据维度，把年、月和日合并记为日期，时、分和秒合并记为时间，则表 14-3 可处理得到表 14-4 所示的内容。

表 14-4　数据规约后的数据

日　期	时　间	基站编号	EMASI 号
2014 年 1 月 1 日	00:31:48	36908	55555
2014 年 1 月 1 日	00:53:46	36902	55555
2014 年 1 月 1 日	01:26:11	36902	55555
2014 年 1 月 1 日	02:13:46	36907	55555
2014 年 1 月 1 日	07:57:18	36902	55555
2014 年 1 月 1 日	08:20:32	36903	55555

（续）

日　期	时　间	基站编号	EMASI 号
2014 年 1 月 1 日	09:43:31	36908	55555
2014 年 1 月 1 日	12:20:47	36907	55555
2014 年 1 月 1 日	14:40:04	36903	55555
2014 年 1 月 1 日	14:50:32	36908	55555
2014 年 1 月 1 日	15:19:02	36902	55555
2014 年 1 月 1 日	18:26:43	36912	55555
2014 年 1 月 1 日	19:00:21	36909	55555
2014 年 1 月 1 日	19:50:07	36906	55555
2014 年 1 月 1 日	22:35:00	36908	55555
2014 年 1 月 1 日	23:28:07	36904	55555

2. 数据变换

挖掘的目标是寻找出高价值的商圈，需要根据用户的定位数据提取出衡量基站覆盖范围区域的人流特征，如人均停留时间和人流量，等等。高价值的商圈具有人流量大，人均停留时间长的特点，但是在写字楼工作的上班族在白天所处的基站范围基本固定，停留时间也相对较长，同时晚上住宅区的居民所处的基站范围基本固定，停留时间也相对较长，仅通过停留时间作为人流特征难以区分高价值商圈和写字楼与住宅区，所以提取出来的人流特征必须能较为明显的区别这些基站范围。下面设计工作日上班时间人均停留时间、凌晨人均停留时间、周末人均停留时间和日均人流量作为基站覆盖范围区域的人流特征。

工作日上班时间人均停留时间是所有用户在工作日上班时间处在该基站范围内的平均时间，居民一般的上班工作时间是在 9:00 ～ 18:00，所以工作日上班时间人均停留时间是计算所有用户在工作日 9:00 ～ 18:00 处在该基站范围内的平均时间。

凌晨人均停留时间是指所有用户在 00:00 ～ 07:00 处在该基站范围内的平均时间，一般居民在 00:00 ~ 07:00 都是在住处休息，利用这个指标则可以表征出住宅区基站的人流特征。

周末人均停留时间是指所有用户周末处在该基站范围内的平均时间，高价值商圈在周末的逛街人数和时间都会大幅增加，利用这个指标则可以表征出高价值商圈的人流特征。

日均人流量指平均每天曾经在该基站范围内的人数，日均人流量大说明经过该基站区域的人数多，利用这个指标则可以表征出高价值商圈的人流特征。

以上四个指标的计算直接从原始数据计算比较复杂，需先处理成中间过程数据，再从中计算出这四个指标。

中间过程数据的计算以单个用户在一天里的定位数据为基础，计算在各个基站范围下的工作日上班时的停留时间、凌晨停留时间、周末停留时间和是否处于基站范围。假设原始数据所有用户在观测窗口期间（L 天）曾经经过的基站有 N 个，用户有 M 个，用户 i 在 j 天

经过的基站有 $num1$、$num2$ 和 $num3$，则用户 i 在 j 天在 $num1$ 基站的工作日上班时的停留时间为 $weekday\_num1_{ij}$，在 $num2$ 基站的工作日上班时的停留时的为 $weekday\_num2_{ij}$，在 $num3$ 基站的工作日上班时的停留时的为 $weekday\_num3_{ij}$；在 $num1$ 基站的凌晨停留时间为 $night\_num1_{ij}$，在 $num2$ 基站的凌晨停留时间为 $night\_num2_{ij}$，在 $num3$ 基站的凌晨停留时间为 $night\_num3_{ij}$；在 $num1$ 基站的周末停留时间为 $weekday\_num1_{ij}$，在 $num2$ 基站的周末停留时间为 $weekday\_num2_{ij}$，在 $num3$ 基站的周末停留时间为 $weekday\_num3_{ij}$；在 $num1$ 基站是否停留为 $stay\_num1_{ij}$，在 $num2$ 基站是否停留为 $stay\_num2_{ij}$，在 $num3$ 基站是否停留为 $stay\_num3_{ij}$，其中 $stay\_num1_{ij}$、$stay\_num2_{ij}$ 和 $stay\_num3_{ij}$ 的值均为 1；对于未停留的其他基站，工作日上班时的停留时间、凌晨停留时间、周末停留时间和是否处于基站范围的值均为 0。

对于 $num1$ 基站，四个基站覆盖范围区域的人流特征的计算公式如下。

- 工作日上班时的人均停留时间：$weekday_{num1} = \frac{1}{LM}\sum_{j=1}^{L}\sum_{i=1}^{M} weekday\_num1_{ij}$
- 凌晨人均停留时间：$night_{num1} = \frac{1}{LM}\sum_{j=1}^{L}\sum_{i=1}^{M} night\_num1_{ij}$
- 周末人均停留时间：$weekend_{num1} = \frac{1}{LM}\sum_{j=1}^{L}\sum_{i=1}^{M} weekend\_num1_{ij}$
- 日均人流量：$stay_{num1} = \frac{1}{L}\sum_{j=1}^{L}\sum_{i=1}^{M} stay\_num1_{ij}$

对于其他基站，计算公式一致。

对采集到的数据，按基站覆盖范围区域的人流特征进行计算，可得到各个基站的样本数据，该数据如表 14-5 所示。

表 14-5　样本数据

基站编号	工作日上班时的人均停留时间	凌晨人均停留时间	周末人均停留时间	日均人流量
36902	78	521	602	2 863
36903	144	600	521	2 245
36904	95	457	468	1 283
36905	69	596	695	1 054
36906	190	527	691	2 051
36907	101	403	470	2 487
36908	146	413	435	2 571
36909	123	572	633	1 897
36910	115	575	667	933
36911	94	476	658	2 352
36912	175	438	477	861
35138	176	477	491	2 346
37337	106	478	688	1 338
36181	160	493	533	2 086

（续）

基站编号	工作日上班时的人均停留时间	凌晨人均停留时间	周末人均停留时间	日均人流量
38231	164	567	539	2 455
38015	96	538	636	960
38953	40	469	497	1 059
35390	97	429	435	2 741
36453	95	482	479	1 913
36855	159	554	480	2 515

* 数据详见：示例程序 /data/business_circle.xls

但由于各个属性之间的差异较大，为了消除数量级数据带来的影响，在进行聚类前，需要进行离差标准化处理，离差标准化处理的 MATLAB 代码，如代码清单 14-1 所示，离差后的数据文件存储在 standardized.xls 文件中。

代码清单 14-1 离差标准化代码

```
%% 数据标准化到 [0,1]
clear;
% 参数初始化
filename='../data/business_circle.xls'; % 数据文件
standardizedfile='../tmp/standardized.xls';% 标准化后的数据文件

%% 读取数据
[num,txt] =  xlsread(filename);
data = num(:,2:end);                        % 截取需要进行转换的数据

%% 数据标准化
data = data';                               % 数据转置，数据需要符合 mapminmax() 函数的要求
[ydata,ps] = mapminmax(data,0,1);           % 标准化到 [0,1]
ydata = ydata';

%% 标准化后数据写入文件
xlswrite(standardizedfile, ydata);
disp('数据离差标准化完成！');
```

* 代码详见：示例程序 /code/standardization.m

标准化后的样本数据，如表 14-6 所示。

表 14-6 标准化后的样本数据

基站编号	工作日上班时的人均停留时间	凌晨人均停留时间	周末人均停留时间	日均人流量
36902	0.103 865	0.856 364	0.850 539	0.169 153
36903	0.263 285	1	0.725 732	0.118 21
36904	0.144 928	0.74	0.644 068	0.038 909
36905	0.082 126	0.992 727	0.993 837	0.020 031
36906	0.374 396	0.867 273	0.987 673	0.102 217

（续）

基站编号	工作日上班时的人均停留时间	凌晨人均停留时间	周末人均停留时间	日均人流量
36907	0.159 42	0.641 818	0.647 149	0.138 158
36908	0.268 116	0.66	0.593 22	0.145 083
36909	0.212 56	0.949 091	0.898 305	0.089 523
36910	0.193 237	0.954 545	0.950 693	0.010 057
36911	0.142 512	0.774 545	0.936 826	0.127 03
36912	0.338 164	0.705 455	0.657 935	0.004 122
35138	0.340 58	0.776 364	0.679 507	0.126 535
37337	0.171 498	0.778 182	0.983 051	0.043 442
36181	0.301 932	0.805 455	0.744 222	0.105 103
38231	0.311 594	0.94	0.753 467	0.135 521
38015	0.147 343	0.887 273	0.902 928	0.012 283
38953	0.012 077	0.761 818	0.688 752	0.020 443
35390	0.149 758	0.689 091	0.593 22	0.159 097
36453	0.144 928	0.785 455	0.661 017	0.090 842
36855	0.299 517	0.916 364	0.662 558	0.140 467

* 数据详见：示例程序 /data/standardized.xls

14.2.4　构建模型

1. 构建商圈聚类模型

数据经过预处理过后，形成建模数据。采用层次聚类算法对建模数据进行基于基站数据的商圈聚类，画出谱系聚类图，MATLAB 代码，如代码清单 14-2 所示，输入数据集为离差标准化后的数据。

代码清单 14-2　谱系聚类图的代码

```
%% 谱系聚类图
clear;
% 参数初始化
standardizedfile='../data/standardized.xls';    % 标准化后的数据文件

%% 读取数据
[num,txt] =  xlsread(standardizedfile);

%% 谱系聚类图
Z = linkage(num,'ward','euclidean');
% 画谱系聚类图
dendrogram(Z,0);
```

* 代码详见：示例程序 /code/hierarchical_clustering_pic.m

根据代码清单 14-2，可以得到的谱系聚类图，如图 14-4 所示。

从图 14-4 可以看出，可把聚类类别数取 3 类，则在 MATLAB 代码中取聚类类别数为 k=3，输出结果 typeindex 为每个样本对应的类别号，如代码清单 14-3 所示。

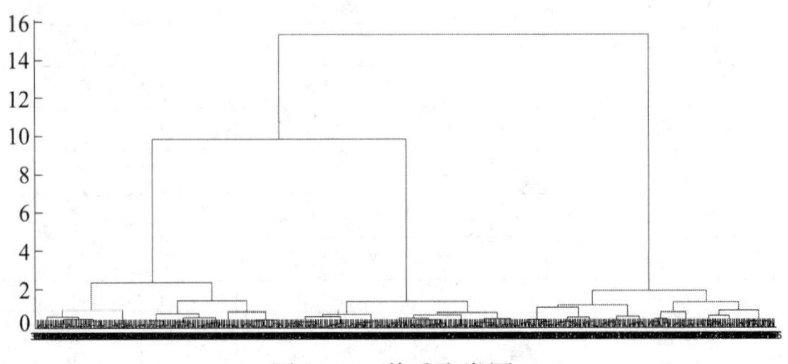

图 14-4 谱系聚类图

代码清单 14-3 层次聚类算法代码

```
%% 层次聚类算法
clear;
% 参数初始化
xlabels={'工作日人均停留时间','凌晨人均停留时间'……
    '周末人均停留时间','日均人流量'};                % x 轴坐标
type=3;                                             % 分群类别数
standardizedfile='../data/standardized.xls';        % 标准化后的数据文件

%% 读取数据
[num,txt] =  xlsread(standardizedfile);

%% 层次聚类
Z = linkage(num,'ward','euclidean');
typeindex = cluster(Z,'maxclust',type);

%% 针对每个群组画图
for i=1:type
    data=num(typeindex==i,:);
    plotrows(data,i,xlabels);
end
```

* 代码详见：示例程序 /code/hierarchical_clustering.m

2. 模型分析

针对聚类结果按不同类别画出 4 个特征的折线图，如图 14-5 ~ 图 14-7 所示。对于商圈类别 1，这部分基站覆盖范围的工作日上班时的人均停留时间较长，同时凌晨人均停留时间、周末人均停留时间相对较短，该类别基站覆盖的区域类似于白领上班族的工作区域；对于商圈类别 2，日均人流量较大，同时工作日上班时的人均停留时间、凌晨人均停留时间和周末人均停留时间相对较短，该类别基站覆盖的区域类似于商业区；对于商圈类别 3，凌晨人均

停留时间和周末人均停留时间相对较长，而工作日上班时的人均停留时间较短，日均人流量较少，该类别基站覆盖的区域类似于住宅区。

商圈类别 3 的人流量较少，商圈类别 1 的人流量一般，而且白领上班族的工作区域一般人员流动集中在上下班时间和午间吃饭时间，这两类商圈均不利于运营商促销活动的开展，商圈类别 2 的人流量大，在这样的商业区有利于进行运营商的促销活动。

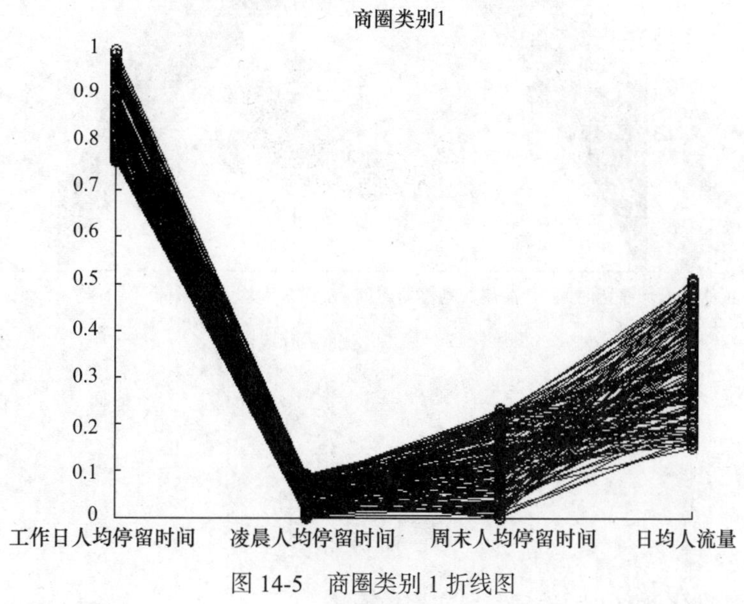

图 14-5　商圈类别 1 折线图

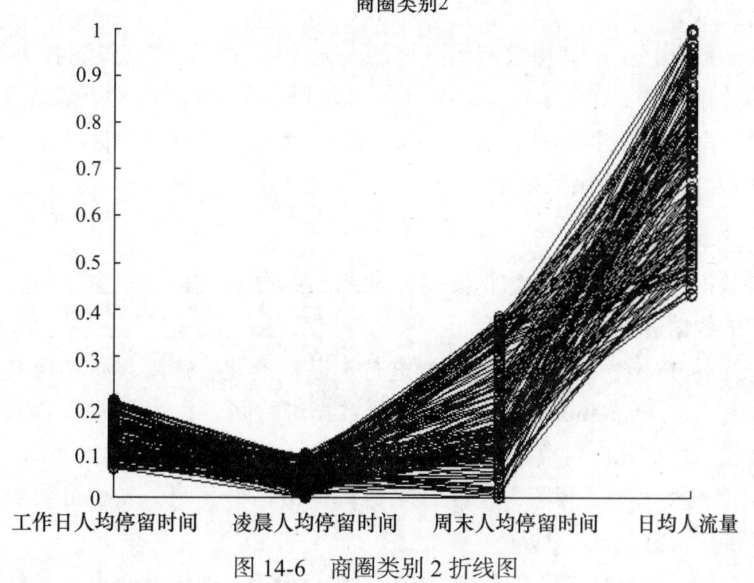

图 14-6　商圈类别 2 折线图

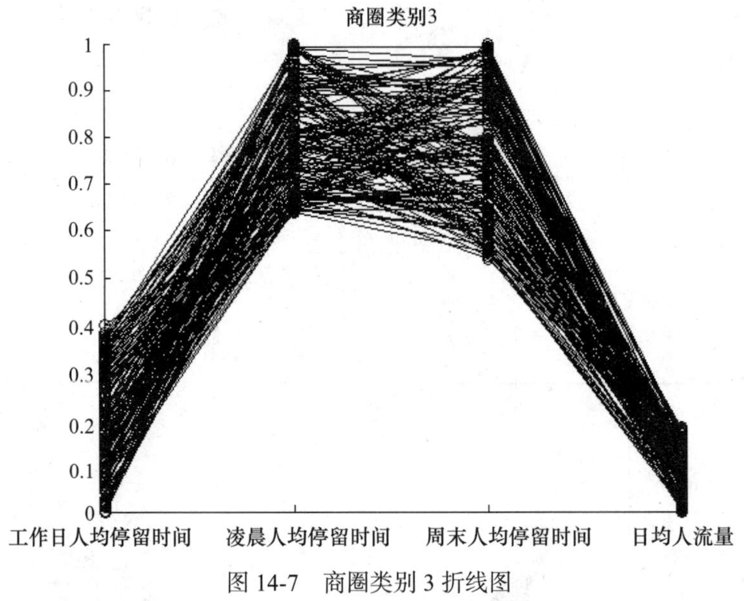

图 14-7 商圈类别 3 折线图

14.3 上机实验

1. 实验目的

掌握离差标准化做数据预处理和层次聚类算法。

2. 实验内容

对采集到的数据，按基站覆盖范围区域的人流特征进行计算，得到各个基站的样本数据，处理好的数据见“上机实验 /data/business_circle.xls”，需要对各个基站进行商圈聚类。但为了避免单个特征的值过大影响聚类效果，需要对数据先进行离差标准化，再采用层次聚类以实现商圈聚类，并分析聚类结果。

3. 实验方法与步骤

- 把原始数据，即表 14-5 的数据读取到 MATLAB 工作空间。根据业务需求只需截取后面 4 列的数据进行标准化即可。
- 使用 mapminmax() 函数对原始数据进行离差标准化，需要设置离散化区间为 [0,1]，同时需要注意 mapminmax() 函数是对行数据进行归一化的，所以在标准化前对数据进行转置，标准化后对数据再次进行转置。
- 构建层次聚类模型。使用 linkage() 函数构建谱系聚类图，method 参数设置为 ward，metric 参数设置为 euclidean。
- 使用 cluster() 函数对构建好的谱系聚类图进行分类，通过 maxclust 参数指定需要分类的类别数为 3。

- 使用 dendrogram() 函数对构建的谱系聚类图可视化，即画出其谱系聚类图并保存；针对每个群组使用 plot() 函数画其趋势图并保存，保存函数使用 print() 函数。

4. 思考与实验总结

- 数据标准化的方法有哪些？这里为什么使用离差标准化？
- 构建层次聚类模型时，可以调节哪些参数，对模型有何影响？

14.4　拓展思考

轨迹挖掘可以定义为从移动定位数据中提取隐含的、人们预先不知道的、但又潜在有用的移动轨迹模式的过程。轨迹挖掘可应用到多个重要领域，如社交网络、公共安全、智能交通管理、城市规划与发展，等等。面向拼车推荐应用是轨迹挖掘的新兴研究主题。拼车是指相同路线的人乘坐同一辆车上下班，上学及放学回家，节假日出游等，车费由乘客平均分摊。拼车不仅能节省出行费用，而且有利于缓解城市交通压力。现在大部分的拼车网站的普遍做法仍然是通过拼车司机在拼车服务网站上发布出发地、目的地、出发时间等信息，再由拼车客户在网站上输入出发地和目的地来搜索符合自己情况的拼车对象。这在很大程度上浪费了拼车用户在网上搜索拼车伙伴的时间，使用户的拼车体验变差。而面向拼车推荐应用是需要先对用户的定位数据进行轨迹挖掘，发现用户的轨迹模式集合，再根据两个用户之间移动轨迹模式的相似性，推荐合适的拼车路线。

14.5　小结

本章结合基于基站定位数据的商圈分析的案例，重点介绍了数据挖掘算法中层次聚类算法在实际案例中的应用。研究用户的定位数据，总结出人流特征，并采用层次聚类算法进行商圈聚类，识别出不同类别的商圈，最后选择合适的区域进行运营商的促销活动。案例详细地描述了数据挖掘的整个过程，也对其相应的算法提供了 MATLAB 上机实验的内容。

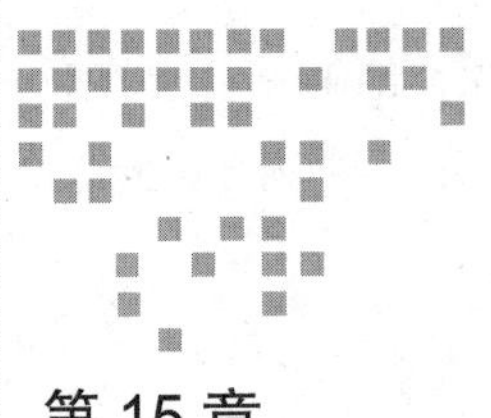

Chapter 15 第 15 章

气象与输电线路的缺陷关联分析

15.1 背景与挖掘目标

随着工业化进程和电力行业的快速发展，电力系统在能源供用体系中起到不可替代的作用，而输电线路是保障电力系统远距离输送能源的重要环节。由于输电线路的组成部件，如导线、架空地线、绝缘子、金具、杆塔、接地装置等大都暴露在外，随着季节的交替，极端恶劣的自然灾害的发生，对输电线路会造成非常大的危害。2008 年 1 月中、下旬发生的极端恶劣暴风雪天气对我国南方电网、华中和华东（部分）电网的安全运行构成了严重威胁，发生电网局部瓦解。恶劣天气出现的概率虽然低，但处于恶劣天气的条件下，输电线路发生故障的概率会明显增加。一旦输电线路发生故障，就可能造成电网大面积的停电现象，对现代生活、生产造成重大影响，甚至是无可挽回的经济损失。而在输电线路上发生的故障，是在基于其缺陷的前提下。一旦没有及时发现缺陷或者及时处理缺陷，在外部环境的影响下，将会转变成故障，造成严重的影响与损失。

其中天气数据如表 15-1、表 15-2 所示，输电线路缺陷数据，如表 15-3 所示，依据这些数据可实现以下目标：

- 分析缺陷与气象数据，获取与气象因子有关的缺陷类别；
- 利用数据挖掘算法，分析气象因子与输电线路缺陷的关联关系；
- 使用关联结果对缺陷进行预警，在灾害性天气下为电力系统能及时发布可靠的预警信息，提前做好防范措施。

表 15-1　天气属性说明表

序号	属性名称	序号	属性名称
1	最高气温	10	日最高地表温度
2	最低气温	11	平均风速
3	相对湿度	12	最大风速
4	降水量	13	最大风速的风向
5	日照时长	14	极大风速
6	最大蒸发量	15	极大风速的风向
7	最小蒸发量	16	平均气压
8	平均地表温度	17	最大气压
9	日最低地表温度	18	最小气压

表 15-2　天气原始数据

具体位置	日期	最高温度	最低温度	相对湿度	降水量	日照时长	最大蒸发量	最小蒸发量	平均地表气温	日最低地表气温	日最高地表气温	平均风速	最大风速	最大风速的风向	极大风速	极大风速的风向	平均气压	最大气压	最小气压
探测点 F	2011/1/1	198	101	45	0	92	32 766	50	162	85	310	48	83	3	127	4	10 074	10 099	10 052
探测点 E	2011/1/1	149	27	54	0	93	32 766	29	95	30	241	24	43	14	64	14	100 72	10 098	10 042
探测点 C	2011/1/1	178	95	41	0	95	32 766	41	153	75	306	23	60	5	94	6	10 177	10 197	10 156
探测点 B	2011/1/1	156	90	50	0	83	32 766	44	148	64	316	27	57	4	94	4	10 201	10 222	10 181
探测点 D	2011/1/1	164	45	45	0	83	32 766	33	127	40	299	16	57	4	87	3	10 122	10 148	10 095
探测点 A	2011/1/1	181	55	48	0	90	32 766	49	117	25	297	21	56	3	78	4	10 115	10 139	10 088
探测点 F	2011/1/2	162	126	53	0	7	32 766	43	162	116	283	62	93	3	138	3	10 080	10 102	10 061
探测点 E	2011/1/2	96	18	56	0	0	32 766	26	64	24	111	15	43	1	60	16	10 090	10 110	10 061
探测点 C	2011/1/2	151	111	55	0	0	32 766	36	154	108	234	26	41	4	76	3	10 187	10 214	10 168
探测点 B	2011/1/2	150	97	49	0	0	32 766	38	153	84	277	25	54	4	110	3	10 214	10 238	10 196
探测点 D	2011/1/2	109	67	46	0	0	32 766	37	93	51	169	21	49	4	67	4	10 138	10 167	10 111
探测点 A	2011/1/2	127	62	52	0	0	32 766	30	106	57	172	28	67	1	83	1	10 123	10 150	10 105
探测点 F	2011/1/3	142	73	81	28	0	32 766	23	110	90	155	63	94	2	133	2	10 089	10 112	10 075
探测点 E	2011/1/3	66	26	83	42	0	32766	16	58	39	123	40	64	16	96	1	10 111	10 133	10 087
探测点 C	2011/1/3	138	101	61	0	0	32766	28	137	121	199	26	57	2	124	1	10 183	10 203	10 164
探测点 B	2011/1/3	146	109	55	32 700	0	32766	26	142	96	269	16	47	4	74	4	10 207	10 234	10 186

注：气温单位为 0.1℃，风速单位为 0.1m/s，气压单位为 0.1HPa，降水量单位为 0.1mm。

表 15-3　输电线路缺陷原始数据

描述	检查日期和时间	缺陷分类	注释	缺陷部位	缺陷源	缺陷类型	缺陷等级	最终原因	处理完成日期和时间	处理阶段	缺陷具体描述
中相玻璃绝缘子自爆1片	2013/7/1 12:59	玻璃绝缘子自爆	已完成	导地线	巡视	输电	一般	大风	2013/7/9 18:30	完成	0
Ⅲ腿无接地引下线，Ⅲ、Ⅳ腿斜材被盗（7根）	2012/9/28 15:22	塔材缺损	已补回	金具	手动录入	架空线路	一般	被盗	2012/10/26 12:00	完成	1
123	2010/9/13 12:59	其他			手动录入		一般			申请	123
杆号牌和禁止攀登被盗，Ⅰ、Ⅱ、Ⅲ、Ⅳ接地引下线全部被盗	2012/9/20 11:19	标志牌损坏	已重新补回	杆塔标志牌	手动录入	架空线路	一般	被盗	2012/10/26 11:00	完成	!
#97塔杆号牌被盗	2012/9/28 16:14	标志牌损坏	已补回	杆塔标志牌	手动录入	架空线路	一般	被盗	2012/10/25 18:00	完成	!
Ⅰ、Ⅱ、Ⅳ腿接地引下线被盗	2012/9/28 16:25	接地装置损坏	已补回	金具	手动录入	架空线路	一般	被盗	2012/10/26 12:00	完成	!
!#18杆A、B、C相复合绝缘子有放电闪络痕迹	2014/3/18 11:07	绝缘水平下降	符合运行要求	绝缘子	巡视	架空线路	一般	其他自然灾害	2014/3/20 15:30	完成	!#18杆A、B、C相复合绝缘子有放电闪络痕迹
（中）相均压环破损脱落	2014/4/18 9:26	绝缘子	已更换（中）	端部金具	巡视	架空线路	一般	大风	2014/4/19 14:30	完成	!（中）相均压环破损脱落

220kV 热 河乙线 #17 直线塔基础回填土流失	2011/11/2 10:30	基础异常	2011 年 11 月 4 日已组织人员对回填土流失的基础进行回填土处理，符合运行要求。处理结果良好	杆塔基础	巡视	架空线路	一般	雨水冲刷	2011/11/4 10:30	完成	!220kV 热 河乙线 #17 直线塔基础回填土流失
玻璃绝缘子串上自爆	2012/9/13 15:37	玻璃绝缘子自爆	已更换绝缘子	绝缘子	巡视	架空线路	一般	环境变化	2012/10/28 15:08	完成	! 玻璃绝缘子串上自爆
#40 杆 B 相第一片瓷质绝缘子遭雷击放电现象	2010/5/10 10:27	其他	已消缺		巡视		一般		2010/6/24 11:23	完成	#40 杆 B 相瓷质绝缘子遭雷击放电现象
#02 电缆终端头 C 相尾管漏油	2012/7/17 14:43	电缆部件缺损	已按要求完成消缺	电缆终端头	巡视	架空线路	一般	漏油	2012/8/12 11:03	完成	#02 电缆终端头 C 相尾管漏油
#04 塔 C 相跳线连接掌发热	2013/8/29 9:09	部件发热异常	已处理	杆塔	巡视	架空线路	一般	—	2013/11/9 17:00	完成	#04 塔 C 相跳线连接掌发热
#05 塔 A 相、B 相遭雷击、均压环损坏	2012/8/21 8:34	其他	已换绝缘子	绝缘子	其他	架空线路	一般	—	2013/11/1 17:00	完成	#05 塔 A 相、B 相遭雷击
#05 塔 A 相、B 相遭雷击	2012/8/21 8:38	其他	已换绝缘子	绝缘子	其他	架空线路	一般	—	2013/11/1 17:00	完成	#05 塔 A 相、B 相遭雷击

15.2 分析方法与过程

在恶劣的气象条件下或者气象条件急剧变化时，各气象因素会影响电网运行状态。根据电力部门多年收集的数据以及从长期的实践经验可知，雷电、台风、暴雨、覆冰、高温、寒潮等灾害性天气对电网的发电、输送和消费等都会造成较大影响。在恶劣的天气条件下，输电线路发生故障的概率明显增加。例如在低温雨雪天气中，由于湿度过高，大量水汽凝聚在导线表面造成覆冰。由覆冰引起的输电线路倒杆（塔）、断线等故障会给电力系统的输电线路造成重大的损害，严重影响了电网的安全稳定运行和供电系统运行的可靠性。

因此在气象灾害的基础上，结合电网生产运行的实际情况，归纳定义出电网气象灾害。最常见的气象要素包括温度、相对湿度、降水量、风力和气压。对各种天气因素所造成的灾害严重程度的描述，以及电网实际运行环境，定义如下气象指标属于电网灾害性天气[22]，如表 15-4 所示。

表 15-4　电网灾害性天气定义表

气象因素	灾害天气现象	数值范围
温度	极高温	≥ 35℃
	极低温	≤ 2℃
相对湿度	高湿度	≥ 90%
	低湿度	≤ 50%
风力	强风力	≥ 17.2m/s
降水量	强降水量（暴雨）	>50mm（24h）
气压	低气压	≤ 83.2kPa

对于输电线路的缺陷发生与气象因素之间的关系，传统的做法是凭借多年的经验进行判断。判断在特定的气象条件下，某些线路上发生某种缺陷的概率比较大，在进行日常巡检时，需要重点注意这些线路上缺陷的发生。本案例采用数据挖掘的技术，分析气象与输电线路缺陷的关系，实现了在灾害天气下能够及时向电力系统发布可靠的预警信息，从而支持管理者在灾害天气中作出相关决策。

本案例的总体流程如图 15-1 所示。

由图 15-1 可知，气象与输电线路缺陷关联分析主要包括以下步骤：

1）从电力系统及某气象站进行选择性抽取形成历史数据，并从气象站中定时抽取形成定时判断数据。

2）对 1）形成的两个数据集进行数据探索分析与预处理，包括数据分布分析，数据属性规约、数据清洗和属性构造。

3）利用 2）形成的建模数据，采用 HotSpot 算法对其进行分析。对每个不同的缺陷与气象因子进行关联分析，获得气象因子与缺陷之间的关系。

4）应用模型结果，通过关联结果判断定时天气数据，将判断的结果发布预警信息，提醒用户重点关注。

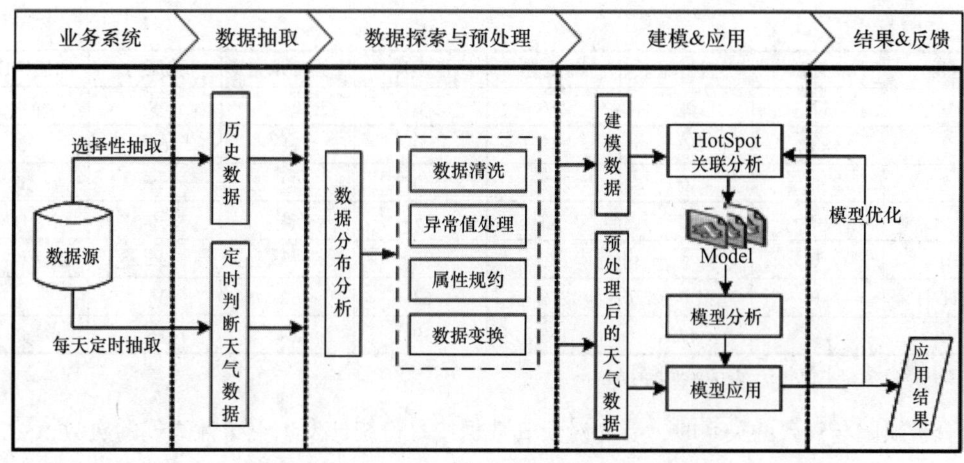

图 15-1　气象与输电线路缺陷关联分析流程图

15.2.1　数据抽取

本例选取某市电网 2011-01-01—2014-04-30 输电设施的历史缺陷数据，并且选取该时段的气象数据作为分析的原始数据。

从电力系统中抽取输电线路的缺陷数据，因系统中缺陷数据包含很多属性，并且存在大部分字段为空的情况，为了分析目标的需要，通过业务了解，选取与缺陷相关的属性如描述、缺陷名称、具体位置、最终原因和缺陷具体描述等。

气象数据来源于某气象站，获取某市 6 个探测点的完整气象数据，其中包含气温、相对湿度、风速以及气压等属性。

15.2.2　数据探索分析

为了探索缺陷与气象的关系，从以下各个方面进行分布分析：

根据电网灾害性定义的天气阀值，统计某市 6 个探测点在每个月发生灾害性天气的天数，如表 15-5 所示。由于发生低气压的天数极少，因此在分析缺陷与气象的关系时，忽略掉低气压的因素。

表 15-5　灾害性天气统计表

月份	极高温	极低温	高湿度	低湿度	强降水量	强风力	低气压
1	0	115	134	277	0	17	0
2	0	31	279	56	0	7	0
3	0	0	381	104	20	54	2
4	4	0	417	66	143	76	6
5	18	0	447	5	181	56	5

（续）

月份	极高温	极低温	高湿度	低湿度	强降水量	强风力	低气压
6	112	0	276	0	161	69	0
7	188	0	243	0	111	64	0
8	316	0	232	0	90	65	1
9	110	0	183	27	54	70	0
10	0	0	74	96	43	35	0
11	0	0	219	62	62	36	3
12	0	47	163	239	28	16	0

* 数据详见：示例程序 /data/weatherdata.xls

分析缺陷与气象的关系时，首先对天气数据按月份统计发生灾害性天气的次数，然后统计每月发生各种缺陷类别的次数，并将两者进行对比，发现两者间的规律。由于气象因素比较多，便于统计分析时了解气象因素与缺陷分布的规律，将气象因素比较分成两部分：一部分为温度与降水量；另一部分为湿度与风力。从所有类别的缺陷中，分析得到部分缺陷，如表 15-6 所示。

表 15-6 部分缺陷统计表

月 份	鸟 害	保护区安全隐患	部件发热异常	接地装置损坏	锈蚀、损伤
1	11	24	5	8	116
2	21	14	5	22	44
3	60	31	40	31	134
4	280	25	54	46	93
5	124	19	42	18	56
6	93	33	29	17	39
7	81	71	31	36	30
8	47	60	62	22	54
9	25	33	7	6	17
10	2	35	4	12	70
11	8	40	13	50	42
12	8	26	14	8	35

* 数据详见：示例程序 /data/defectdata.xls

其分布的情况与气象因素分布的情况趋势大致相同。分析输电线路缺陷与气象因素关系说明如下。

1. 鸟害

图 15-2 和图 15-3 显示了鸟害与气象因素间的关系，由图知，鸟害缺陷主要集中在 4、5、6 月，其中在 4 月有 280 个，达到最高；在 1、2、10、11、12 月比较少，10 月发生的鸟害

达到最小值 2。对比气象因素的趋势，鸟害与高湿度、降水量的趋势关系大体上一致。可能原因是春夏季雨水多、天气潮湿、温度适宜。鸟类在树林灌木稀少、人员稀少地带、稻田和鱼池等潮湿地带种类多，并且会在这些地段集居。当输电线路经过这些地带时，鸟类会选择铁塔安家，因此很容易发生鸟害缺陷。

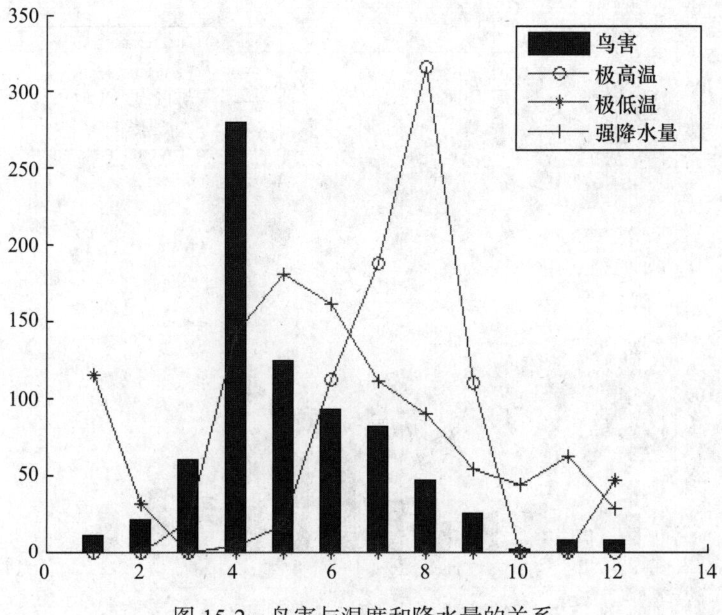

图 15-2　鸟害与温度和降水量的关系

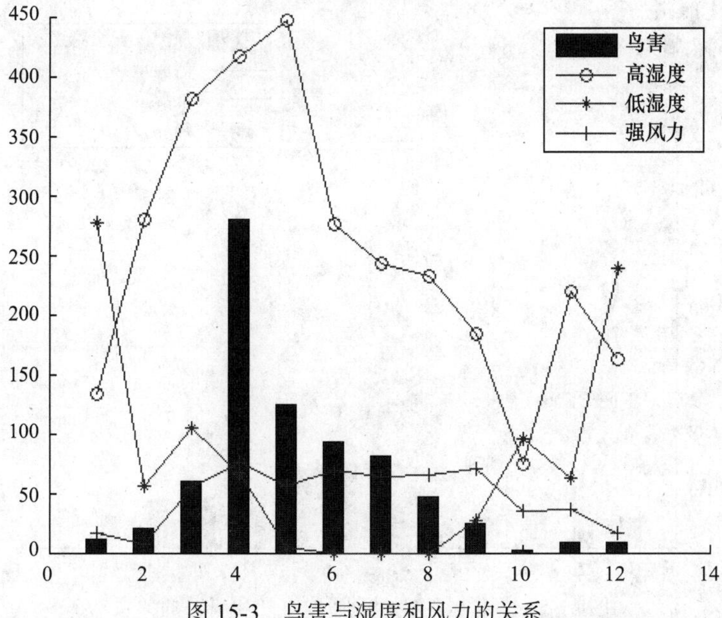

图 15-3　鸟害与湿度和风力的关系

2. 保护区的安全隐患

从图 15-4 和图 15-5 中看出，保护区的安全隐患主要集中在 7、8 月。7 月达到最大值 71，2 月缺陷值最小。可能原因是夏季气温高，白天日照时间长，空气湿度比较大，造成树木生长快，形成杆塔周围树木过高的现象，促使 7、8 月缺陷相比其他月份增长接近一倍。

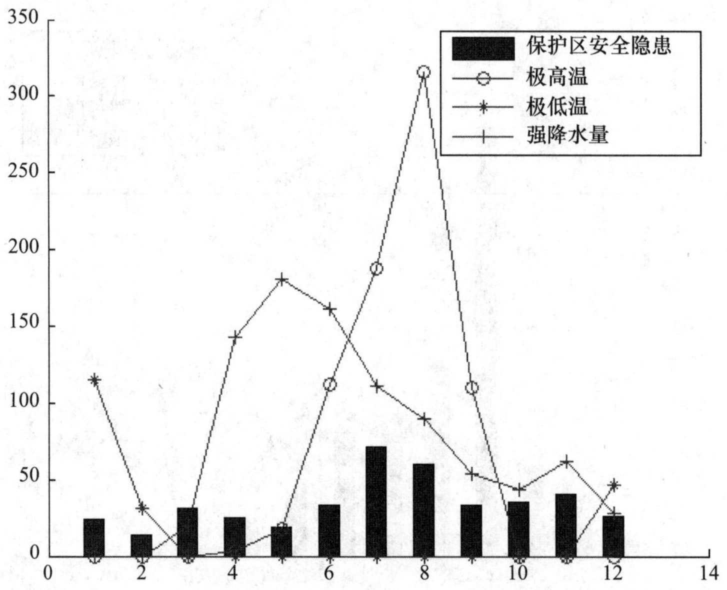

图 15-4 保护区的安全隐患与温度和降水量的关系

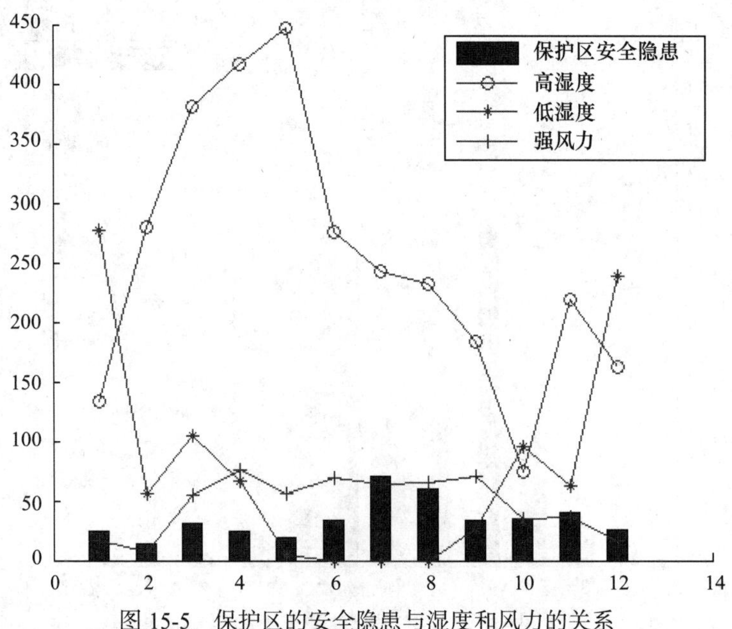

图 15-5 保护区的安全隐患与湿度和风力的关系

3. 部件发热异常

从图 15-6 和图 15-7 中可知，部件发热异常主要集中在 3 ~ 8 月，其中 8 月达到最大值 62，最小值在 10 月。对比发现部件发热异常与强降水量的增长下降趋势大致相同。但是在 8 月出现剧增的情况，可能的原因是 8 月天气炎热，高温下进一步促使部件发热异常的发生，从而出现反常的现象。

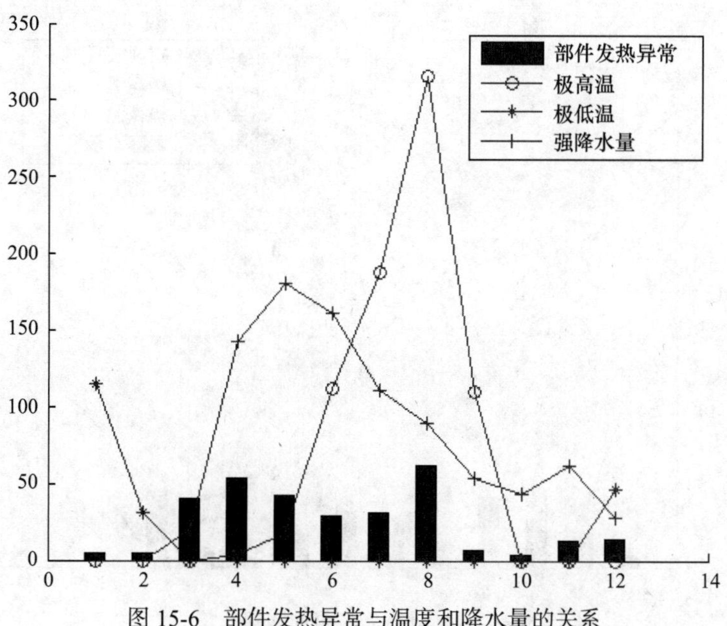

图 15-6　部件发热异常与温度和降水量的关系

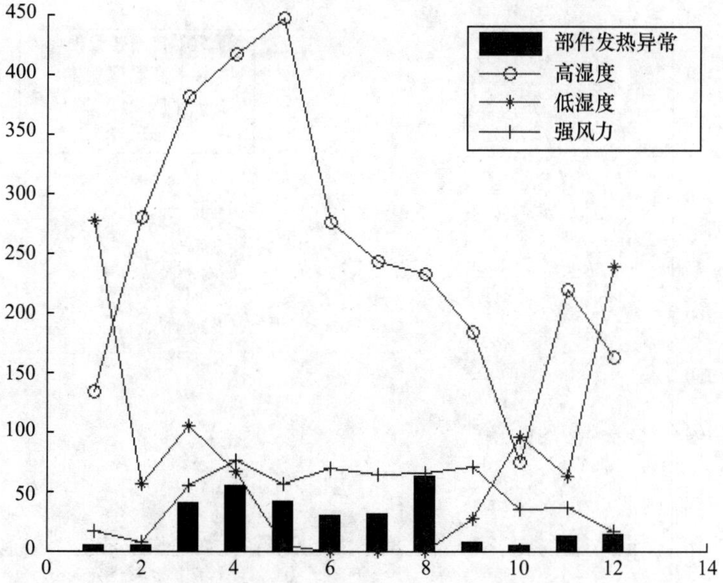

部件发热异常
高湿度
低湿度
强风力

图 15-7　部件发热异常与湿度和风力的关系

4. 接地装置损坏

从图 15-8 和图 15-9 中可知，接地装置损坏缺陷主要集中在上半年。其中 11 月达到最大值 50。对比气象因素的分布情况可知，缺陷的分布情况与降水量和高湿度有一定的关系。可能是由于降水量过多，引起水土流水，造成地网外露。在高湿度的前提下，会引起部分的接地棒锈蚀、造成接地电阻增大，形成接地装置损坏的缺陷。

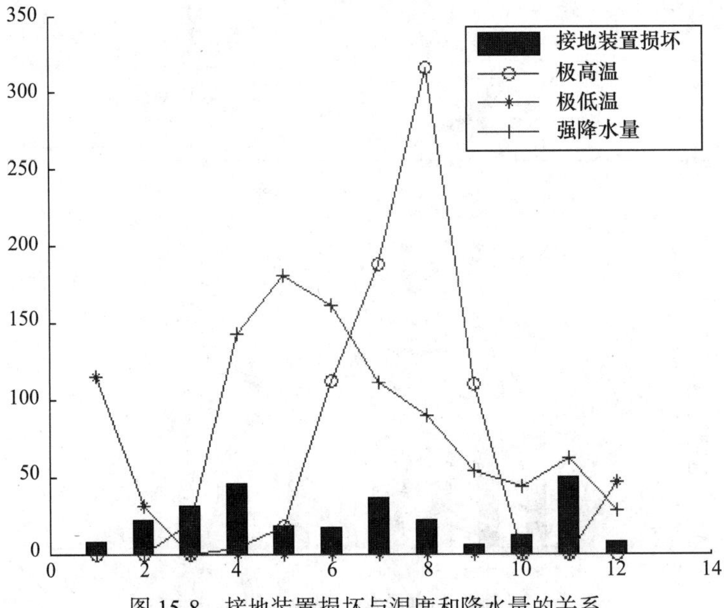

图 15-8　接地装置损坏与温度和降水量的关系

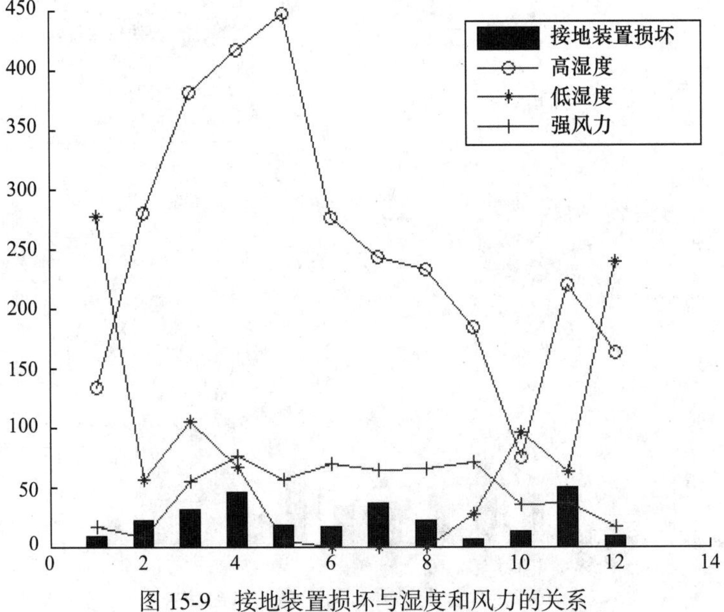

图 15-9　接地装置损坏与湿度和风力的关系

5. 锈蚀、损伤

从图 15-10 和图 15-11 中可知，锈蚀、损伤缺陷主要集中在上半年。其中 3 月达到最大值 134，1 ~ 4 月，缺陷分布情况是逐渐上升。5 ~ 12 月，缺陷分布相对比较均匀。其中 9 月发生的缺陷最少，最小值为 17。从对比气象因素的分布情况可知，缺陷的分布情况与强降水量和高湿度有一定的关系。由于上半年天气潮湿、相对湿度大，并且存在一定量的降雨，会加剧线路设备的锈蚀、损伤缺陷的发生。

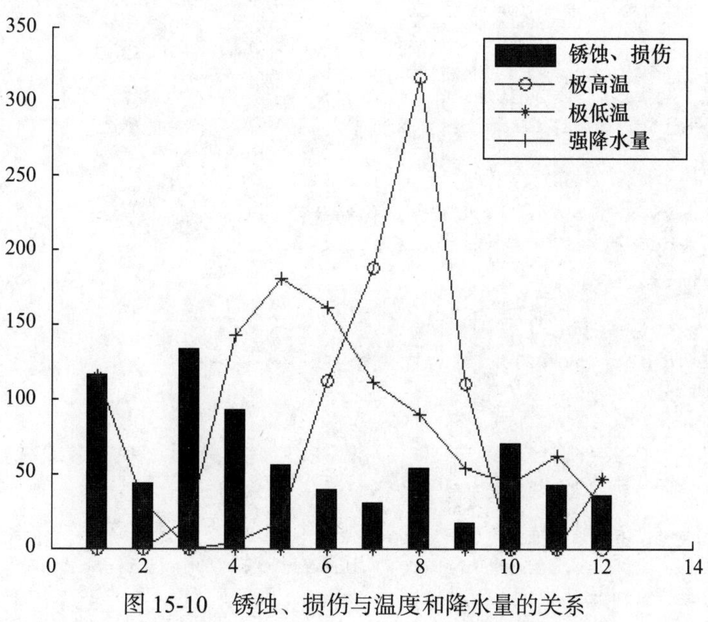

图 15-10　锈蚀、损伤与温度和降水量的关系

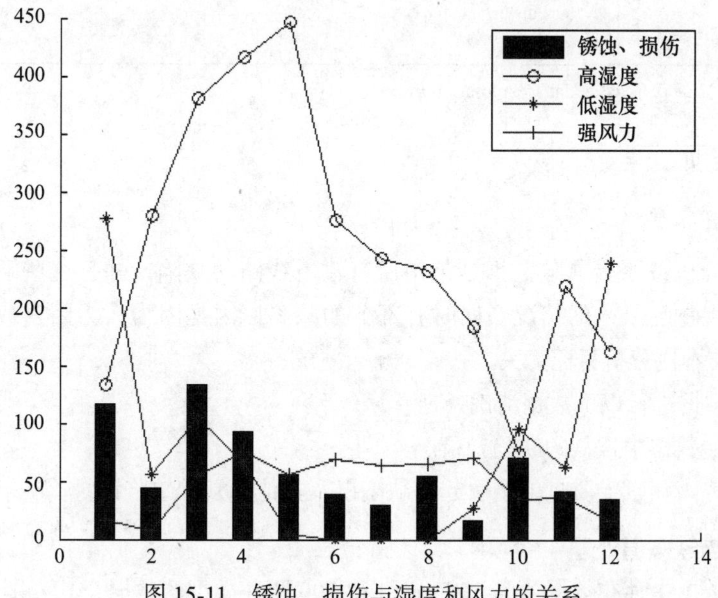

图 15-11　锈蚀、损伤与湿度和风力的关系

从 2011 年 1 月 1 日—2014 年 4 月 30 日天气数据与缺陷数据的分布情况可知，鸟害、部件发热异常、接地装置损坏、锈蚀损伤与高湿度、强降水量的趋势大体一致。在高温条件下，会促使部件发热异常、保护区安全隐患缺陷增加。

数据探索分析的 MATLAB 代码，如代码清单 15-1 所示。

代码清单 15-1　数据探索分析代码

```
%% 数据探索分析代码
clear;
% 参数初始化
weatherfile = '../data/weatherdata.xls';          % 天气数据
defectfile = '../data/defectdata.xls' ;           % 缺陷数据

%% 读取数据
[weather_num,weather_txt] = xlsread(weatherfile);
[defect_num,defect_txt] = xlsread(defectfile);
x= weather_num(:,1);

%% 自定义函数，先画条形图，然后画折线图
cols = size(defect_num,2);
for i=2:cols
     % 第 i 缺陷，极高温、极低温、强降水量
     bar_line_plot(x,defect_num(:,i),defect_txt{1,i},weather_num(:,[2,3,6])...
         ,weather_txt(1,[2,3,6]));

     % 第 i 缺陷，高湿度、低湿度、强风力
     bar_line_plot(x,defect_num(:,i),defect_txt{1,i},weather_num(:,[4,5,7])...
         ,weather_txt(1,[4,5,7]));
end

disp(' 数据探索分析完成！ ');
```

* 代码详见：示例程序 /code/data_exploration.m

15.2.3　数据预处理

1. 数据清洗

结合业务分析，原始缺陷数据是某市所有输电线路的缺陷，并且这些缺陷在录入系统时，可能会出现重复录入的情况。同时有部分的缺陷原因是因为人为因素或质量问题引起的，这类数据与本例分析目标无关。

故对缺陷数据进行以下数据清洗处理：

- ❑ 剔除原始数据中重复的缺陷记录。
- ❑ 剔除由人为因素或质量问题引起的缺陷以及其他类别的缺陷记录。

2. 异常值与缺失值处理

天气原始数据中存在数据值为 32 766 和 32 700 两种类型的数据，其分别代表数据丢失、

降水“微量”。这两类数据与其他类型的数据代表的意思截然不同，因此需要对其进行处理，处理方法如下：

- ❑ 采用牛顿插值法对缺失值进行填充。如果采用删除数据的方法，在进行缺陷与天气数据整合时，可能会出现发生缺陷当天所对应的气象数据为空的情况。这样会对建模造成很大的影响。
- ❑ 采用替换法处理降水“微量”类型的数据。根据天气预报中微量的定义——24 小时降水量不足 0.1mm 的降水，因此采用小于 0.1 的数值替代。

* 注意：本例因天气数据单位不一致，故采用 0.9 替换 32 700。

3. 属性选择

根据电网灾害性天气的定义、筛选出相关属性：气温、相对湿度、降水量、风速和气压。因天气数据中风速存在三个属性，考虑到灾害的严重性，选取极大风速作为衡量风力的属性。属性选择后的天气原始数据表，如表 15-7 所示。

表 15-7　属性选择后的天气数据

位置	日期	最高气温	最低气温	相对湿度	降水量	极大风速	最小气压
探测点 B	2011/1/1	156	90	50	0	94	10 181
探测点 A	2011/1/1	181	55	48	0	78	10 088

结合业务分析，从原始缺陷的数据中选取所属位置、检查日期、具体位置等关键属性，如表 15-8 所示。其中所属位置、检查日期需要与天气数据进行关联。具体位置为输电线路的相关信息，可以从中获取电压等级以及具体的输电线路。

表 15-8　属性选择后的缺陷数据

所属位置	检查日期和时间	具体位置	最终原因	缺陷分类
探测点 A	2014/3/17 14:14	220kV/220kV 珠乌甲线 / 杆塔 /N0010 耐张塔 / 导线绝缘子串	绝缘子自爆	玻璃绝缘子自爆

4. 数据变换

因电力设备实际运行过程中缺陷数据的采集具有延后性，所以分析时需考虑天气对设备影响的滞后效应，考虑累计效应。为了从数据中体现累计效应，需定义一些规则，如表 15-9 所示。

表 15-9　规则定义表

指　　标	对应指标	详细描述
最高温度	最高温度	连续 7 天中最大的温度值作为当天的值
最低温度	最低温度	连续 7 天中最小的温度值作为当天的值

（续）

指　标	对应指标	详细描述
极大风速	风速	连续 7 天中等级最大的值作为当天的值
降水量	降水量	连续 7 天中等级最大的值作为当天的值
相对湿度	最高湿度	连续 7 天中等级最大的值作为当天的值
相对湿度	最低湿度	连续 7 天中等级最小的值作为当天的值
最小气压	气压	连续 7 天中等级最小的值作为当天的值

通过规则对天气数据进行简单的函数变换，形成天气数据表，如表 15-10 所示。

表 15-10　变换后的天气数据

位　置	日　期	最高温度	最低温度	最高湿度	最低湿度	降水量	风　速	气压 /kPa
探测点 B	2011/1/1	15.6	9	50	50	0	9.4	101.81
探测点 A	2011/1/1	18.1	5.5	48	48	0	7.8	100.88

缺陷数据中存在某些属性含有较多可分析的信息，需要对这些信息进行提取。同时也会存在某些属性的功能相似，将其进行合并，如：具体位置中需要提取电压等级、输电线路名称。因数据中的缺陷类型杂乱无序，需要进行重新分类，依据业务标准书进行分类，形成缺陷分类属性，如表 15-11 所示。对缺陷数据进行属性构造后的数据，如表 15-12 所示。

表 15-11　缺陷类型说明表

序　号	缺陷分类	序　号	缺陷分类
1	保护区安全隐患	9	绝缘子破损、老化
2	标志牌缺损	10	绝缘子闪络
3	部件发热异常	11	鸟害
4	防护设施损坏	12	其他
5	防雷设施损坏	13	塔材缺损
6	基础异常	14	污秽、爬电
7	接地装置受损	15	锈蚀、损伤
8	绝缘水平下降		

表 15-12　变换后的缺陷数据

位　置	日　期	缺陷分类	电压等级	线路名称
探测点 A	2014/4/23	锈蚀、损伤	110kV	金北乙线

为了分析气象与缺陷之间的关系，需要将两种数据集整合成一个可分析的数据集，需要找出两者数据存在的关系。通过业务了解，探测点与时间是两者的关键属性，以其为条件进行数据整合，结果如表 15-13 所示。

表 15-13　建模数据

位置	日期	缺陷分类	电压等级/kV	线路名称	最高湿度	最低温度	最高湿度	最低湿度	降水量	风速	最低气压
探测点 A	2014/4/23	锈蚀、损伤	110	金北乙线	29.5	19.8	92	76	3.3	10.4	100.27
探测点 A	2014/4/23	锈蚀、损伤	110	金北乙线	29.5	19.8	92	76	3.3	10.4	100.27
探测点 A	2014/3/17	绝缘子破损、老化	220	珠乌甲线	24	11.9	96	63	18	10.7	101.15
探测点 B	2014/3/19	部件发热异常	110	两陈 I 线	27.9	13.6	89	60	3.6	9.7	102.07
探测点 B	2014/3/19	保护区安全隐患	110	苏樟线	27.9	13.6	89	60	3.6	9.7	102.07
探测点 A	2014/1/10	绝缘子破损、老化	220	增华乙线	21	6.8	83	56	0.4	14.6	101.32
探测点 A	2014/4/18	部件发热异常	110	荔三线	33.3	19.8	82	70	0.8	8.7	100.44
探测点 A	2014/4/23	锈蚀、损伤	110	金北乙线	29.5	19.8	92	76	3.3	10.4	100.27
探测点 C	2014/3/17	绝缘子闪络	110	董城线	21.5	9.2	100	58	24.2	9.5	100.76
探测点 C	2014/3/17	锈蚀、损伤	35	枇河线	21.5	9.2	100	58	24.2	9.5	100.76
探测点 C	2014/3/17	污秽、爬电	110	董城线	21.5	9.2	100	58	24.2	9.5	100.76
探测点 B	2014/3/17	保护区安全隐患	110	苏莲线	25.4	11.9	89	60	3.6	9.7	102.07
探测点 B	2014/4/15	鸟害	110	红西线	30.5	17.6	86	60	0.4	11.1	101.44
探测点 B	2014/4/15	保护区安全隐患	110	潮双 II 线	30.5	17.6	86	60	0.4	11.1	101.44

* 数据详见：示例程序 /data/hotspotdata.xls

15.2.4　模型构建

获取天气预报的详细信息，运用关联规则分析算法得出的结果，分析在某些气象条件下缺陷发生的概率。根据缺陷的类别，获取高发区发生缺陷的数量，并且也能得出满足特定气象条件下高发区发生缺陷的数量，从而获得一个高发区缺陷发生的概率，并按照相应的格式发布预警消息。

1. 缺陷与气象因子的关联分析

通过关联规则挖掘技术，找出输电线路的缺陷与气象因子之间存在的关联规则。从中可以挖掘出一些有意义的规则。例如，在高温天气的情况下，输电线路发生部件异常发热的可能性会很大。根据这些规则，就可以在掌握天气信息的条件下，提前采取一些措施以减少或者预防电力设备某些缺陷的发生。

由探索分析得到的与气象相应的缺陷类别有鸟害、部件发热异常、接地装置损坏、保护区安全隐患、锈蚀、损伤。对其采用 HotSpot 算法进行关联分析，其分析过程如下。

当缺陷类别为鸟害时，探索分析得到与气象有关的因素是相对湿度与降水量，对其进行 HotSpot 算法参数进行设置的过程如下：

```
总数 : 2657 样本数
目标属性 : 缺陷分类
目标值 : 鸟害 [个数 : 760 样本数 (28.6%)]
```

```
用于分段的最小个数 : 106 instances (4% 占总数 )
缺陷分类 = 鸟害 (28.6% [760/2657])
  降水量 > 41.2 (33.33% [149/447])
  |   最高湿度 <= 97 (36.1% [126/349])
  |   |   最高湿度 > 88 (38.2% [123/322])
  |   |   |   降水量 <= 156.3 (40.33% [123/305])
```

当缺陷类别为部件发热异常时，探索分析可知与气象有关的因素是最高温度，其分析过程如下：

```
总数 : 2657 样本数
目标属性 : 缺陷分类
目标值 : 部件发热异常 [ 个数 : 280 样本数 (10.54%)]
用于分段的最小个数 : 106 instances (4% 占总数 )
缺陷分类 = 部件发热异常 (10.54% [280/2657])
  最高温度 > 34.2 (24.55% [108/440])
  |   最高温度 <= 36.9 (26.28% [108/411])
```

当缺陷类别为接地装置损坏，探索分析可知与气象有关的因素是相对湿度和降水量，其分析过程如下：

```
总数 : 2657 样本数
目标属性 : 缺陷分类
目标值 : 接地装置受损 [ 个数 : 183 样本数 (6.89%)]
用于分段的最小个数 : 53 instances (2% 占总数 )
缺陷分类 = 接地装置受损 (6.89% [183/2657])
  最高湿度 > 91 (8.88% [79/890])
  |   降水量 > 26 (12.91% [67/519])
  |   |   降水量 <= 57.7 (16.67% [62/372])
```

当缺陷类别为保护区安全隐患，探索分析可知与气象有关的因素是最高温度，其分析过程如下：

```
总数 : 2657 样本数
目标属性 : 缺陷分类
目标值 : 保护区安全隐患 [ 个数 : 402 样本数 (15.13%)]
用于分段的最小个数 : 106 instances (4% 占总数 )
缺陷分类 = 保护区安全隐患 (15.13% [402/2657])
  最高温度 > 31.6 (22% [205/932])
  |   最高温度 <= 33.5 (31.13% [113/363])
```

当缺陷类别为锈蚀、损伤，探索分析可知与气象有关的因素为最高湿度与降水量，其分析过程如下：

```
总数 : 2657 样本数
目标属性 : 缺陷分类
目标值 : 锈蚀、损伤 [ 个数 :1032 样本数 (38.84%)]
用于分段的最小个数 : 106 instances (4% 占总数 )
缺陷分类 = 锈蚀、损伤 (38.84% [1032/2657])
  降水量 <= 0.1 (49.49% [291/588])
```

```
|    最高湿度 > 82 (53.28% [122/229])
```

下面以缺陷分类为鸟害的数据为例，其 HotSpot 算法的 MATLAB 代码，如代码清单 15-2 所示。

代码清单 15-2　HotSpot 算法代码

```
%% hotspot 算法测试脚本，以鸟害为例
clear;
% 初始化参数
inputfile = '../data/hotspotdata.xls';
hotspottreefile = '../tmp/hstree.mat';
labelIndex = 3;              % 给定目标列是离散型数据
attrsIndex=[3,5];            % 给定属性列都是连续型数据
attrsIndex_txt=[8,10];
minSupport =0.04;
minImprovement=0.01;
maxBranches =2;              % 最大分支数
labelStateIndex =5;          % 给定目标列的目标状态下标，5 表示鸟害
level =0;                    % 打印 root 节点设置为 0

%% 数据预处理
[unique_labels,data,attributes]=hs_preprocess(inputfile,labelIndex,attrsIndex,attrsIndex_txt);

% 测试
% global unique_labels_  attributes_;
% unique_labels_=unique_labels;
% attributes_ = attributes;

%% hotspot 算法调用
disp('HotSpot 关联规则树构建中 ...');
root = hotspot(data,unique_labels,minSupport,minImprovement,maxBranches,labelStateIndex);
save(hotspottreefile,'root');
disp(['HotSpot 关联规则树已经保存在文件"' hotspottreefile '"中!']);

%% 打印 hotspot 关联规则树
disp('HotSpot 关联规则树构建完成，下面是打印的树：');
print_hsnode(root,level,unique_labels,attributes);
```

*代码详见：示例程序 /code/test_hotspot_bird.m

2. 模型分析

采用 HotSpot 算法获得结果如表 15-14 所示。

表 15-14　模型分析结果

缺陷分类	气象因子范围	结　果	支持度
鸟害	156.3mm ≥降水量 >41.2mm　97% ≥最高相对湿度 >88%	40.33%	4%
部件发热异常	36.9℃≥最高温度 >34.2℃	26.28%	4%
接地装置受损	57.7mm ≥降水量 >26mm　最高湿度 >91%	16.67%	2%

（续）

缺陷分类	气象因子范围	结　果	支持度
保护区安全隐患	33.5℃≥最高温度 >31.6℃	31.13%	4%
锈蚀损伤	降水量≤ 0.1mm　最高湿度 >82%	53.28%	4%

结果分析：当降水量大于 41.2mm 小于等于 156.3mm，最高相对湿度大于 88% 小于等于 97% 时，发生鸟害的概率为 40.33%；当温度大于 34.2℃小于等于 36.9℃时，发生部件发热异常的概率为 26.28%；当降水量大于 26mm 小于等于 57.7mm，相对湿度大于 91% 时发生接地装置损坏的概率为 16.67%；当温度大于 31.6℃小于等于 33.5℃时，发生保护区安全隐患的概率为 31.13%；当降水量小于等于 0.1mm，最高湿度大于 82% 时，发生锈蚀、损伤的概率为 53.28%。

3. 模型应用

模型以天气预报的信息为前提，通过缺陷与气象因子关联分析得出的结果为判断条件，如果天气预报中某些气象因子满足关联分析的结果，因此可以判断缺陷的类别以及其发生的概率。依据缺陷类别，获取缺陷高发区线路信息。在考虑气象因子条件下，计算缺陷在高发区发生的概率 $P=\frac{S_k}{S_n}$，其中 S_k 表示考虑气象因子条件下，输电线路高发区中发生此类别的缺陷个数；S_n 表示历史缺陷中输电线路高发区发生缺陷的个数。然后根据缺陷发生的概率大小，发布预警信息。其预警流程图，如图 15-12 所示。

其中天气因素可以设定为 $U=(u_1,u_2,u_3,u_4,u_5,u_6)$，其中 u_1 为最高温度、u_2 为最低温度、u_3 为最高湿度、u_4 为最低湿度、u_5 为降水量、u_6 为风速。缺陷类别可以设定 $V=(v_1,v_2,v_3,v_4,v_5)$，天气因素 U 与缺陷类别 V 存在一个关系 $V=f(U)$，U 的范围可由关联算法得出结果确认，如表 15-15 所示。

表 15-15　缺陷关联表

缺陷类别（V）	U 的范围（关联结果）	天气因素（U）
鸟害（v_1）	156.3> 降水量 u_5>41.2 97%> 最高湿度 u_3>88%	u_5，u_3
部件发热异常（v_3）	36.9> 最高温度 u_3>34.2	u_3
接地装置受损（v_4）	57.7> 降水量 u_5>26 最高湿度 u_3>91%	u_5，u_3
保护区安全隐患（v_5）	33.5> 最高温度 u_1>31.6	u_1
锈蚀损伤（v_2）	降水量 u_5<0.1 最高湿度 u_3>82%	u_5，u_3

根据缺陷 v_i（i=1 ～ 5）类别，统计每条输电线路上发生某种缺陷的个数 S_{iv}，其中 i 为线路个数；v 为缺陷类别。依据业务需要，人为定义线路缺陷数 $S_{iv}\geqslant n$（其中 n 可以进行调整）时，可以获取 m 条输电线路的信息。将这 m 条线路定义为高发区线路，如表 15-16 所示。

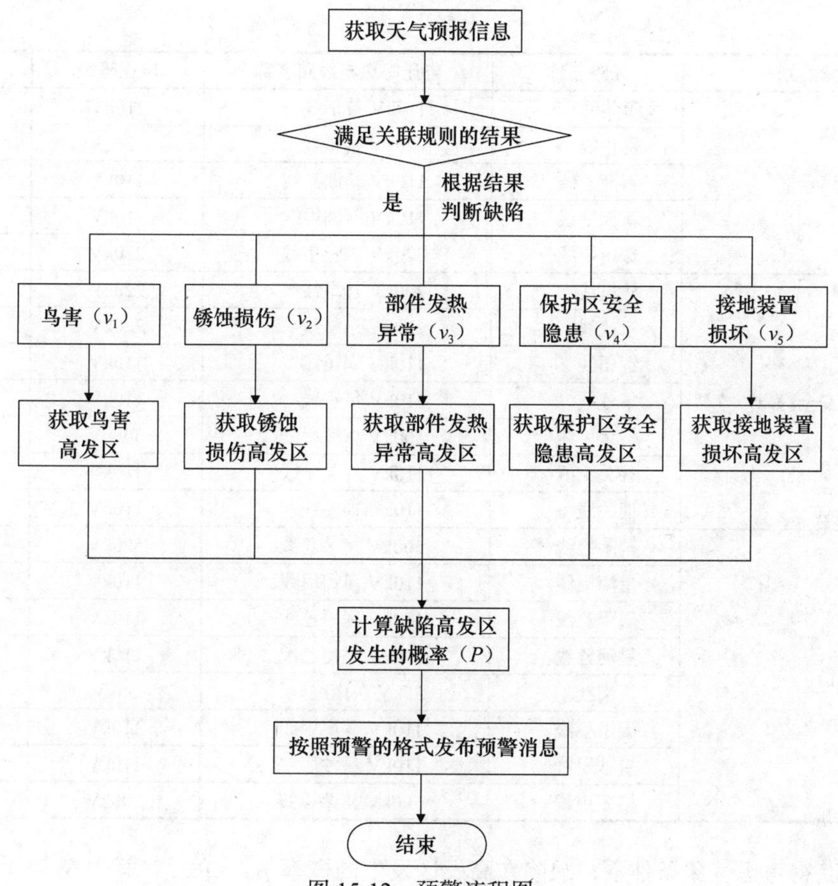

图 15-12　预警流程图

表 15-16　历史高发区线路表

缺陷类别	线路名称	电压等级与线路名称	电压等级	缺陷数
接地装置受损	嘉上甲线	500kV 嘉上甲线	500kV	18
	濠阳甲线	220kV 濠阳甲线	220kV	7
	濠阳乙线	220kV 濠阳乙线	220kV	7
	潮磐线	110kV 潮磐线	110kV	6
	濠河线	110kV 濠河线	110kV	5
	嘉上乙线	500kV 嘉上乙线	500kV	5
鸟害	两铁线	220kV 两铁线	220kV	53
	谷两乙线	220kV 谷两乙线	220kV	48
	两阳线	220kV 两阳线	220kV	28
	大梅线	110kV 大梅线	110kV	25
	汕阳线	220kV 汕阳线	220kV	19
	关通线	220kV 关通线	220kV	16
	官回线	110kV 官回线	110kV	15

（续）

缺陷类别	线路名称	电压等级与线路名称	电压等级	缺陷数
部件发热异常	黄华线	110kV 黄华线	110kV	41
	富鱼线	220kV 富鱼线	220kV	29
	新洲乙线	110kV 新洲乙线	110kV	24
	新洲甲线	110kV 新洲甲线	110kV	20
	珠鱼甲线	220kV 珠鱼甲线	220kV	15
保护区安全隐患	桂星线	220kV 桂星线	220kV	20
	东桂线	220kV 东桂线	220kV	12
	铜司线	110kV 铜司线	110kV	12
	华程线	110kV 华程线	110kV	11
	榕茅甲线	500kV 榕茅甲线	500kV	11
	谷关Ⅰ线	110kV 谷关Ⅰ线	110kV	10
	棉关线	110kV 棉关线	110kV	10
锈蚀损伤	榕茅乙线	500kV 榕茅乙线	500kV	66
	星河甲线	110kV 星河甲线	110kV	54
	碣甲乙线	110kV 碣甲乙线	110kV	46
	星河乙线	110kV 星河乙线	110kV	43
	头南线	35kV 头南线	35kV	40
	碣甲甲线	110kV 碣甲甲线	110kV	36
	星沙甲线	110kV 星沙甲线	110kV	35
	榕茅甲线	500kV 榕茅甲线	500kV	26

然后获得考虑气象条件下，缺陷在高发区发生的概率 $P=\frac{S_u}{\sum_{i=1}^{m}S_{iv}}$，其中 S_u 表示在关联结果气象条件 U 的范围内，输电线路高发区中发生某一缺陷总数；$\sum_{i=1}^{m}S_{iv}$ 表示历史缺陷中输电线路高发区中发生的缺陷个数。然后根据缺陷发生概率的大小，发布预警信息。预警信息格式，如表 15-17 所示。

表 15-17　预警信息格式表

日　期	缺陷类别	发生概率	线路高发区的发生概率
2014/4/16	锈蚀、损伤	53.28%	15.7%

15.3　上机实验

1. 实验目的

- ❑ 利用 MATLAB 完成本章探索分析小节中分布分析的过程。

- ❑ 了解 HotSpot 关联算法的应用，掌握 MATLAB 实现其算法的过程。

2. 实验内容

- ❑ 利用 MATLAB 内置作图函数，对数据进行分布分析，以及作相应的分析图。
- ❑ 了解算法原理，编写 HotSpot 关联算法的 MATLAB 函数。利用第三方函数，分析本例气象与输电线路缺陷的关系，并将其分析结果进行保存。

3. 实验方法与步骤

实验一

- ❑ 打开 MATLAB，使用 xlsread() 函数将“上机实验 /data/weatherdata.xls”和“上机实验 /data/defectdata.xls”数据读到 MATLAB 中。
- ❑ 编写自定义函数 bar_line_plot，该函数主要是把条形图和折线图统一画在一个图中。其输入变量可以定义为横坐标 x，条形图的纵坐标、条形图的图例、折线图的纵坐标以及相应的图例。
- ❑ 把“上机实验 /data/defectdata.xls”从第二列开始的缺陷依次作为条形图的纵坐标，“weatherdata.xls”中的“极高温”“极低温”“强降水量”“高湿度”“低湿度”“强风力”分别为一组作为折线图的纵坐标进行作图。

实验二

- ❑ 打开 MATLAB，使用 xlsread() 函数将“上机实验 /data/hotspotdata.xls”数据读到 MATLAB 工作空间中。
- ❑ 编写数据预处理函数，提取“最高湿度”“降水量”和“缺陷类别”列数据，并把“缺陷类别”属性数据进行编码（进行 [0,n] 编码即可）。
- ❑ 根据给定的目标属性的状态以及其状态所占样本数构建根节点。
- ❑ 遍历各个属性列，依次计算潜在的子节点。对潜在的子节点按照支持度进行排序，同时进行过滤（每个确定的子节点会有自己的规则，如果当前的规则已经存在，则其对应当前的节点不应该加到确定的子节点列表中）。
- ❑ 针对每个子节点，递归调用第 4 步，计算子节点的子节点。
- ❑ 返回构建好的根节点，依次打印根节点及其子节点，即可得到 HotSpot 关联规则树。

4. 思考与实验总结

- ❑ 编写 HotSpot算法时，需要注意什么问题？
- ❑ 参考 Apriori 算法并调用该算法对数据进行分析，对比分析和 HotSpot 算法计算的结果。

15.4　拓展思考

随着高层建筑、大型工程的蓬勃兴起，桩基已在我国得到普遍采用。由于地质条件、施工技术等因素，部分桩基可能存在不同程度的缺陷，如图 15-13 和图 15-14 所示。

图 15-13 桩基缺陷

图 15-14 断桩处钻取的芯样图片

由于桩基属于隐蔽工程，肉眼不易察觉，但它的质量直接影响地面的建筑物。因此，为了防止工程事故的发生，需要对桩基的质量进行检测。桩身中的缺陷大致分为两种类型：一种是结构上的缺陷，如裂纹、缩颈、断裂、扩底等；另一种是材料性质的变化引起的缺陷，如混凝土离析、夹泥、桩底松散等。检测桩基完整性的方法很多，一般采用无损检测方法(如声脉冲反射波法)。因桩身中的缺陷会引起波阻抗的改变，故可以对反射波的信号进行特征提取，从而识别出不同缺陷类型桩的特征。可以采用小波变换进行特征提取，把反射波信号分解到不同层次、不同频带的序列，总结特征量与桩基缺陷类型的对照关系，最终达到识别桩身缺陷出现的位置和类型的目的。

通过各种类型试验桩进行数据采集，从试验桩的外观很容易将不同缺陷的类型区分开来，图 15-15 分别显示了各种不同缺陷桩顶反射波的信号（速度响应）。不同缺陷类型的桩在不同尺度（频带）内的能量分布存在差异，根据这一特征即可准确地确定缺陷的类别，达到智能识别桩身缺陷出现的位置和类型的目的。

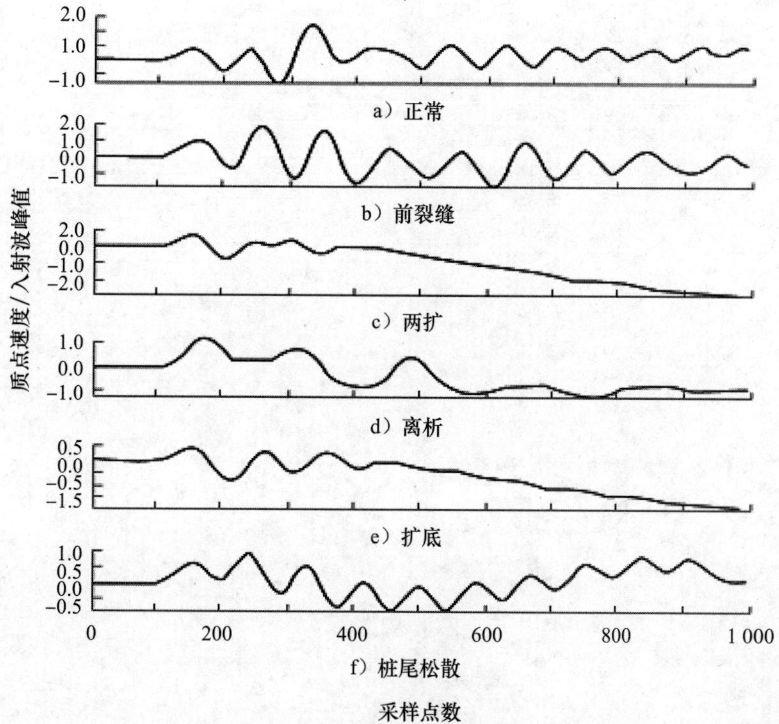

图 15-15　不同缺陷桩顶反射波的信号

15.5　小结

本章结合气象与输电线路缺陷关联分析的案例，重点介绍了数据挖掘算法中 HotSpot 关联算法在实际案例中的应用。通过算法获得气象与输电线路缺陷之间的关联关系，在实际应用中结合关联结果，发布预警信息。完整的实现了 HotSpot 关联算法的应用，并且为其算法以及在探索分析中作图提供了 MATLAB 上机实验的内容。

提 高 篇

■ 第 16 章　基于 MATLAB 的数据挖掘二次开发

Chapter 16 第 16 章

基于 MATLAB 的数据挖掘二次开发

16.1 混合编程应用体验——TipDM 数据挖掘平台

顶尖的数据挖掘平台（TipDM）是广州 TipDM 团队花费数年时间自主研发的一个数据挖掘平台，基于 SOA 架构，使用 Java 语言开发，能从各种数据源获取数据，建立各种不同的数据挖掘模型。系统支持数据挖掘流程所需的主要过程，并提供开放的应用接口和常用算法，能够满足各种复杂的应用需求。TipDM 以智能预测技术为核心，并提供开放的应用接口。TipDM 的底层算法主要基于 MATLAB、R、WEKA、Mahout 等工具封装形成，所以建模输出结果与这几个工具的输出类同。在使用过程中，用户也可以嵌入自己开发的其他任何算法。

下面以实现变电设备预警及故障诊断为例，先来体验一下 TipDM 数据挖掘平台的魅力！

16.1.1 建设目标

本例要求实现基于数据挖掘技术的变电设备预警及故障诊断，为全面掌控设备的运行状态及发展趋势，提升设备状态检修水平，保障电网的安全稳定运行提供必要的技术支持。具体包括：

- 设备潜在的风险分析。
- 在线监测装置的运行评价方法。
- GIS 设备局部放电、内部放电类型的辨识方法以及综合定位方法。
- 变压器设备状态的油色谱差异化预警方法。
- 设备故障案例库的建设以及智能诊断方法。

16.1.2　模型构建

1. 创建模型方案

根据建设目标，本例需要构建以下预测模型：

- 设备潜在风险评价模型（Model1）。
- 在线监测装置的运行评价模型（Model2）。
- GIS 设备局部放电内部放电类型辨识模型（Model3）。
- GIS 设备局部放电综合定位模型（Model4）。
- 变压器设备状态油色谱差异化预警模型（Model5）。

登录 TipDM 平台，分别创建多个模型方案，如图 16-1 所示。

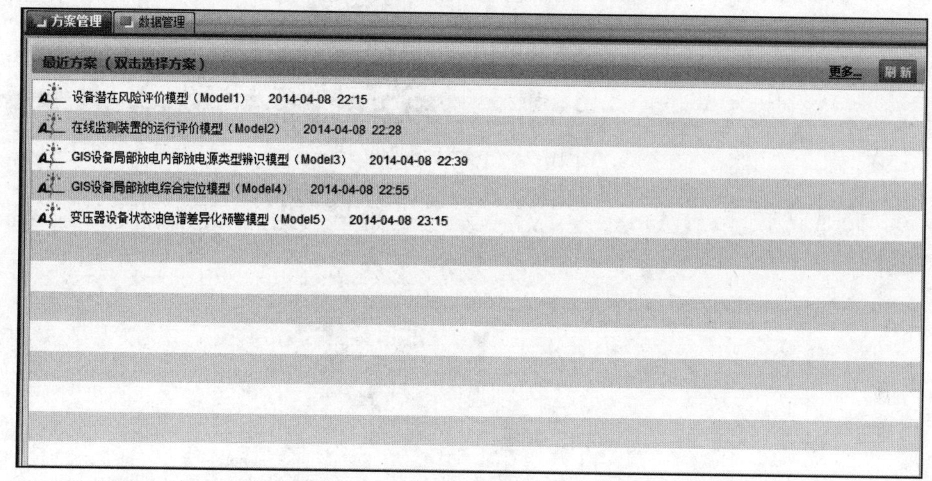

图 16-1　创建方案

2. 专家样本管理

以设备潜在风险评价模型为例，在方案管理界面中，双击激活该方案，在数据管理界面中导入进行设备潜在风险评价的样本数据，如图 16-2 所示。

3. 数据探索和预处理

模型预测的质量不会超过抽取样本的质量。数据探索和预处理的目的是为了保证样本数据的质量，从而为保证预测质量打下基础。

数据探索是对导入系统中的数据进行初步研究，以便更好地理解它的特殊性质，有助于选择合适的数据预处理和数据分析技术。数据探索包括：相关性分析、主成分分析、周期性分析、脏数据分析等。

数据预处理主要包括缺失值处理、坏数据处理、属性选择、数据规约、离散处理、特征提取等。图 16-3 所示为对导入的样本数据进行属性选择。

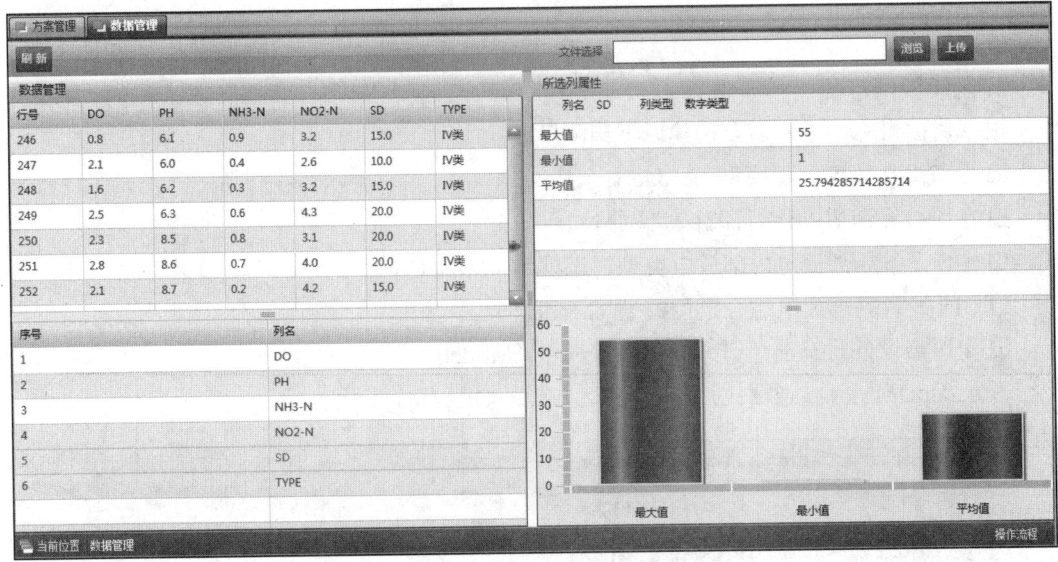

图 16-2 导入样本数据

方案管理 数据管理 属性选择

预处理(属性选择)

样本数据

DO	PH	NH3-N	NO2-N	SD	TYPE
7.0	7.5	0.0184	0.0456	40.0	Ⅰ类
7.0	7.5	0.0114	0.0406	45.0	Ⅰ类
7.1	7.5	0.0121	0.0336	50.0	Ⅰ类
7.0	7.5	0.0197	0.0397	40.0	Ⅰ类
7.5	7.4	0.0155	0.1299	40.0	Ⅰ类
7.8	7.5	0.0181	0.0354	40.0	Ⅰ类
7.9	7.7	0.0112	0.0355	40.0	Ⅰ类
7.6	7.1	0.0185	0.1422	40.0	Ⅰ类
7.2	7.1	0.013	0.0499	40.0	Ⅰ类
7.2	7.1	0.0124	0.0844	40.0	Ⅰ类
7.5	7.1	0.0139	0.0279	45.0	Ⅰ类
7.4	7.3	0.0179	0.0343	45.0	Ⅰ类
7.6			0.0262	45.0	Ⅰ类
7.4			0.1412	45.0	Ⅰ类
7.1			0.0306	45.0	Ⅰ类

属性评估器 GainRatioAttribut...

搜索策略 Ranker

搜索策略:
Attribute ranking.

属性 评估 (supervised, Class (nominal): 6 TYPE):
Gain Ratio feature evaluator

Ranked attributes:
0.706 1 DO
0.666 4 NO2-N
0.642 3 NH3-N
0.627 5 SD
0.58 2 PH

选择的属性: 1,4,3,5,2 : 5

导入数据 参数设置 属性选择

图 16-3 数据预处理

4. 模型训练

模型训练是针对导入的专家样本数据，在设置好建模参数后，进行模型构建，图 16-4 所示为采用 LM 神经网络算法进行模型训练的操作界面。

5. 模型验证

模型训练完成后，需采用一些新的样本来对模型进行验证，如图 16-5 所示，以确保模型稳定和有效。

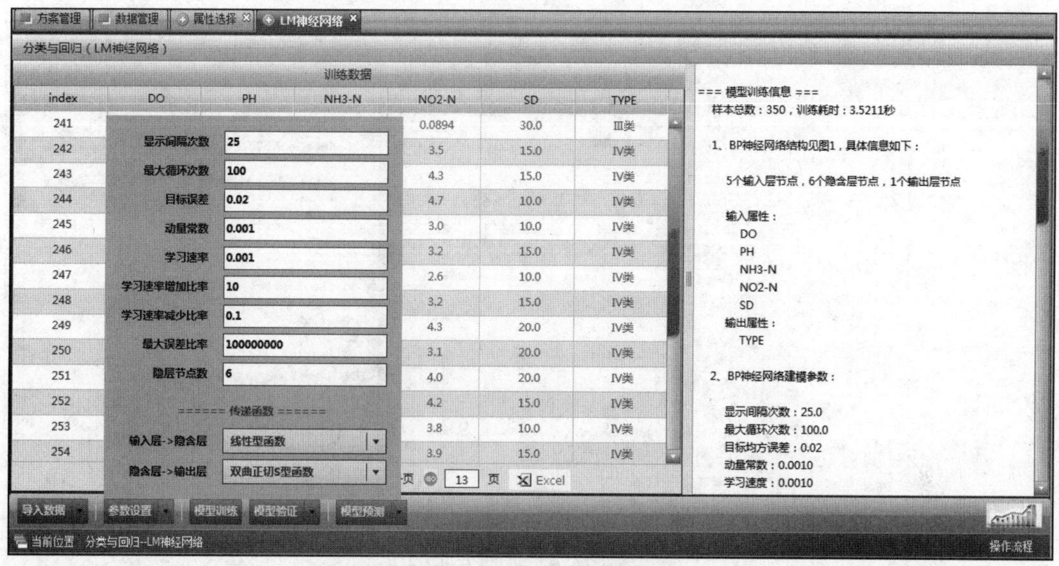

图 16-4　模型训练的操作界面

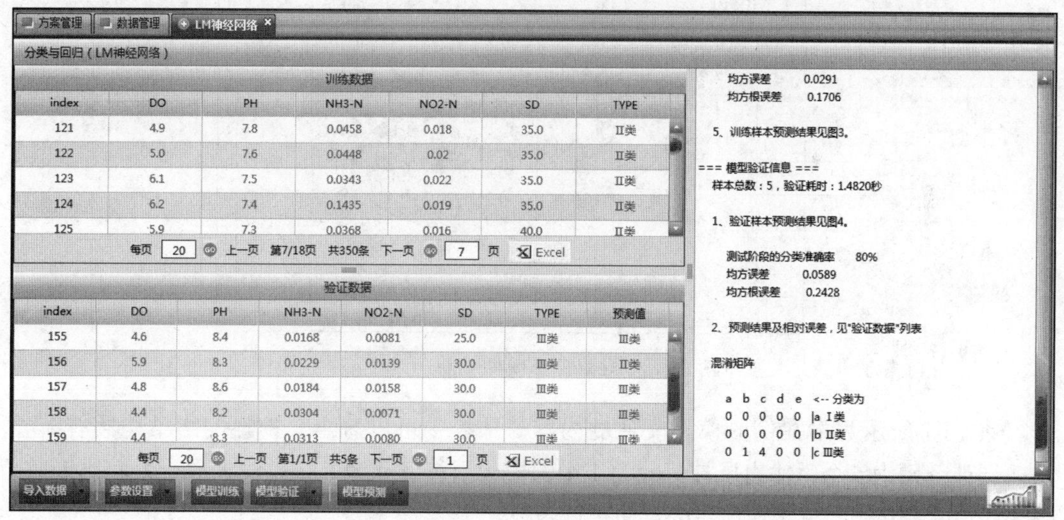

图 16-5　模型验证

16.1.3　模型发布

模型经训练并验证后，即可点击“发布模型”按钮发布该模型，如图 16-6 所示，以便将模型部署到生产系统。

如设备潜在的风险评价模型方案采用 LM 神经网络建模，发布的模型文件 Model1.tdm 包含神经网络各层节点数、传递函数、各层权值及阈值等信息，如图 16-7 所示。

方案管理 数据管理 LM神经网络

分类与回归（LM神经网络）

训练数据

index	DO	PH	NH3-N	NO2-N	SD	TYPE
121	4.9	7.8	0.0458	0.018	35.0	Ⅱ类
122	5.0	7.6	0.0448	0.02	35.0	Ⅱ类
123	6.1	7.5	0.0343	0.022	35.0	Ⅱ类
124	6.2	7.4	0.1435	0.019	35.0	Ⅱ类
125	5.9	7.3	0.0368	0.016	40.0	Ⅱ类
126	4.9	6.9	0.0219	0.015	40.0	Ⅱ类
127	5.2	7.1	0.0662	0.013	40.0	Ⅱ类
128	6.1	7.0	0.0443	0.011	40.0	Ⅱ类
129	4.5	8.4	0.0274	0.0151	20.0	Ⅲ类
130	4.0	8.2	0.0239	0.0189	30.0	Ⅲ类
131	4.5	8.2	0.0324	0.0128	25.0	Ⅲ类
132	4.0	8.3	0.0348	0.1456	30.0	Ⅲ类
133	3.5	8.4	0.0274	0.0078	20.0	Ⅲ类
134	4.4	8.3	0.0284	0.0149	25.0	Ⅲ类

每页 20 上一页 第7/18页 共350条 下一页 7 页 Excel

=== 模型训练信息 ===
样本总数：350，训练耗时：30.2123秒

1、BP神经网络结构见图1，具体信息如下：

5个输入层节点，6个隐含层节点，1个输出层节点

输入属性：
DO
PH
NH3-N
NO2-N
SD
输出属性：
TYPE

2、BP神经网络建模参数：

显示间隔次数：25.0
最大循环次数：100.0
目标均方误差：0.02
动量常数：0.0010
学习速度：0.0010

导入数据 参数设置 模型训练 模型验证 模型预测 发布模型

图 16-6 模型发布

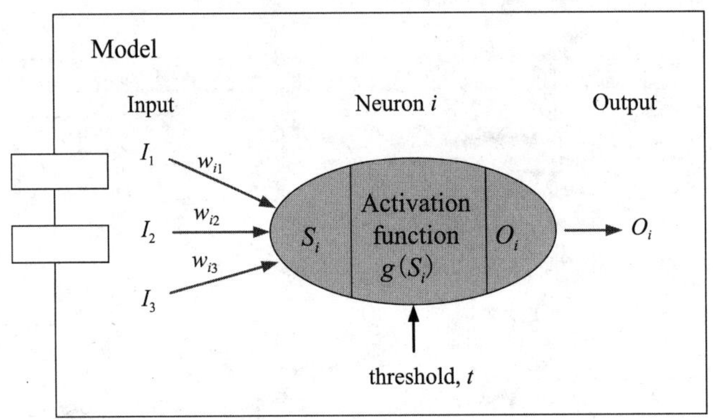

图 16-7 模型信息

表 16-1 所示为本案例的模型文件的内容，从表中可以看出，神经网络结构共有 3 层，输入层神经元为 5 个，输出层神经元为 1 个，中间层神经元为 6 个。输入层至中间层传递函数为线性函数；中间层至输出层为双曲正切函数。

表 16-1 模型文件的内容

```
<?xml version=” 1.0” encoding=” UTF-8” ?>
  <net>
    <inNodePoint>5</inNodePoint>
    <hiddenNodePoint>6</hiddenNodePoint>
    <outNodePoint>1</outNodePoint>
    <toHiddenFunc>purelin</toHiddenFunc>
    <toOutFunc>tansig</toOutFunc>
```

（续）

<toHiddenWeight1>	−0.127 0	−4.693 5	−6.310 4	−12.437 2	−6.482 3	</toHiddenWeight1>
<toHiddenWeight2>	−1.544 9	−3.861 1	−5.679 4	−9.463 4	−4.880 3	</toHiddenWeight2>
<toHiddenWeight3>	−1.478 3	−6.014 6	−8.870 9	−15.178 6	−7.304 2	</toHiddenWeight3>
<toHiddenWeight4>	0.852 0	9.681 1	13.814 1	26.633 4	13.730 2	</toHiddenWeight4>
<toHiddenWeight5>	1.499 3	9.317 1	12.567 1	22.941 4	11.781 0	</toHiddenWeight5>
<toHiddenWeight6>	0.177 3	−4.497 1	−6.378 8	−9.784 6	−5.275 7	</toHiddenWeight6>
<toHiddenThreshold>	−0.538 7					
	−0.821 3					
	−2.599 2					
	3.324 6					
	3.180 3					
	−1.526 1					
</toHiddenThreshold>						
<toOutWeight>25.399 2	−1.771 7	20.182 4	18.481 5	18.776 3	−14.012 3	</toOutWeight>
<toOutThreshold>4.497 5</toOutThreshold>						
</net>						

16.1.4　模型调用

模型发布后，根据集成环境的需要可通过 VB、VC、PB、Dephi、C#、.NET、Java 等不同开发语言来调用。

模型调用非常简单，以下为 Java 语言调用示例：

y=myFunction（String p, String modelTdm）

式中，myFunction——调用接口函数名；

p——模型输入；

modelTdm——模型文件；

y——模型预测输出。

16.1.5　模型更新

当模型需要更新时，可重新训练并发布模型，并用新的模型文件覆盖掉原有的模型文件即可。

16.2　二次开发过程

本节将以预测模型中的 LM（Levenberg-Marquardt）神经网络为例，详细介绍接口函数编写、打包及在 Java 中的调用，其他算法的处理与其类似。本案例所使用的 MATLAB 版本为 R2014a。

16.2.1 接口算法编程

MATLAB 数据分析工具箱提供了数据挖掘建模常用的函数，为方便集成开发环境的调用，需对原始算法函数进行包装，并定义新的接口函数，接口函数中重点是输入参数和输出参数的设计。

其 LM 神经网络总函数，如代码清单 16-1 所示。

代码清单 16-1 LM 神经网络总函数

```
%% LM 神经网络总函数
function[ptrnTestAcc,ptrnTest,ppre,trnTime, tstTime]=lmNetClassify(getD,tstDNum,
    preD,trnPara,trnFun, midNodeNum,figPath,trnFigName,tstFigName,figSet)
%% 利用 lm 神经网络方法进行分类，
%% 输入参数
% getD，所有建模的数据
% tstDNum，数据库中，用于参与测试（检验的）的实际值个数
% preD，要进行模型预测的 X 影响值，这个值的赋值要和建模的影响因素的 X 赋值格式一致，有 ID
% trnPara，训练参数，格式如 trnPara=[25;50;0.001;0.001;0.001;10;0.1;1e10];
% 依次的含义为：
% 显示间隔次数 25
% 最大循环次数 1000
%% 目标误差 0.02
% 学习速率 0.001
% 学习速率增加比率 0.001
% 学习速率减少比率 10
% 最大误差比率 1e10
% trnFun 训练函数，格式如 trnFun='tansig,purelin';tansig 输入层到中间层的传递函数，
    purelin 中间层到输出层的传递函数
% midNodeNum 中间层节点数
% figPath 生成图形保存路径，格式如 'E:\image'，还需要在相应路径下创建文件夹，特别注意，
% 这个路径要用英文的路径，不然 Java 调用会出错。
% trnFigName，训练阶段的图形名称
% tstFigName，测试阶段的图形名称
% figSet 图形设置，格式如 figSet=[7;650;320]; 7% 图形字体大小，650 图形长度，320 图形宽度
%% 输出参数
% ptrnTest，建模阶段和测试阶段的预测值
% ptrnTestAcc，建模和测试阶段的准确率
% ppre，预测值
```

* 代码详见：matlab_code/lmNetClassify.m

16.2.2 用 Library Compiler 创建 Java 组件

为了创建组件用户需要写好 MATLAB 代码（或使用已有的代码），然后在 MATLAB 的 Java 编译器中创建一个项目来对代码进行封装。一般步骤如下。

- 编写、测试并保存用来创建 Java 组件的 MATLAB 代码。

- 对计算机的环境变量进行必要的设置。
- 在 MATLAB 中，打开 Library Compiler 工具。
- 用 Library Compiler 工具创建包含一个或多个类的 Java Package 项目，其初始界面如图 16-8 所示。

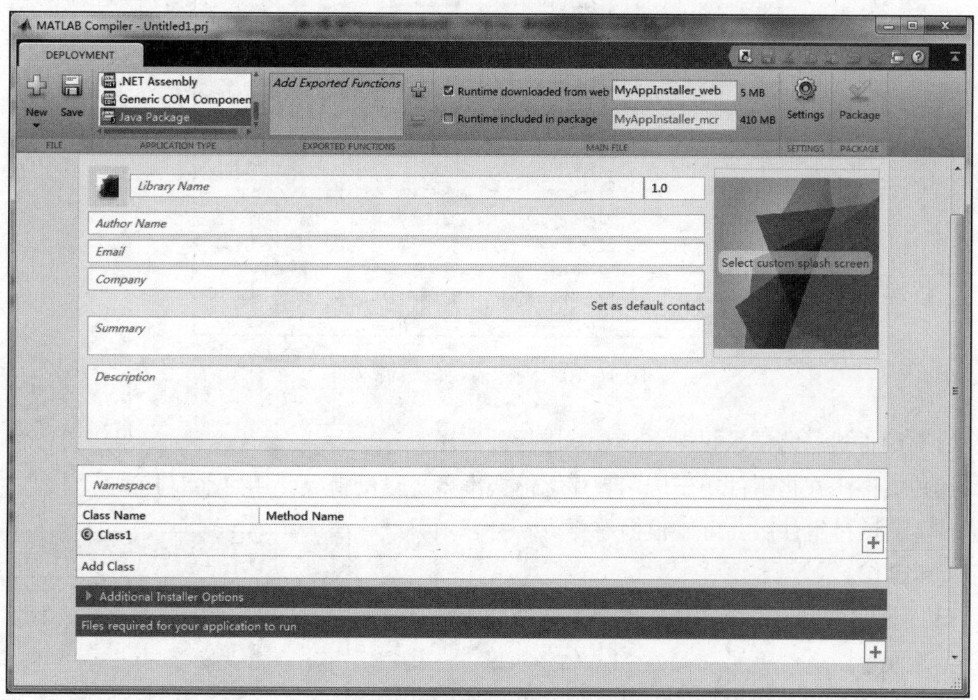

图 16-8　Library Compiler 工具箱 Java Package 项目的初始界面

- 输入库项目名称（Library Name）。其版本一般按照默认的 1.0 即可，设置其他附加信息，主要包括作者的一些信息和对项目的描述。
- 设定包名和类名。设置完成后，需要添加 m 函数文件，在“Add Exported Functions”中点击“+”进行文件添加，这里的添加是添加到工作区的，还需要把文件添加到类中，添加好的示例如图 16-9 所示。

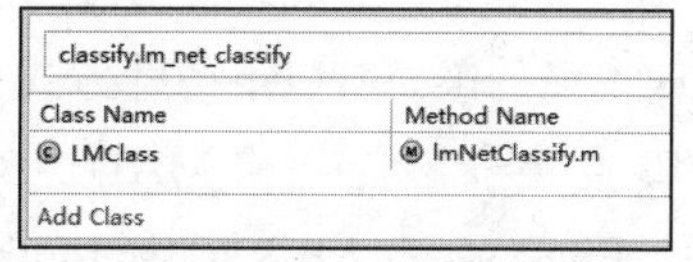

图 16-9　定义包名、类名以及文件添加

- 根据需要为类添加辅助文件，如图 16-10 所示（图仅包含部分文件），辅助文件详见：matlab_code/。
- 点击“Save”按钮保存项目的配置信息。

- 对项目进行编译，点击工具箱上部的“Package”按钮，进行编译，编译成功后会弹出如图 16-11 所示的界面。

Additional Installer Options

Files required for your application to run

adaptwb.m	adaptwh.m	addnntemppath.m	alabel.m
appcs1.m	appcs1b.m	appcs2.m	appcs2b.m
applin3.m	applin4.m	assoclr.m	backprop.m
barerr.m	calca.m	calca1.m	calce.m
calce1.m	calcerr.m	calcgrad.m	calcgx.m
calcjejj.m	calcjx.m	calcpd.m	calcperf.m
cliptr.m	competsl.m	compnet.m	delaysig.m
deltalin.m	deltalog.m	deltatan.m	dnullpf.m
dnulltf.m	dnullwf.m	elman.m	formgx.m
formx.m	genbpm.m	gensimm.m	gentraincm.m
gentrainrm.m	gentrainsm.m	getx.m	hopfield.m
initc.m	initelm.m	initff.m	initlin.m
initlvq.m	initp.m	initsm.m	learnbp.m
learnbpm.m	learnlm.m	learnlvq.m	linnet.m
lvq.m	nbdist.m	nbgrid.m	nbman.m
newnet.m	newnntempfile.m	newtr.m	nncpy.m
nncpyd.m	nncpyi.m	nndef.m	nnetbhelp.m

图 16-10　编译需要的资源文件

❑ 对组件进行测试，根据需要对其进行重编译。

用户或许想在将组件用于应用程序之前或准备提供给他人使用之前对其进行测试。在开发平台上测试过组件后，可以根据需要重新打开项目继续下一步操作。

❑ 创建一个包来将组件和其他必要文件发布给开发人员。

这一步骤仅当用户想将组件供不同开发机器上的其他应用程序开发人员使用时才需要。

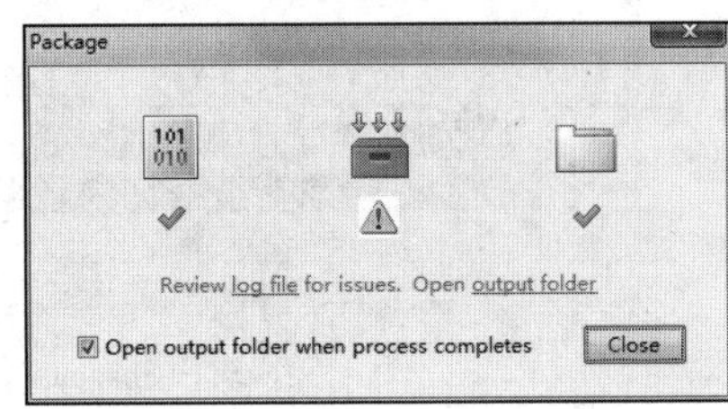

图 16-11　编译成功后的提示界面

16.2.3　安装 MATLAB 运行时环境

通过 Library Compiler 创建的 Java 组件需要 MATLAB 运行时环境才能调用，MATLAB 运行时环境的准备有以下两种方式：

❑ 直接安装。如果 MATLAB 安装在 C:\Program Files\，则直接运行安装 C:\Program Files\MATLAB\R2008a\toolbox\compiler\deploy\win64 目录下的 MCRInstaller.exe。安装完成后，系统将自动完成环境变量的配置。

❑ 手工准备。解压 MCRInstaller，把解压文件复制到目标计算机中，然后设置环境变量。即将“ MCRinstaller.exe 安装目录 \runtime\win64”这个路径添加到计算机的环境变量中，通常是自动加载。如果没有，也可手动安装，添加的方法是：右键单击“我的电脑”→“属性”→“高级”，在“环境变量”中“添加”指定一个变量名，然后将上述路径复制到里面就可以了。

16.2.4　JDK 环境及设置

为了使用 Library Compiler 进行开发，你的计算机上必须安装有 JDK，而且必须对自己计算机的环境变量进行必要的设置，具体步骤如下：

- 单击“开始”菜单，右击“我的电脑”，选择“属性”。在弹出的“系统属性”对话框中选择“高级”标签，然后单击“环境变量”按钮。
- 设置 JAVA_HOME 变量。

单击“新建”按钮，增加变量名 JAVA_HOME，设置变量值，即 JDK 的安装目录，需要设置为 javac.exe 的上一层目录。如 javac.exe 在 C:\Program Files\Java\jdk1.6.0_10\bin 中，那么 JAVA_HOME 的变量值应设为 C:\Program Files\Java\jdk1.6.0_10。

- 设置 CLASSPATH 变量。

单击“新建”，增加变量名 CLASSPATH，设置变量值，如 C:\Program Files\MATLAB\R2014a\toolbox\javabuilder\jar。

> 说明　完成上述设置后就可以正式进行数据挖掘接口调用开发了。这里需要注意，在 MATLAB 编译时使用的 JDK 版本需要和开发 Java 程序时使用的 JDK 版本一致。

16.2.5　接口函数的调用

在调用接口函数时，用户可在 MyEclipse 环境下，通过 Java 编程实现，代码清单 16-2 演示了以上接口函数的调用过程（代码详见：java_code）。

代码清单 16-2　接口函数的调用代码

```
package lm;
import classify.lm_net_classify.LMClass;
import com.mathworks.toolbox.javabuilder.MWException;
/**
 * LM 神经网络 MATLAB 和 Java 混合编程实例程序
 *
 */
public class lm_net_classify_class {
        public static void main(String[] args) throws MWException {
            LMClass ma = new LMClass();
            try{
                double [][] get_data =new double [][]{
                            {1,1,1,1,1,1} ,
                            ,,,
                              {29,5,5,1,1,4 } ,

                            } ;

                double [][] predict_data =new double [][]{
```

```
                { 33,5  ,5,  1,4} ,
        };///// 这个预测的赋值，注意格式，只需要 X 的属性值，没有类号

        double [][] train_para =new double [][]{
                {25} ,
                {100},
                {0.001},
                {0.001},
                {0.001},
                {10},
                {0.1},
                {1e10},
        };

        String  figure_path="E:\\image";
            /// 图像保存路径，特别注意，这个路径要用英文的路径，不然 Java 调用时会出错

      float  test_data_number = 2 ;// 测试数据的个数
      String train_figure_name="lmNetStructure,lmNetTrainError,lmNetTrainFigure,
          lmNetTrainRelaError";// 图片的名称
      String test_figure_name="lmNetTestFigure,lmNetTestRelaError";
          // 图片的名称
      float  mid_node_num=6;
      double [][] figure_set =new double [][]{
              {7} ,
              {650},
              {320},

      };
      /// 训练函数
     String train_fun ="tansig,purelin";
     //// 总函数打印第一个返回值
    System.out.println(ma.lmNetClassify(5,get_data,test_data_number,
            predict_data,train_para,train_fun,mid_node_num,figure_path,
            train_figure_name,test_figure_name,figure_set)[0]);
     System.out.println(" 测试正常结束 ");
     }
     catch(Exception ex){
          ex.printStackTrace();
     }
  }
}
```

* 代码详见：java_code/lm_net_classify_class.java

这里需要把 javabulider.jar 和编译打包好的 lm_net_classify.jar 同时加到 Java 项目工程的路径中，如图 16-12 所示。

在 MyEclipse 中单击运行，程序成功运行后，可在 Console 中看到以下提示，同时在 E:/image（此目录是在 Java 程序中配置的算法输入参数）中可以看到生成的相关图表。

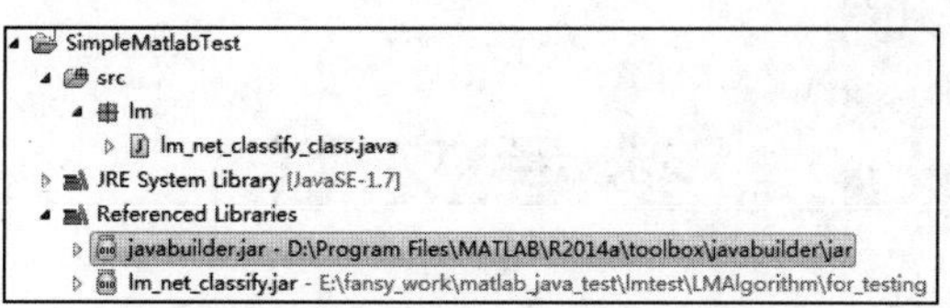

图 16-12　测试接口调用示例工程

```
TRAINLM: 0/100 epochs, mu = 0.001, SSE = 353.913.
TRAINLM: 25/100 epochs, mu = 0.001, SSE = 10.4912.
TRAINLM: 50/100 epochs, mu = 0.001, SSE = 8.63086.
TRAINLM: 75/100 epochs, mu = 0.001, SSE = 8.12366.
TRAINLM: 88/100 epochs, mu = 0.001, SSE = 8.11864.
TRAINLM: Network error did not reach the error goal.
Further training may be necessary, or try different
initial weights and biases and/or more hidden neurons.
62.9630
50.0000
测试正常结束
```

16.3　小结

本章首先介绍了基于 MATLAB 二次开发的 TipDM 数据挖掘平台，并介绍了如何使用此平台进行挖掘建模，涵盖挖掘建模的各个步骤，使读者可以切身体验到 MATLAB 二次开发平台的强大魅力。接着，针对 MATLAB 二次开发做了重点介绍，主要使用和 Java 的混合编程来进行展示，介绍了二次开发的各步骤以及各步骤的注意事项，最后给出 Java 程序调用 MATLAB 生成的 JAR 文件来进行运算的实例。

参考文献

[1] 百度.MATLAB [EB/OL] 百度百科，http://baike.baidu.com/view/10598.htm/.

[2] MathWorks 中国.MATLAB Documentation [EB/OL].MathWorks 中国，http://cn.mathworks.com/help/matlab/.

[3] 方积乾.生物医学研究的统计方法 [M].北京：高等教育出版社，2007：16-17.

[4] 张静远，张冰，蒋方舟.基于小波变换的特征提取方法分析 [J].信号处理，2000：1-8.

[5] 张良均，王靖涛，李国成.小波变换在桩基完整性检测中的应用 [J].岩石力学与工程学报，2002：1-2.

[6] 廖芹.数据挖掘与数学建模 [M].北京：国防工业出版社，2010：49-50.

[7] 何晓群.应用回归分析 [M].北京：中国人民大学出版社，2011.

[8] Quinlna J R. Induction of decision trees [J]. Machine Learning，1986，(1)：81-106.

[9] 张良均.神经网络实用教程 [M].北京：机械工业出版社，2008.

[10] 周春光.计算智能 [M].长春：吉林大学出版社，2009：43-44.

[11] 张良均.数据挖掘：实用案例分析 [M].北京：机械工业出版社，2013.

[12] Jiawei Han，Micheline Kamber. Data Mining Concepts and Techniques [M].北京：机械工业出版社，2012：247-254.

[13] 王燕.应用时间序列分析 [M].北京：中国人民大学出版社，2012.

[14] Pang-Ning Tan，Michael Steinbach，Vipin Kumar.Introdution to Data Mining [M].北京：人民邮电出版社，2010：404-415.

[15] 罗亮生，张文欣.基于常旅客数据库的航空公司客户细分方法研究 [J].现代商业，2008 (23).

[16] 电子商务网站 RFM 分析 [EB/OL].http://www.skynuo.com/Seo_detail131.Html/.

[17] 徐力，鹿竞文.三阴乳腺癌证素变化规律及截断疗法研究 [D].江苏：南京中医药大学，2012.

[18] Stricker M A，Orengo M. Similarity of color images [C]. IS&T/SPIE's Symposium on Electronic Imaging：Science & Technology. International Society for Optics and Photonics，1995：381-392.

[19] 袁守正，丁富强，裴国才.云计算环境下业务系统健康度模型研究 [J].电信技术，2014 (03).

[20] 张利.基于时间序列 ARIMA 模型的分析预测算法研究及系统实现 [D].江苏：江苏大学，2008.

[21] 田伟，尹淑娥.浅析数据清洗 [J].计算机光盘软件与应用，2013 (11).

[22] 李俊.基于气象信息的电网风险预警系统应用 [J].广西电力，2013 (36).

推荐阅读

深入理解大数据
大数据处理与编程实践
UNDERSTANDING BIG DATA
BIG DATA PROCESSING AND PROGRAMMING
BIG DATA

Practical Data Analysis
实用数据分析
（美）Hector Cuesta 著

Clojure Data Analysis Cookbook
Clojure数据分析秘笈
（美）Eric Rochester 著

Python for Data Analysis
利用Python
进行数据分析
O'REILLY
Wes McKinney 著

Big Data Analytics with R and Hadoop
R与Hadoop大数据
分析实战
（印）Vignesh Prajapati 著

Hadoop集群与安全
（美）Danil Zburivsky Sudheesh Narayanan 著

The Practice of Machine Learning
机器学习实践指南
案例应用解析

Architecture and Design of Large Scale
Distributed System
大规模分布式系统
架构与设计实战

Managing Data in Motion
大数据管理
数据集成的技术、方法与
最佳实践

推荐阅读

本书是目前网站数据挖掘与分析领域最具系统性、深度和商业实践指导价值的著作，由来自在线数据分析领域巨擘Webtrekk的官方资深数据分析专家撰写，获得黄成明、宋星、蓝鲸、宫鑫等近10位国内网站分析领域顶尖专家联袂推荐。